U0710832

建 筑 结 构

主 编 郑 睿 高 超
副主编 吕知鑫 张 信 路瑞利
　　　 陈瑞亮 谢力进

北京理工大学出版社
BEIJING INSTITUTE OF TECHNOLOGY PRESS

内 容 提 要

本书根据现行结构规范、《混凝土结构施工图平面整体表示方法制图规则和构造详图》（22G101—1、2、3）、"1+X"建筑信息模型（BIM）职业技能等级证书考评大纲（2019）、"1+X"建筑工程识图职业技能等级标准（2020年2.0版）等规范和国家标准进行编写。全书共分9个模块，主要介绍了建筑结构设计基本原理认知、钢筋混凝土受弯构件承载力计算与平法图识读、钢筋混凝土纵向受力构件承载力计算与平法图识读、钢筋混凝土受扭构件配筋校核、钢筋混凝土构件裂缝和变形验算控制、钢筋混凝土梁板结构配筋校核与识图、多层及高层钢筋混凝土结构与平法图识读、砌体结构及钢结构等。

本书可作为高等院校土建类专业的教材，也可作为培训机构的教学用书及相关工程技术人员的参考用书。

图书在版编目（CIP）数据

建筑结构 / 郑睿，高超主编 . -- 北京：北京理工
大学出版社，2024.1
　　ISBN 978-7-5763-3004-5

　　Ⅰ.①建… 　Ⅱ.①郑… ②高… 　Ⅲ.①建筑结构－高
等学校－教材　Ⅳ.① TU3

中国国家版本馆 CIP 数据核字 (2023) 第 202884 号

责任编辑：封　雪	文案编辑：封　雪	
责任校对：周瑞红	责任印制：王美丽	

出版发行 /	北京理工大学出版社有限责任公司
社　　址 /	北京市丰台区四合庄路 6 号
邮　　编 /	100070
电　　话 /	(010) 68914026（教材售后服务热线）
	(010) 68944437（课件资源服务热线）
网　　址 /	http://www.bitpress.com.cn
版 印 次 /	2024 年 1 月第 1 版第 1 次印刷
印　　刷 /	河北鑫彩博图印刷有限公司
开　　本 /	787 mm × 1092 mm　1/16
印　　张 /	18
字　　数 /	440 千字
定　　价 /	89.00 元

前　言

　　"建筑结构"是职业院校土木建筑大类的核心专业基础课程。通过本课程的学习，学生可以掌握建筑结构设计基本原理认知、钢筋混凝土受弯构件承载力计算与平法图识读、钢筋混凝土纵向受力构件承载力计算与平法图识读、钢筋混凝土受扭构件配筋校核、钢筋混凝土构件裂缝和变形验算控制、钢筋混凝土梁板结构配筋校核与识图、多层及高层钢筋混凝土结构与平法图识读、砌体结构及钢结构的知识，以及建筑结构构件设计与平法识图的基本技能。

　　本书以建筑结构设计员、施工员、建模员等岗位的工作任务为主线，对接行业、企业的新职业标准，引进建筑施工员岗位的新技术、新规范，将基础理论和技能实训融为一体，通过行动导向的教学，注重学生专业能力、职业核心能力和独立解决问题能力的培养，按照"必需、够用"的原则，体现行业和企业的需求，同时符合学生职业能力的培养规律，突出"做中学、做中教"的职业教育特色；本书具有以下特点：

　　1. 编写内容新颖

　　内容设置对接职业技能标准，体现职业特色。本书在编写中对接建筑行业领域"1+X"建筑工程识图与建筑信息模型（BIM）职业技能等级证书，紧紧围绕学生关键能力的培养组织编写内容，在确保理论知识实用、够用的基础上，融合规范、设计、构造等知识，以培养学生结构设计员、施工员、建模员等岗位所需的工作能力。

　　2. 采用实际工程项目任务

　　本书各模块以工作任务为载体，以职业需求为导向，始终以学生为中心，以学生的认知能力为出发点，以培养学生实际设计与识图能力为主线，通过所有的实际工程项目设计与识图任务，学生以解决实际问题为导入点，在课堂教学中自主探索知识，发挥学习能动性，收集专业信息，强化实践技能训练，并能够进行归纳总结。

　　3. 融入行业榜样

　　各任务以党的二十大精神为指引，通过恰如其分的行业榜样融入其中，学生可了解建筑结构行业相关前辈的爱国爱民、精益求精、追求卓越的工匠精神，培养学生具备家国情怀、严谨认真的职业素养与良好的工作习惯。

4. 采用最新国家规范与标准

按照《混凝土结构通用规范》（GB 55008）、《工程结构通用规范》（GB 55001）、《建筑结构可靠性设计统一标准》（GB 50068）、《混凝土结构设计规范（2015年版）》（GB 50010）、《砌体结构通用规范》（GB 55007）、《建筑与市政地基基础通用规范》（GB 55003）、《钢结构设计规范》（GB 50017）、《房屋建筑制图统一标准》（GB/T 50001）、《混凝土结构施工图平面整体表示方法制图规则和构造详图》（22G101—1、2、3）、"1+X"建筑信息模型（BIM）职业技能等级证书考评大纲（2019）、"1+X"建筑工程识图职业技能等级标准（2020年 2.0 版）等新规范及相关标准编写，使学生掌握行业前沿知识。

本教材教学课时安排，参考如下：

章节	内容	建议学时	授课类型
模块1	建筑结构设计基本原理认知	2	理实一体
模块2	钢筋混凝土受弯构件承载力计算与平法图识读	10	理实一体
模块3	钢筋混凝土纵向受力构件承载力计算与平法图识读	8	理实一体
模块4	钢筋混凝土受扭构件配筋校核	2	理实一体
模块5	钢筋混凝土构件裂缝和变形验算控制	2	理实一体
模块6	钢筋混凝土梁板结构配筋校核与识图	8	理实一体
模块7	多层及高层钢筋混凝土结构与平法图识读	6	理实一体
模块8	砌体结构	6	理实一体
模块9	钢结构	4	理实一体
合计		48	

全书由长江工程职业技术学院郑睿、中国铁路武汉局集团有限公司科技和信息化部高超担任主编；长江工程职业技术学院吕知鑫、张信、路瑞利、陈瑞亮、谢力进担任副主编；具体编写分工为：模块1由高超编写，模块2由郑睿编写，模块3~模块5由吕知鑫编写，模块6和模块7由张信编写，模块8由路瑞利编写，模块9由陈瑞亮编写，工程案例由谢力进组织编写。

本书的编写参考了大量文献资料，在此谨向这些文献的作者表示衷心感谢。除参考文献中所列的署名作品外，部分作品的名称及作者无法详细核实，故没有注明，在此表示歉意！鉴于时间仓促，编者水平有限，书中不足之处在所难免，恳请各位读者批评指正。

编　者

目 录

模块 1　建筑结构设计基本原理认知

【知识结构】

```
                 ┌─ 了解荷载的分类及其分布形式
        建筑结    ├─ 永久荷载的标准值、代表值取值
        构荷载    ├─ 活荷载的代表值取值
                 └─ 活荷载的组合值、频遇值与准永久值取值

        建筑结构  ┌─ 结构的功能要求
        极限状态  ├─ 结构的极限方程
        设计表达式 ├─ 承载能力极限状态设计表达式
                 └─ 正常使用极限状态设计表达式
```

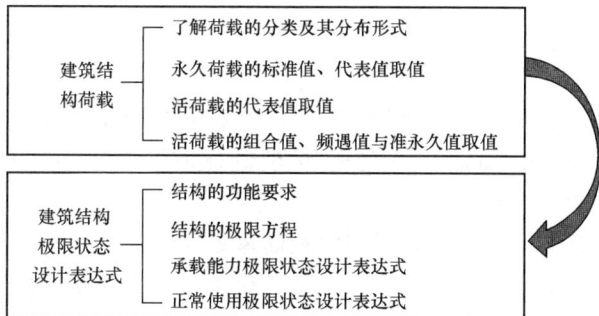

任务　计算极限状态下的荷载效应组合设计值

知识目标

1. 掌握荷载的分类、标准值、代表值的选取；
2. 了解结构的功能要求、极限状态方程的原理；
3. 熟悉极限状态设计表达式及系数的意义。

能力目标

1. 能够正确选用永久、可变荷载在不同组合下的系数；
2. 能够掌握承载能力极限状态设计公式计算的原理；
3. 能够掌握正常使用极限状态设计公式计算的原理；
4. 能够根据不同类别建筑不同极限状态计算荷载效应组合设计值。

素养目标

1. 培养严谨认真、实事求是的科学态度；
2. 培养遵守结构设计规范的职业意识；
3. 树立安全至上的理念。

行业榜样

国内中南地区某知名设计有限公司结构设计大匠始终牢记清华园内教师们语重心长的教导：在设计过程中，结构工程师手握大量国家资财，如果认真计算，仔细配筋，可以为

国家节约可观的投资；否则，国家财富将白白地流失！他既想着为国家节约资金，也想着确保建筑的安全，每次都能找到并找准两者最佳的平衡点。与当前国家经济高度繁荣、物资供应十分充裕的状态截然不同，20 世纪 80 年代，由于钢材紧缺，国家对建筑钢材的应用采取限制政策。如何在保证建筑安全使用的前提下，节省工程造价和建设物资，考验着每位结构工程师。在目前国家经济高质量发展的今天，他对结构设计仍然提出了严谨、准确、经济、快速的设计原则，他所设计的每个工程项目都对公司"创新创意，至诚至精"的理念进行了完美诠释。

📋 **任务描述**

某教学楼标准层结构平面布置图中ⓒ轴上①与②轴之间有一简支梁 L—5，计算跨度 $l_0 = 8.2 \text{ m}$，作用在梁上的永久荷载（含自重）标准值 $G_k = 12 \text{ kN/m}$，可变荷载标准值 $Q_k = 2.5 \text{ kN/m}$，构件安全等级二级。试求：

(1)按承载能力极限状态计算时，梁跨中截面弯矩的组合设计值；

(2)按正常使用极限状态计算时，梁跨中截面荷载效应的标准组合弯矩值和准永久组合弯矩值。

📋 **知识准备**

1.1 建筑结构荷载

结构上的作用可分为直接作用和间接作用。其中，直接作用是习惯上所说的荷载。施加在结构上的集中荷载和分布荷载称为直接作用；引起结构外加变形和约束变形的其他作用称为间接作用。

1. 荷载的分类

荷载是使结构或构件产生内力、变形和裂缝的外力及其他因素。

(1)永久荷载。永久荷载或称恒载，在结构使用期间内其数量值不随时间变化的作用，如结构(楼面板、梁、柱等构件)的自重、土压力、预加应力、焊接应力等。

视频：建筑结构
设计基本原理
认知(上)

(2)可变荷载。可变荷载或称活载，在结构使用期间其数量值随时间变化的作用，如楼面活荷载、屋面活荷载和积灰荷载、吊车荷载、风荷载、雪荷载、温度作用等。

(3)偶然荷载。偶然荷载是指在结构使用期限内不一定出现，而一旦出现其数量值很大且持续时间很短的荷载，如爆炸力、撞击力等。

2. 荷载代表值

荷载代表值是在结构设计中不同极限状态要求下所采用的荷载量值，如标准值、组合值、频遇值和准永久值。对于永久荷载，规定以其标准值作为代表值；对于可变荷载，则以其标准值、组合值、准永久值及频遇值作为代表值。

(1)永久荷载标准值。各种荷载标准值是建筑结构按承载能力极限状态设计时采用的荷载基本代表值，为其设计基准期内最大荷载统计分布值。

永久荷载的标准值可按构件的设计尺寸和材料重度的标准值确定。对于构件的自重和质量变化不大的材料，一般取实际概率分布的平均值作为其荷载标准值(表 1.1)。

表 1.1　部分常用材料和构件自重表

名称	自重	名称	自重
浆砌机制砖	19 kN·m⁻³	素混凝土	22~24 kN·m⁻³
陶粒空心砌块	5 kN·m⁻³	钢筋混凝土	24~25 kN·m⁻³
混凝土空心砌块	5.5 kN·m⁻³	钢框玻璃窗	0.4~0.45 kN·m⁻²
石灰砂浆、混合砂浆	17 kN·m⁻³	木门	0.1~0.2 kN·m⁻²
水泥砂浆	20 kN·m⁻³	油毡防水层	0.05 kN·m⁻²

（2）可变荷载代表值。

1）可变荷载组合值。可变荷载组合值是指当两种或两种以上可变荷载同时作用于结构上时，它们同时达到其单独出现时可能达到的最大值的概率较小，除产生最大作用的荷载外，其他可变荷载均应以小于标准值的荷载值为代表值。因此，可变荷载组合值以其标准值、组合值、准永久值及频遇值作为代表值。民用建筑楼面均布活荷载标准值及其组合值、频遇值和准永久值系数按表 1.2 采用。

表 1.2　民用建筑楼面均布活荷载标准值及其组合值、频遇值和准永久值系数

项次	类别			标准值 /(kN·m⁻²)	组合值系数 (ψ_c)	频遇值系数 (ψ_f)	准永久值系数 (ψ_q)
1	（1）住宅、宿舍、旅馆、医院病房、托儿所、幼儿园			2.0	0.7	0.5	0.4
	（2）试验室、阅览室、会议室、医院门诊室			2.0	0.7	0.6	0.5
2	教室、食堂、餐厅、一般资料档案室			2.5	0.7	0.6	0.5
3	（1）礼堂、剧场、影院、有固定座位的看台			3.0	0.7	0.6	0.3
	（2）公共洗衣房			3.0	0.7	0.5	0.3
4	（1）商店、展览厅、车站、港口、机场大厅及其旅客等候室			3.5	0.7	0.6	0.5
	（2）无固定座位的看台			3.5	0.7	0.5	0.3
5	（1）健身房、演出舞台			4.0	0.7	0.6	0.5
	（2）运动场、舞厅			4.0	0.7	0.6	0.3
6	（1）书库、档案室、储藏室			5.0	0.9	0.9	0.8
	（2）密集柜书库			12.0	0.9	0.9	0.8
7	通风机房、电梯机房			7.0	0.9	0.9	0.8
8	汽车通道及客车停车库	（1）单向板楼盖（板跨不小于 2 m）和双向板楼盖（板跨不小于 3 m×3 m）	客车	4.0	0.7	0.7	0.7
			消防车	35.0	0.7	0.5	0.0
		（2）双向板楼盖（板跨不小于 6 m×6 m）和无梁楼盖（柱网不小于 6 m×6 m）	客车	2.5	0.7	0.7	0.6
			消防车	20.0	0.7	0.5	0.0
9	厨房	（1）餐厅		4.0	0.7	0.7	0.7
		（2）其他		2.0	0.7	0.6	0.5
10	浴室、卫生间、盥洗室			2.5	0.7	0.6	0.5

项次	类别		标准值 /(kN·m^{-2})	组合值系数 (ψ_c)	频遇值系数 (ψ_f)	准永久值 系数(ψ_q)
11	走廊、门厅	(1)住宅、宿舍、旅馆、医院病房、托儿所、幼儿园、住宅	2.0	0.7	0.5	0.4
		(2)办公楼、餐厅、医院门诊部	2.5	0.7	0.6	0.5
		(3)教学楼及其他可能出现人员密集的情况	3.5	0.7	0.5	0.3
12	楼梯	(1)多层住宅	2.0	0.7	0.5	0.4
		(2)其他	3.5	0.7	0.5	0.3
13	阳台	(1)可能出现人员密集的情况	3.5	0.7	0.6	0.5
		(2)其他	2.5	0.7	0.6	0.5

2)可变荷载频遇值。可变荷载频遇值是指在设计基准期内，其超越的总时间为规定的较小比率或超越频率为规定频率的荷载值。荷载频遇值是用于正常使用极限状态中验算时取用的荷载设计值。

3)可变荷载准永久值。可变荷载准永久值是指在设计基准期内，其超越的总时间约为设计基准期一半的荷载设计值。一般来说，其是正常使用极限状态中所应用的荷载设计值。

1.2　结构的可靠性

结构可靠性是指结构在规定的时间内(设计基准期)，在规定的条件下(结构正常的设计、施工、使用和维修条件)，完成预定功能(如承载力、刚度、稳定性、抗裂性、耐久性和动力性能等)的能力。当建筑结构的使用年限到达或超过设计基准使用期后，并不意味该结构立即报废不能使用了，而是说它的可靠性水平从此要逐渐降低了。

1. 结构的功能要求

建筑结构在正常设计、正常施工、正常使用和正常维修条件下的功能要求如下：

(1)安全性。建筑结构在其设计使用年限内应能够承受可能出现的各种作用时，且在设计规定的偶然事件发生时，结构能够保持必需的整体稳定性，不致倒塌。

(2)适用性。建筑结构在其设计使用年限内能够满足预定的使用要求，有良好的工作性能，其变形、裂缝或振动等性能均不超过规定的限度等。

(3)耐久性。建筑结构在其设计使用年限内应有足够的耐久性。例如，保护层厚度不得过薄、裂缝不得过宽从而引起钢筋锈蚀等。

2. 结构的极限状态方程

结构和结构构件的工作性能，可以由该结构构件所承受的荷载效应 S 和结构抗力 R 两者的关系来描述，其表达式即结构的极限状态方程，为

$$Z = R - S \tag{1.1}$$

当 $Z > 0$ 时，结构处于可靠状态；当 $Z < 0$ 时，结构处于失效状态；当 $Z = 0$ 时，结构处于极限状态。

1.3 建筑结构的极限状态设计方法

1. 承载能力极限状态设计表达式

承载能力极限状态是对应于结构或结构构件达到最大承载能力或不适于继续承载的变形的状态。

为确保安全，结构或结构构件的破坏或过度变形的承载能力极限状态设计，应符合下列规定：

$$\gamma_0 S_d \leqslant R_d \tag{1.2}$$

式中 γ_0——结构重要性系数，对安全等级为一级的结构构件，不应小于1.1；对安全等级为二级的结构构件，不应小于1.0；对安全等级为三级的结构构件，不应小于0.9；在偶然设计和抗震设计状况下取1.0；

S_d——荷载组合的效应设计值；

R_d——结构或结构构件的抗力设计值。

在结构使用过程中，对持久设计状况和短暂设计状况，荷载组合的效应设计值应采用荷载作用的基本组合。基本组合是指永久荷载和可变荷载的组合。

基本组合的荷载效应设计值确定（按最不利值）：

$$S_d = S \left(\sum_{i \geqslant 1} \gamma_{Gi} G_{ik} + \gamma_P P + \gamma_{Q1} \gamma_{L1} Q_{1k} + \sum_{j>1} \gamma_{Qj} \psi_{cj} \gamma_{Lj} Q_{jk} \right) \tag{1.3}$$

式中 $S(\cdot)$——荷载组合的效应函数；

G_{ik}——第 i 个永久荷载的标准值；

P——预应力作用的有关代表值；

Q_{1k}——第1个可变荷载的标准值；

Q_{jk}——第 j 个可变荷载的标准值；

γ_{Gi}——第 i 个永久荷载的分项系数，按表1.3采用；

γ_P——预应力作用的分项系数，按表1.3采用；

γ_{Q1}——第1个可变作用的分项系数，按表1.3采用；

γ_{Qj}——第 j 个可变作用的分项系数，按表1.3采用；

γ_{L1}、γ_{Lj}——第1个和第 j 个考虑结构设计使用年限的荷载调整系数，对于结构设计使用年限是5年的，取0.9；对于结构设计使用年限是50年的，取1.0；对于结构设计使用年限是100年的，取1.1；

ψ_{cj}——第 j 个可变作用的组合值系数，应按现行有关标准的规定采用。

表 1.3 建筑结构的荷载分项系数

适用情况 作用分项系数	当作用效应对承载力不利时	当作用效应对承载力有利时
γ_G	1.3	$\leqslant 1.0$
γ_P	1.3	$\leqslant 1.0$
γ_Q	1.5	0

基本组合的设计值仅适用于荷载与荷载效应为线性的情况，对于其他设计状况，效应设计值应按《建筑结构可靠性设计统一标准》(GB 50068—2018)的规定来确定。

视频：建筑结构
设计基本原理
认知（下）

2. 正常使用极限状态设计表达式

正常使用极限状态是指对应于结构或结构构件达到正常使用或耐久性能的某项规定限值时的状态。

为确保结构或结构构件正常使用，它产生的变形、裂缝宽度和应力等应满足下列要求：

$$S_d \leqslant C \tag{1.4}$$

式中　C——结构构件达到正常使用要求所规定的变形、裂缝宽度和应力等的限值；

　　　S_d——荷载组合的效应设计值。

正常使用极限状态设计时，荷载组合的效应设计值宜根据不同设计目的采用荷载的标准组合、频遇组合或准永久组合，采用标准值或组合值为荷载代表值的组合为标准组合。对可变荷载采用频遇值或准永久值为荷载代表值的组合为频遇组合。对可变荷载采用准永久值为荷载代表值的组合为准永久组合。并应符合下列规定。

（1）标准组合效应设计值按下式确定：

$$S_d = S\left(\sum_{i \geqslant 1} G_{ik} + P + Q_{1k} + \sum_{j>1} \psi_{cj} Q_{jk}\right) \tag{1.5}$$

（2）频遇组合的效应设计值按下式确定：

$$S_d = S\left(\sum_{i \geqslant 1} G_{ik} + P + \psi_{f1} Q_{1k} + \sum_{j>1} \psi_{qj} Q_{jk}\right) \tag{1.6}$$

（3）准永久组合的效应设计值按下式确定：

$$S_d = S\left(\sum_{i \geqslant 1} G_{ik} + P + \sum_{j>1} \psi_{qj} Q_{jk}\right) \tag{1.7}$$

对于正常使用其他极限状态设计状况，效应设计值应按《建筑结构可靠性设计统一标准》（GB 50068—2018）的规定来确定。

任务实施

1. 设计任务分析

（1）根据建筑构件受力状态选择对应的弯矩计算公式；

（2）根据不同建筑类别的不同状态正确选用各系数；

（3）根据不同建筑类别的不同极限状态计算荷载效应组合设计值。

2. 设计任务的实施

第一步　依据安全等级确定结构重要性系数 γ_0。

$$\gamma_0 = 1.0$$

第二步　确定永久荷载分项系数和可变荷载分项系数。

$$\gamma_G = 1.3, \ \gamma_{Q1} = 1.5, \ \gamma_{L1} = 1.0$$

第三步　计算承载能力极限状态梁跨中截面弯矩的组合设计值。

$$\begin{aligned}
\gamma_0 S_d = \gamma_0 M &= 1.0M \\
&= \gamma_G M_{Gk} + \gamma_{Q1} \gamma_{L1} M_{Q1k} \\
&= 1.3 \times \frac{1}{8} \times G_k l_0^2 + 1.5 \times 1.0 \times \frac{1}{8} \times Q_k l_0^2 \\
&= 1.3 \times \frac{1}{8} \times 12 \times 8.2^2 + 1.5 \times 1.0 \times \frac{1}{8} \times 2.5 \times 8.2^2 \\
&= 162.64 (\text{kN} \cdot \text{m})
\end{aligned}$$

第四步　确定正常使用极限状态可变荷载准永久系数。

$$\psi_q = 0.5$$

第五步　计算正常使用极限状态下梁跨中截面荷载效应的标准组合弯矩值。

$$M_k = M_{Gk} + M_{Q1k}$$

$$= \frac{1}{8} \times G_k l_0^2 + \frac{1}{8} \times Q_k l_0^2$$

$$= \frac{1}{8} \times (12 + 2.5) \times 8.2^2$$

$$= 121.87 (\text{kN} \cdot \text{m})$$

第六步　计算正常使用极限状态下梁跨中截面荷载效应的准永久组合弯矩值。

$$M_q = M_{Gk} + \psi_q M_{Q1k}$$

$$= \frac{1}{8} \times G_k l_0^2 + 0.5 \times \frac{1}{8} \times Q_k l_0^2$$

$$= \frac{1}{8} \times (12 + 0.5 \times 2.5) \times 8.2^2$$

$$= 111.37 (\text{kN} \cdot \text{m})$$

➤ **思考与练习**

一、填空题

1. 承载能力极限状态设计时采用的永久荷载基本代表值是_____。

2. 对结构的极限状态方程表达式结果，当 $Z > 0$ 时，结构处于_____状态；当 $Z = 0$ 时，结构处于_____状态。

3. 建筑结构在其设计使用年限内应能够满足预定的使用要求，有良好的_____，其_____、_____或振动等性能均不超过规定的限度。

二、简答题

1. 结构在规定的使用年限内，应满足哪些功能要求？

2. 当结构按极限状态进行设计时，可将极限状态分为哪两类？

3. 何谓荷载标准值？何谓可变荷载的准永久值？

4. 试述承载能力极限状态设计表达式中各系数的意义。

三、实训题

(一)设计任务

某实训楼标准层结构平面布置图中有一简支梁 L—3，计算跨度 $l_0 = 4.8$ m，作用在梁上的永久荷载(含自重)标准值 $G_k = 8$ kN/m，可变荷载标准值 $Q_k = 3$ kN/m，构件安全等级为二级。试求：(1)在承载能力极限状态计算时，梁跨中截面弯矩的组合设计值。(2)按正常使用极限状态计算时，梁跨中截面荷载效应的标准组合弯矩值和准永久组合弯矩值。

(二)设计过程

1. 设计准备

设计前完成线上学习任务，从网络课堂接受任务，通过互联网、图书查阅资料，分析相关信息，做好任务前准备工作。

2.设计引导

根据前面学习过的内容,查阅规范设计案例,找出与本任务中相类似的计算过程。

3.设计内容

4.设计任务评价表(表1.4)

表1.4 任务评价表

序号	评价项目	配分	自我评价 (25%)	小组评价 (30%)	教师评价 (35%)	其他 (10%)
1	能够正确列出与设计任务实施中的计算公式	10				
2	能够描述承载能力与正常使用极限状态计算过程与依据	20				
3	能够依据规范查阅确定相关系数	10				
4	计算数据准确	20				
5	计算过程规范合理	10				
6	遵守纪律	10				
7	完成设计任务中的所有内容	20				
合计		100				
总分						

模块 2　钢筋混凝土受弯构件承载力计算与平法图识读

【知识结构】

单筋矩形截面受弯构件正截面的承载力计算和设计 ┤
- 单筋矩形截面受弯构件正截面的承载力计算原理、计算方法、适用条件和复核
- 钢筋混凝土受弯构件钢筋的组成、种类及作用
- 梁的构造要求
- 受弯构件正截面的承载力计算基本原则
- 少筋梁、适筋梁、超筋梁的表现特征

双筋矩形截面受弯构件正截面的承载力计算和设计 ┤
- 双筋矩形截面受弯构件正截面的承载力计算原理、计算方法、适用条件和复核
- 混凝土保护层厚度与截面有效高度
- 双筋矩形截面梁的适用范围

T形截面受弯构件正截面的承载力计算和设计 ┤
- T形截面受弯构件正截面的承载力计算原理、计算方法、适用条件和复核
- T形截面梁的构成、分类
- 板的构造要求

受弯构件斜截面的承载力计算和设计 ┤
- 受弯构件斜截面的承载力计算方法、适用条件
- 受弯构件斜截面破坏形态,影响斜截面受剪承载力的主要因素
- 受弯构件斜截面的构造要求

钢筋混凝土梁平法施工图识读 ┤
- 梁平法施工图平面注写方式
- 梁平法施工图截面注写方式

钢筋混凝土板结构平法施工图识读 ┤
- 板平法施工图平面注写方式
- 板平法施工图截面注写方式

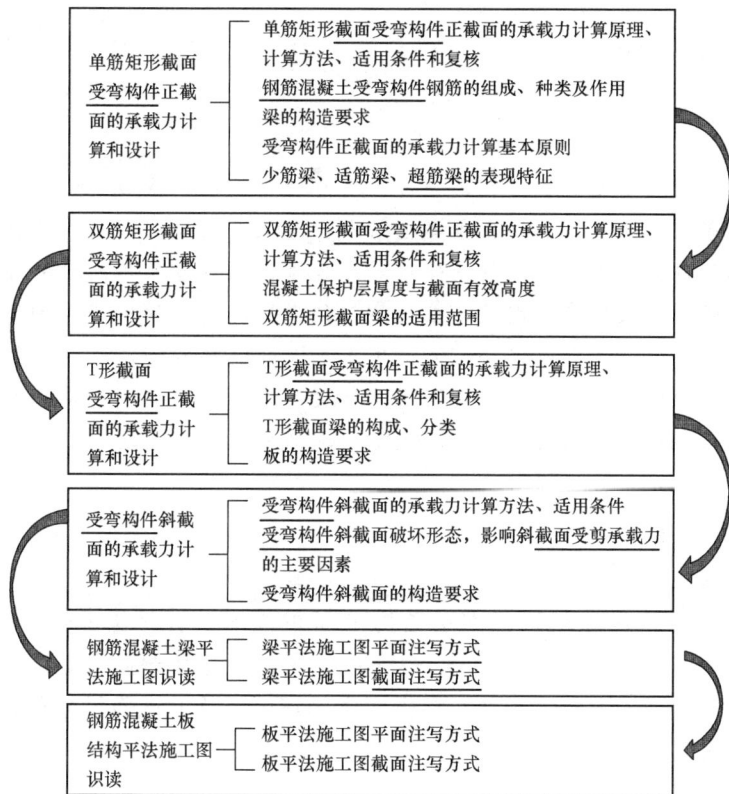

任务 1　单筋矩形截面受弯构件正截面的承载力计算和设计

知识目标

1. 掌握单筋矩形截面受弯构件正截面的承载力计算原理、计算方法、适用条件和复核;
2. 了解钢筋混凝土受弯构件钢筋的组成、种类及作用;
3. 理解受弯构件的构造要求;
4. 了解受弯构件正截面的承载力计算基本原则。

1. 能够按照结构设计规范对单筋矩形截面受弯构件采取合理的构造措施；
2. 能够根据规范对单筋矩形截面受弯构件正截面进行配筋设计与配筋复核；
3. 能够掌握单筋矩形截面受弯构件钢筋的绘图及标注方法。

素养目标

1. 培养严谨认真、实事求是的科学态度；
2. 培养遵守结构设计规范的职业意识；
3. 树立安全至上的理念。

行业故事

通常建筑物梁柱的截面面积过大，会占用实际使用空间，形成"肥梁胖柱"。目前，随着新技术的推广采用，为了人们的生命安全与人身健康，促进混凝土结构性能的提升，建筑结构设计提高了混凝土与钢筋的最低强度等级要求，而且宜采用的材料在质量不变的情况下各方面技术性能大大提升，因此，在材质轻便、性能更佳的因素影响下，建筑物梁柱变得轻质高强，楼层更高、更多，给人们提供了更大的使用空间，能量消耗及施工造成的碳排放也有所下降。作为结构设计人员则要严格遵照设计最新要求，提倡在允许范围内采用高强度混凝土与钢筋，节约材质，提升质量，降低成本，为建筑行业的发展贡献技术力量与智慧。

任务描述

某教学楼一层结构施工图纸标准层结构平面布置图中有一梁 L—3，计算跨度 $l_0 = 8.2$ m，由荷载设计值产生的弯矩 $M = 163.55$ kN·m。混凝土强度等级为 C25，钢筋选用 HRB400 级，构件安全等级为二级，根据所学知识确定梁的截面尺寸和纵向受力钢筋数量，并绘制截面配筋图。

知识准备

1.1 受弯构件的构造要求

受弯构件是指截面上有弯矩和剪力共同作用而轴力可以忽略不计的构件。梁和板是建筑工程中典型的受弯构件，也是应用最广泛的构件。

1. 受弯构件的截面形式与尺寸

梁的截面形式如图 2.1 所示。其中，矩形截面由于构造简单、施工方便而被广泛应用。T 形截面虽然构造较矩形截面复杂，但受力较合理，因而应用也较多。

视频：梁的构造要求

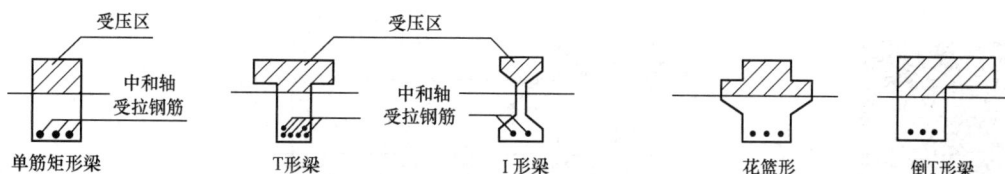

单筋矩形梁　　　T形梁　　　I形梁　　　花篮形　　　倒T形梁

图 2.1　梁的截面形式

梁的截面尺寸必须满足承载力、刚度和裂缝控制要求，同时还应满足模数，以利于模板定型化。从利用模板定型化角度考虑，梁的截面高度一般可取 250、300、800、900、1 000(mm)等，$h \leqslant 800$ mm 时以 50 mm 为模数，$h > 800$ mm 时以 100 mm 为模数，矩形梁的截面宽度和 T 形截面的肋宽 b 宜采用 100、120、150、180、200、220、250(mm)，大于 250 mm 时以 50 mm 为模数。梁适宜的截面高宽比为 h/b：矩形截面为 $2 \sim 3.5$，T 形截面为 $2.5 \sim 4$。

2. 梁的配筋

(1)纵向受力钢筋。受弯构件分为单筋截面和双筋截面两种。前者指仅在受拉区配置纵向受力钢筋的截面；后者指同时在梁的受拉区和受压区配置纵向受力钢筋的截面。配置在受拉区的纵向受力钢筋主要用来承受由弯矩在梁内产生的拉力，配置在受压区的纵向受力钢筋则是用来补充混凝土受压能力的不足。

梁中受拉钢筋的根数不应少于 2 根，最好不少于 3 根。纵向受力钢筋应尽量布置成一层；当一层排不下时，可布置成两层。当梁高 $h < 300$ mm 时，钢筋直径 $d \geqslant 8$ mm；当 $h \geqslant 300$ mm 时，钢筋直径 $d \geqslant 10$ mm。一根梁中同一种受力钢筋最好为同一种直径；当有两种直径时，其直径相差不应小于 2 mm，以便施工时辨别。

为保证混凝土浇筑密实，避免钢筋锈蚀而影响结构的耐久性，梁的纵向受力钢筋间必须留有足够的净间距，如图 2.2 所示。当梁的下部纵向受力钢筋配置多于两层时，两层以上钢筋水平方向的中距应比下面两层的中距增大一倍。

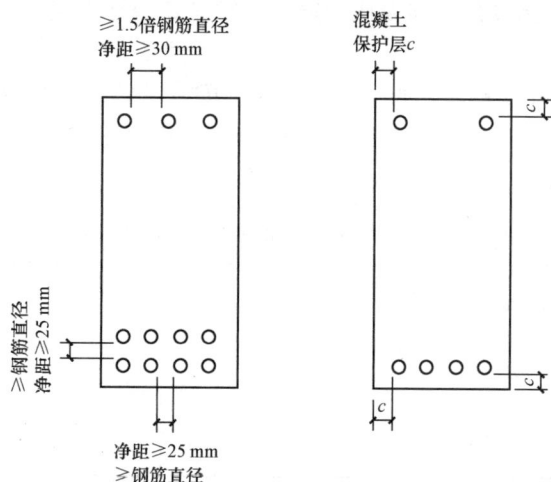

图 2.2　受力钢筋的间距

(2)架立钢筋。架立钢筋设置在受压区外缘两侧，并平行于纵向受力钢筋。其作用：一是固定箍筋位置以形成梁的钢筋骨架；二是承受因温度变化和混凝土收缩而产生的拉应力，防止产生裂缝。

钢筋可兼作架立钢筋，如图 2.3 所示。

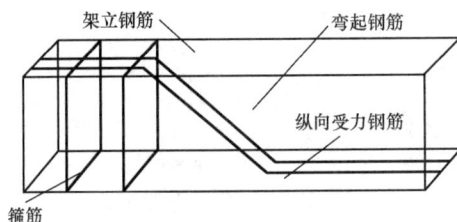

架立钢筋　弯起钢筋

纵向受力钢筋

箍筋

动画：梁的构造配筋

图 2.3　梁的配筋

架立钢筋的直径与梁的跨度有关，其直径不宜小于表 2.1 所列的数值。

表 2.1　架立钢筋的最小直径

梁跨/m	<4	5~6	>6
架立钢筋最小直径/mm	8	10	12

（3）弯起钢筋。弯起钢筋在跨中是纵向受力钢筋的一部分，在靠近支座的弯起段弯矩较小处则用来承受弯矩和剪力共同产生的主拉应力，即作为受剪钢筋的一部分。钢筋的弯起角度一般为 $45°$，梁高 $h > 800$ mm 时可采用 $60°$。

（4）箍筋。箍筋主要用来承受由剪力和弯矩在梁内引起的主拉应力，并通过绑扎或焊接把其他钢筋连系在一起，形成空间骨架。

箍筋应根据计算确定。按计算不需要箍筋的梁，当截面高度 $h > 300$ mm 时，应沿梁全长配置构造箍筋；当 $h = 150 \sim 300$ mm 时，可仅在梁的端部各 $l_0/4$ 跨度范围内设置箍筋，但当构件中部 $l_0/2$ 跨度范围内有集中荷载作用时，则应沿梁全长设置箍筋；若 $h < 150$ mm，可不设箍筋。

当梁截面高度 $h \leqslant 800$ mm 时，箍筋直径不宜小于 6 mm；当 $h > 800$ mm 时，不宜小于 8 mm。当梁中配有计算需要的纵向受压钢筋时，箍筋直径还不应小于纵向受压钢筋最大直径的 1/4。

箍筋的最大间距应符合表 2.2 的规定。当梁中配有计算需要的纵向受压钢筋时，箍筋的间距不应大于 $15d$（d 为纵向受压钢筋的最小直径），同时不应大于 400 mm；当一层内的纵向受压钢筋多于 5 根且直径大于 18 mm 时，箍筋间距不应大于 $10d$。

表 2.2　梁中箍筋和弯起钢筋的最大间距 S_{max}　　　　单位：mm

梁高 h	$V > 0.7f_t bh$	$V \leqslant 0.7f_t bh$
$150 < h \leqslant 300$	150	200
$300 < h \leqslant 500$	200	300
$500 < h \leqslant 800$	250	350
$h > 800$	300	400

箍筋可分为开口式和封闭式两种（图 2.4）。除无振动荷载且计算不需要配置纵向受压钢筋的现浇 T 形梁的跨中部分可用开口箍筋外，其余均应采用封闭式箍筋。当 $b \leqslant 400$ mm，且一层内的纵向受压钢筋不多于 4 根时，可采用双肢箍筋；当 $b > 400$ mm，且一层内的纵向受压钢筋多于 3 根，或当梁的宽度不大于 400 mm 但一层内的纵向受压钢筋多于 4 根时，应设置复合箍筋。

图 2.4 箍筋的形式和肢数

(a)单肢箍筋；(b)封闭式双肢箍筋；(c)复合箍筋(4肢)；(d)开口式双肢箍筋

箍筋是受拉钢筋，其端部应采用135°弯钩，弯钩端头直段长度不小于 50 mm，且不小于 5h。

(5)纵向构造钢筋及拉筋。当梁的截面高度较大时，为了防止在梁的侧面产生垂直于梁轴线的收缩裂缝，同时也为了增强钢筋骨架的刚度，增强梁的抗扭作用，当梁的腹板高度 $b×h_1/h_2≥450$ mm 时，应在梁的两个侧面沿梁高度配置纵向构造钢筋(也称腰筋)，并用拉筋固定(图 2.5)。每侧纵向构造钢筋(不包括梁的受力钢筋和架立钢筋)的截面面积不应小于腹板截面面积 bh_w 的 0.1%，且其间距不宜大于 200 mm。纵向构造钢筋一般不必做弯钩。拉筋直径一般与箍筋相同，间距常取为箍筋间距的两倍。

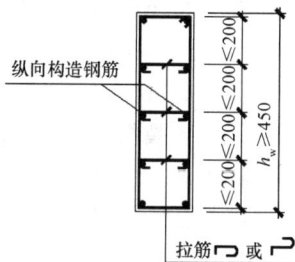

图 2.5 纵向构造钢筋及拉筋

1.2 梁在不同配筋率情况下的破坏特征

钢筋混凝土受弯构件通常承受弯矩和剪力的共同作用，其破坏仅由弯矩引起的，破坏截面与构件的纵轴线垂直，称为沿正截面破坏。

钢筋混凝土受弯构件正截面的破坏形式与钢筋和混凝土的强度以及纵向受拉钢筋配筋率 ρ 有关。ρ 用纵向受拉钢筋的截面面积与正截面的有效面积的比值来表示，即 $\rho=A_s/bh_0$，其中 A_s 为纵向受拉钢筋的截面面积；b 为梁的截面宽度；h_0 为梁的截面有效高度。

根据梁配筋率的不同，钢筋混凝土梁的破坏形式可分为适筋梁、超筋梁和少筋梁三种类型(图 2.6)。

(1)适筋梁[图 2.6(a)]。适筋梁是配置适量纵向受力钢筋的梁。适筋梁从开始加载到完全破坏，其应力变化经历了三个阶段，如图 2.7 所示。

视频：受弯构件正截面受力破坏特征

视频：钢筋混凝土共同作用

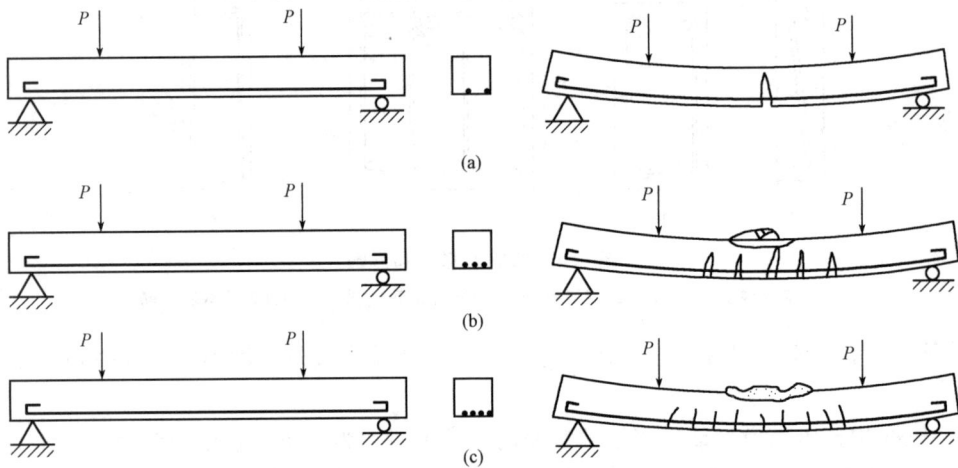

图 2.6 适筋梁、少筋梁和超筋梁的破坏形态

(a)适筋梁；(b)少筋梁；(c)超筋梁

第Ⅰ阶段(弹性工作阶段)：荷载较小时，混凝土的压应力及拉应力都很小，应力和应变接近成直线关系，如图 2.7(a)所示。当弯矩增大时，受拉区混凝土表现出明显的塑性特征，应力和应变不再呈直线关系，应力呈曲线分布。当受拉边缘应变达到混凝土的极限拉应变 ε_{tu} 时，截面处于将裂未裂的极限状态，即第Ⅰ阶段末，用 I_a 表示，此时截面承担的弯矩称抗裂弯矩 M_{cr}，如图 2.7(b)所示。I_a 状态是梁的抗裂验算的依据。

第Ⅱ阶段(带裂缝工作阶段)：当受拉区裂缝出现后，在裂缝截面处，受拉区拉力绝大多数由受拉钢筋承担。随着弯矩的不断增加，裂缝逐渐向上扩展，中和轴逐渐上移，受压区混凝土呈现出一定的塑性特征，应力图形呈曲线形，如图 2.7(c)所示。第Ⅱ阶段的应力状态是裂缝宽度和变形验算的依据。

当弯矩继续增加，钢筋应力达到屈服强度 f_y，这时截面所能承担的弯矩称为屈服弯矩 M_y。它标志截面进入第Ⅱ阶段末，以 $Ⅱ_a$ 表示，如图 2.7(d)所示。

第Ⅲ阶段(破坏阶段)：荷载继续增加，受拉钢筋的应力保持屈服强度不变，钢筋的应变迅速增大，促使受拉区混凝土的裂缝迅速向上扩展，受压区混凝土的塑性特征表现得更加充分，压应力呈显著曲线分布[图 2.7(e)]。到本阶段末(即Ⅲ_a 阶段)，受压边缘混凝土压应变达到极限压应变，受压区混凝土产生近乎水平的裂缝，混凝土被压碎，甚至崩脱，截面宣告破坏，此时截面所承担的弯矩即为破坏弯矩 M_u。Ⅲ_a 阶段的应力状态作为构件承载力计算的依据[图 2.7(f)]。

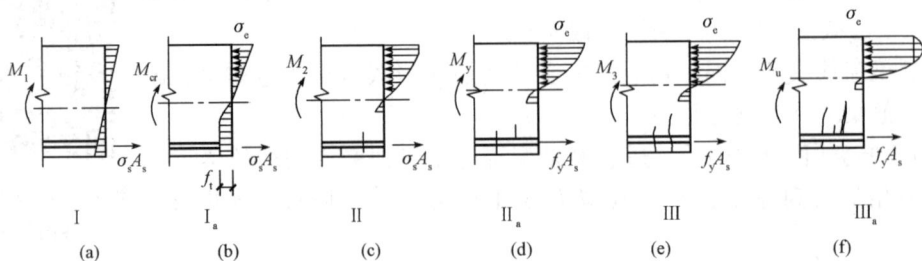

图 2.7 适筋梁工作的 3 个阶段

(a)，(b)弹性工作阶段；(c)，(d)带裂缝工作阶段；(e)，(f)破坏阶段

（2）少筋梁。少筋梁是配筋率小于最小配筋率的梁。破坏时，裂缝往往集中出现一条，不但开展宽度大，而且沿梁高延伸较高。一旦出现裂缝，钢筋的应力就会迅速增大并超过屈服强度而进入强化阶段，甚至被拉断。在此过程中，裂缝迅速开展，构件向下挠曲，最后因裂缝过宽、变形过大而丧失承载力，甚至被折断。如图2.6(b)所示，这种破坏是突然的，没有明显预兆，属于脆性破坏，实际工程中不允许采用少筋梁。

（3）超筋梁。超筋梁是纵向受力钢筋配筋率大于最大配筋率的梁。由于纵向钢筋配置过多，受压区混凝土在钢筋屈服前即达到极限压应变被压碎而破坏。破坏时钢筋的应力还未达到屈服强度，因而裂缝宽度均较小，形不成一根开展宽度较大的主裂缝，梁的挠度也较小，如图2.6(c)所示。这种单纯因混凝土被压碎而引起的破坏发生得非常突然，没有明显的预兆，属于脆性破坏。实际工程中不应采用超筋梁。

1.3 单筋矩形截面受弯构件正截面承载力计算

1. 计算原则

（1）基本假定。正截面承载能力应按照四个基本假定进行计算，四个假定如下：

1）平截面假定。构件正截面弯曲变形后仍为平面，其截面上的应变沿截面高度为线性分布。

2）不考虑截面受拉区混凝土的抗拉强度，认为拉力完全由钢筋承担。

动画：单筋矩形截面受弯构件正截面设计

视频：单筋矩形截面受弯构件正截面承载力计算

3）受压混凝土采用理想化的应力-应变关系如图2.8所示，当混凝土强度等级为C50及以下时，混凝土极限压应变$\varepsilon_{cu}=0.003\ 3$。

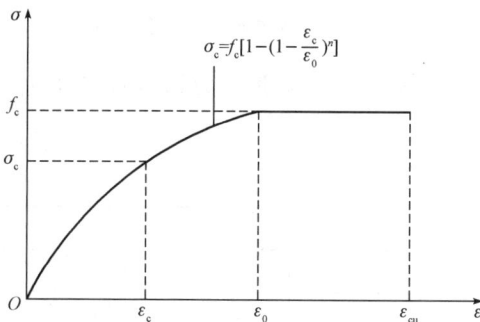

$$\sigma_c=f_c[1-(1-\frac{\varepsilon_c}{\varepsilon_0})^n]$$

图2.8 混凝土受压应力-应变关系

视频：混凝土的选用

视频：钢筋的选用

4）钢筋应力-应变关系。钢筋应力取等于钢筋应变与其弹性模量E_s的乘积，但不得大于其强度设计值f_y（取值见表2.3）。

表2.3 普通钢筋的标准值和设计值

牌号	公称直径d/mm	屈服强度标准值f_{yk}/(N·mm^{-2})	抗拉强度设计值f_y/(N·mm^{-2})	抗压强度设计值f_y/(N·mm^{-2})
HPB300	6～14	300	270	270
HRB335	6～14	335	300	300

牌号	公称直径 d /mm	屈服强度标准值 f_{yk} /(N·mm^{-2})	抗拉强度设计值 f_y /(N·mm^{-2})	抗压强度设计值 f_y' /(N·mm^{-2})
HRB400 HRBF400 RRB400	6~50	400	360	360
HRB500 HRBF500	6~50	500	435	435

（2）等效矩形应力图。适筋梁Ⅲ$_a$阶段的应力图形可简化为图2.9(c)所示的曲线应力图，其中 x_0 为实际混凝土受压区高度。为进一步简化计算，按照受压区混凝土的合力大小不变、受压区混凝土的合力作用点不变的原则，将其简化为图2.9(d)所示的等效矩形应力图形。

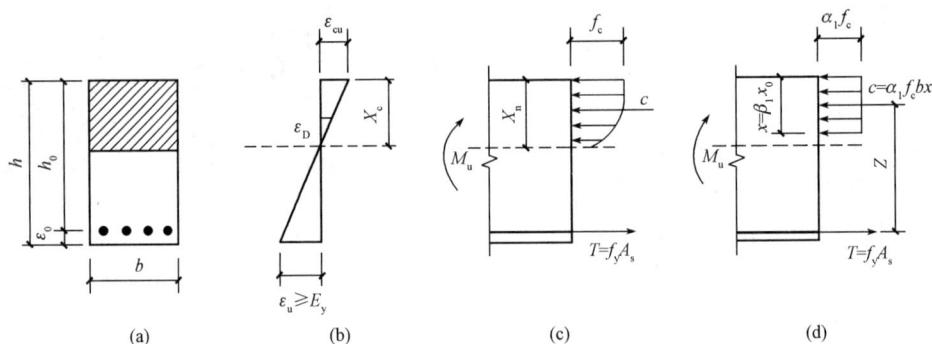

图 2.9 第Ⅲ$_a$阶段梁截面应力分布图

(a)截面示意；(b)应力分布图；(c)曲线应力图；(d)等效矩形应力图形

等效矩形应力图形的混凝土受压区高度 $x=\beta_1 x_0$，等效矩形应力图形的应力值为 $\alpha_1 f_c$，其间按线性内插法确定。α_1、β_1 取值见表2.4。

表 2.4 系数 α_1、β_1

混凝土强度等级	≤C50	C55	C60	C65	C70	C75	C80
α_1	1.00	0.99	0.98	0.97	0.96	0.95	0.94
β_1	0.80	0.79	0.78	0.77	0.76	0.75	0.74

（3）适筋梁与超筋梁的界限——相对界限受压区高度 ξ_b。比较适筋梁和超筋梁的破坏，前者始于受拉钢筋屈服，后者始于受压区混凝土被压碎。两者间存在一种界限状态，即受拉钢筋达到屈服的同时，受压区混凝土边缘达到极限压应变，也称界限破坏。

人们将受弯构件等效矩形应力图形的混凝土受压区高度，与截面有效高度 h_0 之比称为相对受压区高度，用 ξ 表示，$\xi=x/h_0$，适筋梁界限破坏时，等效受压区高度与截面有效高度之比称为界限相对受压区高度，用 ξ_b 表示见表2.5，设计时可以直接查用。ξ_b 是用来衡量构件破坏时钢筋强度能否充分利用的一个特征值。若 $\xi>\xi_b$，构件破坏时受拉钢筋不能屈服，表明构件的破坏为超筋破坏；若 $\xi\leqslant\xi_b$，构件破坏时受拉钢筋已经达到屈服强度，表明发生的破坏为适筋破坏或少筋破坏。

表 2.5　相对界限受压区高度 ξ_b

混凝土强度等级	≤C50	C55	C60	C65	C70	C75	C80
HPB300	0.576	0.566	0.556	0.547	0.537	0.528	0.518
HRB335	0.550	0.541	0.531	0.522	0.512	0.503	0.493
HRB400 HRBF400 RRB400	0.518	0.508	0.499	0.490	0.481	0.472	0.463
HRB500 HRBF500	0.482	0.473	0.464	0.455	0.477	0.438	0.429

(4)适筋梁与少筋梁的界限——截面最小配筋率 ρ_{min}。为了避免出现少筋情况，必须控制截面配筋率，使之不小于一界限值，即最小配筋率 ρ_{min}。理论上讲，最小配筋率的确定原则是配筋率为 ρ_{min} 的钢筋混凝土受弯构件，按Ⅲ$_a$ 阶段计算的正截面梁承载力应等于同截面素混凝土梁所能承受的弯矩 M_{cr}（M_{cr} 为按 I$_a$ 阶段计算的开裂弯矩）。当构件按适筋梁计算所得的配筋率小于 ρ_{min} 时，理论上讲，梁可以不配受力钢筋，作用在梁上的弯矩仅素混凝土梁就足以承受，但考虑到混凝土强度的离散性，加之温度以及收缩应力的影响等，《混凝土结构设计规范(2015 年版)》《GB 50010—2010》(简称《结构设计规范》)规定梁的配筋率 ρ_{min} 不得小于表 2.6 规定的数值。

表 2.6　混凝土结构构件中纵向受力钢筋的最小配筋百分率 ρ_{min}

受力类型			最小配筋率/%
受压构件	全部纵向钢筋	强度等级 500 MPa	0.5
		强度等级 400 MPa	0.55
		强度等级 300 MPa、335 MPa	0.6
	一侧纵向钢筋		0.2
受弯构件、偏心受拉、轴心受拉构件一侧的受拉钢筋			0.2 和 $45f_t/f_y$ 中的较大值

注：①受压构件全部纵向钢筋最小配筋百分率，当采用 C60 强度等级以上的混凝土时，应按表中规定增大 0.1。
　　②板类受弯构件的受拉钢筋，当采用强度等级 400 MPa、500 MPa 的钢筋时，其最小配筋百分率应允许采用 0.15 和 $45f_t/f_y$ 中的较大值，f_t 取值见表 2.7。
　　③受压构件的全部纵向钢筋和一侧纵向钢筋的配筋率以及轴心受拉构件和小偏心受拉构件一侧受拉钢筋的配筋率应按构件的全截面面积计算

表 2.7　混凝土强度设计值和标准值(MPa)

强度种类		符号	混凝土强度等级													
			C15	C20	C25	C30	C35	C40	C45	C50	C55	C60	C65	C70	C75	C80
设计值	轴心抗压	f_c	7.2	9.6	11.9	14.3	16.7	19.1	21.1	23.1	25.3	27.5	29.7	31.8	33.8	35.9
	轴心抗拉	f_t	0.91	1.10	1.27	1.43	1.57	1.71	1.80	1.89	1.96	2.04	2.09	2.14	2.18	2.22

强度种类		符号	混凝土强度等级													
			C15	C20	C25	C30	C35	C40	C45	C50	C55	C60	C65	C70	C75	C80
标准值	轴心抗压	f_{ck}	10.0	13.4	16.7	20.1	23.4	26.8	29.6	32.4	35.5	38.5	41.5	44.5	47.4	50.2
	轴心抗拉	f_{tk}	1.27	1.54	1.78	2.01	2.20	2.39	2.51	2.64	2.74	2.85	2.93	2.99	3.05	3.11

2. 基本公式及适用条件

(1)基本公式。由图 2.9(d)所示的等效矩形应力图形,根据静力平衡条件,可得出单筋矩形截面梁正截面承载力计算的基本公式为

$$f_y A_s = \alpha_1 f_c b x \tag{2.1}$$

$$M = \alpha_1 f_c b x \left(h_0 - \frac{x}{2} \right) \tag{2.2}$$

$$或 \quad M = f_y A_s \left(h_0 - \frac{x}{2} \right) \tag{2.3}$$

式中　M——弯矩设计值;

　　　f_c——混凝土轴心抗压强度设计值;

　　　f_y——钢筋抗拉强度设计值;

　　　x——混凝土受压区高度;

　　　A_s——受拉钢筋截面面积。

(2)适用条件。

1)为防止发生超筋破坏,需满足 $\xi \leqslant \xi_b$,或 $x \leqslant \xi_b h_0$。

2)防止发生少筋破坏,应满足 $\rho \geqslant \rho_{min}$ 或 $A_s \geqslant A_{smin}$,$A_{smin} = \rho_{min} bh$。

3. 计算方法

单筋矩形截面受弯构件正截面承载力计算分为截面设计和复核已知截面的承载力两类问题。

(1)截面设计。已知弯矩设计值 M,混凝土强度 f_c,钢筋强度 f_y,构件截面尺寸 bh,求所需受拉钢筋截面面积 A_s。

计算步骤如下。

1)确定截面有效高度 h_0:$h_0 = h - a_s$。承载力计算时,室内正常环境下的梁、板,a_s 可近似按表 2.12 取值(见本模块任务 2)。

2)计算混凝土受压区高度 x,并判断是否属超筋梁,即

$$x = h_0 - \sqrt{h_0^2 - \frac{2M}{\alpha_1 f_c b}} \tag{2.4}$$

若 $x \leqslant \xi_b h_0$,则不属超筋梁,否则为超筋梁,应加大截面尺寸,或提高混凝土强度等级或改双筋截面。

3)计算钢筋截面面积 A_s,并判断是否属少筋梁,即

$$A_s = \alpha_1 f_c b x / f_y \tag{2.5}$$

若 $A_s \geqslant \rho_{min} bh$,则不属少筋梁。否则为少筋梁,应取 $A_s = \rho_{min} bh$。

4)当截面满足适筋梁条件时,选配钢筋,使之满足(实际)$A_s \geqslant A_{s,\min}$,并满足有关构造要求。

根据计算的 A_s,查表2.8、表2.9选择钢筋的直径和根数,并复核一排能否放下。若纵向钢筋需要按两排放置,则应改变截面有效高度 h_0,重新计算 A_s 并再次选择钢筋,用实际所配的钢筋面积 A_s 验算最小配筋率 $\rho_{\min}$。

表2.8 钢筋的计算截面面积及理论质量表

公称直径 /mm	不同根数钢筋的计算截面面积/mm²									单根钢筋理论质量 /(kg·m⁻¹)
	1	2	3	4	5	6	7	8	9	
6	28.3	57	85	113	142	170	198	226	255	0.222
8	50.3	101	151	201	252	302	352	402	453	0.395
10	78.5	157	236	314	393	471	550	628	707	0.617
12	131.1	226	339	452	565	678	791	904	1 017	0.888
14	153.9	308	461	615	769	923	1 077	1 231	1 385	1.21
16	201.1	402	603	804	1 005	1 206	1 407	1 608	1 809	1.58
18	254.5	509	763	1 017	1 272	1 527	1 781	2 036	2 290	2.00
20	314.2	628	942	1 256	1 570	1 884	2 199	2 513	2 827	2.47
22	380.1	760	1 140	1 520	1 900	2 281	2 661	3 041	3 041	2.98
25	490.9	982	1 473	1 964	2 454	2 945	3 436	3 927	4 418	3.85
28	615.8	1 232	1 847	2 463	3 079	3 695	4 310	4 926	5 542	4.83
32	804.2	1 609	2 413	3 217	4 021	4 826	5 630	6 434	7 238	6.31
36	1 017.9	2 036	3 054	4 072	5 089	6 107	7 125	8 143	9 161	7.99
40	1 256.6	2 513	3 770	5 027	6 283	7 540	8 796	10 053	11 310	9.87
50	1 964	3 928	5 892	7 856	9 820	11 784	13 748	15 712	17 676	15.42

表2.9 钢筋混凝土板每米宽的钢筋截面面积 　　　　　　　　mm²

钢筋间距 /mm	3	4	5	6	6/8	8	8/10	10	10/12	12	12/14	14
70	101.0	180	280	404	561	719	920	1 121	1 369	1 616	1 907	2 199
75	94.2	168	262	377	524	671	859	1 047	1 277	1 508	1 780	2 052
80	88.4	157	245	354	491	629	805	981	1 198	1 414	1 669	1 924
85	83.2	148	231	333	462	592	758	924	1 127	1 331	1 571	1 811
90	78.5	140	218	314	437	559	716	872	1 064	1 257	1 438	1 710
95	74.5	132	207	298	414	529	678	826	1 008	1 190	1 405	1 620
100	70.6	126	196	283	393	503	644	785	958	1 131	1 335	1 539
110	64.2	114	178	257	357	457	585	714	871	1 028	1 214	1 399
120	58.9	105	163	236	327	419	537	654	798	942	1 113	1 283
125	56.5	101	157	226	314	402	515	628	766	905	1 068	1 231
130	54.4	96.6	151	218	302	387	495	604	737	870	1 027	1 184
140	50.5	89.8	140	202	281	359	460	561	684	808	954	1 099

钢筋间距/mm	3	4	5	6	6/8	8	8/10	10	10/12	12	12/14	14
150	47.1	83.8	131	189	262	335	429	523	639	754	890	1 026
160	44.1	78.5	123	177	246	314	403	491	599	707	834	962
170	41.1	73.9	115	166	231	296	379	462	564	665	785	905
180	39.2	69.8	109	157	218	279	358	436	532	628	742	855
190	37.2	66.1	103	149	207	265	339	413	504	595	703	810
200	35.3	62.8	98.2	141	196	.251	322	393	479	565	668	770
220	32.1	57.1	89.2	129	179	229	293	357	436	514	607	700
240	29.4	52.4	81.8	118	164	210	268	327	399	471	556	641
250	28.3	50.3	78.5	113	157	201	258	314	383	452	534	616
260	27.2	48.3	75.5	109	151	193	248	302	369	435	513	592
280	25.2	44.9	70.1	101	140	180	230	280	342	404	477	510
300	23.6	41.9	65.5	94.2	131	168	215	262	319	377	445	513
320	22.1	39.3	61.4	88.4	123	157	201	245	299	353	417	481

(2)复核已知截面的承载力。已知构件截面尺寸 $b \times h$，钢筋截面面积 A_s，混凝土强度 f_c，钢筋强度 f_y，弯矩设计值 M。求复核截面是否安全。

计算步骤如下：

1)确定截面有效高度 h_0。

2)判断梁的类型，即

$$x = f_y A_s / \alpha_1 f_c b \tag{2.6}$$

若 $A_s \geqslant \rho_{\min} bh$，且 $x \leqslant \xi_b h_0$，为适筋梁；若 $x > x_b = \xi_b h_0$，为超筋梁；若 $A_s \leqslant \rho_{\min} bh$，为少筋梁。

3)计算截面梁承载力 M_u，即

适筋梁

$$M_u = f_y A_s \left(h_0 - \frac{x}{2} \right) \tag{2.7}$$

超筋梁

$$M_{u\max} = \alpha_1 f_c bh_0^2 \xi_b (1 - 0.5 \xi_b) \tag{2.8}$$

对少筋梁，应将其梁承载力降低使用(已建成工程)或修改设计。

4)判断截面是否安全。若 $M \leqslant M_u$，则截面安全。

任务实施

1. 设计任务分析

(1)根据工作任务给出的条件，从正截面承载力计算的基本公式对照可知，两个公式求解两个未知数；

(2)依据任务给出的材料级别与型号，查阅设计规范确定材料强度设计值；

视频：单筋矩形截面受弯构件正截面承载力计算案例

(3)查阅《结构设计规范》构造要求确定梁的截面尺寸；

(4)根据正截面承载力计算的基本公式可知，两个公式求解两个未知数，又因为变量 $x \geqslant 0$，故 x 只有一个值，从而可求出所需受拉钢筋截面面积 A_s；

(5)求出 A_s 后计算配筋率，检查是否少筋或超筋；

(6)根据 A_s 选配钢筋的直径和根数，并确定钢筋的准确安放位置，绘出截面配筋图，加标注。

2. 设计任务的实施

第一步 确定材料强度设计值。

本题采用 C25（$f_t = 1.27 \text{ N/mm}^2$，$f_c = 11.9 \text{ N/mm}^2$）混凝土和 HRB400 级钢筋（$f_y = 360 \text{ N/mm}^2$）。

第二步 确定截面尺寸。

$$h = l_0/10 = 8\,200/12 = 683.33 (\text{mm})，取 800 \text{ mm}。$$

$$b = \left(\frac{1}{2} \sim \frac{1}{3}\right)h = 266.67 \sim 400 \text{ mm}，取 b = 250 \text{ mm}。$$

第三步 配筋计算。

假设钢筋一排布置：

$$h_0 = h - a_s = 800 - 35 = 765 (\text{mm})$$

由 $M = M_u = \alpha_1 f_c bx \left(h_0 - \dfrac{x}{2}\right)$，整理后可得

$$x^2 - 2h_0 x + \frac{2M}{\alpha_1 f_c b} = 0，解得 x = h_0 - \sqrt{h_0{}^2 - \frac{2M}{\alpha_1 f_c b}} = 765 - \sqrt{765^2 - \frac{2 \times 163.55 \times 10^6}{1 \times 11.9 \times 250}} = $$

$75.6 (\text{mm})(x \geqslant 0，且 x \leqslant h_0)；$

$$A_s = \alpha_1 f_c bx / f_y = \frac{\alpha_1 f_c b}{f_y}\left(h_0 - \sqrt{h_0{}^2 - \frac{2M}{\alpha_1 f_c b}}\right) = \frac{1 \times 11.9 \times 250 \times 75.6}{360} = 624.75 (\text{mm}^2)$$

选 2Φ20 钢筋（$A_s = 628 \text{ mm}^2$），一排钢筋需要的最小宽度 $b_{min} = 150 \text{ mm} < 200 \text{ mm}$，与原假设一致，如图 2.10 所示。

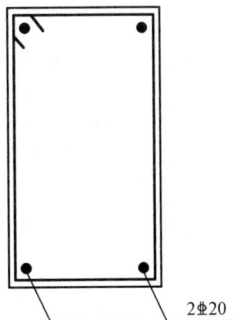

图 2.10 截面配筋图

第四步 检查最小配筋率。

$A_{s,min} = \rho_{min}bh = 0.2\% \times 250 \times 800 = 400 < A_s = 624.75 \text{ mm}^2$，满足要求。

第五步 绘图。

作梁的正截面配筋施工图。

一、填空题

1. 梁的截面形式主要有_____、倒 T 形、十字形、花篮形等。

2. 梁中通常配置_____等，构成梁的配筋。

3. 当梁的腹板高度_____时，应在梁的两个侧面沿梁高度配置_____，并用拉筋固定。

二、简答题

1. 受弯构件中，什么是界限破坏？什么是相对界限受压区高度？它和最大配筋率 ρ_{max} 有何关系？

2. 钢筋混凝土梁和板中通常配置哪几种钢筋？各起什么作用？

3. 适筋梁正截面梁破坏过程分为几个阶段？受弯构件正截面承载力计算是以哪个阶段为依据的？

4. 试述少筋梁、适筋梁和超筋梁的破坏特点，在设计中如何防止少筋梁和超筋梁？

三、实训题

（一）设计任务

某结构施工图纸标准层结构平面布置图中Ⓓ轴上①与②轴之间有一简支梁 L—7，计算跨度 $l_0 = 4.2$ m，由荷载设计值产生的弯矩 $M = 36.2$ kN·m。混凝土强度等级 C25，钢筋选用 HRB400 级，构件安全等级二级，确定梁的截面尺寸和纵向受力钢筋数量，并绘制截面配筋图。

（二）设计过程

1. 设计准备

课前完成线上学习任务，从网络课堂接受任务，通过互联网、图书查阅资料，分析相关信息，做好任务前准备工作。

2. 设计引导

根据前面学习过的内容，查阅规范设计案例，找出与本任务中相类似的解题过程。

3. 设计内容

4. 设计任务评价表(表 2.10)

表 2.10 任务评价表

序号	评价项目	配分	自我评价 （25%）	小组评价 （30%）	教师评价 （35%）	其他 （10%）
1	能够正确列出与使用任务实施中的计算公式	10				
2	能够描述单筋矩形截面受弯构件正截面的承载力计算过程与依据	20				
3	能够依据规范查阅确定相关数据	10				
4	计算准确	20				
5	绘图规范、合理	10				
6	遵守纪律	10				
7	完成任务中的所有内容	20				
合 计		100				
总 分						

任务 2　双筋矩形截面受弯构件正截面的承载力计算和设计

知识目标

1. 掌握双筋矩形截面受弯构件正截面的承载力计算原理、计算方法、适用条件和复核；
2. 理解混凝土保护层厚度与截面有效高度；
3. 了解双筋矩形截面梁的适用范围。

能力目标

1. 能够按照结构设计规范对双筋矩形截面受弯构件采取合理的构造措施；
2. 能够根据规范对双筋矩形截面受弯构件正截面进行配筋设计与配筋复核；
3. 能够掌握双筋矩形截面受弯构件钢筋的绘图及标注。

素养目标

1. 培养严谨认真、实事求是的科学态度；
2. 培养遵守结构设计规范的职业意识；
3. 树立安全至上的理念。

行业榜样

"宰相必起于州部，猛将必发于卒伍。"优秀的结构工程师必"长"于工地，一方面，要与施工单位密切配合，了解现场需求，解决施工难题；另一方面，在满足质量安全的基础上，必须考虑施工的便利性，或许不经意间工地施工人员指出的结构缺陷，就是下一步结构优化的方向。唯有如此，履职尽责，不断进取，才能做好做精本职工作。

任务描述

某教学楼矩形截面简支梁，截面尺寸 $b \times h = 200 \text{ mm} \times 500 \text{ mm}$，混凝土强度等级为 C30，钢筋为 HRB400 级，承受的弯矩设计值 $M = 271.13 \text{ kN} \cdot \text{m}$，安全等级为二级，环境类别为一类。根据所学知识确定纵向受力钢筋数量，并绘制截面配筋图。

知识准备

2.1 混凝土保护层厚度及截面有效高度

1. 混凝土保护层厚度

钢筋的混凝土保护层厚度是从最外层钢筋的外边缘到混凝土表面的距离。其主要作用：一是保护钢筋不致锈蚀，保证结构的耐久性；二是保证钢筋与混凝土间的黏结；三是在火灾等情况下，避免钢筋过早软化。纵向受力钢筋的混凝土保护层不应小于钢筋的公称直径，并按表 2.11 的规定确定。

表 2.11 混凝土保护层最小厚度　　　　　　　　　　单位：mm

环境类别	板、墙、壳	梁、柱、杆	环境类别	板、墙、壳	梁、柱、杆
一	15	20	三 a	30	40
二 a	20	25	三 b	40	50
二 b	25	35			
注：①混凝土强度等级不大于 C25 时，表中保护层厚度数值应增加 5 mm； ②钢筋混凝土基础宜设置混凝土垫层，基础中钢筋的混凝土保护层厚度应从垫层顶层算起，且不少于 40 mm					

混凝土保护层厚度过大，不仅会影响构件的承载能力，而且会增大裂缝宽度。当梁、柱中纵向受力钢筋的保护层厚度大于 50 mm 时，宜对保护层采取有效的构造措施。

2. 截面有效高度

梁、板在进行截面设计和复核时采用截面有效高度。所谓截面有效高度 h_0 是指受拉钢筋的重心至截面混凝土受压区边缘的垂直距离，它与受拉钢筋的直径及排数有关，截面有效高度可表示为 $h_0 = h - a_s$。h 为梁的截面高度，a_s 是受拉钢筋合力点到截面受拉边缘的距离。室内正常环境下的梁、板，a_s 可近似按表 2.12 取值。

表 2.12 室内正常环境下梁、板 a_s 的估算值　　　　　　　单位：mm

构件种类	纵向受力钢筋层数	混凝土强度等级	
		≤C20	≥C25
梁	一排	40	35
	二排	65	60
板	一排	25	20

2.2 双筋矩形截面梁的适用范围

双筋矩形截面受弯构件是指在截面的受拉区和受压区同时配置纵向受力钢筋的受弯构件。双筋截面梁虽然可以提高承载力，但利用受压钢筋来帮助混凝土承受压力是不经济的，故应尽量少用双筋截面梁。通常双筋矩形截面梁主要应用在以下三种情况中。

（1）当弯矩设计值很大，超过了单筋矩形截面适筋梁所能负担的最大弯矩，但梁的截面尺寸及混凝土强度等级又都受到限制而不能增大，这时宜设计成双筋梁，否则将成为超筋梁而使受拉钢筋不能被充分利用。

（2）由于荷载有多种组合情况，构件在不同荷载的组合下，截面将承受变号弯矩作用，即在某一组合情况下截面承受正弯矩，另一种组合情况下承受负弯矩，这时也出现双筋截面。

（3）在抗震设计中为提高截面的延性或由于构造原因，要求框架梁必须配置一定比例的受压钢筋。

试验表明，双筋矩形截面梁的受力特点与单筋适筋梁基本相同，即受拉钢筋首先屈服，随后受压区边缘混凝土达到极限压应变压碎而破坏。两者不同之处在双筋截面梁的受压区配有纵向受压钢筋。由平截面应变关系可以推出，当受压区边缘混凝土达到极限压应变 ε_{cu} 时，若 $x \geqslant 2a'_s$，对于受压钢筋为 HPB300、HRB335、HRB400 及 RRB400 级，受压钢筋应力均能达到其抗压强度设计值 f'_y（受压钢筋已屈服）；若 $x < 2a'_s$，受压钢筋距中和轴太近，其应力达不到其抗压强度设计值 f'_y，使受压钢筋不能充分发挥作用。

为防止纵向受压钢筋在压力作用下发生压曲而侧向凸出，保证受压钢筋充分发挥其作用，《结构设计规范》规定，双筋梁必须采用封闭箍筋，当梁的宽度大于 400 mm 且一层内的纵向受压钢筋多于 3 根时，或当梁的宽度不大于 400 mm 但层内的纵向受压钢筋多于 4 根时，应设置复合箍筋。

2.3 双筋矩形截面受弯构件正截面承载力计算

1. 计算公式及适用条件

（1）基本计算公式。与单筋矩形截面梁相似，双筋矩形截面适筋梁达到受弯极限状态时，受拉钢筋应力先达到抗拉强度设计值 A_s，受压区混凝土仍然采用等效矩形应力图形，而受压钢筋在满足一定条件下，其应力能达到抗压强度设计值 $\xi \leqslant \xi_b$，双筋矩形截面梁的计算应力简图如图 2.11 所示。

动画：双筋矩形
截面受弯构件
正截面设计

根据平衡条件，可写出下列基本公式

$$\sum x = 0 \quad \alpha_1 f_c bx + f'_y A'_s = f_y A_s \tag{2.9}$$

$$\sum M = 0 \quad M \leqslant M_u = \alpha_1 f_c bx\left(h_0 - \frac{x}{2}\right) + f'_y A'_s(h_0 - a'_s) \tag{2.10}$$

式中　f'_y——钢筋抗压强度设计值；

　　　A'_s——纵向受压钢筋截面面积；

　　　a'_s——纵向受压钢筋合力作用点至截面受压边缘的距离。

视频：双筋矩形
截面受弯构件正
截面承载力计算

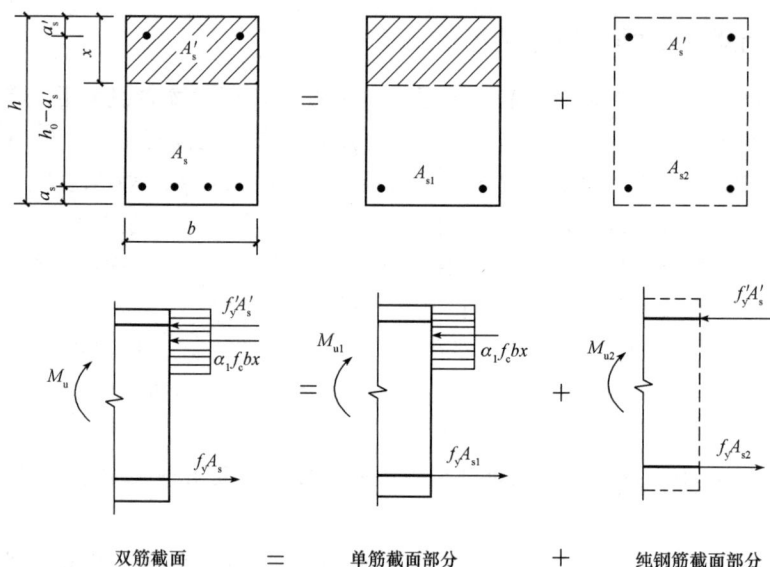

图 2.11 双筋截面的分解

双筋截面的受弯承载力可分解为两部分之和，如图 2.11 所示，$M_u = M_{u1} + M_{u2}$，即上式可写成

$$\alpha_1 f_c b x = f_y A_{s1} \qquad M_{u1} = \alpha_1 f_c b x \left(h_0 - \frac{x}{2} \right) \tag{2.11}$$

$$f'_y A'_s = f_y A_{s2} \qquad M_{u2} = f'_y A'_s (h_0 - a'_s) \tag{2.12}$$

其中第一部分受压区混凝土与部分受拉钢筋 A_{s1} 组成单筋截面部分的受弯承载力 M_{u1}；第二部分受压钢筋 A'_s 与其余部分受拉钢筋 A_{s2} 组成"纯钢筋截面"部分的受弯承载力 M_{u2}。

（2）适用条件。

1）为防止超筋破坏，应满足

$$x \leqslant \xi_b h_0 \text{ 或 } \xi \leqslant \xi_b \tag{2.13}$$

2）为保证受压钢筋在构件破坏时达到屈服强度，应满足

$$x \geqslant 2a'_s \tag{2.14}$$

当条件 2）不满足时，受压钢筋应力达不到 f'_y，此时可近似地取 $x = 2a'_s$，并对受压钢筋的合力作用点取矩

$$M \leqslant f_y A_s (h_0 - a'_s) \tag{2.15}$$

用式（2.15）直接确定受拉钢筋的截面面积 A_s，求得的 A_s 可能比不考虑受压筋而按单筋矩形截面计算的 A_s 大，这时应按单筋矩形截面的计算结果配筋。

2. 计算方法

（1）截面设计。在双筋截面的配筋计算中，可能会遇到下面两种情况。

情况一：已知构件的截面尺寸为 $b \times h$，弯矩设计值为 M，混凝土强度等级为 f_c，钢筋的级别为 A_s、f'_y，求受压钢筋和受拉钢筋截面面积 A_s 和 A'_s。

1）判别是否需要进行双筋设计。若 $M > M_{umax} = \alpha_1 f_c b h_0^2 \xi_b (1 - 0.5\xi_b)$，则需按双筋截面梁设计，否则按单筋截面梁设计。

2)求解 A_s、A'_s 和 x 三个未知数。应用式(2.9)和式(2.10)两个公式计算钢筋截面面积，故需补充一个条件才能求解。为了节约钢筋，应充分发挥混凝土的受压能力，使总用钢量尽量降低，取 $\xi = \xi_b$，则 $x = \xi_b h_0$。代入式(2.10)求得受压钢筋

$$A'_s = \frac{M - \alpha_1 f_c b h_0^2 \xi_b (1 - 0.5\xi_b)}{f'_y (h_0 - a'_s)} \tag{2.16}$$

把 A'_s 代入式(2.9)求得受拉钢筋

$$A_s = \frac{\alpha_1 f_c b \xi_b h_0 + f'_y A'_s}{f_y} \tag{2.17}$$

情况二：已知构件的截面尺寸为 $b \times h$，弯矩设计值为 M，混凝土强度等级为 f_c，钢筋的级别为 A_s、f'_y，受压钢筋截面面积为 A'_s，求受拉钢筋截面面积 A_s。

因只有 A_s 和 x 是未知量，可用式(2.9)和式(2.10)直接求解。

1)根据给定 A'_s。

$f'_y A'_s = f_y A_{s2}$ 计算 A_{s2} 和 M_{u2}。

由式(2.11)和式(2.12)可得 $A_{s2} = \dfrac{f'_y A'_s}{f_y}$ 和 $M_{u2} = f'_y A'_s (h_0 - a'_s)$，则 $M_{u1} = M_u - M_{u2}$。

2)求 A_{s1} 和 A_s。

因式(2.11) $M_{u1} = \alpha_1 f_c b x \left(h_0 - \dfrac{x}{2} \right)$ 中就 x 是未知量，按式(2.4)求出 x。

则

$$A_{s1} = \alpha_1 f_c b x / f_y \tag{2.18}$$

总受拉钢筋截面面积

$$A_s = A_{s1} + A_{s2} \tag{2.19}$$

3)验算适用条件。

①若 $\xi > \xi_b$，说明给定的数量 A'_s 不足，应按情况一重新计算 A_s 和 A'_s。

②若 $x < 2a'_s$，说明受压钢筋 A'_s 的应力达不到抗压强度设计值 f'_y，此时应取 $x = 2a'_s$，按式(2.15)计算 A_s。

$$A_s = \frac{M}{f_y (h_0 - a'_s)} \tag{2.20}$$

(2)截面复核。已知构件的截面尺寸为 $b \times h$，混凝土强度等级为 f_c，钢筋强度为 A_s 和 f'_y，截面面积为 A_s 和 A'_s。求截面所能承受的弯矩设计值或复核截面是否安全。

计算步骤如下：

由式(2.9)求出 x 为

$$x = \frac{f_y A_s - f'_y A'_s}{\alpha_1 f_c b} \tag{2.21}$$

当 $x < 2a'_s$ 时，则 $M_u = f_y A_s (h_0 - a'_s)$。

当 $2a'_s \leqslant x \leqslant x_b = \xi_b h_0$ 时，则 $M_u = \alpha_1 f_c b x \left(h_0 - \dfrac{x}{2} \right) + f'_y A'_s (h_0 - a'_s)$。

当 $x > \xi_b h_0$ 时，则 $M_u = \alpha_1 f_c b h_0^2 \xi_b (1 - 0.5\xi_b) + f'_y A'_s (h_0 - a'_s)$。

其中 M_u 为截面所能承受的最大弯矩，若 $M_u \geqslant M$ 则截面安全。

任务实施

1. 设计任务分析

(1)当弯矩设计值很大时，根据设计规范公式判断是否进行双筋梁设计；

(2)依据是否有受压钢筋来选择计算方法与相应公式。

2. 设计任务的实施

第一步　依据任务确定设计值和查找设计系数。

$f_t = 1.43 \text{ N/mm}^2$，$f_c = 14.3 \text{ N/mm}^2$，$f_y = f'_y = 360 \text{ N/mm}^2$，$\xi_b = 0.518$，$\alpha_1 = 1.0$，$\gamma_0 = 1.0$，假定受拉钢筋两排放置，查表取 $a_s = 60 \text{ mm}$，则 $h_0 = h - a_s = 500 - 60 = 440(\text{mm})$。

第二步　根据公式判断是否需要配置受压钢筋。

$$\begin{aligned}
M_{umax} &= \alpha_1 f_c b h_0^2 \xi_b (1 - 0.5\xi_b) \\
&= 1.0 \times 14.3 \times 200 \times 440^2 \times 0.518 \times (1 - 0.5 \times 0.518) \\
&= 212.53(\text{kN} \cdot \text{m}) < M \\
&= 271.13(\text{kN} \cdot \text{m})
\end{aligned}$$

所以在混凝土强度等级和截面尺寸不变的前提下应配置受压钢筋，即应该采用双筋截面。

第三步　计算受压钢筋 A'_s 和受拉钢筋 A_s。

取 $\xi = \xi_b = 0.518$，$a_s = 60 \text{ mm}$，$a'_s = 35 \text{ mm}$

代入求 A'_s 公式得

$$\begin{aligned}
A'_s &= \frac{M - \alpha_1 f_c b h_0^2 \xi_b (1 - 0.5\xi_b)}{f'_y (h_0 - a'_s)} \\
&= \frac{271.13 \times 10^6 - 1.0 \times 14.3 \times 200 \times 440^2 \times 0.518 \times (1 - 0.5 \times 0.518)}{360 \times (440 - 35)} \\
&= 401.92(\text{mm}^2)
\end{aligned}$$

代入求 A_s 公式求得受拉钢筋

$$\begin{aligned}
A_s &= \frac{\alpha_1 f_c b \xi_b h_0 + f'_y A'_s}{f_y} \\
&= \frac{1.0 \times 14.3 \times 200 \times 0.518 \times 440 + 360 \times 401.92}{360} \\
&= 2\,212.62(\text{mm}^2)
\end{aligned}$$

第四步　选配钢筋。

查钢筋表，受压钢筋选用 2Φ16（$A'_s = 402 \text{ mm}^2$），受拉钢筋选用 6Φ22（$A_s = 2\,281 \text{ mm}^2$）。

第五步　绘图。

作梁的正截面配筋施工图(图 2.12)。

28

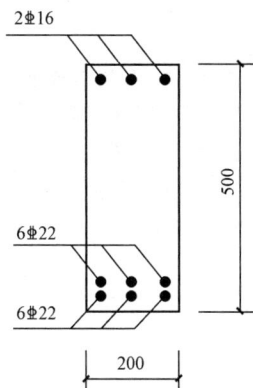

图 2.12 正截面配筋图

▶ 思考与练习

一、填空题

1. 双筋矩形截面受弯构件是指在截面的_____和_____同时配置纵向受力钢筋的受弯构件。

2. 构件在不同荷载的组合下，截面将承受变号弯矩作用，既承受正弯矩，又承受负弯矩，这时也出现_____截面。

3. 只要满足适筋梁的条件，双筋矩形截面梁的破坏形式与_____适筋梁基本相同。

二、简答题

1. 什么是双筋截面？在什么情况下才采用双筋截面？

2. 双筋截面中的受压钢筋和单筋截面中的架立钢筋有何不同？

3. 为什么要求双筋矩形截面的受压区高度 $x \geqslant 2a'_s$？若不满足此条件应如何处理？

4. 混凝土保护层的作用是什么？室内正常环境中梁、板保护层的最小厚度取为多少？

三、实训题

(一)设计任务

某办公楼一钢筋混凝土梁的截面尺寸 $b \times h = 200\ \text{mm} \times 450\ \text{mm}$，承受的弯矩设计值 $M = 150\ \text{kN·m}$，混凝土强度等级为 C30，钢筋为 HRB400 级，受拉钢筋为 4Φ22，受压钢筋为 2Φ20。安全等级为二级，环境类别为一类，试复核该梁是否安全。

(二)设计过程

1. 设计准备

课前完成线上学习任务，从网络课堂接受任务，通过互联网、图书查阅资料，分析相关信息，做好任务前准备工作。

2. 设计引导

根据前面学习过的内容，查阅规范设计案例，找出与本任务中相类似的解题过程。

3. 设计内容

4. 设计任务评价表(表 2.13)

表 2.13　任务评价表

序号	评价项目	配分	自我评价 (25%)	小组评价 (30%)	教师评价 (35%)	其他 (10%)
1	能够正确列出与使用任务实施中的计算公式	10				
2	能够描述双筋矩形截面受弯构件正截面的承载力计算过程与依据	20				
3	能够依据规范查阅确定相关数据	10				
4	计算准确	20				
5	绘图规范、合理	10				
6	遵守纪律	10				
7	完成任务中的所有内容	20				
	合计	100				
	总分					

任务 3　T 形截面受弯构件正截面的承载力计算和设计

知识目标

1. 掌握 T 形截面受弯构件正截面的承载力计算原理、计算方法、适用条件和复核;
2. 了解 T 形截面梁的构成与分类;
3. 理解板的构造要求。

能力目标

1. 能够按照结构设计规范对 T 形截面受弯构件采取合理的构造措施;
2. 能够根据规范对 T 形截面受弯构件正截面进行配筋设计与配筋复核;
3. 能够掌握 T 形截面受弯构件钢筋的绘图及标注。

素养目标

1. 培养严谨认真、实事求是的科学态度;
2. 培养遵守结构设计规范的职业意识;
3. 树立安全至上的理念。

对于结构工程师而言，严守安全底线、确保工程质量是基本前提。同样的建筑方案，不同的结构设计方案对后期施工的影响可能截然不同。某一工程，由于建筑的要求，需要结构工程师既要满足建筑风格的要求，又要保证结构的安全，但给结构工程师留下的设计思维空间极其有限，最终结构工程师跳出常规思维，采用独到的设计与处理方式，达到了预期的目的，并还节约了配筋量，方便了施工，更重要的是保证了工程质量。

任务描述

某一现浇肋形楼盖中的次梁的截面尺寸 $b \times h = 200 \text{ mm} \times 600 \text{ mm}$，$b'_f = 700 \text{ mm}$，$h'_f = 90 \text{ mm}$，混凝土强度等级为 C30，钢筋为 HRB400 级，承受的弯矩设计值 $M = 460 \text{ kN} \cdot \text{m}$，环境类别为一类。试求所需的纵向钢筋并绘制截面配筋图。

知识准备

3.1 板的截面形式与尺寸

1. 板的截面形式与尺寸

板的截面形式一般为矩形、空心板、槽形板等，如图 2.13 所示。

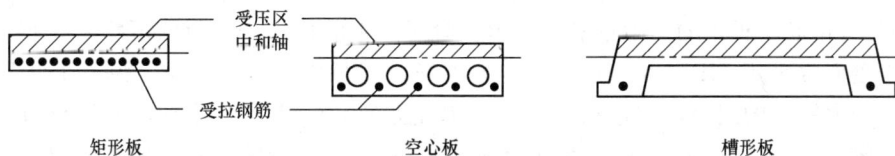

图 2.13 板的截面形式

按构造要求，现浇板的厚度不应小于表 2.14 的数值。现浇板的厚度一般取 10 mm 的倍数，工程中现浇板的常用厚度为 60、70、80、100、120（mm）。板的截面尺寸也必须满足承载力、刚度和裂缝控制要求，同时还应满足模数，以利于模板定型化。

表 2.14 现浇钢筋混凝土板的最小厚度　　　　单位：mm

板的类型		厚度
单向板	屋面板	60
	民用建筑楼板	60
	工业建筑楼板	70
	行车道下的楼板	80
双向板		80
密肋楼盖	面板	50
	肋高	250

板的类型		厚度
悬臂板（根部）	悬臂长度不大于 500 mm	60
	悬臂长度 1 200 mm	100
无梁楼板		150
现浇空心楼板		200

2. 板的配筋

板中通常布置纵向受力钢筋和分布钢筋两种钢筋(图 2.14)。

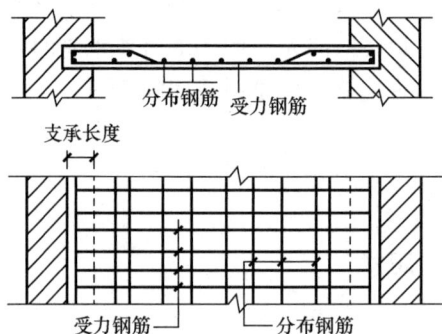

图 2.14 板的配筋

(1)受力钢筋。板中的受力钢筋用来承受弯矩产生的拉力，沿板的短跨方向布置。板的纵向受力钢筋常采用 HPB300、HRB400 级钢筋，直径为 6~12 mm。为了正常地分担内力，板中受力钢筋的间距不宜过稀，但为了绑扎方便和保证浇捣质量，板的受力钢筋间距也不宜过密。当 $h \leqslant 150$ mm 时，不宜大于 200 mm；当 $h > 150$ mm 时，不宜大于 $1.5h$，且不宜大于 250 mm。

(2)分布钢筋。分布钢筋垂直于板的受力钢筋方向，在受力钢筋内侧按构造要求配置。分布钢筋的作用：一是固定受力钢筋的位置，形成钢筋网；二是将板上荷载有效地传到受力钢筋上去；三是防止温度或混凝土收缩等原因造成沿跨度方向形成裂缝。板中单位长度上分布钢筋的截面面积不宜小于单位宽度上受力钢筋截面面积的 15%，且配筋率不宜小于 0.15%。分布钢筋的直径不宜小于 6 mm，间距不宜大于 250 mm；当集中荷载较大时，分布钢筋截面配筋面积应适当增加，间距不宜大于 200 mm。

3.2 双 T 形截面梁的构成

正截面受弯构件承载力计算不考虑混凝土的作用，若将矩形截面受拉区的混凝土挖去一部分，并将受拉钢筋集中放置，形成图 2.15(a)所示的 T 形截面。其中伸出部分称为翼缘，中间部分称为肋或腹板，肋的宽度为 b，受压翼缘宽度为 b_{f}'，厚度为 h_{f}'，h 为截面总高。与矩形截面相比，其受弯承载力不会降低，还可节省材料，减轻构件自重。工程结构中 T 形截面应用非常广泛，如整体式楼盖中的主、次梁，如图 2.15(b)所示，T 形吊车梁、槽型板和圆孔空心板等均可按 T 形截面计算，如图 2.15(c)所示。

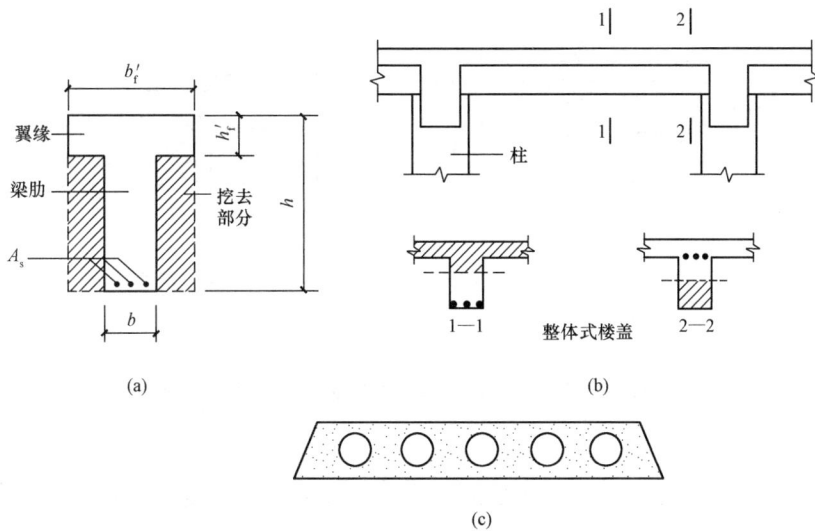

图 2.15 T 形截面梁

（a）T 形截面；（b）整体式楼盖主、次梁；（c）圆孔空心板截面

1. 翼缘计算宽度

T 形截面受弯构件翼缘受压时的压应力的分布是不均匀的，离梁肋越远，压应力越小。因此，受压翼缘的计算宽度应有一定限制，在此宽度范围内的应力分布可假设是均匀的，且能与梁肋很好地整体工作，《结构设计规范》规定，翼缘计算宽度 b_f' 按表 2.15 规定的最小值取用。

表 2.15 T 形、工字形及倒 L 形截面受弯构件翼缘计算宽度 b_f'

情况	T 形截面、工字形截面		倒 L 形截面
	肋形梁（板）	独立梁	肋形梁（板）
按计算跨度 l_0 考虑	$l_0/3$	$l_0/3$	$l_0/6$
按梁（肋）净距 s_n 考虑	$b+s_n$	—	$b+s_n/2$
按翼缘高度 h_f' 考虑	$b+12h_f'$	b	$b+5h_f'$

2. T 形截面的分类

根据受力大小，T 形截面的中和轴可能通过翼缘，也可能通过肋部。中和轴通过翼缘者称为第一类 T 形截面，通过肋部者称为第二类 T 形截面，如图 2.16 和图 2.17 所示。

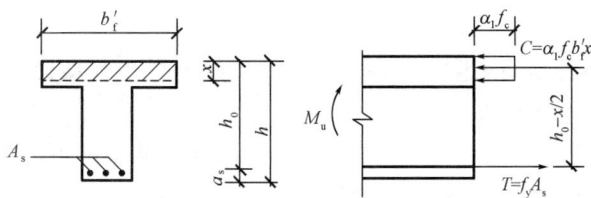

图 2.16 第一类 T 形截面的等效矩形应力图

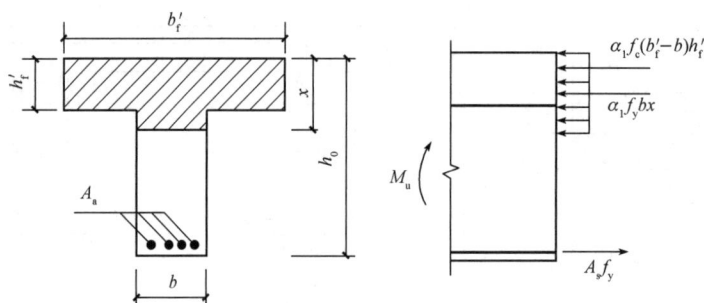

图 2.17　第二类 T 形截面的等效矩形应力图

若 $f_y A_s \leqslant \alpha_1 f_c b'_f h'_f$ 或 $M \leqslant \alpha_1 f_c b'_f h'_f \left(h_0 - \dfrac{h'_f}{2}\right)$，则说明不需要全部翼缘混凝土受压即可满足平衡，故 $x \leqslant h'_f$，属于第一类 T 形截面。

若 $f_y A_s > \alpha_1 f_c b'_f h'_f$ 或 $M > \alpha_1 f_c b'_f h'_f \left(h_0 - \dfrac{h'_f}{2}\right)$，则说明仅仅翼缘高度内的混凝土受压不足以满足平衡，故 $x > h'_f$，属于第二类 T 形截面。

3.3　T 形截面受弯构件正截面承载力计算

1. 基本计算公式及其适用条件

（1）基本计算公式。

1）第一类 T 形截面：其基本公式可表示为

$$\alpha_1 f_c b'_f x = f_y A_s \tag{2.22}$$

$$M \leqslant M_u = \alpha_1 f_c b'_f x \left(h_0 - \frac{x}{2}\right) \tag{2.23}$$

视频：T 形截面
梁正截面承载
力计算

2）第二类 T 形截面：为了便于分析与计算，现将其应力图形分成两部分；一部分由肋部受压区混凝土的压力与相应的受拉钢筋 A_{s1} 的拉力组成，相应的截面受弯承载力设计值为 M_{u1}；另一部分则由翼缘混凝土的压力与相应的受拉钢筋 A_{s2} 的拉力组成，相应的截面受弯承载力设计值为 M_{u2}（图 2.17）。

根据平衡条件可建立起两部分的基本计算公式，因 $M = M_{u1} + M_{u2}$，$A_s = A_{s1} + A_{s2}$，故将两部分叠加即得整个截面的基本公式，即

$$\alpha_1 f_c b x + \alpha_1 f_c (b'_f - b) h'_f = f_y A_s \tag{2.24}$$

$$M \leqslant M_u = \alpha_1 f_c b x \left(h_0 - \frac{x}{2}\right) + \alpha_1 f_c (b'_f - b) h'_f \left(h_0 - \frac{h'_f}{2}\right) \tag{2.25}$$

（2）适用条件。

1）$x \leqslant \xi_b h_0$。该条件是为了防止出现超筋梁，但第一类 T 形截面一般不会超筋，故计算时可不验算这个条件。

2）$A_s \geqslant \rho_{min} b h_0$ 或 $\rho \geqslant \rho_{min}$。该条件是为了防止出现少筋梁，第二类 T 形截面的配筋较多，一般不会出现少筋的情况，故可不验算这一条件。

2. 正截面承载力计算步骤

已知弯矩设计值 M、混凝土强度等级、钢筋级别、截面尺寸，求受拉钢筋截面面积 A_s。计算步骤如下。

1)类型判断：当 $M \leqslant \alpha_1 f_c b_f' h_f' \left(h_0 - \dfrac{h_f'}{2} \right)$ 时为第一类 T 形截面。

当 $M > \alpha_1 f_c b_f' h_f' \left(h_0 - \dfrac{h_f'}{2} \right)$ 时为第二类 T 形截面。

2)T 形截面计算。

①当为第一类 T 形截面时，其计算方法与截面尺寸 $b_f' \times h$ 的单筋矩形截面相同。

②当为第二类 T 形截面时，可以采用下式进行计算。

$$x = h_0 - \sqrt{h_0^2 - \frac{2M}{\alpha_1 f_c b} + 2h_f'\left(h_0 - \frac{h_f'}{2} \right)\left(\frac{b_f'}{b} - 1 \right)} \leqslant x_b = \xi_b h_0$$

求受拉钢筋 A_s：

$$A_s = \frac{\alpha_1 f_c b}{f_y}\left[x + \left(\frac{b_f'}{b} - 1 \right) h_f' \right] \geqslant A_{s,\,min} = \rho_{min} bh$$

验算是否超筋和少筋。

任务实施

1. 设计任务分析(图 2.18)

(1)根据任务中的内容可判别截面类型；

(2)根据截面类型，选择对应的计算方法；

(3)根据 A_s 选配钢筋的直径和根数。

2. 设计任务的实施

第一步　根据结构设计规范查找设计参数。

$f_c = 14.3 \text{ N/mm}^2$，$f_y = 360 \text{N/mm}^2$，$\alpha_1 = 1.0$，$\xi_b = 0.518$，假定受拉钢筋两排放置，查表取 $a_s = 60$ mm，则 $h_0 = h - a_s = 600 - 60 = 540(\text{mm})$。

第二步　判别截面类型。

$$\alpha_1 f_c b_f' h_f' \left(h_0 - \frac{h_f'}{2} \right) = 1.0 \times 14.3 \times 700 \times 90 \times (540 - 90/2)$$

$$= 446(\text{kN} \cdot \text{m}) < M$$

$$= 460(\text{kN} \cdot \text{m})$$

属于第二类 T 形截面。

第三步　计算 x。

$$x = h_0 - \sqrt{h_0^2 - \frac{2M}{\alpha_1 f_c b} + 2h_f'\left(h_0 - \frac{h_f'}{2} \right)\left(\frac{b_f'}{b} - 1 \right)}$$

$$= 540 - \sqrt{540^2 - \frac{2 \times 460 \times 10^6}{1.0 \times 14.3 \times 200} + 2 \times 90 \times \left(540 - \frac{90}{2} \right)\left(\frac{700}{200} - 1 \right)}$$

$$= 101.06(\text{mm})$$

第四步　计算受拉钢筋 A_s。

$$A_s = \frac{\alpha_1 f_c b}{f_y}\left[x + \left(\frac{b'_f}{b} - 1\right)h'_f\right]$$

$$= \frac{1.0 \times 14.3 \times 200}{360}\left[101.06 + \left(\frac{700}{200} - 1\right) \times 90\right]$$

$$= 2\,590.37\,(mm^2)$$

第五步　选配钢筋。

查钢筋表，受拉钢筋选用 8Φ20，$A_s = 2\,513\,mm^2$。

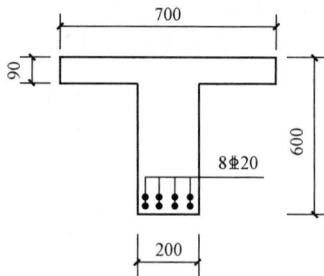

图 2.18　配筋图

思考与练习

一、填空题

1. 板的截面形式一般为 _____ 、_____ 和 _____ 等。

2. 现浇板的厚度一般取 _____ 的倍数。

3. T 形截面与矩形截面相比，其受弯承载力不会降低，而且还节省了 _____ _____ ，减轻 _____ 。

二、简答题

1. T 形截面有何优点？为什么 T 形截面的最小配筋公式中的 b 为肋宽？

2. 两类 T 形截面梁如何判别？为何第一类 T 形截面梁可按 $b'_f \times h$ 的矩形截面计算？

3. 板中的分布钢筋起什么作用？

4. 梁式板的受力钢筋沿板哪个方向布置？

三、实训题

(一)设计任务

某 T 形梁的截面尺寸 $b \times h = 250\,mm \times 800\,mm$，$b'_f = 600\,mm$，$h'_f = 100\,mm$，混凝土强度等级为 C30，钢筋为 HRB400 级，弯矩设计值 $M = 600\,kN \cdot m$，环境类别为一类，试求所需的纵向受拉钢筋面积。

(二)设计过程

1. 设计准备

课前完成线上学习任务，从网络课堂接受任务，通过互联网、图书查阅资料，分析相关信息，做好任务前准备工作。

2.设计引导

根据前面学习过的内容，查阅规范设计案例，找出与本任务中相类似的解题过程。

3.设计内容

4.设计任务评价表(表 2.16)

表 2.16　任务评价表

序号	评价项目	配分	自我评价（25%）	小组评价（30%）	教师评价（35%）	其他（10%）
1	能够正确列出与使用任务实施中的计算公式	10				
2	能够描述 T 形截面受弯构件正截面的承载力计算过程与依据	20				
3	能够依据规范查阅确定相关数据	10				
4	计算准确	20				
5	绘图规范、合理	10				
6	遵守纪律	10				
7	完成任务中的所有内容	20				
	合计	100				
	总分					

任务 4　受弯构件斜截面的承载力计算和设计

知识目标

1.了解受弯构件斜截面的承载力计算方法、适用条件；

2.了解受弯构件斜截面破坏形态，影响斜截面受剪承载力的主要因素；

3.理解受弯构件斜截面的构造要求。

1. 能够按照结构设计规范对受弯构件斜截面采取合理的构造措施；
2. 能够根据规范对受弯构件斜截面进行配筋设计与配筋复核；
3. 能够掌握受弯构件斜截面钢筋的绘图及标注。

素养目标

1. 培养严谨认真、实事求是的科学态度；
2. 培养遵守结构设计规范的职业意识；
3. 树立安全至上的理念。

📄 行业榜样

清水混凝土是名副其实的绿色混凝土。清水混凝土一次成型，减少了传统混凝土表面装饰环节，降低了工程造价，消除了诸多质量通病，提高了工程建设质量管理，特别是在结构的施工中，加强过程控制，减少了维保费用，为社会节省大量建筑原材料，减少大量建筑垃圾。随着绿色建筑日渐受到重视，清水混凝土的应用将有较大的发展空间。在我国建筑业高质量发展的今天，清水混凝土的使用及技术进步发挥着重要作用。

📄 任务描述

某教学楼有一简支梁 L—7，截面尺寸 $b×h = 200$ mm×400 mm，承受均布荷载作用，支座边缘剪力设计值为 144.2 kN。混凝土强度等级 C30，箍筋采用 HPB300 级钢筋。试确定箍筋数量。

📄 知识准备

4.1 受弯构件斜截面的构造要求

在荷载作用下，受弯构件不仅在各个截面上引起弯矩，同时还产生剪力。在弯曲正应力和剪应力共同作用下，受弯构件可能出现斜截面破坏。图 2.19(a)所示为梁在弯矩 M 和剪力 V 共同作用下的主应力迹线，其中实线为主拉应力迹线，虚线为主压应力迹线。一般情况下，受弯构件不会因主压应力而引起破坏。但当主拉应力超过混凝土的抗拉强度时，混凝土便沿垂直于主拉应力的方向出现斜裂缝[图 2.19(b)]进而可能发生斜截面破坏。这种破坏通常较为突然，具有脆性性质，其危险性更大。所以，钢筋混凝土受弯构件不仅要进行正截面承载力计算，还须对弯矩和剪力共同作用的区段进行斜截面承载力计算。

梁的斜截面承载能力包括斜截面的受弯承载力和受剪承载力。在实际工程设计中，斜截面受弯承载力则通过构造措施来保证，而受剪承载力通过计算配置腹筋来保证。一般来说，受弯构件斜截面承载力计算主要是对梁和厚板而言。

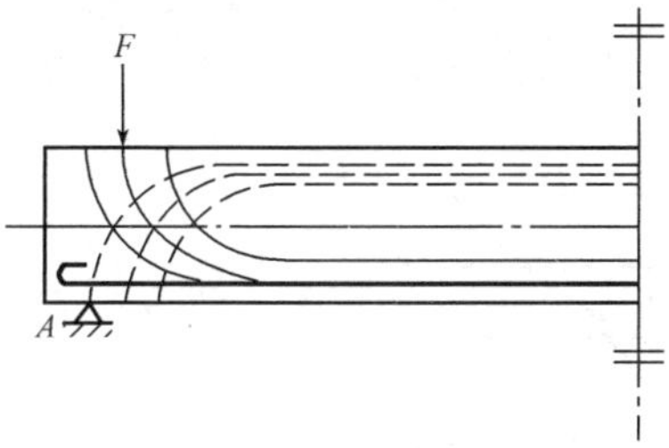

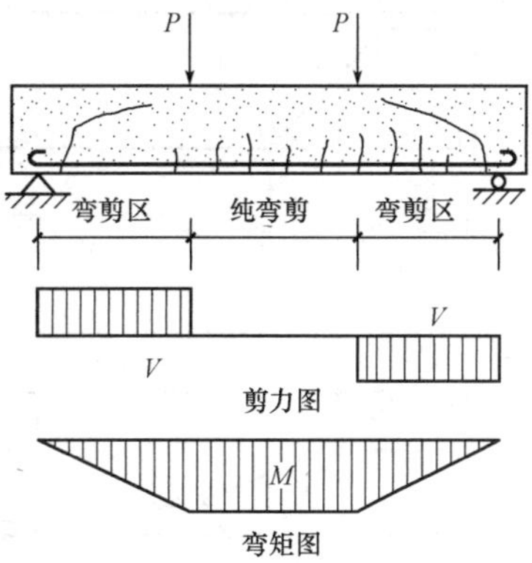

图 2.19　受弯构件主应力迹线及斜裂缝示意
(a)梁的主应力迹线；(b)梁的斜裂缝

1. 抵抗弯矩图

抵抗弯矩图是指按构件实际配置的钢筋所绘出的各正截面所能承受的弯矩图形，也称材料图。

设梁截面所配钢筋总截面面积为 A_s，每根钢筋截面面积为 A_{si}，则截面抵抗弯矩 M_u 及第 i 根钢筋的抵抗弯矩 M_{ui} 可分别表示为

$$M_u = f_s A_y \left(h_0 - \frac{f_y A_s}{2\alpha_1 f_0 b} \right) \tag{2.26}$$

$$M_{ui} = \frac{A_{si}}{A_s} M_u \tag{2.27}$$

若全部纵向钢筋沿梁全长布置，既不弯起也不截断，则每个截面的抵抗弯矩相等，呈矩形。这样做虽然构造简单，而且能保证所有截面的正截面和斜截面承载力，但除跨中截面外，纵向钢筋均没有得到充分利用，因而不经济。为了节约钢材，可将一部分纵筋在受弯承载力不需要处截断或弯起作为受剪的弯起钢筋。下面以图 2.20 所示的简支梁的抵抗弯矩图为例介绍钢筋截断或弯起时抵抗弯矩图的画法。首先按一定比例绘出梁的设计弯矩图（M 图），再求出跨中截面纵筋（2ϕ25＋1ϕ22）所能承担的抵抗弯矩 M_u，近似地按钢筋截面面积的比例划分出每根钢筋所能抵抗的弯矩。每根钢筋所能抵抗的弯矩 M_{ui}，可近似地按该根钢筋的截面面积 A_{si} 占总钢筋面积的比例计算而得，即 $M_{ui} = \dfrac{A_{si}}{A_s} M_u$，根据 M 图的变化将钢筋弯起时需绘制 M_u 图，使得 M_u 图包住 M 图，以满足受弯承载力的要求。

如果将①号钢筋在 G 和 H 截面处开始弯起，弯起后由于力臂逐渐减小，该钢筋的正截面抵抗弯矩也将逐渐降低，直到穿过与梁轴相交的 E、F 截面，弯筋进入压区，其抵抗弯矩才消失。因此，在梁上沿 E、F 作垂线与抵抗弯矩图中过 2 点的水平线交于 e、f 点，沿 G、H 作垂线与抵抗弯矩图中过 n 点的水平线交于 g、h 点，斜线 ge 及 hf 反映了①号钢筋抵抗弯矩的变化。②号钢筋全部伸入支座，M_{u2} 与 M 图的交点为 e'，在该点②号钢筋的强度可以得到充分发挥，故 e' 点为②号钢筋的充分利用点，在 e' 点以外范围不再需要①号钢筋，因此 e' 也是①号钢筋不需要点，故可将①号钢筋弯起。

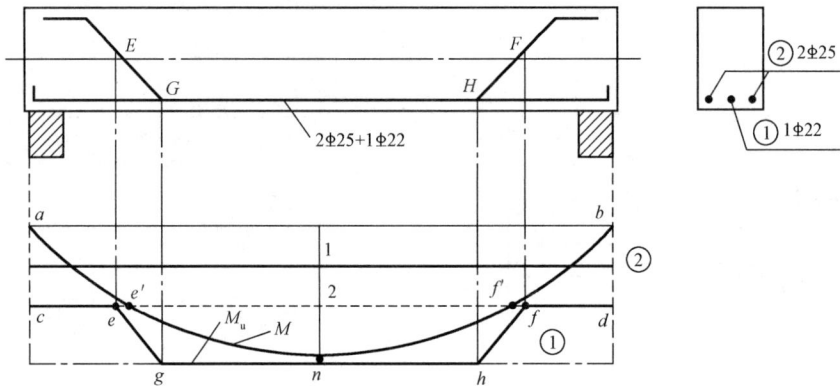

图 2.20　简支梁的抵抗弯矩图

抵抗弯矩图能包住设计弯矩图，则表明沿梁长各个截面的正截面受弯承载力是足够的。抵抗弯矩图越接近设计弯矩图，说明设计越经济。应当注意的是，使抵抗弯矩图能包住设计弯矩图，只是保证了梁的正截面受弯承载力。实际上，纵向受力钢筋的弯起与截断还必须考虑梁的斜截面受弯承载力的要求。施工时，钢筋弯起和截断位置必须严格按照施工图设置。

2. 保证斜截面受弯承载力的构造措施

受弯构件斜截面受弯承载力是通过构造措施来保证的。这些措施包括纵向钢筋的锚固、简支梁下部纵筋伸入支座的锚固长度、支座截面负弯矩纵筋截断时的伸出长度、弯起钢筋弯终点外的锚固要求、箍筋的间距与肢距等。

（1）纵向受拉钢筋截断时的构造。梁的正、负纵向钢筋都是根据跨中或支座最大弯矩值计算配置的。对于正弯矩区段内的纵向钢筋，通常采用弯向支座（用来抗剪或承受负弯矩）的方式来减少多余钢筋，而不应将梁底部承受正弯矩的钢筋在受拉区截断。这是因为纵向受拉钢筋在跨间截断时，钢筋截面面积会发生突变，混凝土中会产生应力集中现象，在纵筋截断处提前出现裂缝。如果截断钢筋的锚固长度不足，则会导致粘结破坏，从而降低构件承载力。对于连续梁和框架梁承受支座负弯矩的钢筋则往往采用截断的方式来减少多余纵向钢筋，但其截断点的位置应满足两个控制条件：一是该批钢筋截断后斜截面仍有足够的受弯承载力，即保证从不需要该钢筋的截面伸出的长度不小于 l_1；二是被截断的钢筋应具有必要的锚固长度，即保证从该钢筋充分利用截面伸出的长度不小于 l_2。l_1 和 l_2 的值根据剪力大小按表 2.17 取值。钢筋的延伸长度取 l_1 和 l_2 的较大值（图 2.21）。

表 2.17　负弯矩钢筋延伸长度的最小值

截面条件	l_1	l_2
$V \leqslant 0.7 f_t b h_0$	$\geqslant 20d$	$\geqslant 1.2 l_a$
$V > 0.7 f_t b h_0$	$\geqslant 20d$，且 $\geqslant h_0$	$\geqslant 1.2 l_a + h_0$
$V > 0.7 f_t b h_0$，且按上述规定的截断点仍位于负弯矩受拉区内	$\geqslant 20d$，且 $\geqslant 1.3 h_0$	$\geqslant 1.2 l_a + 1.7 h_0$
注：l_1 为从该钢筋理论截断点伸出的长度，l_2 为从该钢筋强度充分利用截面伸出的长度		

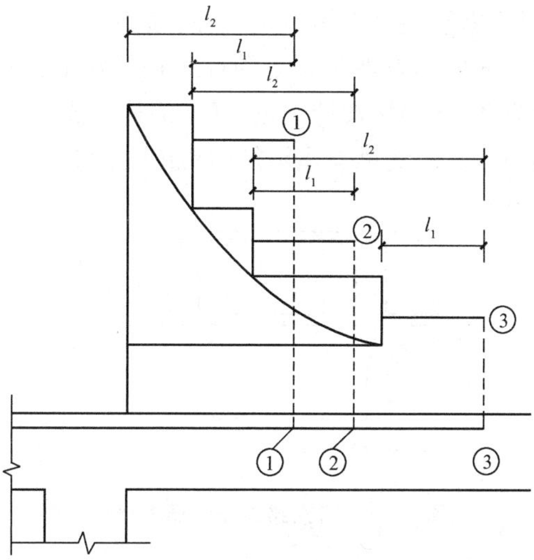

图 2.21 纵向受拉钢筋截断时的构造

(2)纵向受力钢筋弯起时的构造。为了保证构件的斜截面受弯承载力，弯起钢筋与梁中心线的交点应位于该钢筋的理论截断点之外。同时钢筋弯起点必须伸过其充分利用点一段距离 s，$s \geqslant h_0/2$。

弯起钢筋在弯终点外应留有一直线段的锚固长度，以保证在斜截面处发挥其强度。当直线段位于受拉区时，其长度 $\geqslant 20d$，位于受压区时长度 $\geqslant 10d$（d 为弯起钢筋的直径）。光圆钢筋的末端应设弯钩。为了防止弯折处混凝土挤压力过于集中，弯折半径 $\geqslant 10d$（图 2.22）。当纵向受力钢筋不能在需要的地力弯起或弯起钢筋不足以承受剪力时，可单独为抗剪设置弯起钢筋。此时，弯起钢筋应采用鸭筋形式，严禁采用浮筋形式（图 2.23）。鸭筋的构造与弯起钢筋基本相同。

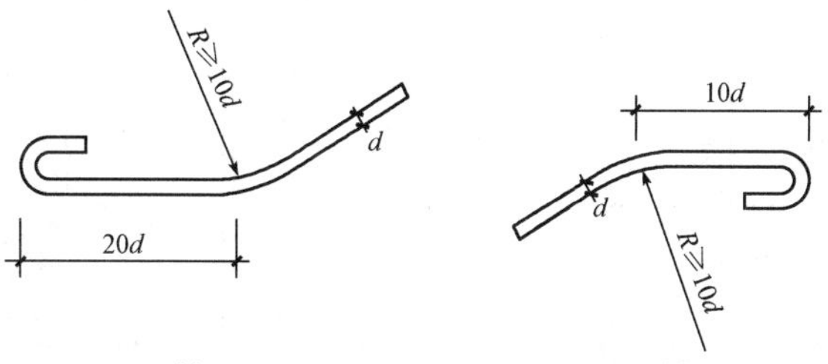

(a)   (b)

图 2.22 弯起钢筋的端部构造

（a)受拉区；(b)受压区

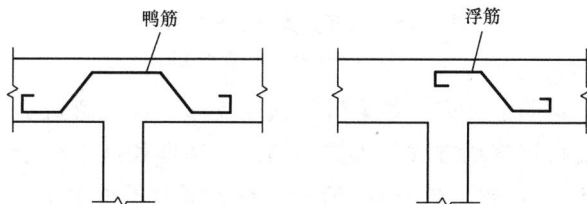

图 2.23 鸭筋与浮筋

(3)纵筋的锚固。为保证钢筋混凝土构件正常可靠地工作,防止纵向受力钢筋在支座处被拔出而导致构件发生沿斜截面的弯曲破坏,因此,钢筋混凝土梁和板中的纵向受力钢筋伸入梁支座内自锚固长度应满足《结构设计规范》规定的构造要求。

1)简支梁支座纵筋的锚固。简支梁支座纵筋的锚固如图 2.24 所示。

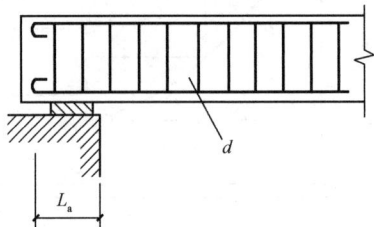

图 2.24　简支梁支座纵筋的锚固

钢筋混凝土简支梁和连续梁简支端的下部纵向受力钢筋,其伸入梁支座范围内的锚固长度 l_{as} 应符合下列规定:

①当 $V \leqslant 0.7 f_t bh_0$ 时,$l_{as} \geqslant 5d$;

②当 $V > 0.7 f_t bh_0$ 时,带肋钢筋 $l_{as} \geqslant 12d$;光圆钢筋 $l_{as} \geqslant 15d$。

如纵向受力钢筋伸入梁支座范围内的锚固长度不符合上述要求时,可采取弯钩或机械锚固等措施。

支承在砌体结构上的钢筋混凝土独立梁,在纵向受力钢筋的锚固长度 l_{as} 范围内应配置不少于 2 个箍筋,其直径不宜小于纵向受力钢筋最大直径的 1/4,间距不宜大于纵向受力钢筋最小直径的 10 倍。

简支板和连续板简支端的下部纵向受力钢筋伸入支座的锚固长度 l_{as} 不应小于 $5d$(d 为纵向受力钢筋的直径)。当板采用分离式配筋时,跨中纵向受力钢筋应全部伸入支座。

2)固定边支座纵筋的锚固。固定边支座纵筋的锚固如图 2.25 所示。

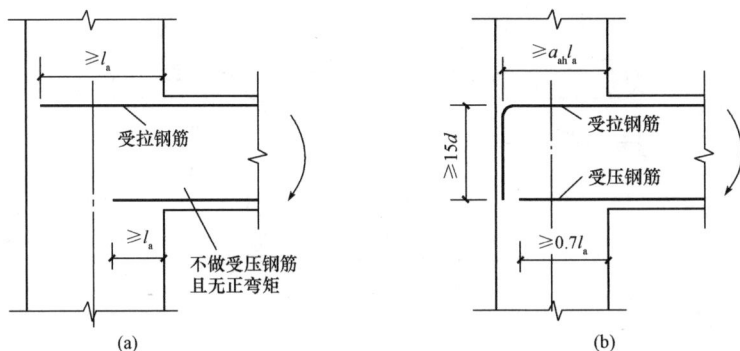

图 2.25　固定边支座纵筋的锚固

(a)直线伸入锚固;(b)弯折锚固

对于承受弯矩的梁端固定支座,如悬臂梁固端支座、框架梁边支座和柱脚等,当支座尺寸足够时,受力钢筋可用直线方式伸入支座锚固,锚固长度不小于 l_a,框架梁边支座尚应伸过柱中心线不小于 $5d$,如图 2.25(a)所示。对于框架梁边支座,当柱截面高度不足以布置直线钢筋时,应将梁上部纵筋伸至节点外边并向下弯折,如图 2.25(b)所示。当弯折前的混凝土强度等级为 C20 时，取 $a_{ah}=0.45$；混凝土强度等级大于或等于 C25 时，取 $a_{ah}=0.4$；弯折后的垂直长度不应小于 $15d$。

3)中间支座纵筋的锚固。框架梁或连续梁中间支座的上部纵向钢筋应贯穿支座，下部纵筋应满足下列锚固要求：

①当计算中不利用钢筋的抗拉强度时，其伸入支座或节点的锚固长度应按简支梁支座中 $V>0.7f_tbh_0$ 时的要求确定。

②当计算中充分利用钢筋的抗拉强度时，下部纵向钢筋应锚固于支座内。若柱截面尺寸足够，可采用直线锚固方式，如图 2.26(a)所示，锚固长度不小于 l_a；下部纵筋也可采用带 90°弯折的锚固形式，如图 2.26(b)所示；下部纵向钢筋也可伸过节点或支座范围，并在梁中弯矩较小处设置搭接接头，如图 2.26(c)所示。

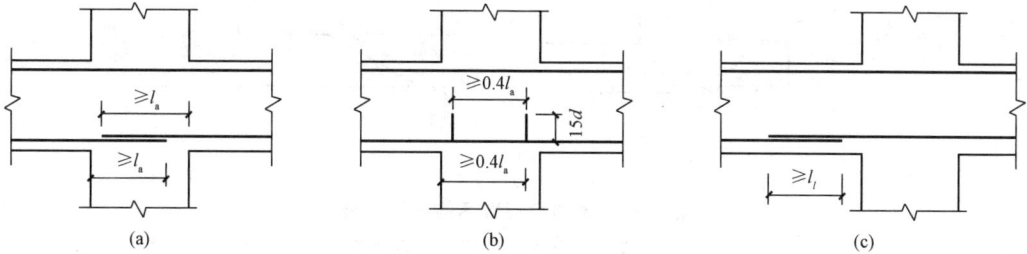

图 2.26 中间支座纵筋的锚固
(a)直线锚固；(b)弯折锚固；(c)搭接接头

③当计算中充分利用钢筋的受压强度时，下部纵向钢筋伸入支座的直线锚固长度不应小于 $0.7l_a$；下部纵向钢筋也可贯穿节点或支座范围，并在节点或支座以外梁内弯矩较小处设置搭接接头。

4.2 受弯构件斜截面破坏形态

受弯构件斜截面破坏形态主要考虑受剪破坏形态。受弯构件斜截面受剪破坏形态主要取决于箍筋数量和剪跨比 λ。$\lambda=a/h_0$，其中 a 称为剪跨，即集中荷载作用点至支座的距离。随着箍筋数量和剪跨比的不同，受弯构件主要有以下三种斜截面受剪破坏形态。

1. 斜拉破坏

当剪跨比较大($\lambda>3$)，常发生斜拉破坏[图 2.27(a)]。其特点是一旦出现斜裂缝，与斜裂缝相交的箍筋应力立即达到屈服强度，箍筋对斜裂缝发展的约束作用消失，随后斜裂缝迅速延伸到梁的受压区边缘，构件裂为两部分而破坏。斜拉破坏的破坏过程急速而突然，具有很明显的脆性。

2. 剪压破坏

构件的箍筋适量且剪跨比适中($1<\lambda<3$)，常发生剪压破坏[图 2.27(b)]。当荷载增加到一定值时，首先在剪弯段受拉区出现斜裂缝，其中一条将发展成临界斜裂缝(即延伸较长和开展较大的斜裂缝)。荷载进一步增加，与临界斜裂缝相交的箍筋应力达到屈服强度。随后，斜裂缝不断扩展，斜截面末端剪压区不断缩小，最后剪压区混凝土在正应力和剪应力共同作用下达到极限状态而被压碎。剪压破坏没有明显预兆，属于脆性破坏。

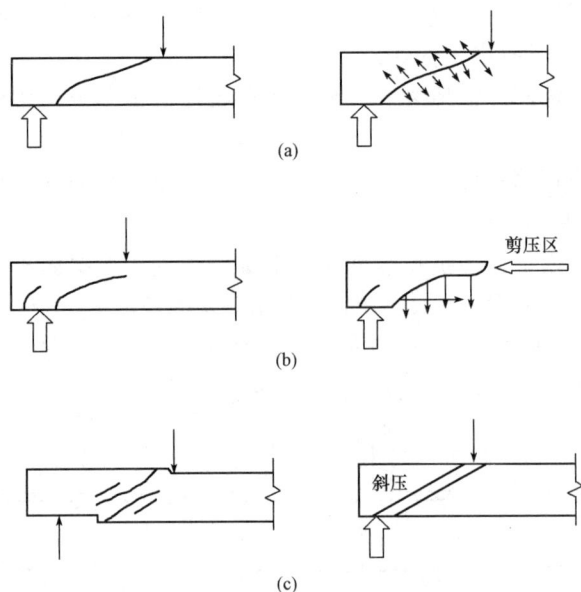

图 2.27　梁的剪切破坏的三种形态

(a)斜拉破坏；(b)剪压破坏；(c)斜压破坏

3. 斜压破坏

当梁的箍筋配置过多、过密或梁的剪跨比较小(λ<1)时，常发生斜压破坏[图 2.27(c)]。这种破坏是因梁的剪弯段腹部混凝土被一系列平行的斜裂缝分割成许多倾斜的受压柱体，在正应力和剪应力共同作用下混凝土被压碎而导致的，破坏时箍筋应力尚未达到屈服强度。斜压破坏属于脆性破坏。

上述三种破坏形态中，剪压破坏可以通过计算避免，斜压破坏和斜拉破坏分别通过采用截面限制条件与按构造要求配置箍筋来防止。剪压破坏形态是建立斜截面受剪承载力计算公式的依据。

4.3　受弯构件斜截面的承载力计算与设计

1. 基本公式

钢筋混凝土受弯构件斜截面受剪承载力计算以剪压破坏形态为依据。为便于理解，现将受弯构件斜截面受剪承载力表示为三项相加的形式(图 2.28)，即

视频：受弯构件
斜截面的承载力
计算与设计

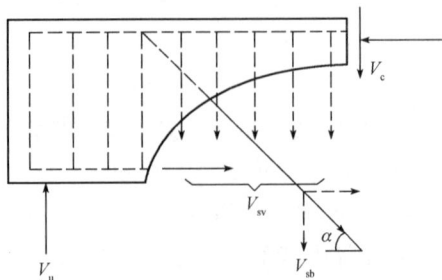

图 2.28　斜截面受剪承载力组成

$$V_u = V_c + V_{sv} + V_{sb} \tag{2.28}$$

式中 V_u——受弯构件斜截面受剪承载力;

V_c——剪压区混凝土受剪承载力设计值,即无腹筋梁的受剪承载力;

V_{sv}——与斜裂缝相交的箍筋受剪承载力设计值;

V_{sb}——与斜裂缝相交的弯起钢筋受剪承载力设计值。

需要说明的是,式中 V_c 和 V_{sv} 密切相关,无法分开表达,故以 $V_{cs} = V_c + V_{sv}$ 来表达混凝土和箍筋总的受剪承载力,于是有

$$V_u = V_{cs} + V_{sb} \tag{2.29}$$

《结构设计规范》在理论研究和试验结果基础上,结合工程实践经验给出了以下斜截面受剪承载力计算公式。

(1)仅配箍筋的受弯构件。对矩形、T形及I形截面一般受弯构件,其受剪承载力计算基本公式为

$$V \leqslant V_u = V_{cs} = 0.7 f_t b h_0 + f_{yv} \frac{A_{sv}}{s} h_0 \tag{2.30}$$

对集中荷载作用下(包括作用多种荷载,其中集中荷载对支座截面或节点边缘所产生的剪力占该截面总剪力值的 75% 以上的情况)的独立梁,其受剪承载力计算基本公式为

$$V \leqslant V_{cs} = \frac{1.75}{\lambda + 1.0} f_t b h_0 + f_{yv} \frac{A_{sv}}{s} h_0 \tag{2.31}$$

式中 f_t——混凝土轴心抗拉强度设计值;

A_{sv}——配置在同一截面内箍筋各肢的全部截面面积,$A_{sv} = n A_{sv1}$,其中 n 为箍筋肢数,A_{sv1} 为单肢箍筋的截面面积;

s——箍筋间距;

f_{yv}——箍筋抗拉强度设计值;

λ——计算截面的剪跨比,当 $\lambda < 1.5$ 时,取 $\lambda = 1.5$;当 $\lambda > 3$ 时,取 $\lambda = 3$。

(2)同时配置箍筋和弯起钢筋的受弯构件。其受剪承载力计算基本公式为

$$V \leqslant V_u = V_{cs} + 0.8 f_y A_{sv} \sin \alpha' \tag{2.32}$$

式中 f_y——弯起钢筋的抗拉强度设计值;

A_{sv}——同一弯起平面内的弯起钢筋的截面面积。

其余符号意义同前。式中的系数 0.8 是考虑弯起钢筋与临界斜裂缝的交点有可能过分靠近混凝土剪压区时,弯起钢筋达不到屈服强度而采用的强度降低系数。

2. 基本公式适用条件

(1)防止出现斜压破坏的条件——最小截面尺寸的限制。试验表明,当箍筋量达到一定程度时,再增加箍筋,截面受剪承载力基本不再增加。相反,若剪力很大,而截面尺寸过小,即使箍筋配置很多,也不能完全发挥作用,因为箍筋屈服前混凝土已被压碎而发生斜压破坏。所以为了防止斜压破坏,必须限制截面最小尺寸。对矩形、T形及I形截面受弯构件,其限制条件如下。

当 $h_w/b \leqslant 4.0$(厚腹梁,也即一般梁)时:

$$V \leqslant 0.25 \beta_c f_c b h_0 \tag{2.33}$$

当 $h_w/b \geqslant 6.0$(薄腹梁)时:

$$V \leqslant 0.2 \beta_c f_c b h_0 \tag{2.34}$$

当 $4.0 < h_w/b < 6.0$ 时：

$$V \leqslant 0.025\beta_c(14 - h_w/b)f_cbh_0 \tag{2.35}$$

式中　b——矩形截面的宽度，T形和I形截面的腹板宽度；

　　　h_w——截面的腹板高度，矩形截面取有效高度 h_0，T形截面取有效高度减去翼缘高度，I形截面取腹板净高；

　　　β_c——混凝土强度影响系数，当混凝土强度等级≤C50时，$\beta_c=1.0$；当混凝土强度等级为C80时，$\beta_c=0.8$，其间按直线内插法取用。

实际上，截面最小尺寸条件也就是最大配箍率的条件。

(2)防止出现斜拉破坏的条件——最小配箍率的限制。为了避免出现斜拉破坏，构件配箍率应满足

$$\rho_{sv} = \frac{A_{sv}}{bs} = \frac{nA_{sv1}}{bs} \geqslant \rho_{sv,\,min} = 0.24\frac{f_v}{f_{yv}} \tag{2.36}$$

式中　A_{sv}——配置在同一截面内箍筋各肢的全部截面面积，$A_{sv}=nA_{sv1}$，其中 n 为箍筋肢数，A_{sv1} 为单肢箍筋的截面面积；

　　　b——矩形截面的宽度，T形、I形截面的腹板宽度；

　　　s——箍筋间距。

3. 斜截面受剪承载力计算方法

(1)斜截面受剪承载力计算位置。斜截面受剪承载力的计算位置，一般按下列规定采用：

1)支座边缘处的斜截面，如图 2.29 所示的截面 1—1；

2)弯起钢筋弯起点处的斜截面，如图 2.29 所示的截面 2—2；

3)受拉区箍筋截面面积或间距改变处的斜截面，如图 2.29 所示的截面 3—3；

4)腹板宽度改变处的截面，如图 2.29 所示的截面 4—4。

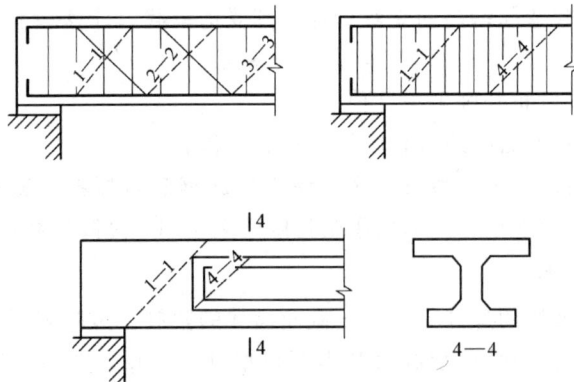

图 2.29　斜截面受剪承载力计算位置

(2)斜截面受剪承载力计算步骤。已知剪力设计值 V、截面尺寸、混凝土强度等级、箍筋级别、纵向受力钢筋的级别和数量，求腹筋数量。

计算步骤如下：

1)复核截面尺寸。梁的截面尺寸应满足式(2.33)~式(2.35)的要求；否则，应加大截面尺寸或提高混凝土强度等级。

2)确定是否需按计算配置箍筋。当满足下式条件时，可按构造配置箍筋；否则，需按计算配置箍筋：

$$V \leqslant 0.7 f_t b h_0 \tag{2.37}$$

$$或 V \leqslant V_{cs} = \frac{1.75}{\lambda + 1.0} f_t b h_0 \tag{2.38}$$

3)确定腹筋数量。仅配箍筋时：

$$\frac{A_{sv}}{s} \geqslant \frac{V - 0.7 f_t b h_0}{f_{yv} h_0} \tag{2.39}$$

$$或 \frac{A_{sv}}{s} \geqslant \frac{V - \dfrac{1.75}{\lambda + 1.0} f_t b h_0}{f_{yv} h_0} \tag{2.40}$$

求出 $\dfrac{A_{sv}}{s}$ 的值后，即可根据构造要求选定箍筋肢数 n 和直径 d，然后求出间距 s，或者根据构造要求选定 n、s，然后求出 d。

同时配置箍筋和弯起钢筋时，本书不做介绍，读者可参考有关文献。

任务实施

1. 设计任务分析

(1)斜截面受剪承载力计算公式适用条件和抗剪方法及组合较多，因此计算需慎重；

(2)根据已知内容，正确判断是否配各种筋；

(3)配的各种抗剪筋，验算是否符合规范要求。

2. 设计任务的实施

第一步　根据结构设计规范查找和确定设计参数。

$f_t = 1.43 \text{ N/mm}^2$，$f_c = 14.3 \text{ N/mm}^2$，$f_{yv} = 270 \text{ N/mm}^2$，$\beta_c = 1.0$。

第二步　复核截面尺寸。

$$h_w / b = 365/200 = 1.825 < 4.0$$

$$0.25 \beta_c f_c b h_0 = 0.25 \times 1.0 \times 14.3 \times 200 \times 365 = 260.98 (\text{kN}) > V = 144.2 \text{ kN}$$

截面尺寸满足要求。

第三步　确定是否需按计算配置箍筋。

$0.7 f_t b h_0 = 0.7 \times 1.43 \times 200 \times 365 = 73.073 (\text{kN}) < V = 144.2 \text{ kN}$，需按计算配置箍筋。

第四步　确定箍筋数量。

$$\frac{A_{sv}}{s} \geqslant \frac{V - 0.7 f_t b h_0}{f_{yv} h_0} = \frac{144.2 \times 10^3 - 73.073 \times 10^3}{270 \times 365}$$

$$= 0.722 (\text{mm}^2/\text{mm})$$

按构造要求，箍筋直径不宜小于 6 mm，现选用 Φ10 双肢箍筋($A_s = 157 \text{ mm}^2$)，则箍筋间距为

$$s \leqslant \frac{A_{sv}}{0.722} = \frac{n A_{sv1}}{0.722} = \frac{2 \times 78.5}{0.722} = 217.45 (\text{mm})$$

选用箍筋间距 200 mm。所以箍筋选用 Φ10@200，沿梁长均匀布置。

第五步　验算最小配箍率。

$$\rho_{sv} = \frac{A_{sv}}{bs} = \frac{2 \times 78.5}{200 \times 200} = 0.3925\% \geqslant \rho_{sv,min}$$

$$= 0.24 \frac{f_v}{f_{yv}} = 0.24 \times \frac{1.43}{270} \times 100\% = 0.127\%$$

故满足要求。

➤ 思考与练习

一、填空题

1. 受弯构件主要有_____、_____和_____三种斜截面受剪破坏形态。

2. 钢筋混凝土受弯构件除应进行正截面承载力计算外，还须对_____和_____共同作用的区段进行斜截面承载力计算。

3. 按构件实际配置的钢筋所绘出的各正截面所能承受的弯矩图形称为_____。

二、简答题

1. 受弯构件斜截面受剪破坏有哪几种破坏形态？各自有何特点？以哪种破坏形态作为计算的依据？

2. 影响受弯构件斜截面受剪承载力的因素有哪些？它们与受剪承载力有何关系？

3. 受剪承载力计算公式的适用条件是什么？受剪承载力的计算截面位置如何取？

4. 什么是抵抗弯矩图？

三、实训题

（一）设计任务

某一栋办公楼 3 层梁平面配筋图中有一钢筋混凝土矩形截面梁 KL—8，轴间距离 8.4 m，截面尺寸 $b \times h = 300\ mm \times 650\ mm$，混凝土强度等级 C25，箍筋采用 HPB300 级钢筋。试配置箍筋，计算简图和剪力图如图 2.30 所示。

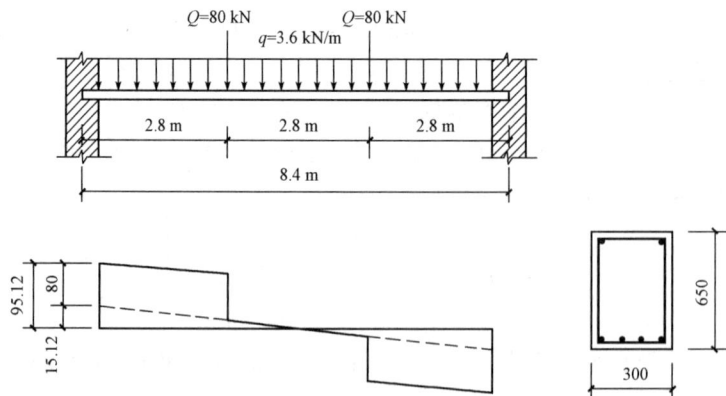

图 2.30　计算简图和剪力图

（二）设计过程

1. 设计准备

课前完成线上学习任务，从网络课堂接受任务，通过互联网、图书查阅资料，分析相关信息，做好任务前准备工作。

2. 设计引导

根据前面学习过的内容，查阅规范设计案例，找出与本任务中相类似的解题过程。

3. 设计内容

4. 设计任务评价表(表2.18)

表 2.18 任务评价表

序号	评价项目	配分	自我评价 (25%)	小组评价 (30%)	教师评价 (35%)	其他 (10%)
1	能够正确列出与使用任务实施中的计算公式	10				
2	能够描述受弯构件斜截面的承载力计算过程与依据	20				
3	能够依据规范查阅确定相关数据	10				
4	计算准确	20				
5	绘图规范、合理	10				
6	遵守纪律	10				
7	完成任务中的所有内容	20				
	合计	100				
	总分					

任务5 钢筋混凝土梁平法施工图识读

知识目标

1. 掌握梁平法施工图平面注写方式；
2. 掌握梁平法施工图截面注写方式。

能力目标

1. 能够掌握梁平法施工图的识读方法；
2. 能够准确识读结构设计总说明、梁施工图、结构详图；
3. 能够掌握梁平法施工图钢筋的标注方式。

1. 培养严谨认真、实事求是的科学态度;
2. 培养遵守平法识图规则的职业意识。

行业榜样

众所周知,陈青来教授是我国"平法"创始人。《混凝土结构施工图平面整体表示方法制图规则和构造详图》是他辛苦研发的结晶,也是建筑结构领域的成功之作。陈教授在实际工作中敏锐地感觉到,由于按传统方法和传统 CAD 软件绘制的施工图内容中存在大量的"同值性重复"和"同比值性重复",因此传统的设计方法效率低,质量难以控制。他研发的平法使结构施工图表达数字化、符号化,单张图纸的信息量较大并且集中;构件分类明确,层次清晰,表达准确,设计速度快,效率成倍提高;采用标准化的构造详图,形象、直观,施工易懂、易操作;大幅度降低设计成本,降低设计消耗,节约自然资源,与传统方法相比图纸量减少 70% 左右,综合设计工日减少 2/3 以上,每 10 万 m² 设计面积可降低设计成本 27 万元;大幅度提高设计效率的效果立竿见影,能快速解放生产力,迅速缓解基本建设高峰时期结构设计人员紧缺的局面。

作为工程人,要时刻牢记科技强国、创新强国,人才强国,为中华民族伟大复兴而不断努力奋斗。

任务描述

某教学楼一层结构施工图中有一梁 TKL1(1),位于纵轴①与②之间,横轴ⓒ与ⓓ之间,如图 2.31 所示,试用平法知识识读并说明各数字与字母表示的意思。

TKL1(1) 200×500
ⓤ8@100(2)
3ⓤ18;3ⓤ22
N4ⓤ12

图 2.31 梁 TKL1(1)配筋图

知识准备

结构施工图平面整体设计方法(平法)对传统的方法做了重大改革。目前,平法作为结构施工图的新型设计表示方法,已被广泛采用。

平法的表达形式是把结构构件的尺寸和配筋等,按照平面整体表示法制图规则,整体直接表达在各类构件的结构平面布置图上,再与标准构造详图相结合,即构成一套新型完整的结构施工图。

视频:梁平法
施工图的识读

在平面布置图上表示各构件尺寸和配筋的方式有平面注写方式、列表注写方式和截面注写方式三种。无论按哪种方式绘制结构施工图,都应将所有梁、柱构件进行编号,编号中含有类型代号和序号。类型代号在标准图集中有明确的定义,必须按标准图集中的定义对构件编号,其作用是指明所选用的标准构造详图(因为在标准构造详

图上已经按图集所定义的构件类型注明代号）。另外，还应在各类构件的平法施工图中注明各结构层的楼面标高、结构层高及相应的结构层号，且结构层楼面标高和结构层高在单项工程中必须统一。

在实际工程结构设计总说明中必须写明以下与平法施工图密切相关的内容：

(1)注明所选用平法标准图的图集号，以免图集升版后在施工中用错版本；

(2)写明混凝土结构的使用年限；

(3)注明抗震设防烈度及结构抗震等级，以明确选用相应抗震等级的标准构造详图；

(4)写明各类构件（梁、柱）在其所在部位所选用的混凝土的强度等级和钢筋级别，以确定相应纵向受拉钢筋的最小锚固长度及最小搭接长度等；

(5)写明柱（包括墙柱）纵筋、墙身分布筋、梁上部贯通筋等在具体工程中需接长时所采用的接头形式及有关要求；

(6)当具体工程中有特殊要求时，应在施工图中另加说明。

梁平法施工图有平面注写方式和截面注写两种方式。当梁为异形截面时，可以采用截面注写方式，否则宜采用平面注写方式。

1. 平面注写方式

平面注写方式（图 2.32）是在梁平面布置图上分别在不同编号的梁中各选一根梁，在其上注写截面尺寸和配筋具体数值来表达梁平法施工图的方式。平面注写包括集中标注与原位标注，集中标注表达梁的通用数值，原位标注表达梁的特殊数值。当集中标注中的某项数值不适用于梁的某部位时，则将该数值原位标注，施工时，原位标注取值优先。

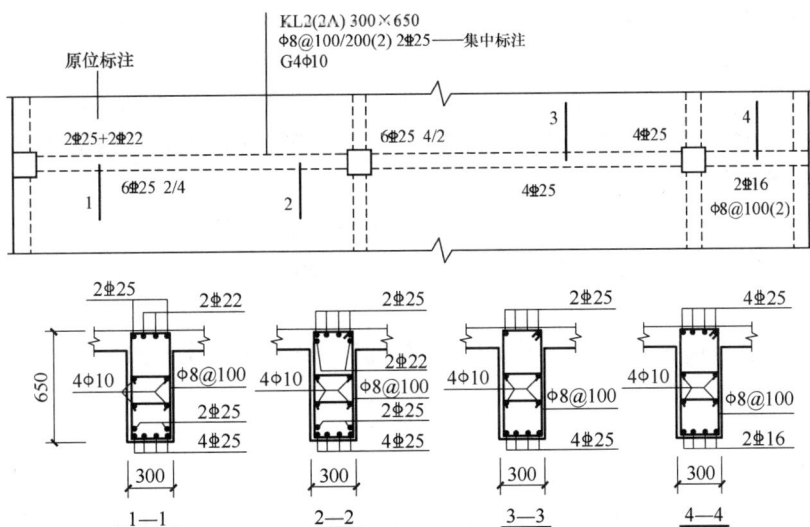

图 2.32　梁平面注写方式示例

(1)集中标注。梁集中标注的内容有以下六项内容，前五项为必注值，最后一项为选注值（集中标注可以从梁的任意一跨引出），具体规定如下。

1)梁编号。

2)梁截面尺寸，当为等截面梁时，用 $b \times h$ 表示（b 为梁截面宽度，h 为梁截面高度）；当有悬挑梁且根部和端部的高度不同时，用斜线分隔根部与端部的高度值，即为 $b \times h_1/h_2$

（h_1 为悬挑梁根部的截面高度，h_2 为悬挑梁端部的截面高度）。

3）梁箍筋，包括钢筋级别、直径、加密区与非加密区间距及肢数。箍筋加密区与非密区的不同间距及肢数需用斜线"/"分隔；当梁箍筋为同一种间距及肢数时，则不需用斜线；当加密区与非加密区的箍筋肢数相同时，则将肢数注写一次；箍筋肢数应写在括号内。加密区范围见相应抗震级别的标准构造详图。

例如，φ10@100/200(4)，表示箍筋为 HPB300 级钢筋，直径为 10 mm，加密区间距为 100 mm，非加密区间距为 200 mm，均为四肢箍。

4）梁上部通长筋或架立筋配置，当同排纵筋中既有通长筋又有架立筋时，应用加号"＋"将通长筋和架立筋相连。注写时须将角部纵筋写在加号的前面，架立筋写在加号后面的括号内，以示不同直径与通长筋的区别。当全部采用架立筋时，则将其写入括号内。

例如，2φ22 用于双肢箍；2φ22＋(4φ12)用于六肢箍，其中 2φ22 为通长筋，4φ12 为架立筋。

当梁的上部纵筋和下部纵筋均为通长筋，且多数跨配筋相同时，此项可加注下部纵筋的配筋值，用分号";"将上部与下部纵筋的配筋值分隔开来。

例如，3φ20；3φ22 表示梁的上部配置 3φ20 的通长筋，梁的下部配置 3φ22 的通长筋。

5）梁侧面纵向构造钢筋或受扭钢筋配置，当梁腹板高度大于 450 mm 时，梁侧面须配置纵向构造钢筋，用大写字母 G 打头，接续注明总的配筋值。同样，梁侧面须配置受扭钢筋时，用大写字母 N 打头，接续注明总的配筋值。

例如，G4φ16，表示梁的两个侧面共配置 4φ16 的纵向构造钢筋。

6）梁顶面标高高差，当某梁的顶面高于所在结构层的楼面标高时，其标高高差为正值；反之为负值，高差值必须写入括号内。

（2）原位标注。主要是集中标注中的梁支座上部纵筋和梁下部纵筋数值不适用于梁的该部位时，则将该数值原位标注。梁支座上部纵筋，该部位含通长筋在内的所有纵筋，对其标注的规定如下：

1）当上部纵筋多于一排时，用斜线"/"将各排纵筋自上而下分开。

例如，梁支座上部纵筋注写为 6φ25 4/2，则表示上一排纵筋为 4φ25，下一排纵筋为 2φ25。

2）当同排纵筋有两种直径时，用加号将两种直径的纵筋相连，注写时将角部纵筋写在前面。

例如，梁支座上部有四根纵筋，2φ25 放在角部，2φ22 放在中部，在梁支座上部应注写为 2φ25＋2φ22。

3）当梁中间支座两边的上部纵筋不同时，必须在支座两边分别标注；当梁中间支座两边的上部纵筋相同时，可仅在支座的一边标注配筋值，另一边省去不注。

当梁下部纵筋多于一排或同排纵筋有两种直径时，标注规则同梁支座上部纵筋。另外，当梁下部纵筋不全部伸入支座时，将梁支座下部纵筋减少的数量写在括号内。

对于附加箍筋或吊筋，将其直径画在平面图中的主梁上，用线引注总配筋值（附加箍筋的肢数注在括号内），如图 2.33 所示。

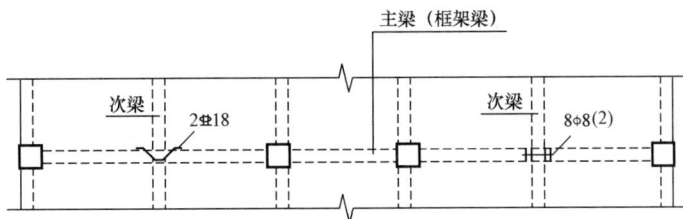

图 2.33 附加箍筋或吊筋的画法示例

2. 截面注写方式

截面注写方式(图 2.34)是在分标准层绘制的梁平面布置图上，分别在不同编号的梁上选择一根梁用剖面号引出配筋图，并在其上注写截面尺寸和配筋具体数值的方式来表达梁平法施工图。具体规定如下：

(1)对梁进行编号，从相同编号的梁中选择一根梁，先将"单边截面号"画在该梁上，再将截面配筋详图画在本图或其他图上。当某梁的顶面标高与结构层的楼面标高不同时，尚应在梁编号后注写梁顶面标高高差(注写规定同平面注写方式)。

(2)在截面配筋详图上要注明截面尺寸、上部筋、下部筋、侧面构造筋或受扭筋及箍筋的具体数值，其表达方式与平面注写方式相同。

截面注写方式既可单独使用，也可与平面注写方式结合使用。

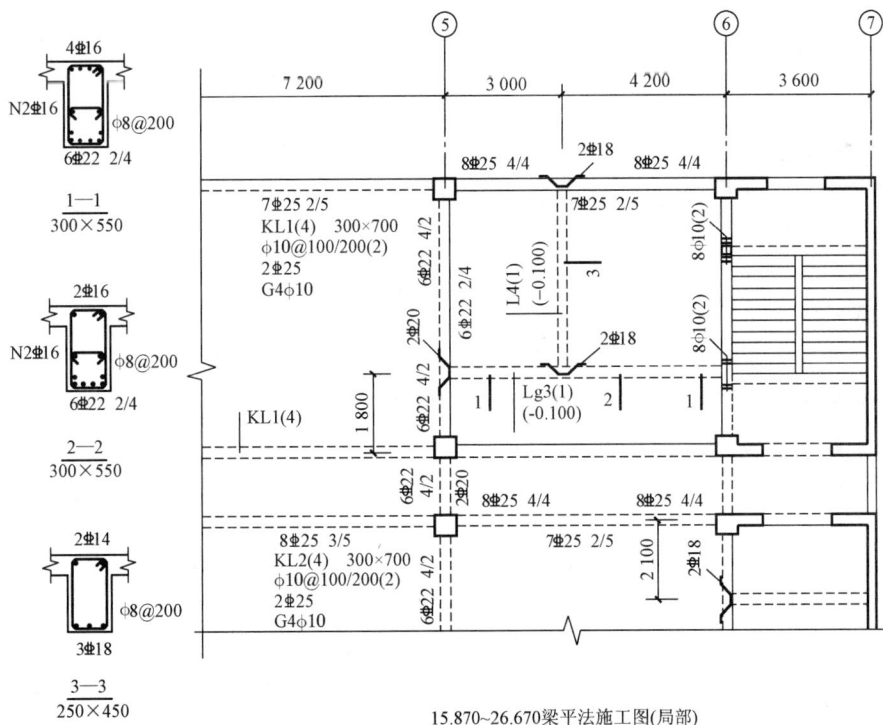

图 2.34 梁平法施工图截面注写方式图示

1. 识图任务分析

(1)根据工作任务给出的条件，首先判断是哪一种注写方式；

(2)依据注写方式，查阅规范确定梁的名称与含义；

(3)查阅规范确定箍筋表示的意思；

(4)根据受力筋注写方式确定受力筋表示的意思；

(5)查阅其他筋所表示的意思。

2. 识图任务的实施

第一步　确定第一排名称与数字的名称与含义。

TKL(1)200×500 表示的意思是 1 跨楼梯框架梁 1 的截面宽 200 mm，截面高 500 mm。

Φ8@100(1)表示箍筋为 HRB400 级钢筋，直径为 8 mm，加密区与非加密区间距都为 100 mm，沿全长均为二肢箍。

3Φ18；3Φ22 表示梁的上部配置 3 根 HRB400 级钢筋，直径为 18 mm 的通长筋；梁的下部配置 3 根 HRB400 级钢筋，直径为 22 mm 的通长筋。

N4Φ12 表示梁的两个侧面共配置 4 根 HRB400 级受扭钢筋，直径为 12 mm 的纵向构造钢筋。

思考与练习

一、填空题

1. 梁的平面注写包括_____和_____两种。

2. 在平面布置图上表示各构件尺寸和配筋的方式有_____、_____和_____三种。

3. 当梁为异形截面时，可以采用_____。

二、简答题

1. 梁平法施工图的表达方法有哪两种？

2. 在实际工程结构设计总说明中必须写明哪些与平法施工图密切相关的内容？

3. 梁上配筋 6Φ25 4/2 表示什么意思？

三、实训题

(一)识图任务

某一学校实训楼二层结构施工图中部分图纸，如图 2.35 所示，试用平法知识识读并说明水平集中注写梁的各数字与字母表示的意思。

(二)读图过程

1. 读图准备

课前完成线上学习任务，从网络课堂接受任务，通过互联网、图书查阅资料，分析相关信息，做好任务前准备工作。

2. 读图引导

根据前面学习过的内容，查阅平法规范，找出与本任务中相类似的图纸识图方法。

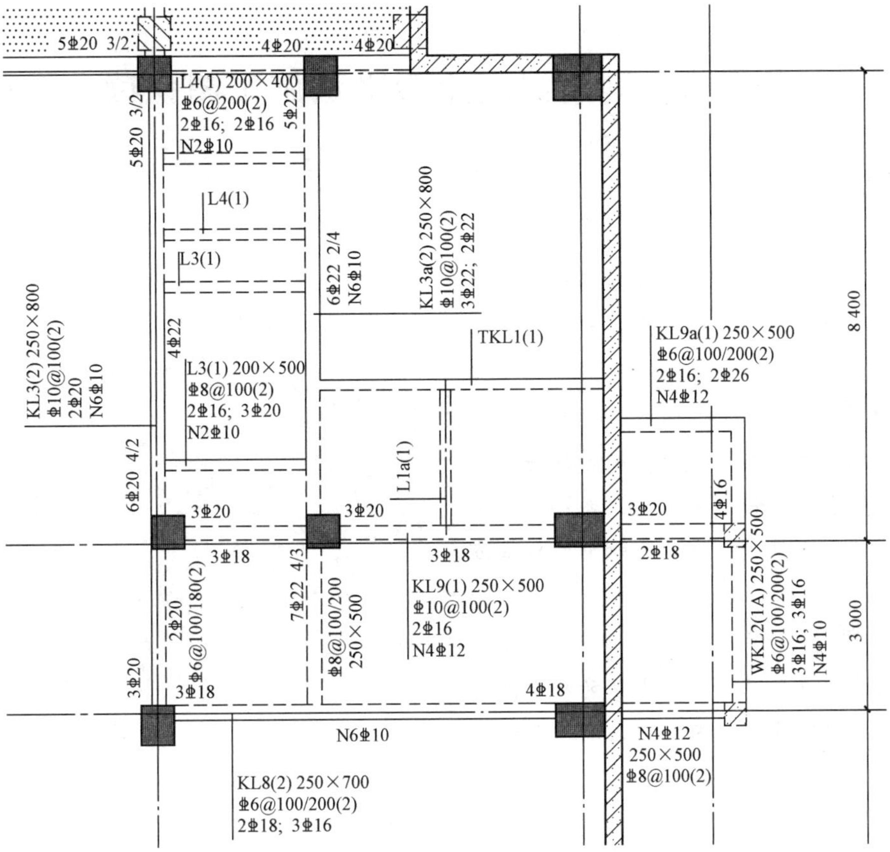

图 2.35 梁的配筋图

3. 读图任务解答

4. 读图任务评价表(表 2.19)

表 2.19 任务评价表

序号	评价项目	配分	自我评价 (25%)	小组评价 (30%)	教师评价 (35%)	其他 (10%)
1	能够正确说出各注写方式的不同之处	10				
2	能够描述梁的平法识图过程与依据	20				
3	能够依据规范查阅	10				
4	识图准确	30				
5	遵守纪律	10				
6	完成任务中的所有内容	20				
	合计	100				
	总分					

任务 6　钢筋混凝土板平法施工图识读

1. 掌握板平法施工图平面注写方式；
2. 掌握板平法施工图截面注写方式。

1. 能够掌握板平法施工图的识读方法；
2. 能够准确识读结构板施工图；
3. 能够掌握板平法施工图钢筋的标注方式。

1. 培养严谨认真、实事求是的科学态度；
2. 培养遵守平法识图规则的职业意识。

任务描述

某教学楼楼层结构施工图中有一板 LB1，如图 2.36 所示，集中标注，试用平法知识识读并说明各数字与字母表示的意思。

```
LB1  h=120
B:  X Φ8@200
    Y Φ8@200
T:  X&Y Φ8@200
```

图 2.36　板 LB1 配筋图

知识准备

有梁楼盖平法施工图，是在楼面板和屋面板布置图上，采用平面注写的表达方式。这主要包括板块集中标注和板支座原位标注。

1. 板块集中标注

板块集中标注内容为板块的编号、板厚、贯通纵筋，以及当板面标高不同时的标高高差。普通楼面，两向均以一跨为一板块；密肋楼盖，两向主梁（框架梁）均以一跨为一板块。所有板块均应逐一编号，相同编号的板块可择其一作集中标注，其他仅注写置于圆圈内的板编号及板面标高不同时的标高高差。板块编号按表 2.20 的规定。板厚注写为 $h=\times\times\times$；当悬挑板的端部改变截面厚度时，用斜线分割根部与端部的高度值注写。贯通纵筋按下部和上部分别注写，并以 B 代表下部，以 T 代表上部，B&T 代表下部与上部；X、Y 方向纵向贯通筋分别以 X、Y 打头，两向纵向贯通筋以 X&Y 打头，当为单向板时，另一向贯通的分布筋可不注写，而在图中统一注明。某些板内配置的构造钢筋，X方向以X_c，Y方向以Y_c表示。当Y方向采用放射配筋时，应注明配筋间距的度量位置。板面标高高差是指相对于结构层楼面标高的高差，应将其注写在括号内。同一编号板块的类型、板厚和贯通纵筋均应相同，但板面标高、跨度、平面形状（可为矩形、多边形等）以及板支座上部非贯通钢筋可以不同。

表 2.20　板块编号表

板类型	代号	序号
楼面板	LB	××
屋面板	WB	××
纯悬挑板	XB	××

例：设有一楼面板注写为：LB5　$h=110$

B：XΦ12@120；YΦ10@110

系表示 5 号楼面板，板厚 110 mm，板下部配置的贯通纵筋 X 方向为 Φ12@120，Y 方向为 Φ10@110；板上部未配置贯通纵筋。

例：设有一悬挑板注写为：XB2　$h=150/100$

B：X$_c$ & Y$_c$$\Phi$8@200

表示 2 号悬挑板、板根部厚 150 mm，端部厚 100 mm，板下部配置构造钢筋双向均为 Φ8@200（上部受力钢筋见板支座原位标注）。

2. 板支座原位标注

板支座原位标注的内容：板支座上部非贯通钢筋和纯悬挑板上部受力钢筋。板支座原位标注的钢筋应在配置相同的第一跨表达（当在悬挑部位单独配置时则在原位表达），在垂直于板支座（梁或墙）绘制一段适宜长度的中粗实线来代表支座上部非贯通纵筋；并在线段上方注写钢筋编号、配筋值、横向连续布置的跨数（注写在括号内，且当为一跨时可不注），以及是否布置到梁的悬挑端。

例如，（××A）为横向布置的跨数及一端的悬挑部位（B 为两端悬挑的部位）。板支座上部非贯通筋自支座中线向跨内的延伸长度，注写在线段的下方位置，向支座两侧对称延伸时可仅在一侧标注，贯通全跨或延伸至全悬挑一侧的长度值不注（图 2.37）。

当板支座为弧形，支座上部非贯通纵筋呈放射状分布时，应注明配筋间距的度量位置并加注"放射分布"四字，如图 2.38 所示。

在板平面布置图中，不同部位的板支座上部非贯通纵筋及纯悬挑板上部受力钢筋，可仅在一个部位注写，对其他相同者则仅需注写编号及横向连续布置的跨数。

例：在板平面布置图某部位，横跨支承梁绘制的对称线段上注有⑦φ12@100（5A）和1 500，表示支座上部⑦号非贯通纵筋为 φ12@100，从该跨起沿支承梁连续布置 5 跨加梁一段的悬挑端，该筋自支座中线向两侧跨内的延伸长度均为 1 500 mm。在同一板平面布置图的另一部位横跨梁支座绘制的对称线段上注有⑦（2）者，系表示该筋同⑦号纵筋，沿支承梁连续布置两跨，且无梁悬挑端布置。

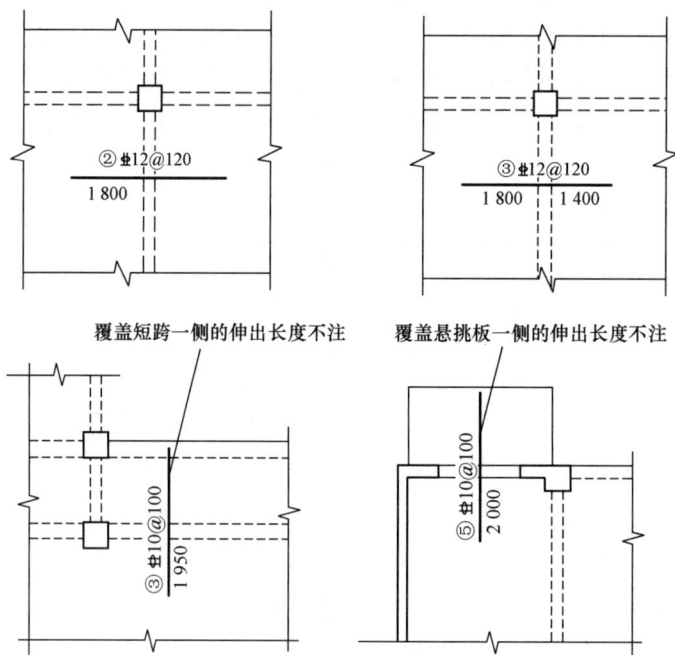

图 2.37 板支座原位标注

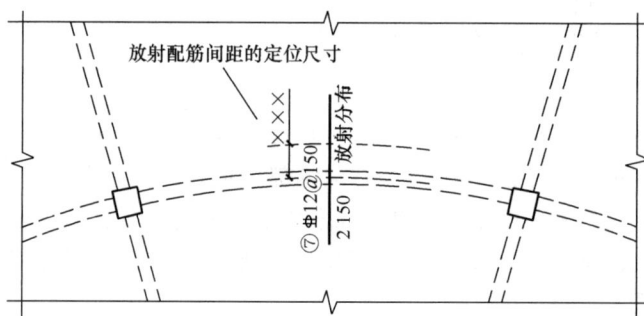

图 2.38 弧形板支座处放射钢筋

当板的上部已配置有贯通纵筋,但需增配非贯通纵筋时,应采取"隔一布一"的方式配置,两者的标注间距相同,组合后的实际间距为各自标志间距的 1/2。当设定贯通筋为纵筋总截面面积的 50% 时,两种钢筋应取相同的直径,大于 50% 时则取不同的直径。

例:板上部配置贯通纵筋 $\Phi12@250$,该跨同向配置的上部支座非贯通纵筋为 ⑤$\Phi12@$ 250,表示在该支座上部设置的纵筋实际为 $\Phi12@125$,其中 1/2 为贯通纵筋,1/2 为⑤号非贯通纵筋(延伸长度值略)。

例:板上部已配置贯通纵筋 $\Phi10@250$,该跨配置的上部同向支座非贯通纵筋为 ③$\Phi12@250$,表示该跨实际设置的上部纵筋为 $(1\Phi10+1\Phi12)/250$,实际间距为 125 mm,其中 41% 为贯通纵筋,59% 为③号非贯通纵筋(延伸长度值略)。

板平法施工图平面注写方式示例如图 2.39 所示。

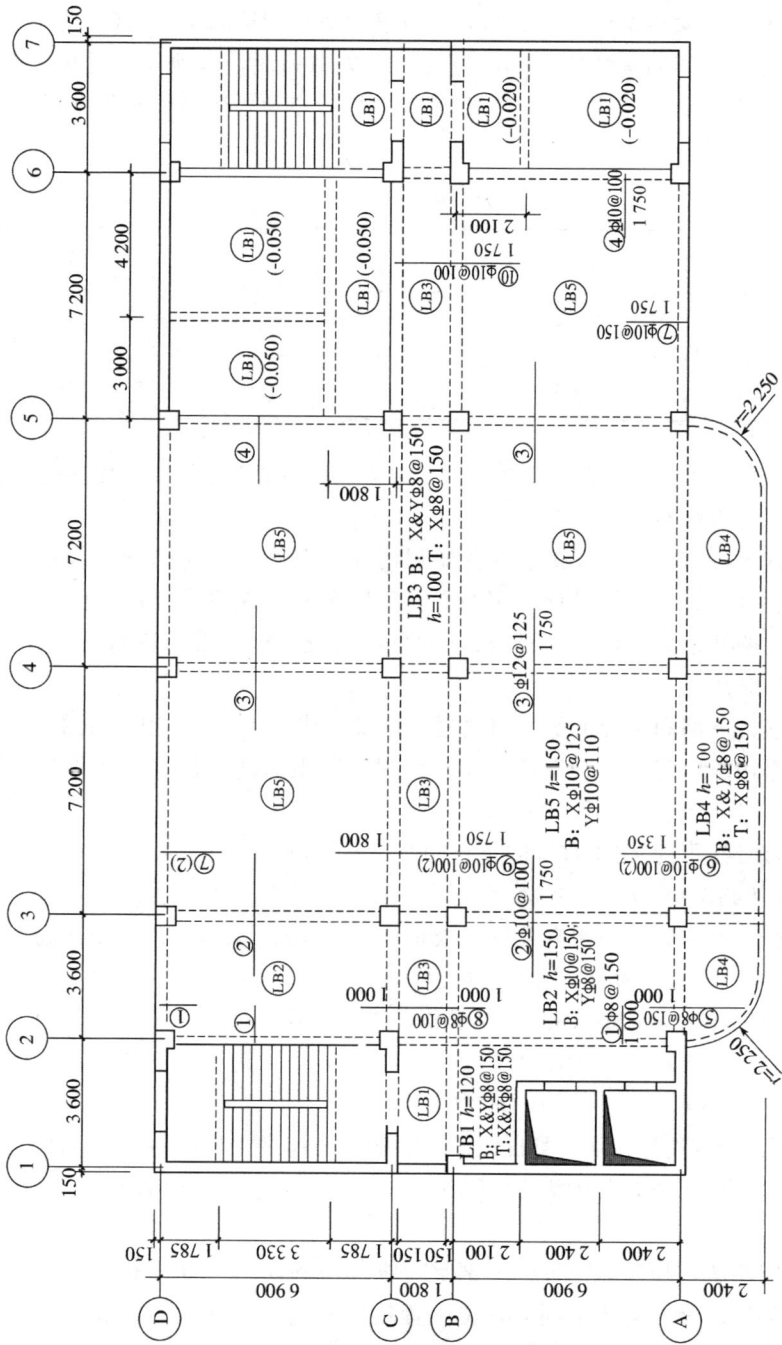

图 2.39 板平法施工图平面注写方式注例

无梁楼盖板平法施工图，是在楼面板和屋面板布置图上，采用平面注写的表达方式。板平面注写主要有板带集中标注和板带支座原位标注两部分内容。

(1)板带集中标注。集中标注应在板带贯通纵筋配置相同跨的第一跨(X方向为左端跨，Y方向为下端跨)注写。相同编号的板带可择其一做集中标注，其他仅注写板带编号(注在圆圈内)。板带集中标注的具体内容为：板带编号，板带厚及板带宽，箍筋和贯通纵筋。板带编号按表2.21的规定。

表2.21 板带编号表

板带类型	代号	序号	跨数及有无悬挑
柱上板带	ZSB	××	(××)、(××A)、(××B)
跨中板带	KZB	××	(××)、(××A)、(××B)

板带厚注写为$h=\times\times\times$，板带宽注写为$b=\times\times\times$。当无梁楼盖整体厚度和板带宽度已在图中注明时，此项可不注。

箍筋是选注内容，当将柱上板带设计为暗梁时才注写，内容包括钢筋级别、直径、间距与肢数(写在括号内)。当具体设计采用两种箍筋间距时，先注写板带近柱端的第一种箍筋，并在前面加注箍筋道数，再注写板带跨中的第二种箍筋(不需加注箍筋道数)；不同箍筋配置用斜线"/"相分隔。

贯通纵筋按板带下部和板带上部分别注写，并以B代表下部，T代表上部，B&T代表下部和上部。当采用放射配筋时，设计者应注明配筋间距的度量位置，必要时补绘配筋平面图(图2.40)。

例：设有一板带注写为 ZSB2(5A) $h=300$ $b=3\,000$

B⾦16@100；T⾦18@200

表示2号柱上板带，有5跨且一端有悬挑；板带厚300 mm，宽3 000 mm；板带配置贯通纵筋下部为⾦16@100，上部为⾦18@200。

例：设有一板带注写为 ZSB3(5A) $h=300$ $b=2\,500$

15⾦10@100(10)/⾦10@200(10)

B⾦16@100；T⾦18@200

表示3号柱上板带，有5跨且一端有悬挑；板带厚300 mm，宽2 500 mm；板带配置暗梁箍筋近柱端为⾦10@100共15道，跨中为⾦10@200，均为10肢箍；贯通纵筋下部为⾦16@100，上部为⾦18@200。

施工和设计应注意：相邻等跨板带上部贯通纵筋应在跨中1/3跨长范围内连接；当同向连续板带的上部贯通纵筋配置不同时，将配置较大者越过其标注的跨数终点或起点伸至相邻跨的跨中连接区域连接。

(2)板带支座原位标注。板带支座原位标注的具体内容为板带支座上部非贯通纵筋。以一段与板带同向的中粗实线来代表板带支座上部非贯通纵筋；对柱上板带：实线段贯穿柱上区域绘制；对跨中板带：实线段横贯柱网轴线绘制。在线段上方注写钢筋编号、配筋值及在线段的下方注写自支座中线向两侧跨内的延伸长度。

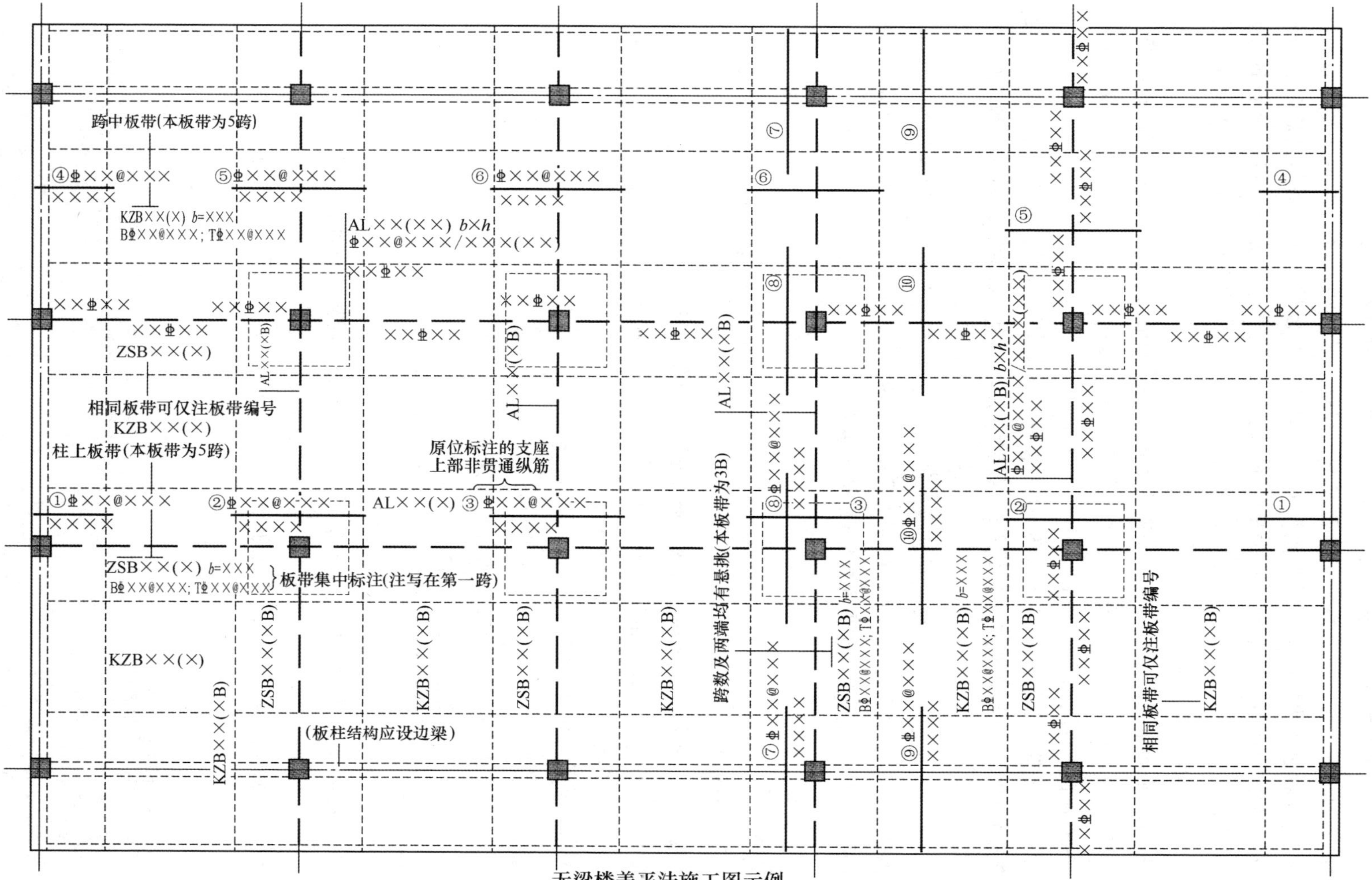

无梁楼盖平法施工图示例

(板厚均为×××)

图 2.40　无梁楼盖柱上板带ZSB与跨中板带KZB标注图示

当板带支座非贯通纵筋自支座中线向两侧对称延伸时延伸长度可仅在一侧标注；当配置在有悬挑端的边柱上时，该筋延伸到悬挑尽端，设计不注。当支座上部非贯通纵筋呈放射分布时，设计者应注明配筋间距的度量位置。不同部位的板带支座上部非贯通纵筋相同者，可仅在一个部位注写，其余则在代表非贯通纵筋的线段上注写编号。当板带上部已经配有贯通纵筋，但需增加配置板带支座上部非贯通纵筋时，应结合已配同向贯通纵筋的直径与间距，采取"隔一布一"的方式。

例：设有板平面布置图的某部位，在横跨板带支座绘制的对称线段上注有⑦Φ18@250，在线段一侧的下方注有 1 500，是表示支座上部⑦号非贯通纵筋为 Φ18@250，自支座中线向两侧跨内的延伸长度均为 1 500 mm。

例：设有一板带上部已配置贯通纵筋 Φ18@240，板带支座上部非贯通纵筋为⑤Φ18@240，则板带在该位置实际配置的上部纵筋为 Φ18@120，其中 1/2 为贯通纵筋，1/2 为⑤号非贯通纵筋（延伸长度略）。

例：设有一板带上部已配置贯通纵筋 Φ18@240，板带支座上部非贯通纵筋为③Φ20@240，则板带在该位置实际配置的上部纵筋为(1Φ18+1Φ20)/240，实际间距 120 mm，其中 45% 为贯通纵筋，55% 为③号非贯通纵筋（延伸长度略）。

任务实施

1. 识图任务分析

(1)根据工作任务给出的条件，首先判断是哪一种注写方式；

(2)依据注写方式，查阅规范确定板的名称与含义；

(3)查阅规范确定 B、T、X、Y 表示的意思；

(4)查阅其他符号所表示的意思。

2. 识图任务的实施

第一步　确定第一排名称与数字的名称与含义。

LB1　$h=120$ 表示的意思是 1 号楼面板厚 120 mm。

第二步　确定板的下部字母、符号与数字的名称与含义。

B：XΦ8@200

YΦ8@200 表示的意思是板的下部 X 与 Y 方向分别配置的钢筋为 Φ8@200。

第三步　确定板的上部字母、符号与数字的名称与含义。

T：X&Y　Φ8@200 表示的意思是板的上部 X 与 Y 方向两向贯通配置的钢筋都是 Φ8@200。

思考与练习

一、填空题

1. 板支座原位标注的内容：_____ 和 _____。

2. 有梁楼盖平法施工图，是在楼面板和屋面板布置图上，采用平面注写的表达方式。这主要包括_____ 和 _____。

3. YXB 表示_____。

二、简答题

1. 板块集中标注内容有哪些?

2. 无梁楼盖板制图规则有哪些?

3. 什么状态采取"隔一布一"的布筋方式?

三、实训题

（一）识图任务

某教学楼二层结构施工图中部分图纸，如图 2.41 所示，试用平法知识识读并说明集中注写板的各数字与字母表示的意思。

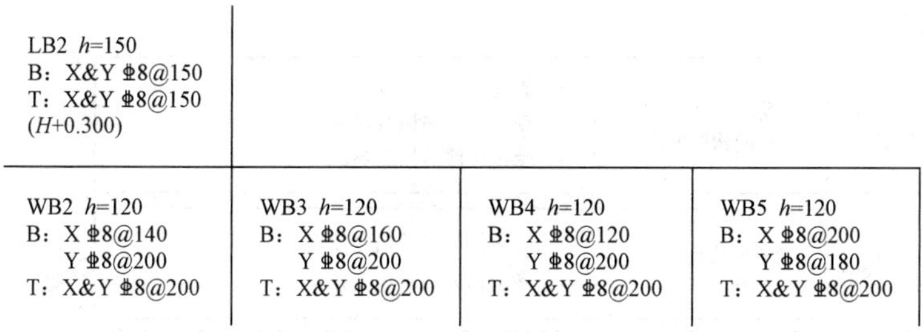

```
LB2 h=150
B: X&Y ⱷ8@150
T: X&Y ⱷ8@150
(H+0.300)
```

WB2 h=120	WB3 h=120	WB4 h=120	WB5 h=120
B: X ⱷ8@140	B: X ⱷ8@160	B: X ⱷ8@120	B: X ⱷ8@200
Y ⱷ8@200	Y ⱷ8@200	Y ⱷ8@200	Y ⱷ8@180
T: X&Y ⱷ8@200	T: X&Y ⱷ8@200	T: X&Y ⱷ8@200	T: X&Y ⱷ8@200

图 2.41　板的配筋图

（二）读图过程

1. 读图准备

课前完成线上学习任务，从网络课堂接受任务，通过互联网、图书查阅资料，分析相关信息，做好任务前准备工作。

2. 读图引导

根据前面学习过的内容，查阅平法规范，找出与本任务中相类似的图纸识图方法。

3. 读图任务解答

4. 读图任务评价表（表 2.22）

表 2.22　任务评价表

序号	评价项目	配分	自我评价（25%）	小组评价（30%）	教师评价（35%）	其他（10%）
1	能够正确说出各注写方式的不同之处	10				
2	能够描述板的平法识图过程与依据	20				
3	能够依据规范查阅	10				
4	识图准确	30				
5	遵守纪律	10				
6	完成任务中的所有内容	20				
	合计	100				
	总分					

模块3 钢筋混凝土纵向受力构件承载力计算与平法图识读

【知识结构】

```
受压与受拉构 ─── 概述
件的构造要求 ─── 受压构件的构造要求
             └── 受拉构件的构造要求

轴心受压构件的 ─── 普通箍筋柱承载力计算
承载力计算    └── 螺旋箍筋柱承载力计算

偏心受压构 ─── 偏心受压构件正截面的破坏特征
件正截面   ─── 矩形截面偏心受压构件正截面
承载力         承载力的计算公式
计算       ─── 矩形截面偏心受压构件正截面
               承载力的计算方法
          └── 偏心受压构件斜截面承载力的计算方法

轴心受拉构件正 ─── 轴心受拉构件的受力分析
截面承载力计算  └── 轴心受拉构件的正截面承载力计算

偏心受拉构件 ─── 偏心受拉构件的分类
承载力计算   ─── 小偏心受拉正截面承载力计算
            └── 大偏心受拉正截面承载力计算
```

任务1 轴心受压构件承载力计算和设计

知识目标

1. 掌握轴心受压构件承载力计算原理、计算方法、适用条件和复核;
2. 了解轴心受压构件钢筋的组成、种类及作用;
3. 理解轴心受压构件的构造要求。

能力目标

1. 能够按照结构设计规范对轴心受压构件采取合理的构造措施;
2. 能够根据规范对普通箍筋柱截面进行配筋设计与配筋复核;
3. 能够掌握柱构件钢筋的绘图及标注。

1. 培养科学求实、诚实守信、严谨认真的工作态度；
2. 培养遵守相关法律法规、结构设计规范和识图标准的职业意识；
3. 树立安全至上、质量第一的理念。

行业故事

普通箍筋柱通过混凝土、纵筋和箍筋的联合作用，承受柱上部荷载，体现了合作的重要性。配筋方案首先要满足规范要求，我们应在学习中逐步提高规范、标准意识。"强柱弱梁"并不一定是加粗柱截面，增加配筋，也可以关注柱的新工艺、新材料在实际工程中的应用。

任务描述

某高职院校理实一体化大楼一楼门厅钢筋混凝土圆形现浇柱，柱直径不大于 400 mm。承受纵向压力设计值 $N = 3\ 800$ kN，从基础顶面到二层楼面的高度 $H = 3.6$ m，采用 C30 级混凝土，HRB335 级钢筋，请对该柱进行设计并校核承载力。

知识准备

1.1 轴心受压构件的构造要求

轴心受压构件根据配筋方式的不同，可分为两种基本形式：

①配有纵向钢筋和普通箍筋的柱，简称普通箍筋的柱，如图 3.1(a) 所示；

②配有纵向钢筋和间接钢筋的柱，简称螺旋式箍筋柱，如图 3.1(b) 所示，或焊接环式箍筋柱，如图 3.1(c) 所示。

视频：受压构件的构造要求

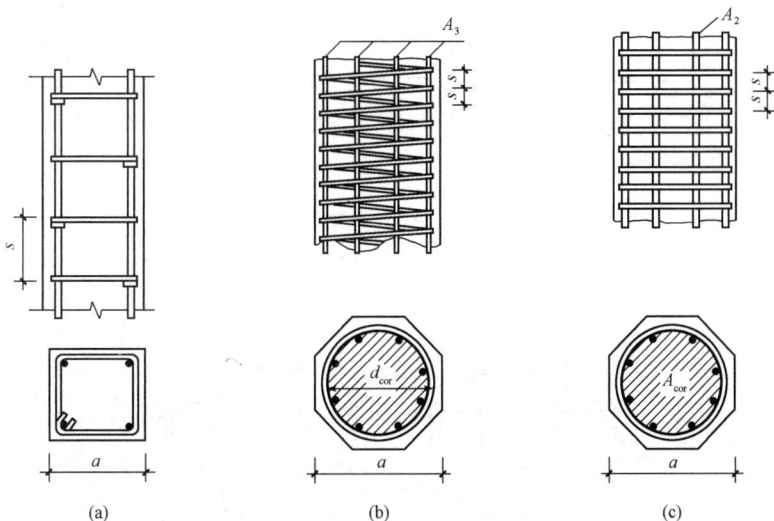

图 3.1 轴心受压柱

(a)普通箍筋的柱；(b)螺旋式箍筋柱；(c)焊接环式箍筋柱

轴心受压构件中的纵向钢筋能够协助混凝土承担轴向压力以减小构件的截面尺寸；能够承担由初始偏心引起的附加弯矩和某些难以预料的偶然弯矩所产生的拉力；防止构件突然的脆性破坏和增强构件的延性；减小混凝土的徐变变形；能改善素混凝土轴心受压构件强度离散性较大的弱点。

在配置普通箍筋的轴心受压构件中，箍筋和纵筋形成骨架，防止纵筋在混凝土压碎之前，在较大长度上向外压屈，从而保证纵筋能与混凝土共同受力直到构件破坏。同时箍筋还对核芯混凝土起到一些约束作用，并与纵向钢筋一起在一定程度上改善构件最终可能发生的突然脆性破坏，提高极限压应变。

在配置螺旋式（或焊接环式）箍筋的轴心受压构件中，箍筋为间距较密的螺旋式（或焊接环式）箍筋。这种箍筋能对核芯混凝土形成较强的环向被动约束，从而能够进一步提高构件的承载能力和受压延性。柱的截面形状一般为圆形或多边形。

对于轴心受压构件全部受压钢筋的配筋率不应小于 0.6%，同时一侧钢筋的配筋率不应小于 0.2%。当温度、收缩等因素对结构产生较大影响时，构件的最小配筋率应适当增加。

当柱截面短边大于 400 mm 但截面各边纵向钢筋多于 3 根时，或当柱截面短边不大于 400 mm，但截面各边纵向钢筋多于 4 根时，应设置复合箍筋。复合箍筋的直径和间距均与此构件内设置的箍筋方法相同。图 3.2(a)所示用于纵筋每边不多于 3 根，图 3.2(b)所示用于纵筋每边不多于 4 根且 $b \leqslant 400$ mm，图 3.2(c)所示用于附加箍筋。

对于截面形状复杂的柱，不可采用具有内折角的箍筋，避免产生向外的拉力，致使折角处的混凝土破损，而应采用分离式箍筋(图 3.3)。

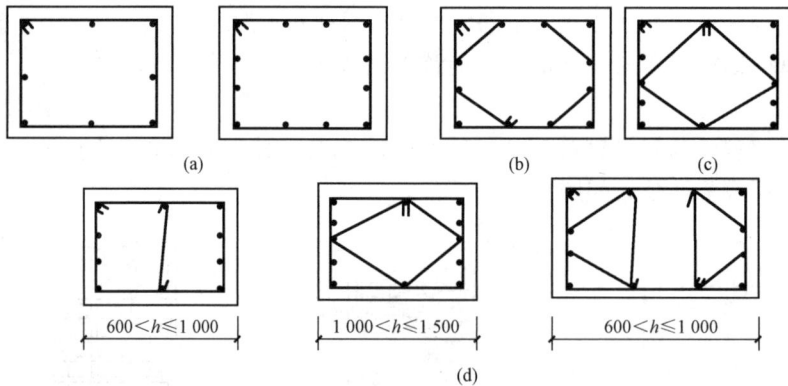

图 3.2　复合箍筋

(a)纵筋每边不多于 3 根；(b)纵筋每边不多于 4 根且 $b \leqslant 400$ mm；(c)附加箍筋；(d)截面高度 h

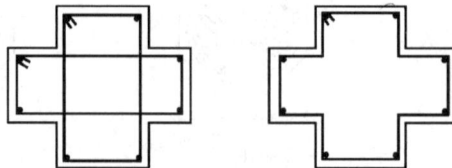

图 3.3　截面形状复杂的箍筋形式

1.2 轴心受压构件受力分析及破坏形态

1. 普通箍筋的轴心受压构件受力分析

根据构件的长细比(构件的计算长度 l_0 与构件的截面回转半径 i 之比)的不同,轴心受压构件可分为短构件(对一般截面 $l_0/i \leqslant 28$;对矩形截面 $l_0/b \leqslant 8$,b 为截面宽度)和中长构件。习惯上将前者称为短柱,后者称为长柱。

其中,轴心受压短柱在短期荷载作用下的应力分布及破坏状态如图 3.4 所示。

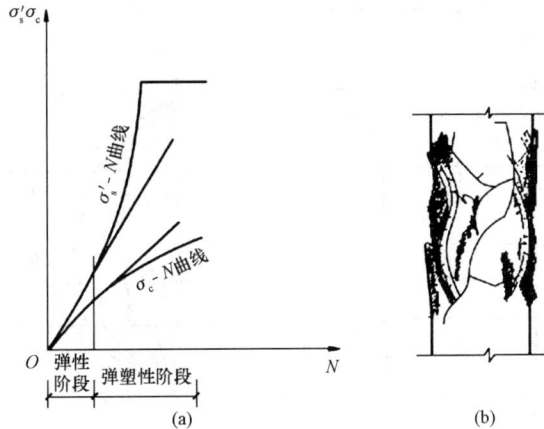

图 3.4 轴心受压短柱在短期荷载作用下的应力分布及破坏状态
(a)荷载-应力曲线;(b)轴心受压短柱破坏形态

若采用高强度钢筋,钢筋可能达不到屈服强度,不能被充分利用。计算时,以构件的压应变等于 0.002 0 为控制条件,认为此时混凝土达到轴心抗压强度 f_c;相应的纵向钢筋应力值 $\sigma_s' = E\varepsilon_s' \approx 2 \times 10^5 \times 0.002\ 0 = 400(\text{N/mm}^2)$,因此,在轴心受压构件中,若采用的纵向钢筋其抗拉强度设计值小于 400 N/mm^2,则其抗压强度设计值取等于其抗拉强度设计值,若其抗拉强度设计值大于或等于 400 N/mm^2,则抗压强度设计值只能取 400 N/mm^2。总之,在轴心受压短柱中,不论受压钢筋在构件破坏时是否达到屈服,构件的承载力最终都是由混凝土压碎来控制的。在这个过程中,混凝土的侧向膨胀将向外推挤钢筋,而使纵向受压钢筋在箍筋之间呈灯笼状向外受压屈服,如图 3.4(b)所示。

在轴心受压构件中,轴向压力的初始偏心(或称偶然偏心)实际上是不可避免的。在短粗构件中,初始偏心对构件的承载能力尚无明显影响。但在细长轴心受压构件中,以微小初始偏心作用在构件上的轴向压力将使构件朝与初始偏心相反的方向产生侧向弯曲。这时,如图 3.5(a)所示,在构件的各个截面中除轴向压力外还将有附加弯矩 $M = Ny$ 的作用,因此构件已从轴心受压转变为偏心受压。试验结果表明,当长细比较大时,侧向挠度最初是以与轴向压力成正比例的方式缓慢增长的;但当压力达到破坏压力的 $60\% \sim 70\%$ 时,挠度增长速度加快[图 3.5(b)、(c)],最后构件在轴向压力和附加弯矩的作用下破坏。破坏时,受压一侧往往产生较长的纵向裂缝,钢筋在箍筋之间向外压屈,构件高度中部的混凝土被压碎;而另一侧混凝土被拉裂,在构件高度中部产生若干条以一定间距分布的水平裂缝,如图 3.5(d)所示。这是偏心受压构件破坏的典型特征。

由于偏心受压构件截面所能承担的压力是随着偏心距的增大而减小的,因此,当构件截面尺寸不变时，长细比越大，破坏截面的附加弯矩就越大，构件所能承担的轴向压力也就越小。当构件的侧向挠曲随着轴向压力的增大而增长到一定程度时，构件将不再能保持稳定平衡。这时构件截面虽未产生材料破坏，但已达到了所能承担的最大轴向压力。这个压力将随着构件长细比的增大而逐步降低。

试验表明，长柱承载力 $N_{长柱}$ 低于其他条件相同的短柱承载力 $N_{短柱}$，通过引入稳定系数 φ 来表示长柱承载力降低的程度，即 $\varphi = N_{长柱}/N_{短柱}$。

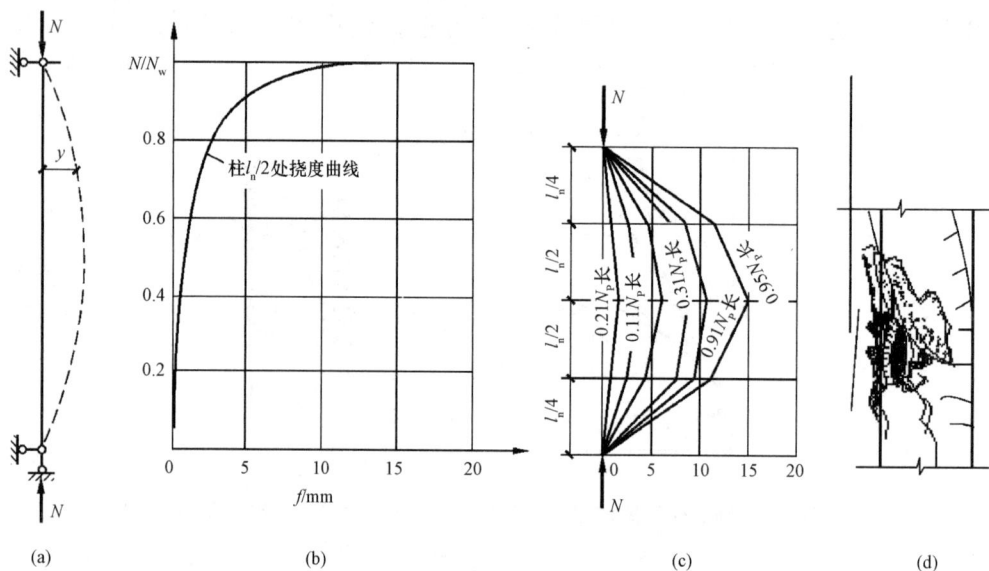

图 3.5　轴心受压长柱的挠曲曲线及破坏状态
(a)长柱加载图；(b)长柱中点挠度曲线；(c)挠度分布图；(d)长柱破坏形态

稳定系数 φ 取值见表 3.1。

表 3.1　钢筋混凝土轴心受压构件的稳定系数 φ

l_0/b	l_0/d	l_0/i	φ	l_0/b	l_0/d	l_0/i	φ
≤8	≤7	≤28	1.00	30	26	104	0.52
10	8.5	35	0.98	32	28	111	0.48
12	10.5	42	0.95	34	29.5	118	0.44
14	12	48	0.92	36	31	125	0.4
16	14	55	0.87	38	33	132	0.36
18	15.5	62	0.81	40	34.5	139	0.32
20	17	69	0.75	42	36.5	146	0.29
22	19	76	0.70	44	38	153	0.26
24	21	83	0.65	46	40	160	0.23
26	22.5	90	0.60	48	41.5	167	0.21
28	24	97	0.56	50	43	174	0.19
注：b 为矩形截面的短边尺寸，d 为圆形截面的直径，i 为截面的最小回转半径							

构件的计算长度 l_0 与构件两端的支承情况有关，可按图 3.6 所示采用。

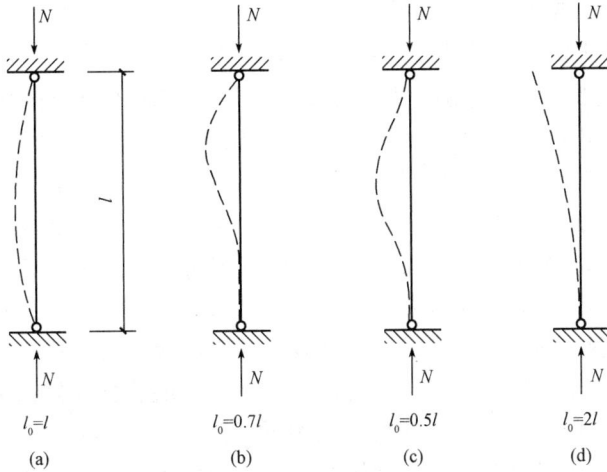

$l_0=l$　　　$l_0=0.7l$　　　$l_0=0.5l$　　　$l_0=2l$
(a)　　　　(b)　　　　(c)　　　　(d)

图 3.6　轴心受压长柱的挠曲曲线及破坏状态
(a)两端铰支承；(b)一端铰支承，一端固定；(c)两端固定；(d)一端固定，一端自由

《结构设计规范》规定，轴心受压和偏心受压柱的计算长度 l_0 可以按下列规定确定：
刚性屋盖单层房屋排架柱、露天吊车柱和栈桥柱，其计算长度可按表 3.2 取用。

表 3.2　刚性屋盖单层房屋排架柱、露天吊车柱和栈桥柱的计算长度

柱的类型		排架方向	垂直排架方向	
			有柱间支撑	无柱间支撑
无吊车厂房柱	单跨	$1.5H$	$1.0H$	$1.2H$
	梁跨及多跨	$1.25H$	$1.0H$	$1.2H$
有吊车厂房柱	上柱	$2.0H_u$	$1.25H_u$	$1.5H_u$
	下柱	$1.0H_l$	$0.8H_l$	$1.0H_l$
露天吊车和栈桥柱		$2.0H_l$	$1.0H_l$	—

注：1. 表中 H 为从基础顶面算起的柱子全高；
　　　H_l 为从基础顶面至装配式吊车梁底面或现浇式吊车梁顶面的柱子下部高度；
　　　H_u 为从装配式吊车梁底面或从现浇式吊车梁顶面算起的柱子上部高度。
　　2. 表中有吊车厂房排架柱的计算长度，当计算中不考虑吊车荷载时，可按无吊车厂房的计算长度采用，但上柱的计算长度仍按有吊车厂房采用。
　　3. 表中有吊车厂房排架柱的上柱在排架方向的计算长度，仅适用于 $H_u/H \geqslant 0.3$ 的情况；当 $H_u/H < 0.3$，计算长度宜采用 $2.5H_u$。

一般多层房屋中梁柱为刚接的框架结构，各层柱的计算长度可按表 3.3 取用。

表 3.3　框架各结构层柱的计算长度

楼盖类型	柱的类别	l_0	楼盖类型	柱的类别	l_0
现浇楼盖	底层柱	$1.0H$	装配式楼盖	底层柱	$1.25H$
	其余各层柱	$1.25H$		其余各层柱	$1.5H$

2. 螺旋式箍筋柱受力分析

混凝土的纵向受压破坏可以认为是由于横向变形而发生拉坏的现象。如果能约束其横向变形就能间接提高其纵向抗压强度。对配置螺旋式或焊接环式箍筋的柱，箍筋所包围的核芯混凝土，相当于受到一个套箍作用，有效地限制了核芯混凝土的横向变形，使核芯混凝土在三向压应力作用下工作，从而提高了轴心受压构件正截面承载力。

试验研究表明，在配有螺旋式（或焊接环式）箍筋的轴心受压构件中，当混凝土所受的压应力较小时，箍筋受力并不明显。当压应力达到无约束混凝土极限强度的70%左右以后，混凝土中沿受力方向的微裂缝就将开始迅速发展，从而使混凝土的横向变形明显增大并对箍筋形成径向压力，这时箍筋方才开始反过来对混凝土施加被动的径向均匀约束压力。当构件的压应变超过了无约束混凝土的极限应变后，箍筋以外的表层混凝土将逐步剥落。但核芯混凝土在箍筋约束下可以进一步承担更大的压应力，其抗压强度随着箍筋约束力的增强而提高；而且核芯混凝土的极限压应变也将随着箍筋约束力的增强而加大，如图3.7所示。此时螺旋式（或焊接环式）箍筋中产生了拉应力，当箍筋拉应力逐渐加大到抗拉屈服强度时，就不能再有效地约束混凝土的横向变形，混凝土的抗压强度就不能再提高，这时构件达到破坏。图3.8中绘出了不同螺距的6.5 mm直径的螺旋箍筋约束的混凝土圆柱体的应力-应变曲线，从中可以看出圆柱体的抗压强度及极限应变随着螺旋箍筋用量的增加而相应增长的情况。

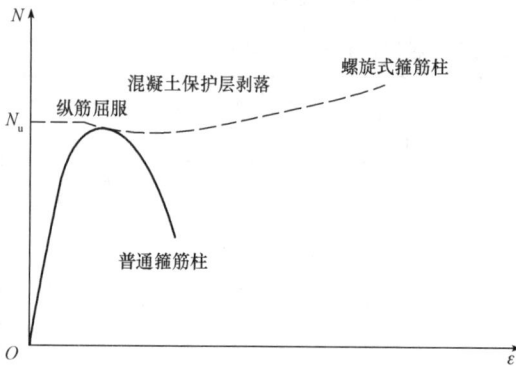

图 3.7　轴心受压柱的 N-ε 曲线

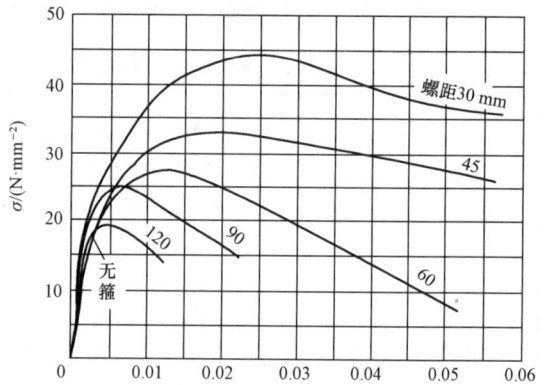

图 3.8　200 mm 量测标距的平均应变

1.3　轴心受压构件正截面承载力计算与设计

1. 普通箍筋柱正截面受压承载力计算

（1）计算公式。当考虑了柱子长细比对承载力的影响后，采用一般中等强度钢筋的轴心受压构件，当混凝土的压应力达到最大值，钢筋压应力达到屈服应力，即认为构件达到最大承载力。轴心受压柱极限承载力计算公式为

$$N = 0.9\varphi(f_c A + f'_y A'_s) \tag{3.1}$$

式中　N——轴向压力设计值；

0.9——为保持与偏心受压构件正截面承载力计算具有相近的可靠度而取的系数；

φ——钢筋混凝土构件的稳定系数；

f_c——混凝土的轴心抗压强度设计值；

视频：轴心受压
构件承载力计算

f'_y——纵向钢筋的抗压强度设计值；

A——构件截面面积；

A'_s——全部纵向钢筋的截面面积。当纵向钢筋配筋率大于 3% 时，式中 A 应改为 A_n，$A_n=A-A'_s$。

(2)设计步骤。在实际工程中遇到的轴心受压构件的设计问题可以分为截面设计和截面复核两大类。

1)截面设计。在设计截面时可以采用以下两种途径：

其一，先选定材料强度等级，并根据轴向压力的大小以及房屋总体刚度和建筑设计的要求确定构件截面的形状和尺寸，然后确定稳定系数 φ，再由式(3.1)求出所需的纵向钢筋数量。

其二，先选定一个合适的配筋率，通常可取 $\rho'=(1.0\sim1.5)\%$，并按初估的截面形状、尺寸求得 φ，再按由式(3.1)导出的下列公式计算所需的构件截面面积和配筋面积，并按计算出的 A_c 决定柱的最终截面尺寸。

$$A_c=\frac{N}{0.9\varphi(f_c+\rho'f'_y)} \tag{3.2}$$

$$A'_s=\rho'A_c \tag{3.3}$$

在按后一种途径进行截面设计时，如果第一次对截面尺寸的估计不准，就还需要按实际选定的构件截面对 φ 和 A'_s 进行第二次计算，故较为烦琐，只适用初学者。

应当指出的是，在实际工程中轴心受压构件沿截面 x、y 两个主轴方向的杆端约束条件可能不同，因此计算长度 l_0 也就可能不完全相同。如为正方形、圆形或多边形截面，则应按其中较大的 l_0 确定 φ。如为矩形截面，应分别按 x、y 两个方向确定 φ，并取其中较小者代入式(3.1)进行承载力计算。

2)截面复核。轴心受压构件的截面复核步骤比较简单，只需将有关数据代入式(3.2)即可求得构件所能承担的轴向力设计值。

2. 螺旋式箍筋柱正截面受压承载力计算

由于螺旋式(或焊接环式)箍筋的套箍作用，使核芯混凝土的抗压强度由 f_c 提高到 f_{c1}，可采用混凝土圆柱体侧向均匀压应力的三轴受压试验所得的近似公式计算，即

视频：轴心受压
螺旋箍筋柱

$$f_{c1}=f_c+4\sigma_r \tag{3.4}$$

式中 σ_r——螺旋式(或焊接环式)箍筋屈服时，柱的核芯混凝土受到的径向压应力。

由图 3.9 可知，当螺旋式(或焊接环式)箍筋屈服时，它对混凝土施加的侧向压应力 σ_r，可由在箍筋间距 s 范围内 σ_c 的合力与箍筋拉力相平衡的条件，得

$$2\alpha f_y A_{ss1}=\sigma_r d_{cor}s \tag{3.5}$$

式中 d_{cor}——构件的核芯截面直径；

s——间接钢筋沿构件轴线方向的间距；

A_{ss1}——单根间接钢筋的截面面积；

f_y——间接钢筋的抗拉强度设计值；

α——间接钢筋对混凝土约束的折减系数：当 $f_{cu,k}\leqslant50$ N/mm² 时，取 $\alpha=1.0$；当 $f_{cu,k}=80$ N/mm² 时，取 $\alpha=0.85$；当 50 N/mm²$<f_{cu,k}<80$ N/mm² 时，按线性内插法确定。

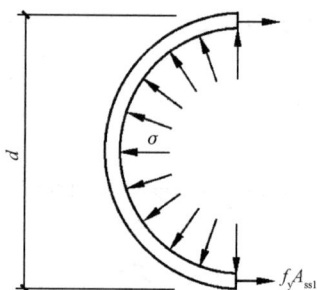

图 3.9　环式钢筋受力图

则式(3.5)可写成

$$\sigma_r = \frac{2\alpha f_y A_{ss1}}{s d_{cor}} = \frac{2\alpha f_y A_{ss1} \pi}{\dfrac{\pi d_{cor}^2}{4} \cdot 4 s} = \frac{\alpha f_y A_{ss0}}{2 A_{cor}} \tag{3.6}$$

式中　A_{ss0}——间接钢筋换算截面面积，$A_{ss0} = \dfrac{\pi d_{cor} A_{ss1}}{s}$；

A_{cor}——混凝土核芯截面面积。

根据纵向内外力平衡条件，受压纵筋破坏时达到其屈服强度，螺旋式(或焊接环式)箍筋所约束的核芯混凝土截面面积的强度达 f_{c1}，则

$$N = 0.9(f_{c1} A_{cor} + f_y' A_s') = 0.9\left(f_c A_{cor} + f_y' A_s' + 4\frac{\alpha f_y A_{ss0}}{2 A_{cor}} A_{cor}\right)$$

整理，得

$$N = 0.9(f_c A_{cor} + f_y' A_s' + 2\alpha f_y A_{ss0}) \tag{3.7}$$

当利用式(3.7)计算配有纵筋和螺旋式(或焊接环式)箍筋柱的承载力时，应注意下列事项：

(1)为了保证在使用荷载作用下，箍筋外层混凝土不致过早剥落，配螺旋式(或焊接环式)箍筋的轴心受压承载力设计值[按式(3.7)计算]不应比按普通箍筋的轴心受压承载力设计值[按式(3.1)计算]算得的大50%。

(2)当遇有下列任意一种情况时，不应计入间接钢筋的影响，而应按式(3.1)计算构件的承载力：

1)当 $l_0/d > 12$ 时，因构件长细比较大，可能由于初始偏心引起的侧向弯曲和附加弯矩的影响而使构件的承载力降低，螺旋式(或焊接环式)箍筋不能发挥其作用。

2)当按式(3.7)算得的构件承载力小于按式(3.1)算得的承载力时，因式(3.7)中只考虑混凝土的核芯截面面积 A_{cor}，当外围混凝土较厚时，核芯面积相对较小，就会出现上述情况。

3)当间接钢筋的换算截面面积 A_{ss0} 小于纵向钢筋全部截面面积的25%时，可以认为间接钢筋配置得太少，不能起到套箍的约束作用。

任务实施

1. 设计任务分析

思路：本例给出的情境是在选定的材料基础上，设计柱子并校核承载力，包括确定其截面尺寸、配筋。

解析：完成本例需要构造基本知识，应初步拟订截面的尺寸，再进行配筋计算。通常是首先按照普通箍筋柱来设计。

2. 设计任务的实施

（1）按正常配有纵筋和普通箍筋柱进行设计：

由表3.2可知，柱计算长度取$1.0H$，则$l_0=1.0\times3.6=3.6$（m）。

$l_0/d=3\,600/400=9$，查表3.1得$\varphi=0.972\,5$

圆形柱截面面积

$$A=\frac{\pi d^2}{4}=\frac{3.14\times400^2}{4}=125\,600\text{（mm}^2\text{）}$$

代入式（3.7）求得

$$A'_s=\frac{\dfrac{N}{0.9\varphi}-f_cA}{f'_y}=\frac{\dfrac{3\,800\,000}{0.9\times0.9725}-14.3\times125\,600}{300}=8\,485.1\text{（mm}^2\text{）}$$

$\rho'=\dfrac{A'_s}{A}=\dfrac{8\,485.1}{125\,600}=0.067\,6>0.05$，不满足最大配筋率要求，应考虑采用配置螺旋式箍筋的方案。

（2）按配有螺旋式箍筋柱进行设计：

假定按纵筋配筋率$\rho'=0.03$计算，则

$A'_s=0.03A=0.03\times125\,600=3\,768$（mm^2），选用10Φ22（$A'_s=3\,801$ mm^2）。

$$d_{cor}=400-30\times2=340\text{（mm）}$$

$$A_{cor}=\frac{\pi d_{cor}^2}{4}=\frac{3.14\times340^2}{4}=90\,746\text{（mm}^2\text{）}$$

代入式（3.2）～式（3.6）有

$$A_{ss0}=\frac{\dfrac{N}{0.9}-(f_cA_{cor}+f'_yA'_s)}{2f_y}$$

$$=\frac{\dfrac{3\,800\,000}{0.9}-(14.3\times90\,746+300\times3\,801)}{2\times300}$$

$$=2\,973.8\text{（mm}^2\text{）}>0.25A'_s=0.25\times3\,768=942\text{（mm}^2\text{）}$$

满足构造要求。

设螺旋箍筋直径为12 mm（$A_{ss1}=113.1$ mm^2），则

$$s=\frac{\pi d_{cor}}{A_{ss0}}A_{ss1}=\frac{3.14\times340\times113.1}{2\,973.8}=40.6\text{（mm）}$$

取$s=40$ mm，满足间距构造要求。

承载力验算：

$$A_{ss0}=\frac{\pi d_{cor}}{s}A_{ss1}=\frac{3.14\times340\times113.1}{40}=3\,018.64\text{（mm}^2\text{）}$$

$$N=0.9(f_cA_{cor}+f'_yA'_s+2\alpha f_yA_{ss0})$$

$$=0.9\times(14.3\times90\,746+300\times3\,801+2\times1.0\times300\times3\,018.64)$$

$$=3\,824\,236.6\text{（N）}$$

按式(3.7)计算，得

$$N = 0.9\varphi(f_c A + f'_y A'_s)$$
$$= 0.9 \times 0.972\,5 \times (14.3 \times 125\,600 + 300 \times 3\,801)$$
$$= 2\,570\,066.60(\text{N})$$
$$1.5 \times 2\,570\,066.60 = 3\,855\,099.9(\text{N}) > 3\,824\,236.6(\text{N})$$

则该柱能承受 $N = 3\,824.2$ kN，满足设计要求。

➤ 思考与练习

一、简答题

1. 什么是轴心受压构件？

2. 为什么螺旋式箍筋柱的承载力大于普通箍筋柱的承载力？

二、选择题

1. 钢筋混凝土轴心受压构件，稳定系数是考虑了（　　）。

    A. 初始偏心距的影响

    B. 荷载长期作用的影响

    C. 两端约束情况的影响

    D. 附加弯矩的影响

2. 对于高度、截面尺寸、配筋完全相同的柱，以支承条件为（　　）时，其轴心受压承载力最大。

    A. 两端嵌固

    B. 一端嵌固，一端不动铰支

    C. 两端不动铰支

    D. 一端嵌固，一端自由

三、实训题

（一）设计任务

现浇钢筋混凝土框架结构的二层中柱，纵向压力设计值 $N = 2\,600$ kN，基础顶面之首层楼板面的高度 $H = 4.8$ m。采用 C30 级混凝土，HRB335 级钢筋。试对该柱进行设计。

（二）设计过程

1. 设计准备

课前完成线上学习任务，从网络课堂接受任务，通过互联网、图书查阅资料，分析相关信息，做好任务前准备工作。

2. 设计引导

根据前面学习过的内容，查阅规范设计案例，找出与本任务中相类似的解题过程。

3. 设计内容

4. 设计任务评价表(表3.4)

表3.4　任务评价表

序号	评价项目	配分	自我评价 （25%）	小组评价 （30%）	教师评价 （35%）	其他 （10%）
1	能够正确列出与使用任务实施中的计算公式	10				
2	能够描述普通箍筋柱正截面的承载力计算过程与依据	20				
3	能够依据规范查阅确定相关数据	10				
4	计算准确	20				
5	绘图规范、合理	10				
6	遵守纪律	10				
7	完成任务中的所有内容	20				
合计		100				
总分						

任务2　偏心受压构件正截面承载力计算和设计

知识目标

1. 掌握偏心受压构件承载力计算原理、计算方法、适用条件和复核；
2. 了解偏心受压构件钢筋的组成、种类及作用；
3. 理解偏心受压构件的构造要求。

能力目标

1. 能够按照结构设计规范对偏心受压构件采取合理的构造措施；
2. 能够根据规范对偏心受压构件正截面进行配筋设计与配筋复核；
3. 能够掌握柱构件钢筋的绘图及标注。

素养目标

1. 培养科学求实、诚实守信、严谨认真的工作态度；
2. 培养遵守相关法律法规、结构设计规范和识图标准的职业意识；
3. 树立安全至上、质量第一的理念。

行业故事

具备工匠精神的大国工匠始终坚守质量品质，一生打造精品，把产品的好坏看成自己人格和荣誉的象征，他们就是这样具有优秀品德、始终追求卓越的人。习近平总书记说："劳动模范是劳动群众的杰出代表，是最美的劳动者。""爱岗敬业、争创一流，艰苦奋斗、勇于创新，淡泊名利、甘于奉献"的劳模精神，是伟大时代精神的生动体现。我们要以大国工匠和劳动模范为榜样，做一个品德高尚且追求卓越的人，积极投身于中华民族伟大复兴的宏伟事业中。

任务描述

有一角柱，承受轴向力设计值 $N=350$ kN，弯矩 $M=160$ kN·m；截面尺寸 $b=300$ mm，$h=400$ mm，$a_s=a'_s=40$；C25 级混凝土，HRB335 级钢筋，$l_0/h=8$，柱子采用对称配筋，求：钢筋截面面积 $A_s=A'_s$。

知识准备

2.1 偏心受压构件构造要求

1. 截面形式和尺寸

偏心受压构件的截面形式一般多采用矩形。为了节省混凝土及减轻结构自重，装配式受压构件也常采用I字形截面或双肢截面形式。钢筋混凝土受压构件截面尺寸一般不宜小于 250 mm×250 mm，以避免长细比过大，降低受压构件截面承载力。一般宜控制 $l_0/b \leqslant 30$、$l_0/h \leqslant 25$、$l_0/d \leqslant 25$。此处 l_0 为柱的计算长度，b、h、d 分别为柱的短边、长边尺寸和圆形截面直径。为了施工制作方便，在 800 mm 以内时，宜取 50 mm 为模数；800 mm 以上时，可取 100 mm 为模数。

视频：受压构件的
构造要求

钢筋混凝土受压构件的保护层厚度，应符合《结构设计规范》对混凝土最小保护层厚度的规定。

2. 纵向钢筋

钢筋混凝土受压构件中纵向受力钢筋的作用是与混凝土共同承担由外荷载引起的内力，防止构件突然脆性破坏，减小混凝土不匀质性引起的影响；同时，纵向钢筋还可以承担构件失稳破坏时，凸出面出现的拉力以及由于荷载的初始偏心、混凝土收缩徐变、构件的温度变形等因素所引起的拉力等。

（1）直径：受压构件中，为了增加钢筋骨架的刚度，减小钢筋在施工时的纵向弯曲，减少箍筋用量宜采用较粗直径的钢筋，以便形成劲性较好的骨架。因此，纵向受力钢筋直径 d 不宜小于 12 mm，一般在 12～32 mm 范围内选用。

（2）布置：矩形截面受压构件中纵向受力钢筋根数不得少于 4 根，以便与箍筋形成钢筋骨架。偏心受压构件中的纵向钢筋应按计算要求布置在离偏心压力较近或较远一侧。

当矩形截面偏心受压构件的截面高度 $h \geqslant 600$ mm 时，应在截面两个侧面设置直径 d 为 10～16 mm 直径的纵向构造钢筋，以防止构件因温度和混凝土收缩应力而产生裂缝，并相应地设置复合箍筋或拉筋。纵向钢筋的净距不应小于 50 mm，对水平位置浇筑的预制受压构件，其纵向钢筋的净距要求与梁相同。偏心受压构件中在垂直于弯矩作用平面配置的纵向受力钢筋和轴心受压构件中各边的纵向钢筋的中距都不应大于 300 mm。

（3）配筋率：为使纵向受力钢筋起到提高受压构件截面承载力的作用，纵向钢筋应满足最小配筋率的要求。为了施工方便和经济要求，全部纵向钢筋配筋率不宜超过 5%。当混凝土强度等级为 C60 及以上时，受压构件全部纵向钢筋最小配筋率应不小于 0.7%。当采用 HRB400 和 RRB400 级钢筋时，全部纵向钢筋最小配筋率应取 0.5%。

3. 箍筋

钢筋混凝土受压构件中箍筋的作用是防止纵向钢筋受压时压屈，同时保证纵向钢筋的正确位置并与纵向钢筋组成整体骨架。

（1）形式：应做成封闭式的箍筋。

（2）直径：采用热轧钢筋时，箍筋直径不应小于 $d/4$ 且不应小于 6 mm。柱内纵向钢筋搭接长度范围内的箍筋直径不宜小于搭接钢筋直径的 25%。当柱中全部纵向受力钢筋的配筋率超过 3% 时，箍筋直径不宜小于 8 mm。

（3）间距：任何情况下箍筋间距不应大于 400 mm 且不应大于构件截面的短边尺寸；同时在绑扎骨架中不应大于 15d，在焊接骨架中不应大于 20d（d 为纵向钢筋最小直径）。

柱内纵向钢筋当采用非焊接的搭接接头时，在规定的搭接长度的任一区段内和采用焊接接头时，在焊接接头处的 35d 且不小于 500 mm 区段内，当搭接钢筋为受拉时，其间距不应大于 5d 且不应大于 100 mm；当搭接钢筋为受压时，其间距不应大于 10d 不应大于 200 mm（d 为纵向钢筋最小直径）。

当受压钢筋直径大于 25 mm 时，应在搭接接头两个端面处 50 mm 范围内，各设置两根与此构件相同直径的箍筋。

当柱中全部纵向受力钢筋的配筋率超过 3% 时，其箍筋应焊成封闭式；箍筋末端应做成不小于 135°的弯钩，弯钩末端平直的长度不应小于 10 倍箍筋直径；间距不应大于 10 倍纵向钢筋的最小直径且不应大于 200 mm。

纵向钢筋至少每隔一根放置于箍筋转弯处。

2.2 偏心受压构件正截面的破坏特征

根据轴向力的偏心距和配筋情况不同，偏心受压构件正截面破坏形态（图 3.10）有以下两种。

第一类：受拉破坏，习惯上常称为"大偏心受压破坏"。

第二类：受压破坏，习惯上常称为"小偏心受压破坏"。

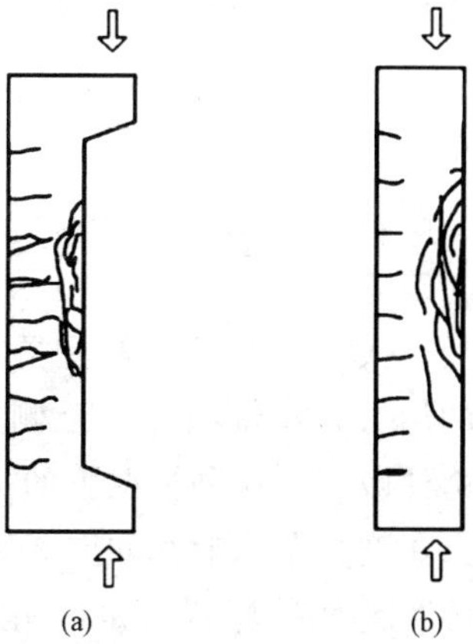

图 3.10 偏心受压构件典型破坏状态

（a）大偏心受压破坏；（b）小偏心受压破坏

偏心受压构件截面各种受力情况如图 3.11 所示。

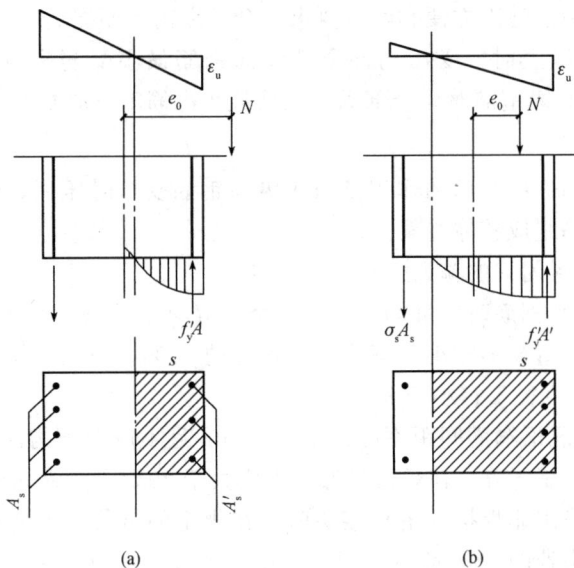

图 3.11　偏心受压构件截面各种受力情况

(a)大偏心受压破坏；(b)小偏心受压破坏

1. 大偏心受压破坏(受拉破坏)

当构件截面中轴向压力的偏心距较大，而且截面距纵向力较远一侧没有配置过多的受拉钢筋时，就将发生这种类型的破坏。

在偏心距较大的轴向压力 N 作用下，远离纵向偏心力一侧截面受拉。随着荷载的增大，受拉边缘混凝土出现垂直于构件轴线的裂缝，这些裂缝不断加宽并向受压一侧发展，裂缝截面中的拉力将全部转由受拉钢筋承担，受拉钢筋将首先达到屈服，裂缝进一步向受压一侧延伸，从而使受压区面积减小，最后受压区混凝土被压碎而导致构件的最终破坏。试验所得的典型破坏状况如图 3.10(a)所示。

在上述破坏过程中，关键的破坏特征是受拉钢筋首先达到屈服，然后受压钢筋也达到屈服，最后由于受压区混凝土压碎而导致构件破坏，这种破坏形态在破坏前有明显的预兆，属于塑性破坏，所以我们把这类破坏称为受拉破坏。破坏阶段截面中的应变及应力典型分布图形如图 3.11(a)所示。

2. 小偏心受压破坏(受压破坏)

当构件截面中轴向压力的偏心距较小或很小，或虽然偏心距较大，但配置过多的受拉钢筋时，构件就将发生这种类型的破坏。

当偏心距较小，或偏心距虽然较大，但受拉钢筋配置较多时，截面可能处于大部分受压而少部分受拉状态。随着荷载的增大，离轴向压力近侧的受压区边缘混凝土首先压应变达到极限值，混凝土压碎而引起构件破坏。这种情况下的构件典型破坏状况如图 3.10(b)所示，破坏阶段截面中的应变及应力典型分布图形则如图 3.11(b)所示。

上述小偏心受压情况所共有的关键性破坏特征是，构件的破坏是由受压区混凝土的压碎所引起的。破坏时，压应力较大一侧的受压钢筋的压应力一般都能达到屈服强度，而另一侧的钢筋不论受拉还是受压，其应力一般都达不到屈服强度。构件在破坏前变形不会急剧增长，但受压区垂直裂缝不断发展，破坏时没有明显预兆，属于脆性破坏，所以我们把具有这类特征的破坏形态统称为"受压破坏"。

3. 界限破坏

在"受拉破坏"和"受压破坏"之间存在着一种界限状态，称为"界限破坏"，即在受拉钢筋应力达到屈服的同时，受压混凝土出现纵向裂缝并被压碎。

图 3.12 所示为偏心受压构件各种情况下的截面应变分布图形。图中 ab、ac 即表示在大偏心受压状态下的截面应变状态，随着纵向压力的偏心距减小或受拉钢筋量的增加，在破坏时形成斜线 ad 所示的应变分布状态，即当受拉钢筋达到屈服应变时，受压边缘混凝土也刚好达到极限应变值 ε_{cu}，这就是界限状态。如纵向压力的偏心距进一步减小或受拉钢筋配筋量进一步增大，则截面破坏时将形成斜线 ae 所示的受拉钢筋达不到屈服的小偏心受压状态。当进入全截面受压状态后，混凝土受压较大一侧的边缘极限压应变将随着纵向压力偏心距的减小而逐步有所下降，其截面应变分布如斜线 af、$a'g$ 和水平线 $a''h$ 所示的顺序变化。

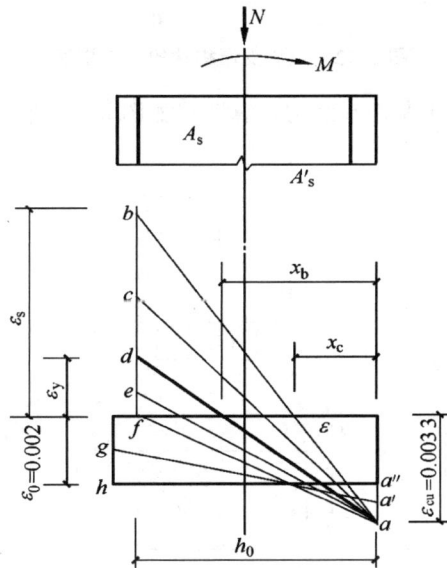

图 3.12　偏心受压构件截面应变分布

从大小偏心受压破坏特征可以看出，两者之间根本区别在于破坏时受拉钢筋能否达到屈服，这与受弯构件适筋破坏和超筋破坏的区别完全一致，即在破坏时纵向钢筋应力达到屈服强度，同时受压区混凝土也达到极限压应变值，此时其相对受压区高度称为界限受压区高度 ξ_b。

当 $\xi \leqslant \xi_b$ 时，属于大偏心受压破坏；$\xi > \xi_b$ 时，属于小偏心受压破坏。

4. 偏心受压构件的二阶效应

钢筋混凝土受压构件在承受偏心荷载后，将产生纵向弯曲变形，即会产生侧向挠度，对长细比小的短柱，侧向挠度小，计算时一般可忽略其影响。而对长细比较大的长柱，由于侧向挠度的影响，各个截面所受的弯矩不再是 Ne_0，而变为 $N(e_0 + y)$，如图 3.13 所示，y 为构件任意点的水平侧向挠度。在柱高中点处，侧向挠度最大的截面的弯矩为 $N(e_0 + f)$，f 随着荷载的增大而不断加大，弯矩随之增长。受压构件中的弯矩受轴向压力和构件侧向附加挠度影响的现象称为"细长效应"或"压弯效应"，并把截面弯矩中的 Ne_0 称为初始弯矩或一阶弯矩(不考虑细长效应构件截面中的弯矩)，将 Ny 或 Nf 称为附加弯矩或二阶弯矩。

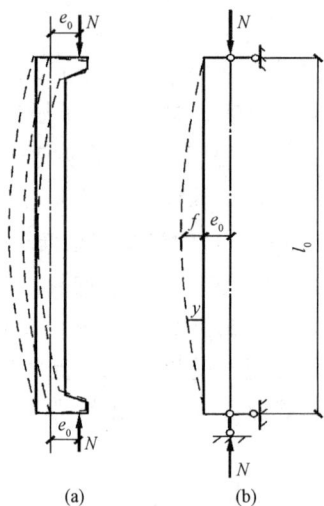

图 3.13 偏心受压构件的侧向挠度

矩形截面偏心受压构件正截面承载力计算图式如图 3.14 所示。

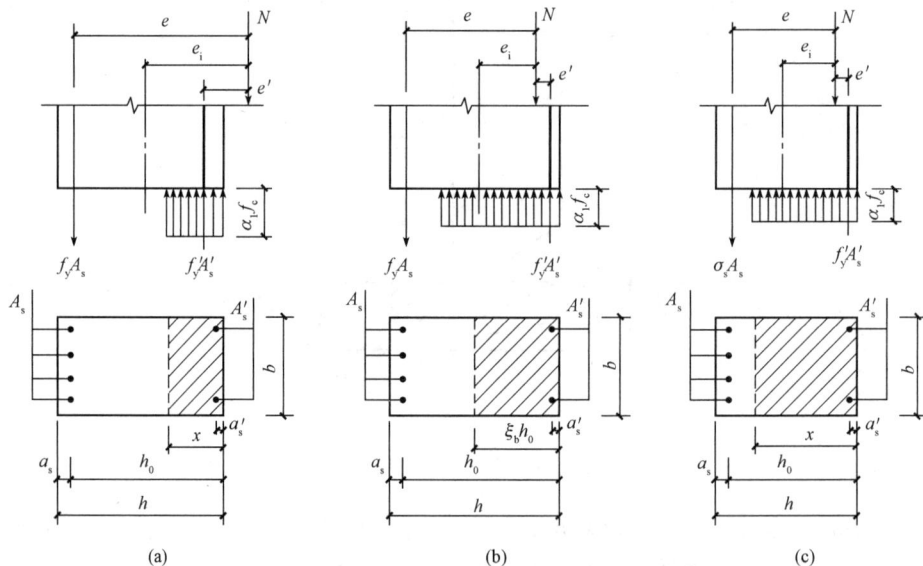

图 3.14 矩形截面偏心受压构件正截面承载力计算图式

(a)大偏心受压；(b)界限偏心受压；(c)小偏心受压

2.3 矩形截面偏心受压构件正截面受压承载力计算

1. 矩形截面偏心受压计算公式及其使用条件

(1)大偏心受压($\xi \leqslant \xi_b$)。大偏心受压时受拉钢筋应力 $\sigma_s = f_y$，即其受拉及受压纵向钢筋均能达到屈服强度。

沿构件纵轴方向的内外力之和为零[图 3.14(a)]，可得

$$N \leqslant \alpha_1 f_c bx + f'_y A'_s - f_y A_s \tag{3.8}$$

视频：大偏心受压构件正截面承载力计算

由截面上内、外力对受拉钢筋合力点的力矩之和等于零，可得

$$Ne \leqslant \alpha_1 f_c bx \left(h_0 - \frac{x}{2} \right) + f'_y A'_s (h_0 - a'_s) \tag{3.9}$$

$$e = e_i + \frac{h}{2} - a_s \tag{3.10}$$

$$e_i = e_0 + e_a \tag{3.11}$$

式中　e——轴向压力作用点至纵向受拉钢筋合力点之间的距离；

　　　e_i——初始偏心距；

　　　a_s、a'_s——纵向受拉普通钢筋和受压普通钢筋的合力点至截面近边缘的距离；

　　　e_0——轴向压力对截面重心的偏心距，取为 M/N；

　　　e_a——附件偏心距，其值应取 20 mm 和偏心方向截面最大尺寸的 1/30 两者中的较大值。

适用条件如下。

1）为了保证构件在破坏时，受拉钢筋应力能达到抗拉强度设计值 f_y，必须满足：

$$\xi = \frac{x}{h_0} \leqslant \xi_b$$

2）为了保证构件在破坏时，受压钢筋应力能达到抗压强度设计值 f'_y，必须满足：

$$x \geqslant 2a'_s$$

当 $x < 2a'_s$ 时，受压钢筋应力可能达不到 f'_y，与双筋受弯构件类似，取 $x = 2a'_s$。其应力图形如图 3.15 所示，近似认为受压区混凝土所承担的压力的作用位置与受压钢筋承担压力 $f'_y A'_s$ 位置相重合。根据平衡条件可写出：

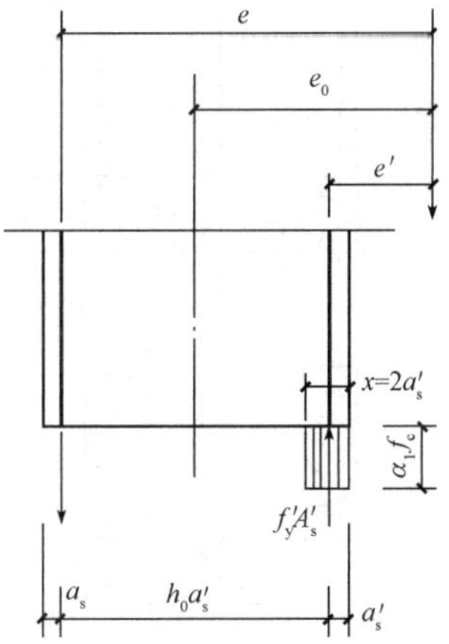

图 3.15　$x < 2a'_s$ 大偏心受压构件的截面计算

$$Ne' = f_y A_s (h_0 - a'_s)$$

$$A_s = \frac{Ne'}{f_y (h_0 - a'_s)} \tag{3.12}$$

（2）界限偏心受压（$\xi = \xi_b$）。当 $x = \xi_b h_0$ 时［图 3.14（b）］，为大小偏心受压的界限情况，在式（3.8）中取 $x = \xi_b h_0$，可写出界限情况下的轴向力的表达式：

$$N_b \leqslant \alpha_1 f_c \xi_b b h_0 + f'_y A'_s - f_y A_s \tag{3.13}$$

如作用在截面上的轴向力设计值 $N \leqslant N_b$，则为大偏心受压情况；若 $N < N_b$，则为小偏心受压情况。

(3)小偏心受压（$\xi > \xi_b$）。

1)接近纵向压力一侧的混凝土先被压坏的情况。

距轴力较远一侧纵筋 A_s 中应力 $\sigma_s < f_y$[图 3.14(c)]。

沿构件纵轴方向的内外力之和为零，可得

$$N \leqslant \alpha_1 f_c bx + f'_y A'_s - \sigma_s A_s \qquad (3.14)$$

由截面上内、外力对受拉钢筋合力点的力矩之和等于零得

$$Ne \leqslant \alpha_1 f_c bx\left(h_0 - \frac{x}{2}\right) + f'_y A'_s(h_0 - a'_s) \qquad (3.15)$$

视频：小偏心受压构件正截面承载力计算

式中　σ_s——远离纵向偏心压力一侧纵向钢筋应力，当为压应力时，σ_s 为负；当为拉应力时，σ_s 为正。

σ_s 可近似按下式计算，即

$$\sigma_s = \frac{f_y}{\xi_b - \beta_1}(\xi - \beta_1) \qquad (3.16)$$

式中　ξ_b——界限相对受压区高度；

　　　　β_1——局部承压强度提高系数，大于 1。

此时，按上式计算的钢筋应力应符合 $-f'_y \leqslant \sigma_s \leqslant f_y$，当 $\xi \geqslant 2\beta_1 - \xi_b$ 时，取 $\sigma_s = -f'_y$。

2)远离纵向偏心压力一侧的混凝土先被压坏的情况（图 3.16）。

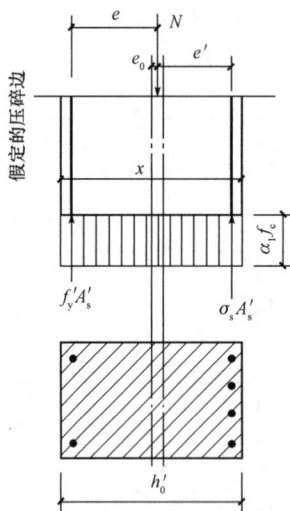

**图 3.16　小偏心受压构件远离纵向偏心压力
一侧的混凝土先被压坏的情况**

当纵向偏心压力的偏心距很小且纵向偏心压力又比较大的全截面受压情况下（图 3.16），即 $e_0 \leqslant 0.15h_0$ 且 $N > \alpha_1 f_c bh_0$ 时，如果接近纵向偏心压力一侧的纵向钢筋 A'_s 配置较多，而远离偏心压力一侧的钢筋 A_s 配置相对较少时，受拉钢筋 A_s 应力有可能达到受压屈服强度，远离纵向偏心压力一侧的混凝土也有可能先被压坏。为使 A_s 配置不致过少，对 A'_s 合力点取力矩平衡求得 A_s。这时取 $x = h$，可得

$$Ne' \leqslant \alpha_1 f_c bx\left(h'_0 - \frac{h}{2}\right) + f'_s A_s(h'_0 - a_s) \qquad (3.17)$$

$$e' = \frac{h}{2} - e_i - a'_s$$

式中 h'_0——纵向钢筋 A'_s 合力点离偏心压力较远一侧边缘的距离,即

$$h'_0 = h - a'_s$$

图 3.13 所示的应力图形是认为受压破坏发生在 A_s 一侧,计算时初始偏心距应取 $e_i = e_0 - e_a$。

2. 矩形截面偏心受压构件正截面承载力的计算方法

(1)对称配筋矩形截面偏心受压构件正截面承载力的计算。实际工程中,为便于设计和施工,常采用对称配筋。再者对预制构件,为保证吊装时不出现差错,一般都采用对称配筋。所谓对称配筋是指 $A_s = A'_s$、$f_y = f'_y$、$a_s = a'_s$。由于偏心受压构件采用对称配筋在实际结构中极为常见,本书主要对其计算方法进行介绍。

1)截面设计。

①大、小偏心受压构件的判别。将 $A_s = A'_s$、$f_y = f'_y$ 代入大偏心受压构件基本公式(3.8)、式(3.9),得对称配筋大偏心受压基本计算公式:

$$N = \alpha_1 f_c bx = \alpha_1 f_c bh_0 \xi \tag{3.18}$$

$$Ne = \alpha_1 f_c bx\left(h_0 - \frac{x}{2}\right) + f'_y A'_s(h_0 - a'_s) \tag{3.19}$$

由式(3.18)可得

$$\xi = \frac{N}{\alpha_1 f_c bh_0} \tag{3.20}$$

则 $\xi \le \xi_b$ 时,为大偏心受压构件;当 $\xi > \xi_b$ 时,为小偏心受压构件。

②大偏心受压构件。由式(3.20)得出的 ξ 值,即 $x = \xi h_0$。

a. 若 $2a'_s \le x < \xi_b h_0$,将 $x = \xi h_0$ 代入式(3.19)可直接求得 A'_s,并使 $A'_s = A_s$。

$$A_s = A'_s = \frac{Ne - \alpha_1 f_c bh_0^2 \xi(1 - 0.5\xi)}{f'_y(h_0 - a'_s)} \tag{3.21}$$

b. 若 $x < 2a'_s$,则表示受压钢筋不能达到屈服强度,这时可利用式(3.12)求得 A_s;再按 $A'_s = 0$ 代入公式求 A_s,两者取较小值,最后使 $A'_s = A_s$。

③小偏心受压构件。将 $A_s = A'_s$、$f_y = f'_y$ 及 σ_s 代入小偏心受压构件基本计算公式(3.14)和式(3.15),可以得到对称配筋小偏心受压基本计算公式:

$$N = \alpha_1 f_c bx + f'_y A'_s - f'_y A'_s \frac{\xi - \beta_1}{\xi_b - \beta_1}$$

$$Ne = \alpha_1 f_c bx\left(h_0 - \frac{x}{2}\right) + f'_y A'_s(h_0 - a'_s)$$

由此二式可解得一个关于 ξ 的三次方程

$$Ne = \left(\frac{\xi_b - \xi}{\xi_b - \beta_1}\right) = \alpha_1 f_c bh_0^2 \xi(1 - 0.5\xi)\left(\frac{\xi_b - \xi}{\xi_b - \beta_1}\right) + (N - \alpha_1 f_c bh_0 \xi)(h_0 - a'_s)$$

上式经过近似简化并整理后,可得

$$\xi = \frac{N - \xi_b \alpha_1 f_c bh_0}{\dfrac{Ne - 0.45\alpha_1 f_c bh_0^2}{(\beta_1 - \xi_b)(h_0 - a'_s)} + \alpha_1 f_c bh_0} + \xi_b$$

显然,ξ 大于 ξ_b,肯定为小偏心受压情况。将 ξ 代入式(3.15)可求得

$$A_s = A'_s = \frac{Ne - \alpha_1 f_c bh_0^2 \xi (1 - 0.5\xi)}{f'_y (h_0 - a'_s)} \tag{3.22}$$

当求得 $A_s + A'_s > 5\% bh_0$ 时，说明截面尺寸过小，宜加大柱截面尺寸。

当求得 $A'_s < 0$ 时，表明柱的截面尺寸较大。这时，应按受压钢筋最小配筋率配置钢筋，取 $A'_s = A_s = 0.002bh$。

(2)截面复核。在进行截面复核时，一般已知为截面尺寸 b、h、配筋量、A_s、A'_s、材料强度等级、构件计算长度以及构件需要承受的轴向压力 N 和弯矩 M，要求复核截面的承载力是否足够安全，或是在确定的偏心距下，复核截面所能承担的偏心压力，或已知 N 值，求所能承受弯矩设计值 M。

截面复核时，必须计算出截面受压区高度，以确定构件属于大偏心受压还是小偏心受压，然后通过基本公式确定构件的承载力。为了确定截面的受压区高度，可利用各纵向内力对纵向压力 N 作用点取矩的平衡条件，得

$$f_y A_s e \pm f'_y A'_s e' = \alpha_1 f_c bh_0^2 \xi \left(\frac{e_0}{h_0} - 1 + 0.5\xi \right)$$

用 $x = \xi h_0$ 代入上式，可得

$$\xi = \left(1 - \frac{e}{h_0} \right) + \sqrt{ \left(1 - \frac{e}{h_0} \right)^2 + \frac{2(f_y A_s e - f'_y A'_s e')}{\alpha_1 f_c bh_0^2} } \tag{3.23}$$

1)如 $\xi \leqslant \xi_b$，为大偏心受压构件，将 ξ 代入大偏心受压构件基本计算公式(3.8)、式(3.9)即可计算截面的承载力。

2)如 $\xi > \xi_b$，为小偏心受压构件，此时应由小偏心受压基本公式(3.14)、式(3.15)联立求解 ξ，并进而求得截面的承载力。

3)如 $\xi < \frac{2a'_s}{h_0}$，由式(3.12)得

$$N = \frac{f_y A_s (h_0 - a'_s)}{e'}$$

任务实施

1. 设计任务分析

思路：本实例根据所给的材料和截面尺寸对该柱进行配筋设计，且采用对称配筋，即 $A_s = A'_s$，相当于多了一个已知条件。

解析：已知条件 $A_s = A'_s$ 使得基本计算公式大大简便，在大小偏心判定时，可以先假设是大偏心，再用基本公式计算 ξ，与 ξ_b 对比，验证假设是否正确，根据验证结果按不同情况来进行计算。

视频：大偏心受压构件正截面承载力计算案例

2. 设计任务的实施

(1)大小偏心受压假定。

假设大偏心，则 $\xi = \frac{N}{\alpha_1 f_c bh_0} = \frac{350\ 000}{1.0 \times 11.9 \times 300 \times 360} = 0.272 < \xi_b$，假设正确。

(2)求 $A_s = A'_s$。

$$x = \xi h_0 = 0.272 \times 360 = 97.92 (\text{mm}) > 2a'_s = 80\ \text{mm}$$

代入公式 $Ne = \alpha_1 f_c bx \left(h_0 - \dfrac{x}{2} \right) + f'_y A'_s (h_0 - a'_s)$

$$350\ 000 \times 654.74 = 1.0 \times 11.9 \times 300 \times 97.92 \times \left(360 - \frac{97.92}{2} \right) + 300 \times A'_s \times (360 - 40)$$

$$A'_s = 1\ 254.45\ \text{mm} = A_s$$

选用钢筋 4Φ20，$A'_s = 1\ 256\ \text{mm}^2 = A_s$。

◆ 思考与练习

一、简答题

1. 偏心受压构件的破坏形态有哪几种？破坏特征是什么？

2. 大小偏心受压的界限条件是什么？

3. 矩形截面受压构件的计算公式有何要求和条件？

二、选择题

1. 钢筋混凝土柱的小偏心受压破坏属于(　　)。

　　A. 延性破坏　　　　　B. 脆性破坏　　　　　C. 塑性破坏　　　　　D. 不确定

2. 大偏心受压构件的破坏特征是(　　)。

　　A. 远侧钢筋受拉屈服，随后近侧钢筋受压屈服，混凝土也压碎

　　B. 近侧钢筋受拉屈服，随后远侧钢筋受压屈服，混凝土也压碎

　　C. 近侧钢筋和混凝土应力不定，远侧钢筋受拉屈服

　　D. 远侧钢筋和混凝土应力不定，近侧钢筋受拉屈服

3. 钢筋混凝土大偏心受压构件的破坏特征是(　　)。

　　A. 远离轴向力一侧的钢筋拉屈，随后另一侧钢筋压屈，混凝土被压碎

　　B. 远离轴向力一侧的钢筋应力不定，而另一侧钢筋压屈，混凝土被压碎

　　C. 靠近轴向力一侧的钢筋和混凝土应力不定，而另一侧受拉钢筋受拉屈服

　　D. 近轴向力一侧的钢筋压屈，随后另一侧钢筋拉屈，混凝土被压碎

三、实训题

(一)任务描述

一二层有一偏心受压柱，其截面尺寸为 $b = 300\ \text{mm}$，$h = 400\ \text{mm}$，$a_s = a'_s = 35\ \text{mm}$；纵向力在截面长边方向的偏心距 $e_0 = 250\ \text{mm}$；接近纵向力一侧配置 3Φ20 的纵向钢筋 $A'_s = 941\ \text{mm}^2$，远离纵向力一侧配置 3Φ18 的纵向钢筋 $A_s = 763\ \text{mm}^2$；采用 C25 级混凝土，HRB335 级钢筋，求柱的承载力。

(二)任务实施

1. 设计准备

课前完成线上学习任务，从网络课堂接受任务，通过互联网、图书查阅资料，分析相关信息，做好任务前准备工作。

2. 设计引导

根据前面学习过的内容，查阅规范设计案例，找出与本任务中相类似的解题过程。

3. 设计内容

4. 设计任务评价表(表3.5)

表 3.5 任务评价表

序号	评价项目	配分	自我评价 (25%)	小组评价 (30%)	教师评价 (35%)	其他 (10%)
1	能够正确列出与使用任务实施中的计算公式	10				
2	能够描述矩形截面偏心受压正截面的承载力计算过程与依据	20				
3	能够依据规范查阅确定相关数据	10				
4	计算准确	20				
5	绘图规范、合理	10				
6	遵守纪律	10				
7	完成任务中的所有内容	20				
	合计	100				
	总分					

任务3 偏心受压构件斜截面承载力计算和设计

知识目标

掌握偏心受压构件斜截面承载力计算原理、计算方法、适用条件和复核。

能力目标

1. 能够按照结构设计规范对偏心受压构件采取合理的构造措施;
2. 能够根据规范对偏心受压构件斜截面进行配筋设计与配筋复核;
3. 能够掌握柱构件钢筋的绘图及标注。

素养目标

1. 培养科学求实、诚实守信、严谨认真的工作态度;
2. 培养遵守相关法律法规、结构设计规范和识图标准的职业意识;
3. 树立安全至上、质量第一的理念。

行业故事

中国古建筑共有16种类型、5种结构形式,唯一的共性特点是木结构。它们无论造型、结构还是材料都是中国本土的，充分体现了中华民族的勤劳与智慧。所有中国古代修建的房子，柱与梁的连接都不使用钉子，而是使用榫卯。柱子、梁和檩条之间的连接全是上大下小的榫卯连接，榫卯连接以后都是燕尾槽铰接受力，且可逆向拆卸。尽管中国古代建筑榫卯连接处刨面损坏较大，但是异常坚固可靠。结构形式以斗拱为主的梁架结构没有刚接，全部都是铰接，梁架结构呈平行四边形，故而抗震性能优异。以半铰接连接的我国古代建筑梁架可以跟着地震波进行纵向和横向晃动，通过溃缩和晃动吸收、化解地震波。

📝 任务描述

有一钢筋混凝土矩形截面偏心受压柱，$b=400$ mm，$h=600$ mm，$H_u=3.0$ m，$a_s=a_s'=35$ mm。混凝土强度等级为 C30（$f_t=1.43$ N/mm²，$\beta_c=1.0$），箍筋用 HPB300 级（$f_{yv}=420$ N/mm²），纵向钢筋用 HRB400 级。在柱端作用轴向压力设计值 $N=1\,500$ kN，剪力设计值 $V=282$ kN，试求所需箍筋数量。

📝 知识准备

3.1　偏心受压构件斜截面的破坏特征

偏心受压构件，一般情况下剪力值相对较小，可不进行斜截面承载力的验算；但对于有较大水平力作用的框架柱，有横向力作用下的桁架上弦压杆等，剪力影响相对较大，必须考虑其斜截面受剪承载力。

试验表明，轴向压力对构件抗剪起有利作用，主要是由于轴力的存在不仅能阻滞斜裂缝的出现和开展，且能使构件各点的主拉应力方向与构件轴线的夹角与无轴向力构件相比均有增大，因而临界斜裂缝与构件轴线的夹角较小，增加了混凝土剪压区的高度，使剪压区的面积相对增大，从而提高了剪压区混凝土的抗剪能力。但是，临界斜裂缝的倾角虽然有所减小，但斜裂缝水平投影长度与无轴向压力构件相比基本不变，故对跨越斜裂缝箍筋所承担的剪力没有明显影响。

轴向压力对构件抗剪承载力的有利作用是有限度的，图 3.17 列出一组构件的试验结果，在轴压比 N/f_cbh 较小时，构件的抗剪承载力随轴压比的增大而提高，当轴压比 $N/f_cbh=0.3\sim0.5$ 时，抗剪承载力达到最大值，再增大轴压力，则构件抗剪承载力反会随着轴压力的增大而降低，并转变为带有斜裂缝的小偏心受压正截面破坏。

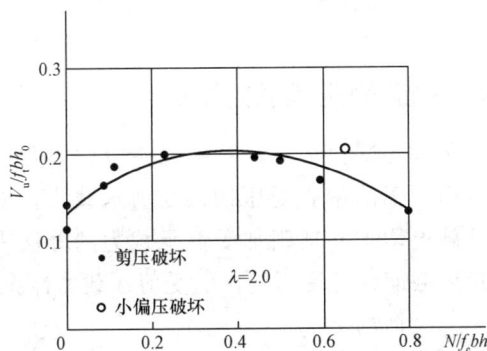

图 3.17　V_u/f_tbh_0 与 N/f_cbh 的关系

不同高宽比 $V_u / f_t bh_0$ 与 $N / f_c bh$ 的关系如图 3.18 所示。

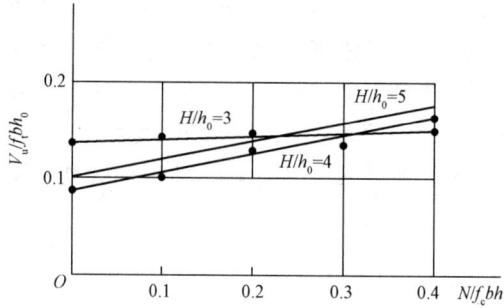

图 3.18　不同高宽比 $V_u / f_t bh_0$ 与 $N / f_c bh$ 的关系

图 3.18 给出了柱高宽比 $H / h_0 = 3$、4、5 三种情况下 $V_u / f_t bh_0$ 与 $N / f_c bh$ 的关系，由图可看出，柱的受剪承载力大致随轴压比的加大而成线性提高。但轴压比对受剪承载力影响程度是差不多的，也就是与高宽比关系不大。但当 $H / h_0 = 2$ 时，试验表明，柱的受剪承载力随轴压比的加大而提高不多，甚至没有提高。出现这一现象的原因和破坏形态转化有关，在无轴压力时，随着 M 和 V 的加大，首先在构件的上、下两端出现弯曲裂缝，再出现两条腹剪斜裂缝，分别伸向柱端，最后发生剪切破坏，如图 3.19(a)所示。而有轴力时，弯曲裂缝接近不出现，而在柱两端之间突然出现一条对角线裂缝，如图 3.19(b)所示，裂缝一出现就开展较宽，构件随即发生对角斜压破坏，延性极差，这种极短柱在设计中应尽量避免。

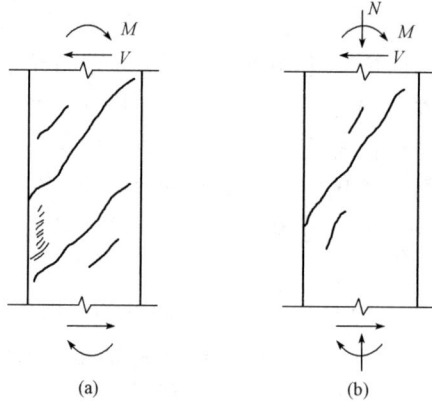

图 3.19　$H / h_0 = 2$ 时框架柱的破坏形态

(a)无轴压力：剪切破坏；(b)有轴压力：斜压破坏

3.2　偏心受压构件斜截面受压承载力计算

根据图 3.17 和图 3.18 所求的试验结果，并考虑一般偏心受压框架柱两端在节点处是有约束的，因而在轴向压力作用下的偏心受压构件受剪承载力，采用在无轴力受弯构件连续梁的受剪承载力公式的基础上增加一项附加受剪承载力的办法来考虑轴向压力对构件受剪承载力的有利影响。对矩形截面偏心受压构件的受剪承载力计算公式为

$$V \leqslant \frac{1.75}{\lambda + 1} f_t bh_0 + f_{yv} \frac{A_{sv}}{s} h_0 + 0.07N \tag{3.24}$$

式中　λ——偏心受压构件计算截面的剪跨比；

N——与剪力设计值 V 相应的轴向压力设计值，当 $N>0.3f_cA$ 时，取 $N=0.3f_cA$，A 为构件截面面积。

计算截面的剪跨比按下列规定取用：

(1)对框架柱，取 $\lambda=H_n/2h_0$，当 $\lambda<1$ 时，取 $\lambda=1$，当 $\lambda>3$ 时，取 $\lambda=3$，此处，H_n 为柱净高。

(2)对其他偏心受压构件，当承受均布荷载时，取 $\lambda=1.5$，当承受集中荷载时(包括作用有多种荷载，且集中荷载对支座截面或节点边缘所产生的剪力值占总剪力值的 75% 以上的情况)，取 $\lambda=a/h_0$，当 $\lambda<1.5$ 时，取 $\lambda=1.5$，当 $\lambda>3$ 时，取 $\lambda=3$，此处，a 为集中荷载到支座或节点边缘的距离。

试验还表明，$\rho_{sr}f_{yr}/f_c$ 过大时，箍筋用量的增大，并不能充分发挥作用，即会产生由混凝土的斜向压碎引起斜压型剪切破坏，因此，《结构设计规范》规定对矩形截面框架柱的截面必须满足：

$$V\leqslant 0.25\beta_c f_c bh_0 \tag{3.25}$$

此外，当满足

$$V\leqslant \frac{1.75}{\lambda+1}f_t bh_0 + 0.07N \tag{3.26}$$

的条件时，则可不进行斜截面抗剪承载力计算，而仅需按普通箍筋的轴心受压构件的规定配置构造钢筋。

任务实施

1. 设计任务分析

思路：本实例实质是根据所给的材料、截面尺寸及荷载倒推斜截面计算公式里箍筋的面积。

解析：本例已知条件充分，主要利用斜截面承载力计算公式。首先应验证斜截面计算公式的适用条件是否满足，再验算是否需要配置箍筋。若验证需要考虑，再利用公式进行计算。

2. 设计任务的实施

(1)验算截面尺寸。

$$h_0=h-a_s=600-35=565(\text{mm})$$

$$V=282\text{ kN}\leqslant 0.25\beta_c f_c bh_0=0.25\times 1.0\times 14.3\times 400\times 565=807.9(\text{kN})$$

截面尺寸符合要求。

(2)验算截面是否需要配置箍筋

$$\lambda=H_n/2h_0=3\,000/(2\times 565)=2.65,\ 1.0<\lambda<3.0$$

$$\frac{1.75}{\lambda+1}f_t bh_0=\frac{1.75}{2.65+1}\times 1.43\times 400\times 565=154.95(\text{kN})<N=1\,500\text{ kN}$$

故取 $N=154.95$ kN

$$\frac{1.75}{\lambda+1}f_t bh_0+0.07N=\frac{1.75}{2.65+1}\times 1.43\times 400\times 565+0.07\times 154.95\times 10^3$$

$$=165.80(\text{kN})<282\text{ kN}$$

因此，需要按计算配置箍筋。

（3）配置箍筋。

由式（3.24）得

$$\frac{nA_{svl}}{s} = \frac{V - \left(\dfrac{1.75}{\lambda + 1}f_t h_0 + 0.07N\right)}{f_{yv}h_0} = \frac{282\ 000 - 165.8 \times 10^3}{420 \times 565} = 0.49$$

采用 φ8@200 的双肢箍筋时

$$\frac{nA_{svl}}{s} = \frac{2 \times 50.3}{200} = 0.503 > 0.49$$

满足要求。

> ➤ 思考与练习

一、选择题

1. 钢筋混凝土偏心受力构件的受剪承载力（　　）。

    A. 随着 N 的增大而增大   B. 随着 M 的增大而增大

    C. 随着 N 的增大而减小   D. 随着 M 的增大而减小

2. 当柱的剪力设计值 $V > 0.25\beta_c f_c b h_0$ 时，应采取（　　）使 $V \leqslant 0.25\beta_c f_c b h_0$。

    A. 增大箍筋直径   B. 减小箍筋间距

    C. 提高箍筋的抗拉强度值   D. 加大截面尺寸

二、简答题

1. 怎样计算偏心受压构件的斜截面受剪承载力？

2. 轴向压力对钢筋混凝土偏心受力构件的受剪承载力有何影响？它在计算公式中是如何反映的？

3. 受压构件的受剪承载力计算公式的适用条件是什么？如何防止发生其他形式的破坏？

任务 4　轴心受拉构件正截面承载力计算和设计

🖥 **知识目标**

1. 掌握轴心受拉构件承载力计算原理、计算方法、适用条件和复核；

2. 了解轴心受拉构件钢筋的组成、种类及作用；

3. 理解轴心受拉构件的构造要求。

🖥 **能力目标**

1. 能够按照《结构设计规范》对轴心受拉构件采取合理的构造措施；

2. 能够根据规范对轴心受拉构件进行配筋设计与配筋复核；

3. 能够掌握轴心受拉构件的绘图及标注。

1. 培养科学求实、诚实守信、严谨认真的工作态度；
2. 培养遵守相关法律法规、结构设计规范和识图标准的职业意识；
3. 树立安全至上、质量第一的理念。

行业故事

党的十八大以来，我国建筑业经济效益不断优化，综合实力稳步提升，创新驱动和绿色发展持续发力。

以技术创新引领产业转型升级，建筑业产业链现代化水平不断提高。一批重大建筑技术实现了突破，部分领域施工技术达到世界领先水平，如代表着中国工程"高度"的上海中心大厦建设技术达到世界领先水平。

我国绿色建筑快速发展，建筑节能改造有序推进。据住房和城乡建设部数据，截至2020年年底，全国累计建成绿色建筑面积超 66 亿 m^2，累计建成节能建筑面积超过 238 亿 m^2，节能建筑占城镇民用建筑面积比例超过 63%；全国城镇完成既有居住建筑节能改造面积超过 15 亿 m^2，为逐步实现"双碳"目标贡献力量。

任务描述

钢筋混凝土屋架一腹杆，截面尺寸 $b×h=250\ mm×150\ mm$，其所受的轴心拉力设计值为 300 kN，混凝土强度等级为 C30，钢筋为 HRB335。求截面中的配筋。

知识准备

4.1 轴心受拉构件构造要求

受拉构件的构造要求基本与受压构件相同。

1. 纵向受力钢筋

(1)轴心受拉构件的受力钢筋不得采用绑扎的搭接接头；

(2)为避免配筋过少引起的脆性破坏，轴心受拉构件一侧的受拉钢筋的配筋率应不小于 0.2% 和 $0.45f_t/f_y$ 中的较大值；

(3)受力钢筋沿截面周边均匀对称布置，并宜优先选择直径较小的钢筋。

2. 箍筋

箍筋直径不小于 6 mm，间距一般不宜大于 200 mm(屋架的腹杆不宜超过 150 mm)。

4.2 轴心受拉构件正截面的破坏特征

对图 3.20(a)所示的钢筋混凝土轴心受拉构件进行受拉试验。由试验结果可知，构件开裂以前，混凝土与钢筋共同负担拉力；开裂以后，开裂截面混凝土退出工作，全部拉力由钢筋负担。当钢筋应力达到屈服时，构件到达其极限承载力。轴心受拉构件从加载到破坏为止，其受力过程可分为三个不同阶段。

1. 第Ⅰ阶段

从加载到混凝土开裂前，属于第Ⅰ阶段。此时，钢筋通过粘结力将拉力传递给混凝土使钢筋和混凝土之间共同承受拉力[图 3.20(b)中的阴影示意出钢筋通过一定长度传给混凝土的拉力，图中假定粘结应力均匀分布]。应力和应变大致成正比。受拉荷载 N_t 值和截面平均拉应变 ε_t 值之间基本上呈线性关系，如图 3.20(a)中的 OA 段所示。第Ⅰ阶段可称为整体工作阶段，此阶段末一般作为构件抗裂验算的依据。

2. 第Ⅱ阶段

混凝土开裂后至钢筋屈服前，属于第Ⅱ阶段。首先在截面最薄弱处产生第一条裂缝。此时，在裂缝处的混凝土不再承受拉力，所有拉力均由钢筋来承担，钢筋通过粘结力将拉力再传给相邻的混凝土。随着荷载的增加，裂缝不断增加，裂缝处混凝土不断退出工作，钢筋不断通过粘结力将拉力传给相邻的混凝土。当相邻裂缝之间距离不足以使将混凝土开裂的拉力传递给混凝土时，构件中不再出现新裂缝。随着荷载的增加，裂缝宽度不断加大[图 3.20(b)]。构件开裂后，在相同的拉力增量作用下，平均拉应变增量加大，反映在图 3.20(a)中的 AB 段的斜率比第Ⅰ阶段的 OA 段的斜率要小。构件的裂缝宽度和变形的验算是以此阶段为依据的。

3. 第Ⅲ阶段

当拉力值接近屈服荷载 N_{ty} 时，受拉钢筋开始屈服。对于真正的轴心受拉构件，所有钢筋应当同时屈服。实际上，由于受到钢筋材料的不均匀性、钢筋位置的误差等各种因素的影响，各钢筋的屈服有一个先后出现的过程。在此过程中，荷载稍有增加，裂缝迅速扩展。当钢筋全部达到屈服时，裂缝开展很大，可认为构件达到破坏状态。如图 3.20(a)中的 C 点。构件正截面承载力计算是以第Ⅲ阶段为依据的。

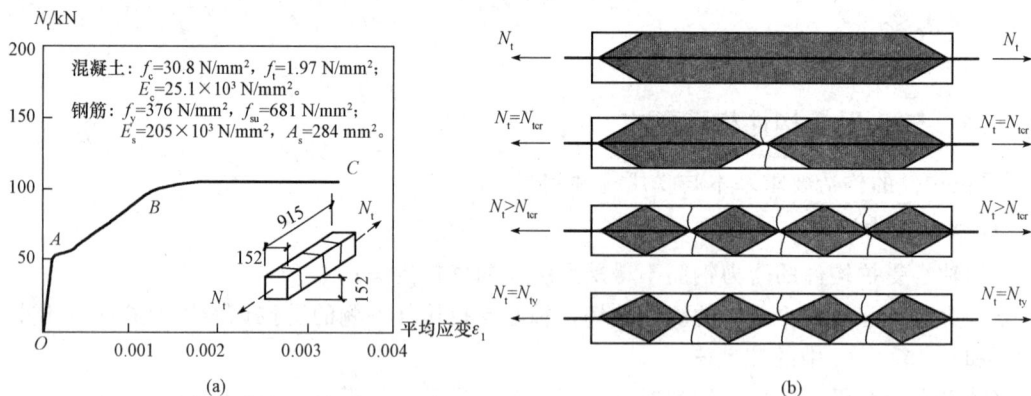

图 3.20　轴心受拉构件试验结果及破坏过程示意

(a)荷载-应变关系曲线；(b)破坏过程

4.3　轴心受拉构件正截面承载力计算

轴心受拉构件破坏时，混凝土已退出工作，全部拉力由钢筋来承受，直到钢筋受拉屈服，这时轴心受拉构件达到其正截面受拉极限承载力。

基本计算公式：

$$N = f_y A_s \tag{3.27}$$

式中　N——轴向拉力设计值。

　　f_y——钢筋抗拉强度设计值。为了控制受拉构件在使用荷载下的变形和裂缝开展，取值不大于 300 N/mm²。

　　A_s——纵向钢筋的全部截面面积。

任务实施

1. 设计任务分析

思路：本实例是根据所给的材料、截面尺寸计算轴心受拉杆件的配筋的面积。

解析：直接使用计算公式求未知量。

2. 设计任务的实施

HRB335 钢筋的 $f_y = 300$ N/mm². 代入式(3.27)得

$$A_s = N/f_y = 300\ 000/300 = 1\ 000 (mm^2)$$

选用 4φ18，$A_s = 1\ 017$ mm²，满足要求。

思考与练习

一、选择题

钢筋混凝土轴心受拉构件的承载力取决于(　　)。

　　A. 混凝土强度

　　B. 箍筋强度

　　C. 纵向钢筋的强度和面积

　　D. 纵筋、箍筋和混凝土强度

二、简答题

1. 举例说明工程中受拉构件的实例，并说明应按哪种受拉构件计算。

2. 钢筋混凝土轴心受拉构件有哪些配筋构造要求？

三、实训题

(一)设计任务

处于某类环境下的钢筋混凝土矩形截面拉杆，截面尺寸 $b \times h = 250$ mm × 250 mm，承受轴心拉力设计值 $N = 360$ kN，配有纵向受力钢筋 4φ20，试验算承载力。

(二)设计过程

1. 设计任务准备

课前完成线上学习任务，从网络课堂接受任务，通过互联网、图书查阅资料，分析相关信息，做好任务前准备工作。

2. 设计任务引导

根据前面学习过的内容，查阅规范设计案例，找出与本任务中相类似的解题过程。

3. 设计内容

4. 设计任务评价表(表 3.6)

表 3.6　任务评价表

序号	评价项目	配分	自我评价(25%)	小组评价(30%)	教师评价(35%)	其他(10%)
1	能够正确列出与使用任务实施中的计算公式	10				
2	能够描述轴心受拉构件的承载力计算过程与依据	20				
3	能够依据规范查阅确定相关数据	10				
4	计算准确	20				
5	绘图规范、合理	10				
6	遵守纪律	10				
7	完成任务中的所有内容	20				
	合计	100				
	总分					

任务 5　偏心受拉构件承载力计算和设计

知识目标

1. 掌握偏心受拉构件承载力计算原理、计算方法、适用条件和复核;
2. 了解偏心受拉构件钢筋的组成、种类及作用;
3. 理解偏心受拉构件的构造要求。

能力目标

1. 能够按照《结构设计规范》对偏心受拉构件采取合理的构造措施;
2. 能够根据规范对偏心受拉构件进行配筋设计与配筋复核;
3. 能够掌握偏心受拉构件的绘图及标注。

素养目标

1. 培养科学求实、诚实守信、严谨认真的工作态度;
2. 培养遵守相关法律法规、结构设计规范和识图标准的职业意识;
3. 树立安全至上、质量第一的理念。

思政园地

　　2020 年年初,火神山、雷神山医院在 10 多天时间内拔地而起,令世界惊叹的"中国速度"背后有哪些硬核科技"密码"?火神山医院建筑面积 3.4 万平方米,雷神山医院建筑面积 7.99 万平方米,如此庞大的规模体量,各类箱式房拼装改装如何实现无缝对接?极致条件下,数字建造大显身手。在自主研发的BIM平台上,可以提前对36万米各类管线、6 000多个信息点位进行计算机模拟铺搭,生成三维数字模拟模型、数据和编号,再根据现场情况实时纠偏。数百家分包、上千道工序、4万多名建设者利用这些计算机生成的数据得以无缝衔接、同步推进。模块化设计、鱼骨状布局、医患严格区分,要实现建设、运维全过程的"零扩散""零感染"目标,传染病医院施工精细度要求极高,需配套建设污水处理站和垃圾焚烧池,实现所有有毒气体、污染水源、医疗垃圾的全程封闭处理。

火神山、雷神山医院的建造,集中体现了"中国建造"的科技发展创新脚步。运用5G、AI、云计算、大数据等现代信息技术研发出智能化运维管理平台,链接医院5大类17个信息系统,形成"智慧大脑",实现了智慧安防、智慧物流、智能审片、"零接触"运维。

任务描述

偏心受拉腹杆,$b \times h = 250 \text{ mm} \times 400 \text{ mm}$,$a_s = a_s' = 40$,承受纵向拉力设计值 $N = 450 \text{ kN}$,弯矩设计值 $M = 135 \text{ kN} \cdot \text{m}$,采用C30混凝土,HRB335级钢筋,求所需钢筋 A_s 及 A_s'($f_y = f_y' = 300 \text{ N/mm}^2$,$f_t = 1.43 \text{ N/mm}^2$,$f_c = 14.3 \text{ N/mm}^2$)。

知识准备

5.1 偏心受拉构件的受力特征

偏心受拉构件,按纵向拉力 N 作用在截面上的位置不同,分为小偏心受拉与大偏心受拉两种:当纵向拉力 N 的作用点在截面两侧钢筋之内,属于小偏心受拉;当纵向拉力 N 的作用点在截面两侧钢筋之外,属于大偏心受拉。

1. 小偏心受拉构件的受力特征

小偏心受拉构件形成贯通裂缝后,全截面混凝土退出工作,拉力全部由钢筋承担,当钢筋应力达到其屈服强度时,构件达到正截面极限承载能力而破坏。

2. 大偏心受拉构件的受力特征

当纵向拉力作用在两侧钢筋以外时,截面在接近纵向拉力一侧受拉,而远离纵向拉力一侧受压。随着拉力 N 的增大,受拉一侧混凝土拉应力逐渐增大,应变达到其极限拉应变开裂,截面虽开裂,但始终有受压区,截面就不会裂通,这就是大偏心受拉的受力特征。

当受拉一侧的钢筋配置适中时,受拉钢筋首先屈服,裂缝进一步开展,受压区减小,压应力增大,直至受压边缘混凝土达到极限压应变,最终受压钢筋屈服,混凝土压碎,其破坏特征与大偏心受压特征类似。

当受拉一侧的钢筋配置过多时,有可能出现受压一侧混凝土先压碎,而受拉侧钢筋始终不屈服,其破坏特征与受弯构件超筋梁破坏特征类似,属脆性破坏,应在设计中避免。

5.2 偏心受拉构件承载力计算

1. 小偏心受拉正截面承载力计算

图3.21所示为矩形截面小偏心受拉构件极限状态应力分布图情况。根据内外力分别对两侧钢筋的合力点取矩的平衡条件,可得基本计算公式:

视频:偏心受拉截面承载力计算

$$Ne \leqslant f_y A'_s (h_0 - a'_s) \tag{3.28}$$

$$Ne \leqslant f_y A_s (h_0 - a_s) \tag{3.29}$$

式中

$$e = \frac{h}{2} - e_0 - a_s, \quad e' = \frac{h}{2} + e_0 - a'_s$$

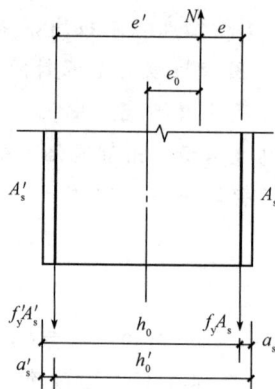

图 3.21　小偏心受拉截面应力计算图形

2. 大偏心受拉正截面承载力计算

矩形截面大偏心受拉构件极限状态截面应力分布情况如图 3.22 所示。构件破坏时，钢筋应力都达到屈服强度，受压区混凝土达到极限压应变，强度达到 $\alpha_1 f_c$。根据力和力矩平衡条件，可得基本计算公式：

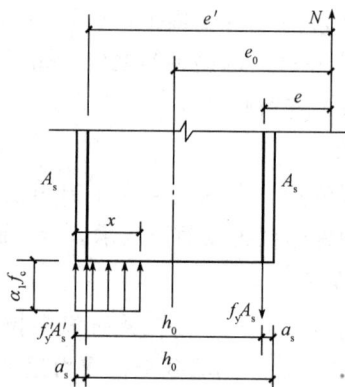

图 3.22　大偏心受拉截面应力计算图形

$$N \leqslant f_y A_s - f'_y A'_s - \alpha_1 f_c b x \tag{3.30}$$

$$Ne \leqslant \alpha_1 f_c b x \left(h_0 - \frac{x}{2} \right) + f'_y A'_s (h_0 - a'_s) \tag{3.31}$$

式中

$$e = e_0 - \frac{h}{2} + a_s$$

适用条件 $2a'_s \leqslant x \leqslant \xi_b h_0$

任务实施

1. 设计任务分析

思路：本实例实质是根据所给的材料、截面尺寸及荷载计算偏心受拉构件的配筋的面积。

解析：首先判断是大偏心还是小偏心，再根据判定的类别代入对应的基本公式，反推未知数 A_s 及 A_s'。

2. 设计任务的实施

(1)判别大小偏心：

$h_0 = h - a_s = 400 - 40 = 360(mm)$，$h_0' = h - a_s' = 400 - 40 = 360(mm)$

$e_0 = M/N = 135000/450 = 300(mm) > h/2 - a_s = 400/2 - 40 = 160(mm)$

纵向拉力作用在两侧钢筋之间，属于大偏心受拉。

(2)求 A_s'。

取 $x = \xi_b h_0 = 0.550 \times 360 = 198(mm)$

$$e = e_0 - \frac{h}{2} + a_s = 300 - \frac{400}{2} + 40 = 140(mm)$$

$$A_s' = \frac{Ne - \alpha_1 f_c bx(h_0 - 0.5x)}{f_y'(h_0 - a_s')}$$

$$= \frac{450\,000 \times 140 - 1.0 \times 14.3 \times 250 \times 198 \times (360 - 0.5 \times 198)}{300 \times (360 - 40)}$$

$$= -1\,268.2(mm^2) < 0$$

取 $A_s' = \rho_{min}' b h_0 = 180\ mm^2$ 和 $0.45 \dfrac{f_t}{f_y} b h_0 = 193.05\ mm^2$ 中的较大值，选用 2ϕ12($A_s' = 226\ mm^2$)。

(3)求 A_s。

代入 $Ne - \alpha_1 f_c bx\left(h_0 - \dfrac{x}{2}\right) + f_y' A_s'(h_0 - a_s')$ 得

$$450\,000 \times 140 - 1.0 \times 14.3 \times 250x(360 - 0.5x) - 300 \times 226 \times (360 - 40) = 0$$

$$x = 33.7\ mm < 2a_s' = 2 \times 40 = 80(mm)$$

$$e' = e_0 + \frac{h}{2} - a_s' = 140 + \frac{400}{2} - 40 = 300(mm)$$

$$A_s = \frac{Ne'}{f_y(h_0' - a_s)} = \frac{450\,000 \times 300}{300 \times (360 - 40)} = 1\,406.3(mm^2)，选用 3\phi25(A_s = 1\,473\ mm^2)$$

$A_s' > \max\left\{\rho_{min} bh,\ 0.45 \dfrac{f_t}{f_y} bh\right\}$，满足要求。

📺 ➤ **思考与练习**

一、选择题

1. 钢筋混凝土偏心受拉构件，判别大、小偏心受拉的根据是(　　)。

　　A. 截面破坏时，受拉钢筋是否屈服

　　B. 截面破坏时，受压钢筋是否屈服

　　C. 受压一侧混凝土是否压碎

　　D. 纵向拉力 N 的作用点的位置

2. 对于钢筋混凝土偏心受拉构件，下面说法错误的是( )。

    A. 如果 $\xi > \xi_b$，说明是小偏心受拉破坏

    B. 小偏心受拉构件破坏时，混凝土完全退出工作，全部拉力由钢筋承担

    C. 大偏心构件存在混凝土受压区

    D. 大、小偏心受拉构件的判断是依据纵向拉力 N 的作用点的位置

二、判断题

1. 如果 $\xi > \xi_b$，说明是小偏心受拉破坏。( )

2. 小偏心受拉构件破坏时，混凝土完全退出工作，全部拉力由钢筋承担。( )

三、简答题

1. 偏心受拉构件划分大、小偏心的条件是什么？

2. 大、小偏心破坏的受力特点和破坏特征各有何不同？

四、实训题

（一）设计任务

一下弦偏心受拉杆，$b \times h = 300 \text{ mm} \times 400 \text{ mm}$，$a_s = a_s' = 35 \text{ mm}$，承受纵向拉力设计值 $N = 550 \text{ kN}$，弯矩设计值 $M = 55 \text{ kN} \cdot \text{m}$，采用 C25 混凝土，HRB335 级钢筋，求所需钢筋 A_s 及 A_s'（$f_y = f_y' = 300 \text{ N/mm}^2$，$f_t = 1.27 \text{ N/mm}^2$）。

（二）设计过程

1. 设计准备

本实例实质是根据所给的材料、截面尺寸及荷载计算偏心受拉构件的配筋的面积。

2. 设计引导

首先判断是大偏心还是小偏心，再根据判定的类别代入对应的基本公式，反推未知数 A_s 及 A_s'。

3. 设计内容

4. 设计任务评价表（表 3.7）

表 3.7　任务评价表

序号	评价项目	配分	自我评价 (25%)	小组评价 (30%)	教师评价 (35%)	其他 (10%)
1	能够正确列出与使用任务实施中的计算公式	10				
2	能够描述普通偏心受拉构件的承载力计算过程与依据	20				
3	能够依据规范查阅确定相关数据	10				
4	计算准确	20				
5	绘图规范、合理	10				
6	遵守纪律	10				
7	完成任务中的所有内容	20				
	合计	100				
	总分					

任务6 柱结构施工图识读

1. 掌握纵向受拉钢筋的锚固长度和搭接长度；
2. 掌握柱纵向钢筋连接构造和柱顶锚固构造；
3. 掌握柱子钢筋翻样方法，并能进行柱平法施工图的图纸会审。

1. 具备根据图纸要求使用图集和选用构件的能力；
2. 具备阅读设计说明和技术要求的能力；
3. 具备钢筋混凝土柱平法施工图的识读能力。

1. 培养科学求实、诚实守信、严谨认真的工作态度；
2. 培养遵守相关法律法规、结构设计规范和识图标准的职业意识。

行业故事

建筑一直是"隐藏"的碳排放大户。建筑领域的碳排放既包括建造新建筑和拆除旧建筑造成的能量消耗和碳排放，也包括建筑运行过程中的直接碳排放，例如做饭、用电、采暖等活动造成的碳排放。建筑的需求负荷率降低对应的是碳减排，即利用建筑的空间格局规划、窗户布局等，减少建筑运行的电使用。在供给上调整能源结构对应的是碳补偿，增加可再生能源的供应，比如建设"光储直柔"建筑，其实就是通过安装光伏板将太阳能转化为电能，解决建筑运行所需的部分柔性用电。

任务描述

柱平法施工图如图3.23所示。

知识准备

柱平法施工图的绘制是在柱平面布置图上采用列表注写方式或截面注写方式表达。它们的优点是省去了柱的竖、横剖面详图，缺点是增加了读图的难度。

1. 列表注写方式

(1)柱的列表注写方式是指在分标准层绘制的柱平面布置图上，对所有的柱子编号，然后对同一编号的一个柱子列表表达其截面尺寸、配筋信息(图3.24)。

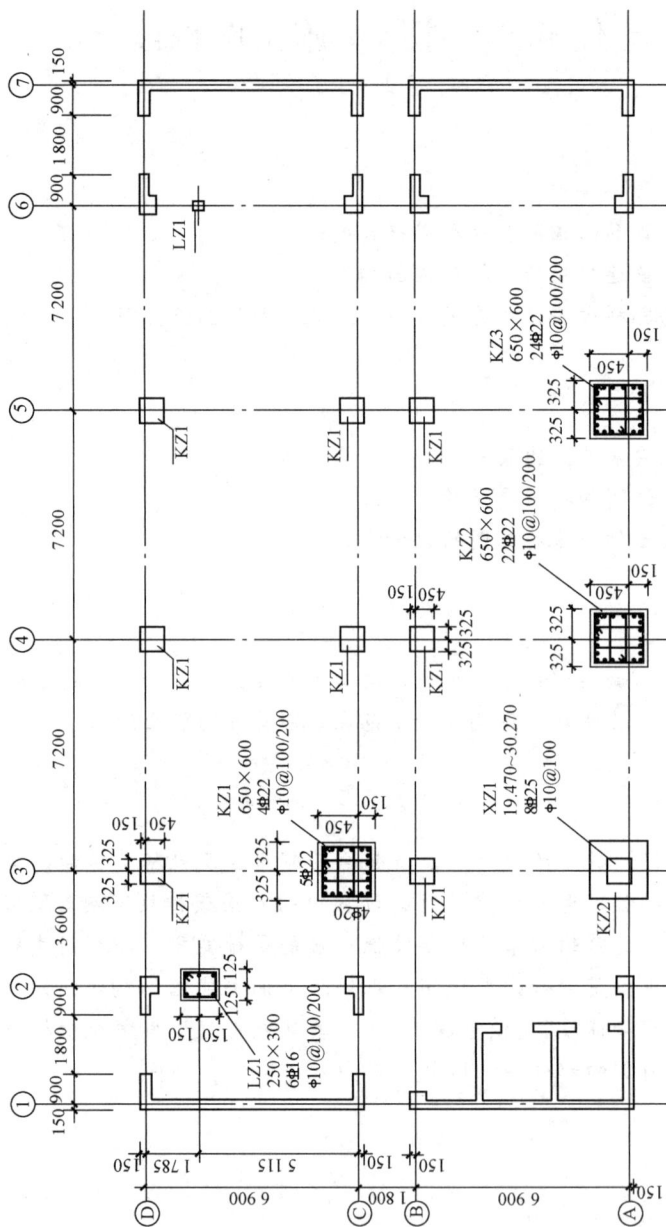

图 3.23　19.470-37.470柱平法施工图

结构层楼面标高结构层高		
屋面2	65.670	
塔层2	62.370	3.30
屋面1 (塔层1)	59.070	3.30
16	55.470	3.60
15	51.870	3.60
14	48.270	3.60
13	44.670	3.60
12	41.070	3.60
11	37.470	3.60
10	33.870	3.60
9	30.270	3.60
8	26.670	3.60
7	23.070	3.60
6	19.470	3.60
5	15.870	3.60
4	12.270	3.60
3	8.670	3.60
2	4.470	3.60
1	-0.030	4.50
-1	-4.530	4.50
-2	-9.030	4.50
层号	标高/m	层高

结 构 层 高
上部结构嵌固
部位 -0.030

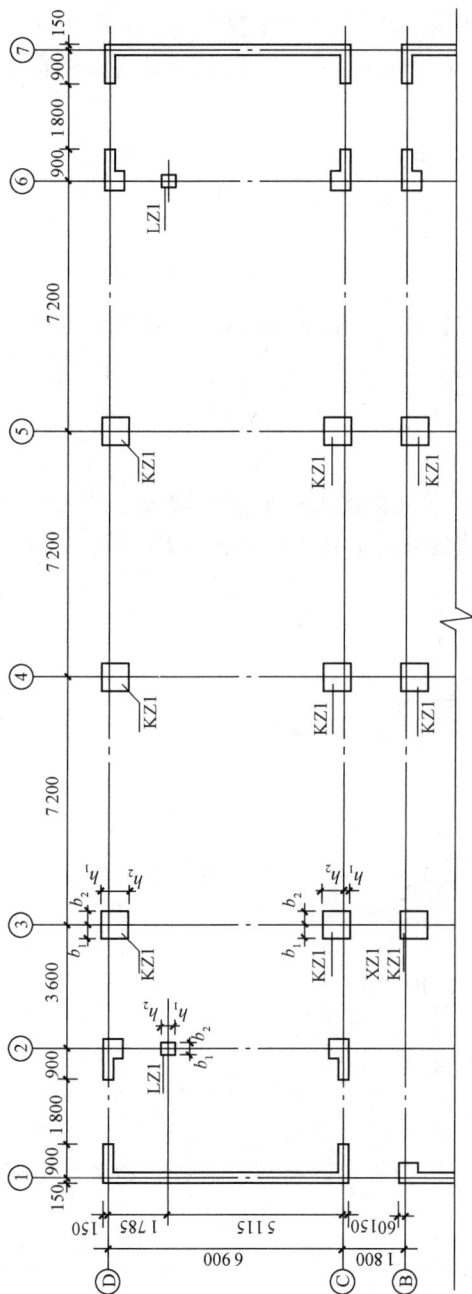

箍筋类型1 (m×n)

箍筋类型2

箍筋类型3

箍筋类型4

箍筋类型5 (m×n+Y)

箍筋类型6 圆形箍

箍筋类型7

柱表

柱号	标高/m	b×h(圆柱直径D)	b_1	b_2	h_1	h_2	全部纵筋	角筋	b边一侧中部筋	h边一侧中部筋	箍筋类型号	箍筋	备注
KZ1	-0.030~19.470	750×700	375	375	150	550	24⌀25				⌀1(5×4)	⌀10@100/200	
	19.470~37.470	650×600	325	325	150	450		4⌀22	5⌀22	4⌀20	1(4×4)	⌀10@100/200	
	37.470~59.070	550×500	275	275	150	350		4⌀22	5⌀22	4⌀20	1(4×4)	⌀8@100/200	
XZ1	-0.030~8.670						8⌀25				按标准构造详图	⌀10@200	③×Ⓑ轴KZ1中设置

-0.030~59.070柱平法施工图(局部)

箍筋类型1(5×4)

图 3.24 柱平法施工图列表注写方式

结构层楼面标高
结构层高

层号	标高/m	层高/m
屋面2	65.670	
塔层2	62.370	3.30
屋面1(塔层1)	59.070	3.30
16	55.470	3.60
15	51.870	3.60
14	48.270	3.60
13	44.670	3.60
12	41.070	3.60
11	37.470	3.60
10	33.870	3.60
9	30.270	3.60
8	26.670	3.60
7	23.070	3.60
6	19.470	3.60
5	15.870	3.60
4	12.270	3.60
3	8.670	3.60
2	4.470	4.20
1	-0.030	4.50
-1	-4.530	4.50
-2	-9.030	4.50

注：1. 如采用非对称配筋，需在柱表中增加相应栏目分别表示各边中部筋。
2. 抗震设计时，箍筋对纵筋至少隔一拉一。
3. 类型1、5的箍筋肢数可有多种组合，右图为5×4的组合，其余类型仅注类型号即可。在表中只注类型号即可。

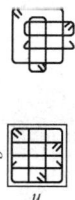

· 101 ·

（2）注写各段柱的起止标高，至柱根部往上以变截面位置或截面未变但配筋改变处为界分段注写。

（3）截面尺寸：矩形柱注写截面尺寸 $b×h$ 及与轴线关系的几何参数代号 b_1、b_2 和 h_1、h_2 的具体数值，需对应于各段柱分别注写。其中 $b=b_1+b_2$，$h=h_1+h_2$。圆柱用圆柱直径数字前加 d 表示，其中 $d=b_1+b_2=h_1+h_2$。

（4）注写柱纵筋：当纵筋直径相同、各边根数相同时，将纵筋注写在"全部纵筋"一栏中；除此之外，柱纵筋分角筋、截面 b 边中部筋和 h 边中部筋三项分别注写。

（5）注写箍筋类型号及箍筋肢数。

（6）注写柱箍筋，包括钢筋级别、直径与间距。

例如 $\Phi10@100/250$，表示箍筋为 HPB300 级钢筋，直径为 10 mm，加密区间距为 100 mm，非加密区间距为 250 mm。

当圆柱采用螺旋式箍筋时，需在箍筋前加"L"。

2. 截面注写方式

截面注写方式是在分标准层绘制的柱平面布置图的柱截面上，分别在同一编号的柱中选择一个截面，以直接注写截面尺寸和配筋具体数值的方式来表达柱平法施工图（图 3.25）。

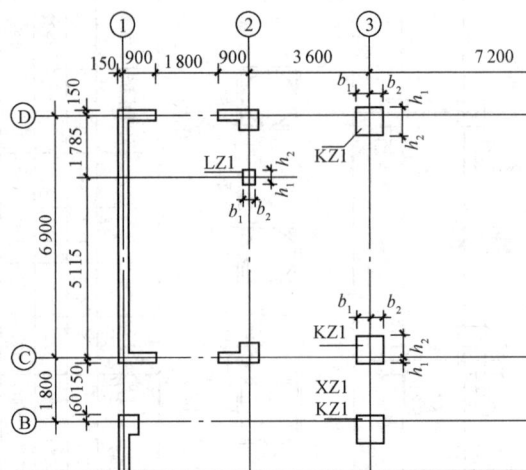

图 3.25 柱平法施工图截面注写方式

柱的分类如下：

（1）按构件类型分类。结构柱按构件类型可分为框架柱、转换柱、芯柱，相关代号见表 3.8。

表 3.8 结构柱的类型及代号

柱类型	代号	序号
框架柱	KZ	××
转换柱	ZHZ	××
芯柱	XZ	××

1）框架柱：在框架结构中承受梁和板传来的荷载，并将荷载传给基础，是主要的竖向支撑构件，是框架结构中受力最大的构件。承受荷载主要有自身荷载、上部构件荷载（图 3.26）。

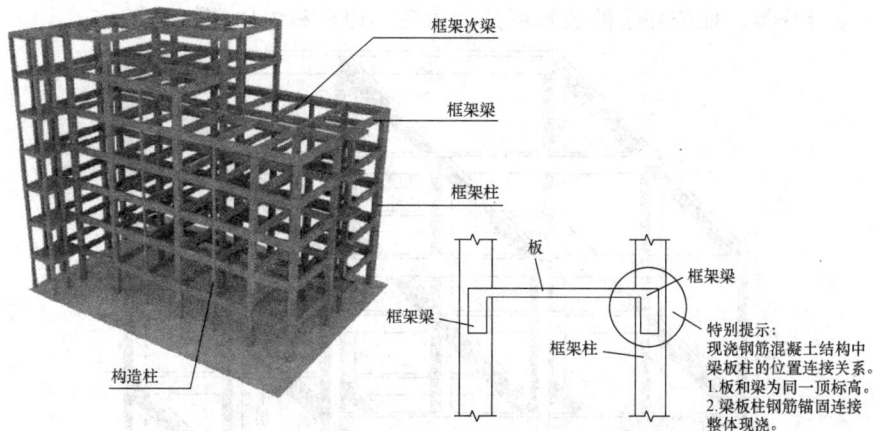

图 3.26 框架柱三维示意

2)转换柱：出现在上下层结构类型转换处，如框架结构向剪力墙结构转换层，柱的上层变为剪力墙时该柱定义为转换柱(图 3.27)。

图 3.27 转换柱三维示意

3)芯柱：它不是一根独立的柱子，隐藏在柱内，当柱截面较大时，外侧一圈钢筋不能满足承载力要求时，在柱中再设置一圈纵筋，由柱内侧钢筋围成(图 3.28)。

图 3.28 芯柱三维示意

(2)按位置分类。柱按柱子的位置可分为角柱、边柱和中柱(图 3.29)。

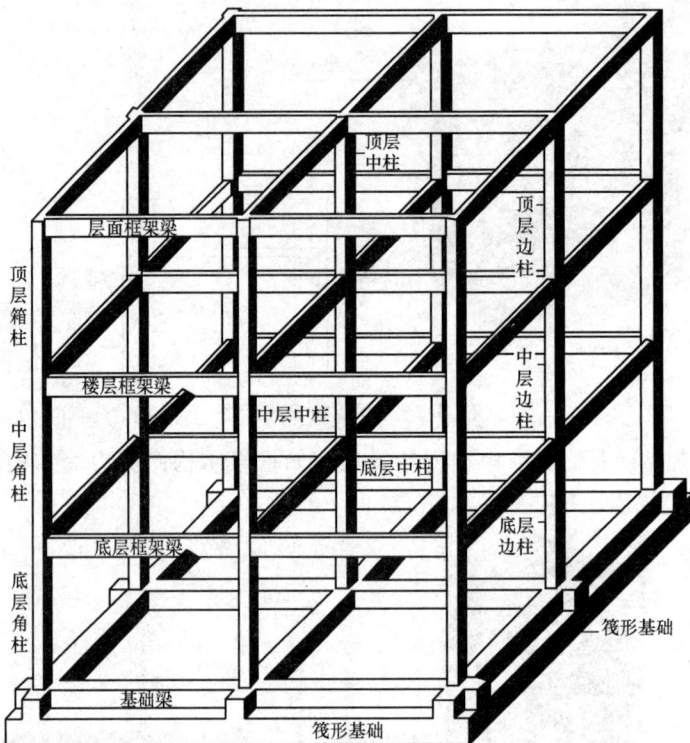

图 3.29　框架示意(柱均为框架柱)

1)角柱：位于建筑角部,与柱正交的两个方向,各只有一根框架梁与之相连接。

2)边柱：位于外墙下,三边有拉结梁的柱子。

3)中柱：位于建筑物中间,四个方向都有梁。

任务实施

1. 找出典型结构柱

从图 3.30 中找出典型结构柱。

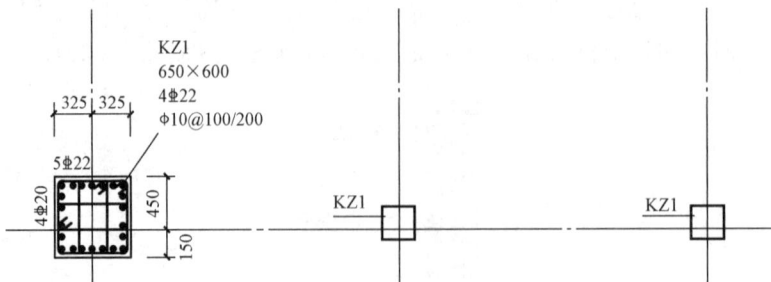

图 3.30　柱平面图

2. 读懂相关信息

(1)柱编号：KZ1——框架柱 1。

(2)截面尺寸 $b \times h$：650 mm×600 mm。

(3)纵筋：当柱内纵筋全部相同时，采用集中标注；当柱内纵筋不同时，集中标注只注写角筋（4 根 HRB400 钢直径 22 mm），b 边中部筋（5 根 HRB400 直径 22 mm）和 h 边中部筋（4 根 HRB400 直径 20 mm）进行原位标注。

(4)箍筋：集中标注中注写柱箍筋，包括钢筋级别、直径与间距。箍筋形式直接表达在截面图中：直径为 10 mm，HPB300，加密区间距 100 mm，非加密区间距 200 mm。

思考与练习

一、选择题

1. ZHZ 表示的是（   ）。

A. 框架柱   B. 转换柱

C. 芯柱   D. 梁上柱

2. 下列关于柱平法施工图制图规则论述中错误的是（   ）。

A. 柱平法施工图是在柱平面布置图上采用列表注写方式或截面注写方式表达柱的尺寸、配筋信息等内容

B. 框架柱和转换柱的根部标高是指基础顶面标高

C. 注写各段柱的起止标高，自柱根部往上以变截面位置为界分段注写，截面未变但配筋改变处无须分界

D. 柱编号由类型代号和序号组成

二、实训题

1. 识图任务

读识图 3.31 柱结构施工图，写出结构柱相关信息。

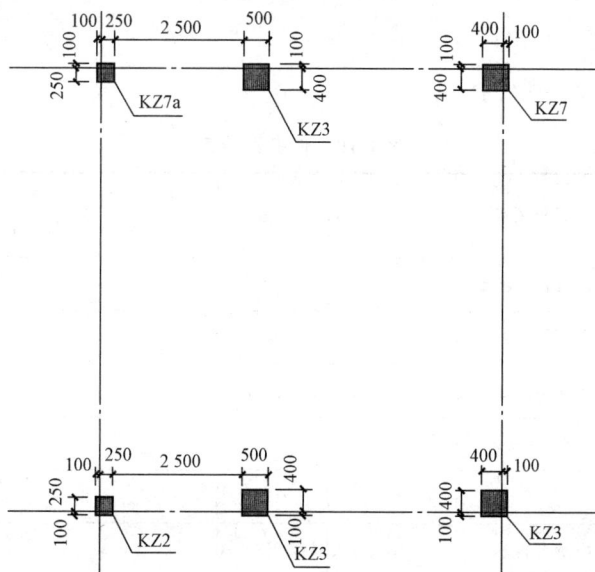

图 3.31　柱结构施工图

结构柱相关信息见表 3.9。

表 3.9　结构柱相关信息

截面			
编号	KZ2/KZ7a	KZ3	KZ7
标高	19.450～22.750	19.450～22.750	19.450～22.750
纵筋	8Φ16	12Φ20	12Φ16
箍筋	Φ6@100/200	Φ6@100/200	Φ6@100/200

2. 读图引导

先判断任务中结构施工图是哪种注写方式。查阅图集，再写出结构柱钢筋信息。

3. 读图任务过程

4. 读图任务评价表（表 3.10）

表 3.10　任务评价表

序号	评价项目	配分	自我评价（25%）	小组评价（30%）	教师评价（35%）	其他（10%）
1	能够正确列出结构柱截面尺寸	10				
2	能够描述结构钢筋信息	20				
3	能够依据图集写出构造信息	30				
4	绘图规范、合理	10				
5	遵守纪律	10				
6	完成任务中的所有内容	20				
	合计	100				
	总分					

模块4　钢筋混凝土受扭构件配筋校核

【知识结构】

钢筋混凝土受扭构件配筋
├── 受扭构件的构造要求
├── 受扭构件受力分析
└── 受扭构件承载力计算

任务　钢筋混凝土受扭构件配筋

知识目标

1. 了解受扭构件的种类；
2. 理解受扭构件的受力特点及构造要求的应用；
3. 熟练掌握矩形截面纯扭构件配筋计算。

能力目标

1. 具有进行一般混凝土结构受扭构件截面设计的能力，为建筑结构设计工作打下基础；
2. 具有能综合应用所学知识分析和解决实际施工过程中出现的一般性结构问题的能力。

素养目标

1. 培养科学求实、诚实守信、严谨认真的工作态度；
2. 培养遵守相关法律法规、结构设计规范和识图标准的职业意识；
3. 树立安全至上、质量第一的理念。

行业榜样

黄锡璆是新中国第一位医疗建筑博士，因此大家都爱尊称他为"黄博士"。他主持设计和改造扩建了北京协和医院，北京大学第一医院、第三医院，广东佛山第一人民医院，小汤山应急设施等200余个医疗工程，遍及中国城乡；他也迈出国门，足迹远涉非洲、东南亚、拉美等地区，为共建"一带一路"倡议，实现"人类卫生健康共同体"添砖加瓦。

对医疗建筑的平面布置、空间组织做革命性的变更和创新，"让病人走最短的路看完病，让医护人员少做无用功"，黄锡璆将"生命健康至上"镌刻在每一张设计图纸上，倾注心血改善就医环境，为医患送去医疗空间的人文关怀。

钢筋混凝土矩形截面纯扭构件，其截面尺寸 $b=200$ mm，$h=350$ mm，承受设计扭矩 $T=8.6\times10^6$ N/mm，混凝土采用 C25（$f_t=1.27$ N/mm^2，$f_c=11.9$ N/mm^2），钢筋 HPB300 级（$f_y=210$ N/mm^2），试计算其配筋。

■ 知识准备

1.1　受扭构件的构造要求

1. 截面尺寸限制条件

为了避免受扭构件配筋过多发生完全超配筋性质的脆性破坏，《结构设计规范》规定了构件截面承载力的上限，即

当 $h_w/b\leqslant4$（或 $h_w/t_w\leqslant4$）时

$$\frac{V}{bh_0}+\frac{T}{0.8W_t}\leqslant0.25\beta_cf_c \tag{4.1}$$

当 $h_w/b=6$（或 $h_w/t_w=6$）时

$$\frac{V}{bh_0}+\frac{T}{0.8W_t}\leqslant0.2\beta_cf_c \tag{4.2}$$

当 $4<h_w/b<6$（或 $4<h_w/t_w<6$）时，按线性内插法确定。

当上式不能满足时，应加大截面尺寸或提高混凝土强度等级。

2. 构造配筋条件

由纯扭构件受力性能的试验研究可知，在受扭开裂前，配筋构件主要依靠混凝土承担扭矩引起的主拉应力，配筋的作用很小，其开裂扭矩可近似地按素混凝土计算（式 4.8）。因此，当截面中的设计扭矩不大于截面的开裂扭矩时，即也满足

$$T\leqslant0.7f_tW_t \tag{4.3}$$

可不进行抗扭计算，而只需按构造配置抗扭钢筋。

对于剪扭构件，《结构设计规范》规定符合以下条件时，可不进行抗扭和抗剪承载力计算，仅需按构造配置箍筋和抗扭纵筋：

$$\frac{V}{bh_0}+\frac{T}{W_t}\leqslant0.7f_c \tag{4.4}$$

3. 最小配筋率

为了防止构件发生"少筋"性质的脆性破坏，在弯剪扭构件中箍筋和纵向钢筋的配筋率和构造要求应符合下列规定：

(1)箍筋的配筋率不应小于其最小配筋率，即

$$\rho_{sv}\geqslant\rho_{sv,\ min} \tag{4.5}$$

式中

$$\rho_{sv,\ min}=\frac{A_{sv,\ min}}{bs}=0.28\frac{f_t}{f_{yv}} \tag{4.6}$$

(2)纵向钢筋的配筋率不应小于受弯构件纵向受力钢筋的最小配筋率与受扭构件纵向受

力钢筋的最小配筋率之和。对受弯构件纵向受力钢筋的最小配筋率，应符合受弯构件正截面的最小配筋率的规定；对受扭的纵向受力钢筋，要求：

$$\rho_{tl,\,min} = \frac{A_{st1,\,min}}{bh} \geqslant 0.6\sqrt{\frac{T}{Vb}} \cdot \frac{f_t}{f_y} \tag{4.7}$$

其中，当$\frac{T}{Vb} > 2$时，取$\frac{T}{Vb} = 2$。

4. 箍筋的形式与抗扭纵筋的布置

为了保证箍筋在整个周长上都能充分发挥抗拉作用，受扭构件中的箍筋必须将其做成封闭式，当采用绑扎骨架时，应采用图 4.1 所示的箍筋形式，但箍筋的端部应做成 135°的弯钩，弯钩末端的直线长度不应小于 $10d$（d 为钢筋直径）。此外，箍筋的直径和间距还应符合受弯构件对箍筋的有关规定。

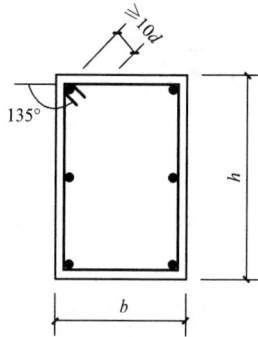

图 4.1 受扭构件箍筋的构造

构件中的抗扭纵筋应尽可能均匀地沿截面周边对称布置，间距不应大于 200 mm，也不应大于截面短边尺寸。在截面的四角必须设有抗扭纵筋。如果抗扭纵筋在计算中充分利用其强度时，则其接头和锚固均应按受拉钢筋的有关要求处理。

1.2 受扭构件受力分析

1. 破坏特征

按照配筋率的不同，受扭构件的破坏形态也可分为适筋破坏、少筋破坏和超筋破坏。

①适筋破坏：对于箍筋和纵筋配置都合适的情况，与临界（斜）裂缝相交的钢筋都能先达到屈服，然后混凝土压坏，与受弯适筋梁的破坏类似，具有一定的延性。破坏时的极限扭矩与配筋量有关。

②少筋破坏：当配筋数量过少时，配筋不足以承担混凝土开裂后释放的拉应力，一旦开裂，将导致扭转角迅速增大，与受弯少筋梁类似，呈受拉脆性破坏特征，受扭承载力取决于混凝土的抗拉强度。

③超筋破坏：当箍筋和纵筋配置都过大时，则会在钢筋屈服前混凝土就压坏，为受压脆性破坏。受扭构件的这种超筋破坏称为完全超筋，受扭承载力取决于混凝土的抗压强度。

由于受扭钢筋由箍筋和受扭纵筋两部分钢筋组成，当两者配筋量相差过大时，会出现一个未达到屈服强度，另一个达到屈服强度的部分超筋破坏情况。

2. 配筋强度比 z

由于受扭钢筋由箍筋和受扭纵筋两部分钢筋组成，其受扭性能及其极限承载力不仅与配筋量有关，还与两部分钢筋的配筋强度比 z 有关。试验表明，当 $0.5 \leqslant z \leqslant 2.0$ 时，受扭破坏时纵筋和箍筋基本上都能达到屈服强度。但由于配筋量的差别，屈服的次序是有先后的。《结构设计规范》建议取 $0.6 \leqslant z \leqslant 1.7$，设计中通常取 $z = 1.0 \sim 1.3$。

1.3 受扭构件承载力计算

1. 素混凝土纯扭构件的承载力计算

在受扭构件的扭曲截面承载力计算中，首先需要计算构件的开裂扭矩。如果外扭矩大于构件的开裂扭矩，则还要按计算配置抗扭纵筋和箍筋，以满足对构件的承载力要求。否则，可按构造配置钢筋。

在纯扭构件中，构件裂缝与轴线成 45°。素混凝土既非完全弹性，又非理想塑性，是介于两者之间的弹塑性材料。因而受扭时的极限应力分布将介于上述两种情况之间。故为了实用，可乘一个 0.7 的折减系数，得素混凝土构件的受扭承载力即开裂扭矩为

视频：钢筋混凝土
受扭构件配筋

$$T_a = 0.7 f_t W_t \tag{4.8}$$

2. 钢筋混凝土纯扭构件的承载力计算

构件的抗扭承载力由混凝土的抗扭承载力 T_c 和箍筋与纵筋的抗扭承载力 T_s 两部分构成，即

$$T_\mu = T_c + T_s \tag{4.9}$$

式中 T_μ ——钢筋混凝土纯扭构件的抗扭承载力；

       T_c ——钢筋混凝土纯扭构件混凝土所承受的扭矩；

       T_s ——钢筋混凝土纯扭构件钢筋承受的扭矩。

根据国内大量试验结果，《结构设计规范》建议钢筋混凝土矩形截面纯扭构件的受扭承载力按下列公式计算：

$$T \leqslant T_\mu = 0.35 f_t W_t + 1.2 \sqrt{\zeta} \frac{f_{yv} A_{st1}}{s} A_{cor} \tag{4.10}$$

式中 T ——扭矩设计值；

       W_t ——截面的抗扭塑性抵抗矩；

       f_{yv} ——箍筋的抗拉强度设计值；

       A_{st1} ——箍筋的单肢截面面积；

       s ——箍筋的间距；

       A_{cor} ——截面核芯部分的面积，$A_{cor} = b_{cor} h_{cor}$；

       ζ ——抗扭纵筋与箍筋的配筋强度比。

若 ζ 在 $0.5 \sim 2.0$ 范围内变化，构件破坏时，其受扭纵筋和箍筋应力均可到达屈服强度。为稳妥起见，《结构设计规范》取 ζ 的限制条件为 $0.6 \leqslant \zeta \leqslant 1.7$，当 $\zeta > 1.7$ 时，按 $\zeta = 1.7$ 计算。

受扭构件的箍筋在整个长度上均受拉力，因此，箍筋应做成封闭型，箍筋末端应弯折 135°，弯折后的直线长度不应小于 5 倍箍筋直径。箍筋间距应满足受剪最大箍筋间距要求，且不大于截面短边尺寸。受扭纵筋应沿截面周边均匀布置，在截面四角必须布置受扭纵筋，纵筋间距不大于 300 mm。受扭纵筋的搭接和锚固均应按受拉钢筋的构造要求处理。

1. 设计任务分析

思路：本例给出的情境是在选定的材料基础上，设计柱子，包括确定其截面尺寸、配筋。

解析：完成本例需要构造基本知识，应初步拟订截面的尺寸，再进行配筋计算。通常是首先按照普通箍筋柱来设计。

2. 设计任务的实施

第一步　验算构件截面尺寸。

$$W_t = \frac{1}{6}b^2(3h-b) = \frac{200^2}{6} \times (3 \times 350 - 200) = 5.67 \times 10^6 (\text{mm}^2)$$

$$\frac{T}{W_t} = \frac{8.6 \times 10^6}{5.67 \times 10^6} = 1.52(\text{N/mm}^2) < 0.25\beta_c f_c = 0.25 \times 1.0 \times 11.9 = 2.98(\text{N/mm}^2)$$

满足 $\frac{T}{W_t} < 0.25\beta_c f_c$ 是规范对构件截面尺寸的限定性要求，本题满足这一要求。

第二步　抗扭钢筋计算。

$$\frac{T}{W_t} = \frac{8.6 \times 10^6}{5.67 \times 10^6} = 1.52(\text{N/mm}^2) \geqslant 0.7f_t = 0.7 \times 1.27 = 0.89(\text{N/mm}^2)$$

按计算配筋。

第三步　计算配筋量。

$$A_{cor} = h_{cor} \times b_{cor} = 300 \times 150 = 45\ 000(\text{mm}^2)$$

设 $\zeta = 1.2$ 代入公式

$$T \leqslant T_\mu = 0.35f_t W_t + 1.2\sqrt{\zeta}\frac{f_{yv}A_{st}}{s}A_{cor}$$

求

$$\frac{A_{st1}}{s} = \frac{T - 0.35f_t W_t}{1.2\sqrt{\zeta}f_{yv}A_{cor}} = \frac{8.6 \times 10^6 - 0.35 \times 1.27 \times 5.67 \times 10^6}{1.2 \times \sqrt{1.2} \times 210 \times 45\ 000} = 0.489$$

选用 $\phi8$ 箍筋 $A_{st1} = 50.3\ \text{mm}^2$，$s = \frac{50.3}{0.489} = 102.86(\text{mm})$ 取 100 mm。

验算配箍率：

$$\rho_{sv} = \frac{2A_{st1}}{bs} = \frac{2 \times 50.3}{200 \times 100} = 0.005\ 03 \geqslant \rho_{sv} = \frac{A_{sv,min}}{bs} = 0.28\frac{f_t}{f_{yv}} = 0.001\ 7，可以。$$

第四步　计算纵筋。

$$u_{cor} = 2(b_{cor} + h_{cor}) = 2 \times (150 + 300) = 900(\text{mm})$$

$$A_{st1} = \frac{\zeta f_{yv}A_{st1}u_{cor}}{f_y \cdot s} = \frac{1.2 \times 210 \times 50.3 \times 900}{300 \times 100} = 380.3(\text{mm}^2)$$

验算纵筋最小配筋率 $\rho_{tl,min} = 0.85f_t/f_y = 0.85 \times 1.27/300 = 0.003\ 6$

$$A_{st1,min} = \rho_{tl,min} \times b \times h = 0.0036 \times 200 \times 350 = 252(\text{mm}^2) \leqslant 380.3(\text{mm}^2)$$

按计算配筋选用 6ϕ10。

一、选择题

对受扭构件中的箍筋，下列叙述正确的是(　　)。

A. 箍筋可以是开口的，也可以是封闭的

B. 箍筋必须封闭且焊接，不得搭接

C. 箍筋必须封闭，但箍筋的端部应做成弯钩，弯钩末端的直线长度不应小于 $5d$ 和 50 mm

D. 箍筋必须采用螺旋箍筋

二、简答题

1. 试举出教学楼结构中哪些构件为受扭构件。

2. 钢筋混凝土纯扭构件有几种破坏形式？各有什么特点？

3. 为使抗扭纵筋与箍筋相互匹配，有效地发挥抗扭作用，两者配筋强度比应满足什么条件？

4. 受扭构件中抗扭纵筋、箍筋有哪些要求？纯扭构件，应如何配置受扭钢筋？受扭构件对截面有哪些限制条件？

5. 素混凝土纯扭构件截面承力如何计算？

6. 弯扭构件什么情况下按构造配置受扭钢筋？

三、实训题

(一)设计任务

钢筋混凝土矩形截面纯扭构件，承受的扭矩设计值 $T=20$ kN·m。截面尺寸 $b \times h = 250$ mm×500 mm，混凝土强度等级为 C30，纵筋采用 HRB400 级钢筋，箍筋采用 HPB300 级钢筋。求此构件所需配置的受扭纵筋和箍筋。

(二)设计过程

1. 设计准备

课前完成线上学习任务，从网络课堂接受任务，通过互联网、图书查阅资料，分析相关信息，做好任务前准备工作。

2. 设计引导

根据前面学习过的内容，查阅规范设计案例，找出与本任务中相类似的解题过程。

3. 设计内容

4. 设计任务评价表(表 4.1)

表 4.1 任务评价表

序号	评价项目	配分	自我评价 (25%)	小组评价 (30%)	教师评价 (35%)	其他 (10%)
1	能够正确列出与使用任务实施中的计算公式	10				
2	能够描述受扭构件的承载力计算过程与依据	20				
3	能够依据规范查阅确定相关数据	10				
4	计算准确	20				
5	绘图规范、合理	10				
6	遵守纪律	10				
7	完成任务中的所有内容	20				
合计		100				
总分						

模块 5　钢筋混凝土构件裂缝和变形验算控制

【知识结构】

【知识结构】

钢筋混凝土构件
裂缝宽度的验算
- 最大裂缝宽度的限值
- 裂缝的产生和开展
- 裂缝宽度计算

钢筋混凝土受弯
构件的变形验算
- 短期刚度与长期刚度的计算
- 受弯构件的变形验算

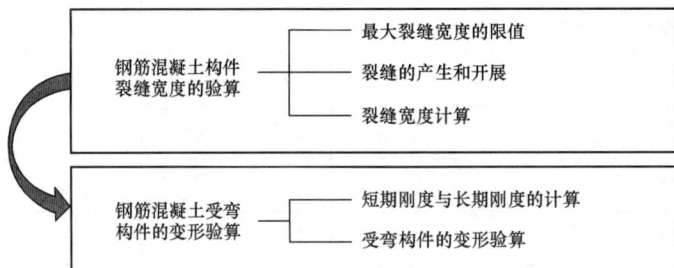

任务 1　钢筋混凝土构件裂缝宽度的验算

知识目标

1. 了解裂缝的主要形式、成因及危害；
2. 了解裂缝的开展机理、裂缝间钢筋和混凝土的应力分布状态；
3. 理解平均裂缝间距、平均裂缝宽度、最大裂缝宽度的概念；
4. 理解改善裂缝的措施。

能力目标

1. 掌握裂缝的出现、分布、开展和最大裂缝宽度的计算原理；
2. 掌握最大裂缝宽度的验算方法与步骤。

素养目标

1. 培养科学求实、诚实守信、严谨认真的工作态度；
2. 培养遵守相关法律法规、结构设计规范和识图标准的职业意识；
3. 树立安全至上、质量第一的理念。

行业故事

　　为了打通福建东南一小时经济圈，贯穿福建沿海五市的福厦高铁被提上日程，然而在高铁规划路径上，厦门后溪长途汽车客运站正好挡住了福厦高铁南下的去路。为了保证福厦高铁的顺利建设，厦门后溪长途汽车站要么"拆"，要么"搬"。"搬家"比拆除、重建主站房节约工期1年，可有效避免因拆建产生的建筑垃圾和建材浪费，并可大幅降尘、降噪，实现生态环境友好。主站房平移后，还将继续新建地下室、发车平台、室外景观和道路等工程，建成后将全面提升厦门后溪长途汽车站的服务能力。

这是中国最大的单体建筑平移工程，也是世界上第一个长距离、大半径的建筑迁移：重达 3 万 t 的福建厦门后溪长途汽车客运站实现 90°最大移动半径达 288 m 的"短途旅行"。从 9 点方向到 12 点方向，历时 38 天，移动 288 m，3 万 t 的长途客运站主站房以平均每天约 7.5 m 的速度完成"搬家"，由中建集团负责的后溪长途汽车客运站平移工程创造了全球平移面积最大、荷载最大、距离最远的单体建筑弧形旋转平移世界纪录，快速、安全、顺畅。令人惊叹的是，在平移过程中，布满大面积玻璃幕墙的汽车站，一片玻璃都没碎，整体结构没有受到任何破坏。中国建造以科技创新引领行业变革发展，描绘着时代之潮、发展之潮、追梦之潮。中国建设者以最可靠的双手，浇筑中国新形象，以最沉稳的画笔，勾勒大地新面貌。

任务描述

某矩形截面简支梁，处于一类环境，$b \times h = 200$ mm$\times 500$ mm，计算跨度 $l_0 = 4.5$ m。使用期间承受均布恒载标准值 $g_k = 17.5$ kN/m（含自重），均布可变荷载标准值 $q_k = 11.5$ kN/m。可变荷载的准永久系数 $\rho = 0.5$。采用 C25 级混凝土，HRB335 级钢筋。已配纵向受拉钢筋 2Φ14＋2Φ16。试验算裂缝宽度是否满足要求。

知识准备

1.1 最大裂缝宽度的限值

载裂缝宽度验算主要是针对由弯矩、轴向拉力、偏心拉（压）力等荷载效应引起的垂直裂缝，或称正截面裂缝。非荷载裂缝是指处于超静定状态的结构受非荷载因素（比如温度、混凝土收缩、混凝土碳化、基础沉降等）的影响在结构内部产生内应力而形成的裂缝。调查表明，结构物的裂缝属于变形因素为主引起的约占 80%，属于荷载为主引起的约占 20%。

实际工程中非荷载裂缝的成因和分布情况十分复杂，目前要精确计算还很困难，故非荷载裂缝的控制通常采用设计、施工、选材、构造措施等手段实现。荷载裂缝可通过计算裂缝宽度来控制，使其满足正常使用的要求。

根据正常使用阶段对结构构件裂缝的不同要求，将裂缝的控制等级分为三级：一级是严格要求不出现裂缝的构件；二级是一般要求不出现裂缝的构件；三级是允许出现裂缝的构件。一级、二级裂缝控制等级，要求验算受拉边缘的应力；三级裂缝控制等级，要求验算正截面的裂缝宽度。

《结构设计规范》规定，对于使用上要求限制裂缝宽度的钢筋混凝土构件，按荷载效应的准永久组合并考虑长期作用影响计算的最大裂缝宽度 w_{max} 应满足规定的限值。

1.2 裂缝的产生和开展

当钢筋混凝土纯弯构件[图 5.1(a)]的荷载加到某一数值时，截面上的弯矩达到开裂弯矩，这时在截面受拉边最薄弱的地方产生第一条或第一批裂缝，裂缝出现的位置是随机的。距裂缝截面越远的截面回缩越小，当离开裂缝某一距离 $l_{cr,min}$ 的截面 $B-B'$ 处，混凝土不再回缩。该处的混凝土拉应力仍与裂缝出现前瞬间的拉应力相同。于是裂缝截面两侧附近混凝土与钢筋的应力分布如图5.1(b)、(c)所示。当裂缝间距小到一定程度后，即使弯矩再增加，混凝土也不会再出现新的裂缝。这是因为这时钢筋传给混凝土的拉应力达不到混凝土的抗拉强度 f_t 所致[图5.1(d)、(e)]。裂缝出齐后，随着荷载的进一步增加，裂缝处钢筋的应力增加，受压区高度不断减小，裂缝进一步开展。

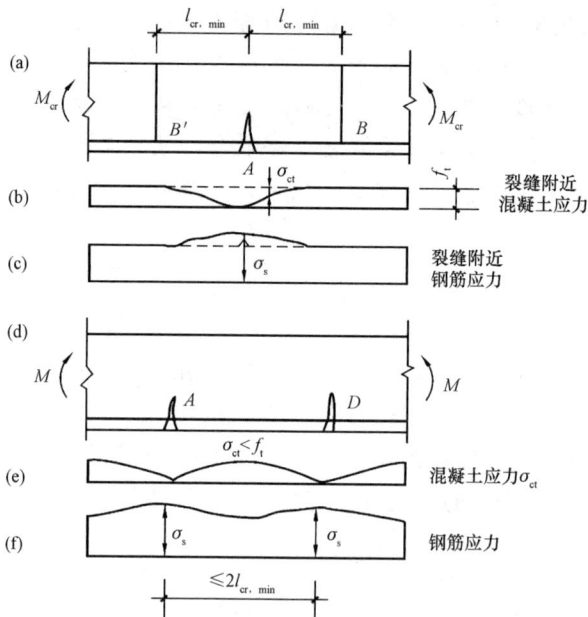

图 5.1 裂缝的形成和开展机理

(a)第一批裂缝；(b)裂缝附近混凝土应力；(c)裂缝附近钢筋应力；

(d)裂缝不再产生；(e)混凝土应力；(f)钢筋应力

1.3 裂缝宽度计算

1. 平均裂缝间距

理论分析表明，裂缝间距主要取决于有效配筋率 ρ_{te}、钢筋直径 d 及其表面形状。此外，还与混凝土保护层厚度 c 有关。

有效配筋率 ρ_{te} 是指按有效受拉混凝土截面面积 A_{te} 计算的纵向受拉钢筋的配筋率，即

$$\rho_{te} = A_s / A_{te}$$

A_{te} 按下列规定取用：对轴心受拉构件，A_{te} 取构件截面面积。

对受弯、偏心受压和偏心受拉构件，取：$A_{te} = 0.5bh + (b_f - b)h_f$

各种形式截面的 A_{te} 也可按图5.2取用。试验表明，有效配筋率越高，钢筋直径 d 越小，则裂缝越密，其宽度越小。根据试验资料统计分析，并考虑受力特征的影响，当混凝土保护层厚度 c 不大于 65 mm 时，对于常用的带肋钢筋，《结构设计规范》给出的平均裂缝间距 l_m 的计算公式如下。

受弯、偏心受力构件：
$$l_m = \left(1.9c + 0.08 \cdot \frac{d}{\rho_{te}}\right)$$

轴心受拉构件：
$$l_m = 1.1\left(1.9c + 0.08 \cdot \frac{d}{\rho_{te}}\right)$$

式中 c——最外层纵向受拉钢筋外边缘到受拉区底边的距离（mm），当 $c < 20$ mm 时，取 $c = 20$ mm；

d——钢筋直径（mm），当用不同直径的钢筋时，d 改用换算直径 $4A_s/u$，u 为纵向钢筋的总周长。

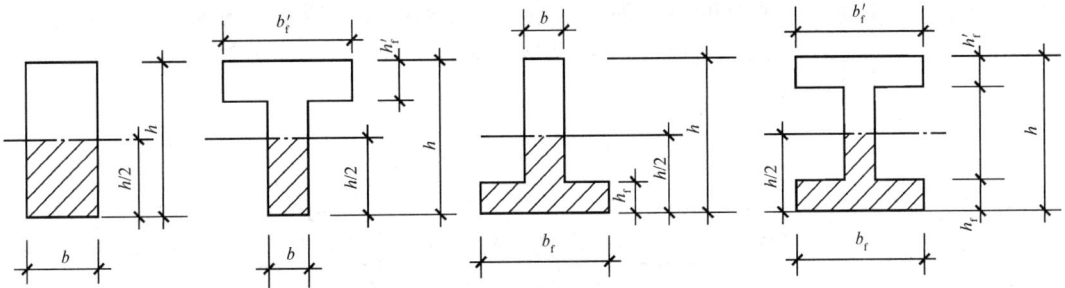

图 5.2 有效受拉混凝土截面面积

2. 平均裂缝宽度

平均裂缝宽度 w_m 等于混凝土在裂缝截面的回缩量，即在平均裂缝间距长度内钢筋的伸长量与钢筋处在同一高度的受拉混凝土纤维伸长量之差。经分析和试验结果，规范规定，平均裂缝宽度按下式计算：

$$w_m = 0.85\psi \frac{\sigma_{sk}}{E_s} l_{cr}$$

3. 裂缝宽度计算

《结构设计规范》采用了一个半理论半经验的方法，即根据裂缝出现和开展的机理，先确定具有一定规律性的平均裂缝间距和平均裂缝宽度，然后对平均裂缝宽度乘以根据统计求得的扩大系数来确定最大裂缝宽度 w_{max}。对"扩大系数"，主要考虑两种情况：一是荷载短期效应组合下裂缝宽度的不均匀性；二是荷载长期效应组合的影响下，最大裂缝宽度会进一步加大。《结构设计规范》要求计算的 w_{max} 具有 95% 的保证率。

各种构件正截面最大裂缝宽度计算公式为

$$w_{max} = \alpha_{cr}\psi \frac{\sigma_{sk}}{E_s}\left(1.9c + 0.08\frac{d_{eq}}{\rho_{te}}\right)$$

式中 α_{cr}——构件受力特征系数，

轴心受拉构件：$\alpha_{cr} = 2.7$，

偏心受拉构件：$\alpha_{cr} = 2.4$，

受弯构件和偏心受压构件：$\alpha_{cr} = 1.9$；

ψ——裂缝间纵向受拉钢筋应变不均匀系数：当 $\psi < 0.2$ 时，取 $\psi = 0.2$；当 $\psi > 1$ 时，取 $\psi = 1$；对直接承受重复荷载的构件，取 $\psi = 1$；

σ_{sk}——按荷载效应的标准组合计算的钢筋混凝土构件纵向受拉钢筋的应力或预应力混凝土构件纵向受拉钢筋的等效应力；

E_s——钢筋弹性模量；

ρ_{te}——按有效受拉混凝土截面面积计算的纵向受拉钢筋配筋率；在最大裂缝宽度计算中，当 $\rho_{te} < 0.01$ 时，取 $\rho_{te} = 0.01$；

d_{eq}——受拉区纵向钢筋的等效直径（mm）。

为了简化裂缝宽度计算，可根据受弯构件最大裂缝宽度小于或等于允许裂缝宽度的条件，即

$$\omega_{max} = 1.9\psi \frac{\sigma_{sk}}{E_s}\left(1.9c + 0.08\frac{d_{eq}}{\rho_{te}}\right) \leqslant w_{lim}$$

求出不需做裂缝宽度验算的最大钢筋直径 d_{max}，如图 5.3 所示。图 5.3 是在混凝土保护层 $c \leqslant 25$ mm，配有变形钢筋的受弯构件的情形下做出的。当构件的实际情况与 d_{max} 图的条件不同时，应对 σ_{sk} 进行调整。

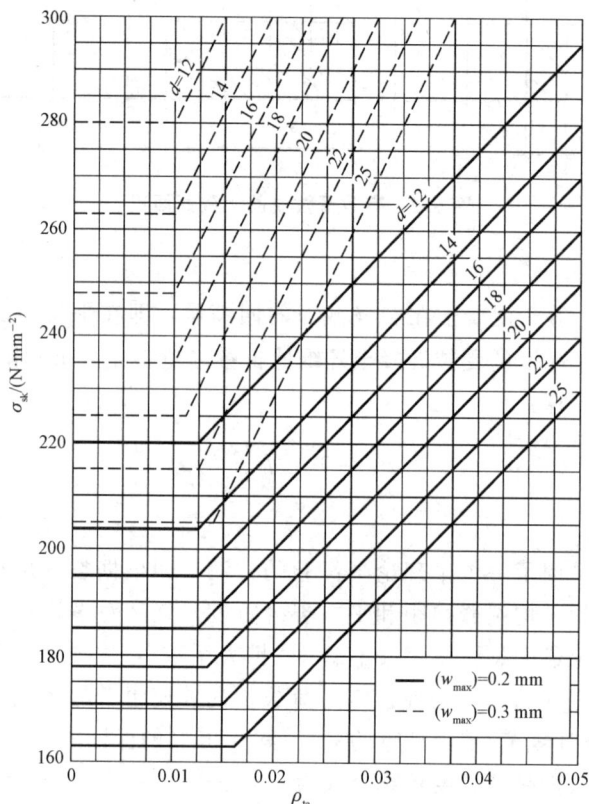

图 5.3 钢筋混凝土受弯构件不需做裂缝宽度验算的最大钢筋直径图

注：图 5.3 的用法如下。①判断构件情况；②计算 ρ_{te} 和 σ_{sk}；③由 ρ_{te} 和 σ_{sk} 查图 5.3 得出不需做裂缝宽度验算的纵筋最大直径 d_{max}；④比较实配纵筋直径 d 与纵筋最大直径 d_{max}，若 $d \leqslant d_{max}$ 时，不需作裂缝宽度验算；反之，则应做裂缝宽度验算。

4. 长期荷载的影响

在荷载长期作用下，混凝土的滑移徐变和拉应力的松弛会导致裂缝间混凝土不断退出受拉工作，钢筋平均应变增大，使裂缝随时间推移逐渐增大。混凝土的收缩也使裂缝间混凝土的长度缩短，也引起裂缝随时间推移不断增大。此外，荷载的变动，环境温度的变化，都会使钢筋与混凝土之间的黏结受到削弱，也将导致裂缝宽度不断增大。根据长期观测结果，长期荷载下裂缝的扩大系数为 $t_1 = 1.5$。

5. 最大裂缝宽度验算

验算裂缝宽度时，应满足：$w_{max} \leqslant w_{lim}$。

视频：钢筋混凝土构件裂缝宽度的验算

· 118 ·

在验算中，可能会出现满足了挠度要求，不满足裂缝宽度要求，这通常在配筋率较低、而钢筋选用的直径较大的情况下出现。因此，当计算最大裂缝宽度超过允许值不大时，常可用减小钢筋直径的方法解决；必要时适当增加配筋率。

任务实施

1. 设计任务分析

思路：本例给出的情境是给出承载力与配筋，应先求弯矩标准，再计算裂缝宽度。

解析：完成本例需要了解弯矩标准值的计算、裂缝宽度限值等基本知识。应根据钢筋信息计算钢筋截面面积，再代入公式，计算确定裂缝宽度的各项参数。

2. 设计任务的实施

第一步　求弯矩标准值。

标准组合

$$M_k = \frac{1}{8}(g+q)l_0^2 = \frac{1}{8} \times (17.5+11.5) \times 4.5^2 = 73.4(\text{mm})$$

准永久组合

$$M_q = \frac{1}{8}(g+0.5q)l_0^2 = \frac{1}{8} \times (17.5+0.5 \times 11.5) \times 4.5^2 = 58.9(\text{mm})$$

第二步　求 2Φ14+2Φ16：$A_s = 308+402 = 710(\text{mm}^2)$，$h_0 = 450 \text{ mm}$

$$\rho_{te} = \frac{A_s}{0.5bh} = \frac{710}{0.5 \times 200 \times 500} = 0.014\,2$$

$$\sigma_{sk} = \frac{M_s}{0.87h_0 A_s} = 264.1(\text{N/mm}^2)$$

$$f_{tk} = 1.78 \text{ N/mm}^2$$

$$E_s = 2 \times 10^5 \text{ N/mm}^2$$

$$\psi = 1.1 - \frac{0.65 f_t k}{\rho_{te} \sigma_{sk}} = 0.77$$

$$w_{max} = 1.9\psi \frac{\sigma_{sk}}{E_s}\left(1.9c + 0.08\frac{d_{eq}}{\rho_{te}}\right) \leqslant w_{lim}$$

$$w_{max} = 0.27 \leqslant w_{lim} = 0.3$$

满足要求。

思考与练习

一、选择题

1.《结构设计规范》定义的裂缝宽度是指（　　　）。

　　A. 受拉钢筋重心水平处构件底面上混凝土的裂缝宽度

　　B. 受拉钢筋重心水平处构件侧表面上混凝土的裂缝宽度

　　C. 构件底面上混凝土的裂缝宽度

　　D. 构件侧表面上混凝土的裂缝宽度

2. 减少钢筋混凝土受弯构件的裂缝宽度，首先应考虑的措施是（　　）。

    A. 采用直径较小的钢筋　　　　　　　B. 增加钢筋的面积

    C. 增加截面尺寸　　　　　　　　　　D. 提高混凝土强度等级

3. 混凝土构件的平均裂缝间距与下列（　　）因素无关。

    A. 混凝土强度等级　　　　　　　　　B. 混凝土保护层厚度

    C. 纵向受拉钢筋直径　　　　　　　　D. 纵向钢筋配筋率

4. 关于受弯构件裂缝发展的说法正确的是（　　）。

    A. 受弯构件的裂缝会一直发展，直到构件的破坏

    B. 钢筋混凝土受弯构件两条裂缝之间的平均裂缝间距为 1.0 倍的粘结应力传递长度

    C. 裂缝的开展是由于混凝土的回缩、钢筋的伸长，导致混凝土与钢筋之间产生相对滑移的结果

    D. 裂缝的出现不是随机的

5. 普通钢筋混凝土结构裂缝控制等级为（　　）。

    A. 一级　　　　　　B. 二级　　　　　　C. 三级　　　　　　D. 四级

二、简答题

1. 裂缝宽度的定义，为何与保护层厚度有关？

2. 为什么说裂缝条数不会无限增加，最终将趋于稳定？

3. T 形截面、倒 T 形截面的 A_{te} 有何区别？为什么？

4. 裂缝宽度与哪些因素有关？如不满足裂缝宽度限值，应如何处理？

5. 简述参数 Ψ 的物理意义和影响因素。

三、实训题

（一）设计任务

某矩形截面梁，处于二 a 类环境，$b \times h = 250 \text{ mm} \times 600 \text{ mm}$，采用 C50 混凝土，配置 HRB335 级纵向受拉钢筋 4⏀22（$A_s = 1\ 521 \text{ mm}^2$），箍筋直径为 10 mm。按荷载准永久组合计算的弯矩 $M_k = 130 \text{ kN} \cdot \text{m}$。试验算其裂缝宽度是否满足控制要求。

（二）设计过程

1. 设计准备

课前完成线上学习任务，从网络课堂接受任务，通过互联网、图书查阅资料，分析相关信息，做好任务前准备工作。

2. 设计任务引导

根据前面学习过的内容，查阅规范设计案例，找出与本任务中相类似的解题过程。

3. 设计内容

4. 设计任务评价表(表 5.1)

表 5.1　任务评价表

序号	评价项目	配分	自我评价(25%)	小组评价(30%)	教师评价(35%)	其他(10%)
1	能够正确列出与使用任务实施中的计算公式	10				
2	能够描述验算裂缝宽度计算过程与依据	20				
3	能够依据规范查阅确定相关数据	10				
4	计算准确	20				
5	绘图规范、合理	10				
6	遵守纪律	10				
7	完成任务中的所有内容	20				
合计		100				
总分						

任务 2　钢筋混凝土受弯构件的变形验算

知识目标

1. 理解截面弯曲刚度的概念;
2. 掌握短期刚度、长期刚度的计算;
3. 掌握最小截面刚度原则;构件挠度的计算和验算。

能力目标

1. 能够掌握裂缝的出现、分布、开展和最大裂缝宽度的计算原理;
2. 能够掌握短期刚度、长期刚度、最小刚度原则、挠度计算原理;
3. 能够熟悉混凝土构件的耐久性。

素养目标

1. 培养科学求实、诚实守信、严谨认真的工作态度;
2. 培养遵守相关法律法规、结构设计规范和识图标准的职业意识;
3. 树立安全至上、质量第一的理念。

思政园地

　　玄武岩纤维在南京长江大桥加固改造中的应用,让这座中国标志性建筑轻装上阵。白鹤滩水电站全工程应用低热硅酸盐水泥,破解温控防裂世界性难题,自建设至今无一温度裂缝。各项重大工程项目顺利落成的背后,都是一次次材料创新与实践的集中体现。材料创新一直不断地赋能重大工程项目建设，众多"高大上"的大国工程，都有着看似"微细小"的新型材料的支撑。"十四五"规划确定了102项具有战略性、基础性、引领性的重大工程项目，包括引领未来发展的重大攻关项目、基础设施领域的世界性和标志性工程、重要民生保障项目。可以说，重大工程项目是材料创新与应用的沃土。材料的创新发展也一定会支撑起我国重大工程项目建设和战略性新兴产业的发展，形成经济增长新引擎、新动能。

任务描述

受均布荷载作用的矩形截面简支梁（图5.4），计算宽度 $l_0 = 5.2$ m。永久荷载标准值 $g = 5$ kN/m；可变荷载标准值 $p = 10$ kN/m，准永久值系数为0.5。截面尺寸 $b \times h = 200$ mm$\times$450 mm，混凝土为C20级，配置3Φ16钢筋，试验算梁的跨中最大挠度是否符合挠度限值要求，并计算梁的最大裂缝宽度。

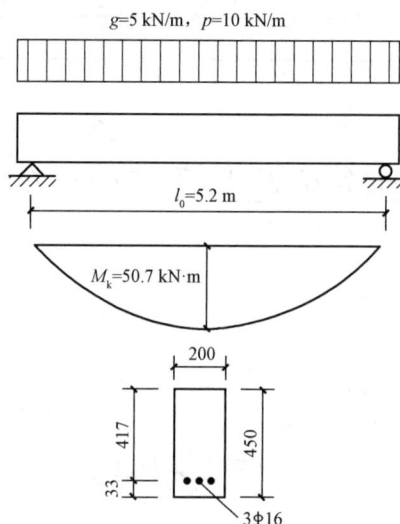

$$g = 5 \text{ kN/m}, \ p = 10 \text{ kN/m}$$

$$l_0 = 5.2 \text{ m}$$

$$M_k = 50.7 \text{ kN·m}$$

200

417 33 450

3Φ16

图5.4 简支梁弯矩图

知识准备

2.1 短期刚度与长期刚度的计算

1. 受弯构件的短期刚度 B_s

短期刚度是指钢筋混凝土受弯构件在荷载短期效应组合下的刚度值（以 N·mm^2 计）。

考虑到荷载作用时间的影响，短期刚度 B_s 的分析：裂缝基本等间距分布，钢筋和混凝土的应变分布具有以下特征：

（1）沿梁长，受拉钢筋的拉应变和受压区边缘混凝土的压应变都是不均匀分布的，裂缝截面处最大，裂缝间为曲线变化；

（2）沿梁长，中和轴高度呈波浪形变化，裂缝截面处中和轴高度最小；

（3）如果量测范围比较大（$\geqslant 750$ mm），则各水平纤维的平均应变沿梁截面高度的变化符合平截面假定。

对矩形、T形、I字形截面受弯构件，短期刚度的计算公式为

$$B_s = \frac{E_s A_s h_0^2}{1.15\psi + 0.2 + \dfrac{6\alpha_E\rho}{1 + 3.5\gamma'_f}}$$

式中　γ'_f——受压翼缘的加强系数；

当 $h'_f > 0.2h_0$ 时，取 $h'_f = 0.2h_0$；

$$\gamma'_f = \frac{(b'_f - b)h'_f}{bh_0}$$

α_E——钢筋的弹性模量 E_s 和混凝土 E_c 弹性模量的比值；

ρ——纵向受拉钢筋的配筋率；

ψ——钢筋应变不均匀系数，是裂缝之间钢筋的平均应变与裂缝截面钢筋应变之比，它反映了裂缝间混凝土受拉对纵向钢筋应变的影响程度，ψ 越小，裂缝间混凝土协助钢筋抗拉作用越强，该系数按下列公式计算：

$$\psi = 1.1 - 0.65 \frac{f_{tk}}{\rho_{te}\sigma_{sk}}$$

并规定 $0.4 \leqslant \psi \leqslant 1.0\rho_{te}$。

式中　ρ_{te}——按有效受拉混凝土面积计算的纵向受拉钢筋配筋率，$\rho_{te} = \dfrac{A_s}{A_{te}}$；

A_{te}——有效受拉混凝土面积。对受弯构件，近似取 $A_{te} = 0.5bh + (b_f - b)h_f A_{te}$；

σ_{sk}——按荷载短期效应组合计算的裂缝截面处纵向受拉钢筋的应力，根据使用阶段的应力状态及受力特征计算：

对受弯构件

$$\sigma_{sk} = \frac{M_s}{0.87A_s h_0}$$

式中　M_s——按荷载短期效应组合计算的弯矩值，即按全部永久荷载及可变荷载标准值求得的弯矩标准值。

2. 受弯构件的长期刚度 B_l

长期刚度 B_l 是指考虑荷载长期效应组合时的刚度值。在荷载的长期作用下，由于受压区混凝土的徐变以及受拉区混凝土不断退出工作，即钢筋与混凝土间黏结滑移徐变、混凝土收缩，致使构件截面抗弯刚度降低，变形增大，故计算挠度时必须采用长期刚度 B_l。《结构设计规范》建议采用荷载长期效应组合挠度增大的影响系数 θ 来考虑荷载长期效应对刚度的影响。长期刚度按下式计算：

$$B_l = \frac{M_k}{M_q(\theta - 1) + M_k} B_s$$

式中　M_q——按荷载长期效应组合下计算的弯矩值，即按永久荷载标准值与可变荷载准永久值计算；

θ——适用于一般情况下的矩形、T形、I字形截面梁，θ 值与温湿度有关，对干燥地区，θ 值应酌情增加 $15\% \sim 25\%$。对翼缘位于受拉区的 T 形截面，θ 值应增加 20%。

$$\theta = 2.0 - 0.4 \frac{\rho'}{\rho}$$

式中　ρ,ρ'——受压及受拉钢筋的配筋率。

2.2 受弯构件的变形验算

1. 变形验算目的与要求

受弯构件变形验算目的主要是满足适用性。其从以下几个方面考虑：

(1)保证结构的使用功能要求；

(2)防止对结构构件产生不良影响；

(3)防止对非结构构件产生不良影响；

(4)保证使用者的感觉在可接受的程度之内。

因此，对受弯构件在使用阶段产生的最大变形值 f 必须加以限制，即 $f \leqslant [f]$。其中，$[f]$ 为挠度变形限值。

混凝土结构构件变形和裂缝宽度验算属于正常使用极限状态的验算，与承载能力极限状态计算相比，正常使用极限状态验算具有以下两个特点：

(1)考虑到结构超过正常使用极限状态对生命财产的危害远比超过承载能力极限状态的要小，因此，其目标可靠指标 β 值要小一些，故《结构设计规范》规定变形及裂缝宽度验算均采用荷载标准值和材料强度的标准值。

(2)由于可变荷载作用时间的长短对变形和裂缝宽度的大小有影响，故验算变形和裂缝宽度时应按荷载短期效应组合值并考虑荷载长期效应的影响进行。

2. 受弯构件变形计算方法

为了简化计算，《结构设计规范》在挠度计算时采用了"最小刚度原则"，即在同号弯矩区段采用最大弯矩处的截面抗弯刚度(最小刚度)作为该区段的抗弯刚度，对不同号的弯矩区段，分别取最大正弯矩和最大负弯矩截面的刚度作为正负弯矩区段的刚度。

理论上讲，按 B_{min} 计算会使挠度值偏大，但实际情况并不是这样。因为在剪跨区段还存在着剪切变形，甚至出现斜裂缝，它们都会使梁的挠度增大，而这是在计算中没有考虑到的，这两方面的影响大致可以相互抵消，也即在梁的挠度计算中除了弯曲变形的影响外，还包含了剪切变形的影响。

受弯构件变形验算按下列步骤进行。

第一步　计算荷载短期效应组合值 M_s 和荷载长期效应组合值 M_l，按下列式计算：

$$M_s = C_G \cdot G_k + C_{Q1} \cdot Q_{1k} + \sum_{i=2}^{n} \psi_{ci} \cdot C_{Qi} \cdot Q_{ik}$$

$$M_l = C_G \cdot G_k + \sum_{i=2}^{n} \psi_{ci} \cdot C_{Qi} \cdot Q_{ik}$$

第二步　计算短期刚度 B_s，按下式计算：

$$B_s = \frac{E_s A_s h_0^2}{1.15\psi + 0.2 + \dfrac{6\alpha_E \rho}{1 + 3.5\gamma_f'}}$$

第三步　计算长期刚度 B_l，按下式计算：

$$B_l = \frac{M_k}{M_q(\theta - 1) + M_k} B_s$$

第四步　用 B_l 代替材料力学位移公式 $f = S \dfrac{M l_0^2}{EI}$ 中的 EI，计算出构件的最大挠度，并

按式 $f \leqslant [f]$ 进行验算。

若验算结果 $f \leqslant [f]$，从短期刚度计算公式可知，增大截面高度是提高截面抗弯刚度、减小构件挠度的最有效措施；若构件截面受到限制不能加大时，可考虑增大纵向受拉钢筋的配筋率或提高混凝土强度等级，但作用并不显著，对某些构件还可以充分利用纵向受压钢筋对长期刚度的有利影响，在受压区配置一定数量的受压钢筋，另外，采用预应力混凝土构件也是提高受弯构件刚度的有效措施。在实际工程中，往往采用控制跨高比的方法来满足变形条件的要求。

任务实施

1. 设计任务分析

本例给出的情境是在选定的材料基础上，验算梁的跨中最大挠度是否符合挠度限值要求。

2. 设计任务的实施

(1)求弯矩的标准值。

1)荷载效应的标准组合弯矩值。

$$M_k = \frac{1}{8}(g+p)l_0^2 = \frac{1}{8} \times (5+10) \times 5.2^2 = 50.7(kN \cdot m)$$

2)荷载效应的准永久组合弯矩值。

$$M_q = \frac{1}{8}(g+0.5p)l_0^2 = \frac{1}{8} \times (5+0.5 \times 10) \times 5.2^2 = 33.8(kN \cdot m)$$

(2)求 ψ。

由 3Φ16 钢筋可知：$A_s = 603 \ mm^2$，$h_0 = 417 \ mm$。

$$\rho_{te} = \frac{A_s}{0.5bh} = \frac{603}{0.5 \times 200 \times 450} = 0.013 \ 4$$

$$\sigma_{sk} = \frac{M_s}{0.87h_0A_s} = \frac{50.7 \times 10^6}{0.87 \times 417 \times 603} = 231.8(N/mm^2)$$

C20 级混凝土 $f_{tk} = 1.54 \ N/mm^2$，$E_c = 2.55 \times 10^4 \ N/mm^2$。

$$\psi = 1.1 - \frac{0.65f_{tk}}{\rho_{te}\sigma_{sk}} = 1.1 - \frac{0.65 \times 1.54}{0.0134 \times 231.8} = 0.78$$

(3)求 B_s，HRB335 级钢 $E_s = 2 \times 10^5 \ N/mm^2$。

$$\alpha_E = E_s/E_c = \frac{2 \times 10^5}{2.55 \times 10^4} = 7.84, \quad \rho = \frac{A_s}{bh_0} = \frac{603}{200 \times 417} = 0.007 \ 23$$

$$B_s = \frac{E_sA_sh_0^2}{1.15\psi + 0.2 + 6\alpha_E\rho}$$

$$= \frac{2 \times 10^5 \times 603 \times 417^2}{1.15 \times 0.78 + 0.2 + 6 \times 7.84 \times 0.007 \ 23}$$

$$= 14.59 \times 10^{12}(N \cdot mm^2)$$

(4)求 B_l，$\rho' = 0$，$\theta = 2$。

$$B_l = \frac{M_kB_s}{M_k + (\theta-1)M_q} = \frac{50.7 \times 14.59 \times 10^{12}}{50.7 + (2-1) \times 33.8} = 8.754 \times 10^{12}(N \cdot mm^2)$$

(5)求挠度 f：

$$f = \frac{5}{48} \frac{M_k l_0^2}{B} = \frac{5}{48} \times \frac{50.7 \times 10^6 \times 5.2^2 \times 10^6}{8.772 \times 10^{12}} = 16.28(\text{mm}) < l_0/250 = 20.8 \text{ mm}$$

满足要求。

(6)因 $M_k = 50.7 \text{ kN} \cdot \text{m}$，$\sigma_{sk} = 231.8 \text{ N/mm}^2$，$\psi = 0.778$，$\rho_{te} = 0.013\ 4$，$d_{eq} = d = 16 \text{ mm}$，带肋钢筋 $v = 1.0$，$c = 25 \text{ mm}$，$E_s = 2 \times 10^5 \text{ N/mm}^2$，受弯构件 $\alpha_{cr} = 2.1$。

将以上数据代入下式得

$$
\begin{aligned}
w_{max} &= \alpha_{cr} \psi \frac{\sigma_{sk}}{E_s} \left(1.9c + 0.08 \frac{d_{eq}}{\rho_{te}} \right) \\
&= 2.1 \times 0.778 \times \frac{231.8}{2 \times 10^5} \left(1.9 \times 25 + 0.08 \times \frac{16}{0.013\ 4} \right) \\
&= 0.27(\text{mm})
\end{aligned}
$$

▶ 思考与练习

一、选择题

1. 下面关于钢筋混凝土受弯构件截面弯曲刚度的说明中，错误的是（　　）。

   A. 截面弯曲刚度随着荷载增大而减小

   B. 截面弯曲刚度随着时间的增加而减小

   C. 截面弯曲刚度随着裂缝的发展而减小

   D. 截面弯曲刚度不变

2. 下面关于短期刚度的影响因素说法错误的是（　　）。

   A. 配筋率增加，B_s 略有增加

   B. 提高混凝土强度等级对于提高 B_s 的作用不大

   C. 截面高度对于提高 B_s 的作用最大

   D. 截面配筋率如果满足承载力要求，基本上也可以满足变形的限值

3. 提高受弯构件截面刚度最有效的措施是（　　）。

   A. 提高混凝土强度等级

   B. 增加钢筋的面积

   C. 改变截面形状

   D. 增加截面高度

二、简答题

1. 何谓最小刚度原则？挠度计算时为何要引入这一原则？

2. 受弯构件短期刚度 B_s 与哪些因素有关？如不满足构件变形限值，应如何处理？

3. 确定构件裂缝宽度限值和变形限值时分别考虑哪些因素？

三、实训题

(一)设计任务

某钢筋混凝土矩形截面梁，$b \times h = 200 \text{ mm} \times 400 \text{ mm}$，计算跨度 $l_0 = 5.4 \text{ m}$，一类环境，采用 C20 混凝土，配有 $3\Phi18(A_s = 763 \text{ mm})$ 纵向受力钢筋，箍筋 $\Phi8@250$。承受均布

永久荷载标准值为 $g_k = 5.0$ kN/m，均布活荷载标准值 $q_k = 10$ kN/m，活荷载准永久系数 $\Psi_q = 0.5$。如果构件的挠度限值为 $l_0/250$，试验算该梁的跨中最大变形是否满足要求。

（二）设计过程

1. 设计准备

课前完成线上学习任务，从网络课堂接受任务，通过互联网、图书查阅资料，分析相关信息，做好任务前准备工作。

2. 设计任务引导

根据前面学习过的内容，查阅规范设计案例，找出与本任务中相类似的解题过程。

3. 设计内容

4. 设计任务评价表（表 5.2）

表 5.2　任务评价表

序号	评价项目	配分	自我评价 (25%)	小组评价 (30%)	教师评价 (35%)	其他 (10%)
1	能够正确列出与使用任务实施中的计算公式	10				
2	能够描述挠度验算计算过程与依据	20				
3	能够依据规范查阅确定相关数据	10				
4	计算准确	20				
5	绘图规范、合理	10				
6	遵守纪律	10				
7	完成任务中的所有内容	20				
合计		100				
总分						

模块6 钢筋混凝土梁板结构配筋校核与识图

【知识结构】

```
┌─────────────────────────────────────────────────────────┐
│ 钢筋混凝土      ── 钢筋混凝土现浇单向板肋形楼盖的结构      │
│ 现浇单向板         布置和内力计算方法                      │
│ 肋形楼盖       ── 连续板、次梁、主梁的计算与构造要求       │
│                ── 现浇单向板肋形楼盖的计算                 │
└─────────────────────────────────────────────────────────┘

┌─────────────────────────────────────────────────────────┐
│ 钢筋混凝土      ── 双向板的受力特点                        │
│ 现浇双向板                                                │
│ 肋形楼盖       ── 双向板的计算要点                         │
└─────────────────────────────────────────────────────────┘

┌─────────────────────────────────────────────────────────┐
│ 装配式楼盖      ── 装配式楼盖的构造形式                    │
│                ── 装配式楼盖构件的计算要点及连接构造       │
└─────────────────────────────────────────────────────────┘

┌─────────────────────────────────────────────────────────┐
│ 现浇楼梯、      ── 楼梯与雨篷的类型及构造要求              │
│ 雨篷           ── 现浇板式和梁式楼梯的设计计算             │
└─────────────────────────────────────────────────────────┘
```

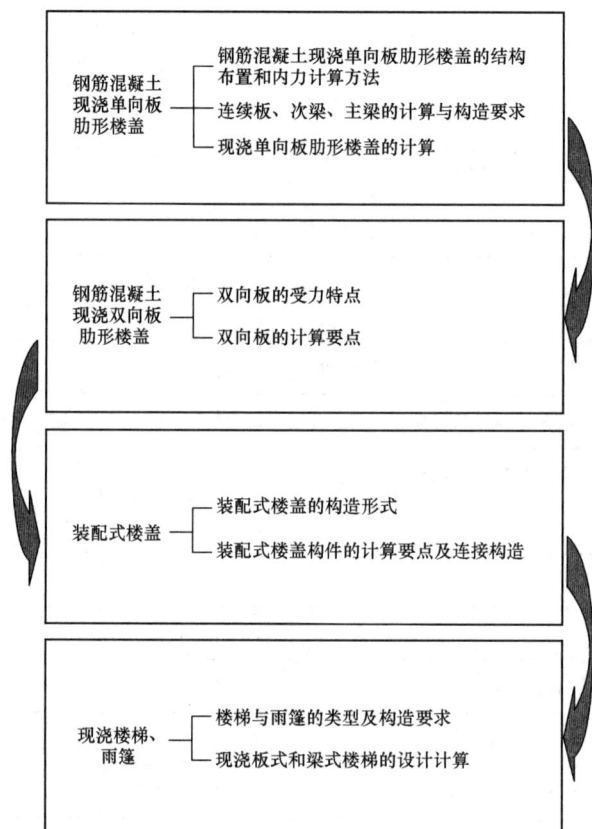

任务1 钢筋混凝土现浇单向板肋形楼盖

知识目标

1. 了解单向板肋形楼盖的定义、结构布置；
2. 理解单向板肋形楼盖内力计算、构造要求。

1. 具有初步设计计算单向板肋形楼盖的能力；
2. 具有对现浇单向板肋形楼盖进行现场施工组织的能力；
3. 具有对平法结构图的识读能力。

1. 培养科学求实、诚实守信、严谨认真的工作态度；
2. 培养遵守相关法律法规、结构设计规范和识图标准的职业意识；
3. 树立安全至上、质量第一的理念。

行业榜样

东方明珠设计者江欢成院士：从地标打造到地标更新

江欢成1938年1月生于广东梅州市，工程结构专家，中国勘察设计大师。

1957年，梅州中学毕业；1963年春，清华大学土木工程系毕业。先后在上海华东建筑设计研究院、英国和中国香港ARUP公司、上海现代建筑设计集团、上海江欢成建筑设计有限公司工作，长期从事建筑结构设计。曾任全国政协委员，上海市政府参事，上海市科协副主席，清华大学、同济大学、浙江大学等兼职教授。

主要业绩：上海东方明珠塔的设计总负责人，该塔以其完美的造型，独特的结构，赢得国内外高度赞誉，成为上海市公认的城市标志；印尼雅加达塔(高为558 m)设计总负责人；上海金茂大厦业主的设计顾问组组长；作为主要设计者，第一次将30 m直径天线卫星地面站成功地设计在软土地基上，获第一次全国科学大会奖；长期致力于创新和优化设计，并在全国各地宣讲，得到业界普遍认可。

1995年当选为中国工程院院士。

任务描述

某仓库楼盖平面如图6.1所示，试设计该钢筋混凝土现浇楼盖。

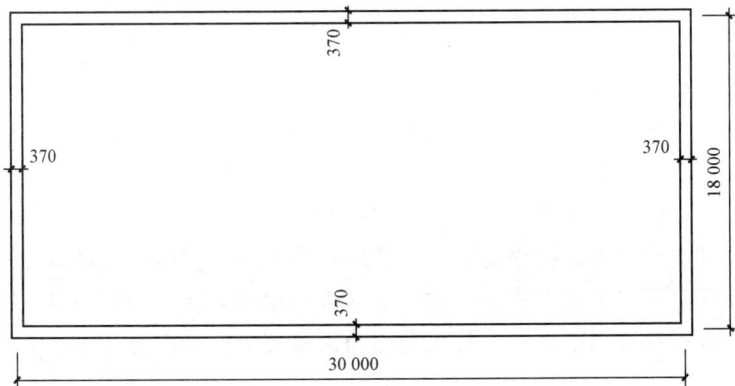

图 6.1　仓库楼盖平面图

1.1　单向板肋形楼盖的定义

钢筋混凝土楼盖按施工方法分为现浇整体式楼盖、装配式楼盖和装配整体式楼盖三种。

(1)现浇整体式楼盖是指在现场整体浇筑的楼盖。它的优点是整体性好,刚度大,抗震性能强,防水性能好;缺点是耗费模板多,工期长,受施工季节影响大。随着施工技术的进步和抗震对楼盖整体性要求的提高,现浇整体式楼盖被广泛应用。

现浇整体式楼盖按其组成情况分为单向板肋梁(形)楼盖、双向板肋梁楼盖和无梁楼盖三种。

板按其受弯情况可分为单向板(图 6.2)和双向板(图 6.3)。

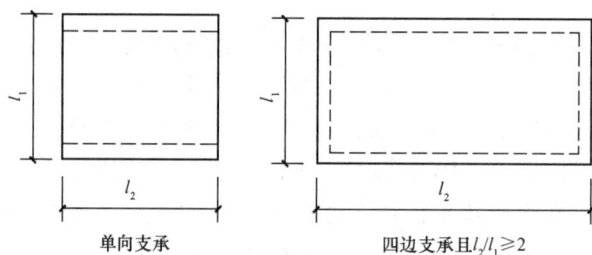

单向支承　　　　　　　　　　　四边支承且$l_2/l_1 \geqslant 2$

图 6.2　单向板

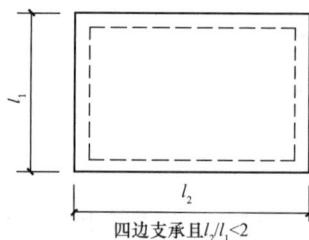

四边支承且$l_2/l_1 < 2$

图 6.3　双向板

当板的长边 l_2 与短边 l_1 之比大于等于 2,即 $l_2/l_1 \geqslant 2$ 时,荷载主要沿单向(短边方向)传递,单向受弯,这样的四边支承板叫作单向板。另外,对于仅有两对边支承,另两对边为自由边的板,均属单向板。当板长边 l_2 与短边 l_1 之比小于 2,即 $l_2/l_1 < 2$ 时,荷载沿双向传递,双向受弯,这样的四边支承板叫作双向板。

由单向板及其支承梁组成的楼盖,称为单向板肋梁(形)楼盖,如图 6.4(a)所示。

由双向板及其支承梁组成的楼盖,称为双向板肋梁(形)楼盖,如图 6.4(b)所示。

不设肋梁,将板直接支承在柱上的楼盖称为无梁楼盖,如图 6.4(c)所示。

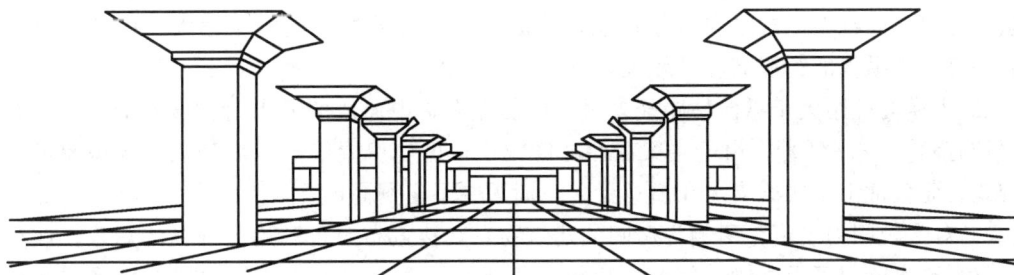

图 6.4 现浇楼盖的三种类型

(a)单向板肋梁(形)楼盖；(b)双向板肋梁(形)楼盖；(c)无梁楼盖

(2)装配式楼盖采用预制构件，便于工业化生产，具有节省模板，工期短，受施工季节影响小等优点；缺点是整体性差，抗震性差，防水性差，不便开设洞口。

(3)装配整体式楼盖优缺点介于上述两种楼盖之间。但这种楼盖需进行混凝土的二次浇灌，有时还要增加焊接工作量。此种楼盖仅适用于荷载较大的多层工业厂房、高层民用建筑及有抗震设防要求的建筑。

1.2　单向板肋形楼盖结构布置

钢筋混凝土单向板肋梁楼盖的结构布置主要是主梁和次梁的布置(图6.5)。一般在建筑设计中已经确定了建筑物的柱网尺寸或承重墙的布置，柱网和承重墙的间距决定了主梁的跨度，主梁的间距决定了次梁的跨度，次梁的间距又决定了板跨度。因此进行结构平面布置时，应综合考虑建筑功能、造价及施工条件等因素。合理地进行主、次梁的布置，对楼盖设计和它的适用性、经济效果都有十分重要的意义。

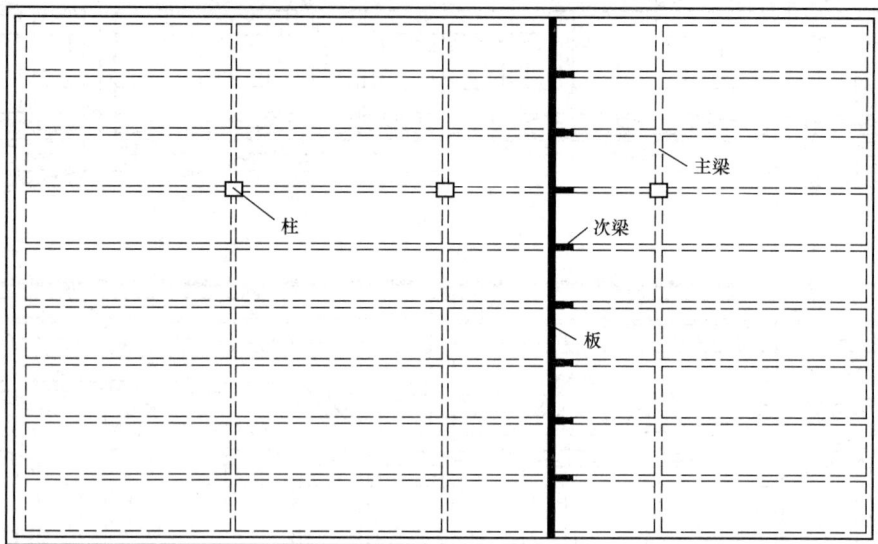

图 6.5　单向板肋梁(形)楼盖

主梁的布置方案有两种情况：一种沿房屋横向布置；另一种沿房屋纵向布置。

(1)当主梁沿横向布置，而次梁沿纵向布置时[图 6.6(a)]，主梁与柱形成横向框架受力体系。各榀横向框架通过纵向次梁连系，形成整体，房屋的横向刚度较大。由于主梁与外纵墙垂直，外纵墙的窗洞高度可较大，有利于室内采光。

(2)当横向柱距大于纵向柱距较多时，或房屋有集中通风的要求时，显然沿纵向布置主梁比较有利[图 6.6(b)]，由于主梁截面高度减小，可使房屋层高得以降低。但房屋横向刚度较差，而且常由于次梁支承在窗过梁上，而限制了窗洞高度。

(3)对于中间为走道，两侧为房间的建筑物，其楼盖布置可利用内外纵墙承重，此种情况可仅布置次梁而不设主梁，例如病房楼、招待所、集体宿舍等建筑物楼盖可采用此种结构布置。

图 6.6　主梁的布置

(a)主梁沿房屋横向布置；(b)主梁沿房屋纵向布置

注意事项如下：

(1)梁格布置时，应注意尽量避免将梁搁置在门窗洞上，当楼盖上有承重墙、隔断墙时，应在楼盖相应位置设梁。在楼板上开设较大洞口时，在洞口周边应设置小梁。

（2）梁格布置应尽可能布置得规整、统一，荷载传递直接。减少梁板跨度的变化，尽量统一梁、板截面尺寸，以简化设计、方便施工、获得好的经济效果和建筑效果。

（3）楼盖中板的混凝土用量占整个楼盖混凝土用量50%～70%，因此板厚宜取较小值，根据工程实践，板的跨度一般为1.7～2.7 m，不宜超过3.0 m，荷载较大时宜取较小值；次梁跨度一般为4.0～6.0 m；主梁的跨度一般为5.0～8.0 m。

1.3 单向板肋形楼盖内力计算

单向板肋梁（形）楼盖的传力途径为板上荷载传至次梁（墙），次梁荷载传至主梁（墙），最后总荷载由墙、柱传至基础和地基。

1. 板的计算简图

板取1 m宽板带作为计算单元[图6.7（a）]。板带可以用轴线代替，板支承在次梁或墙上，其支座按不动铰支座考虑，板按多跨连续板计算。

视频：钢筋混凝土
现浇单向板肋形楼盖

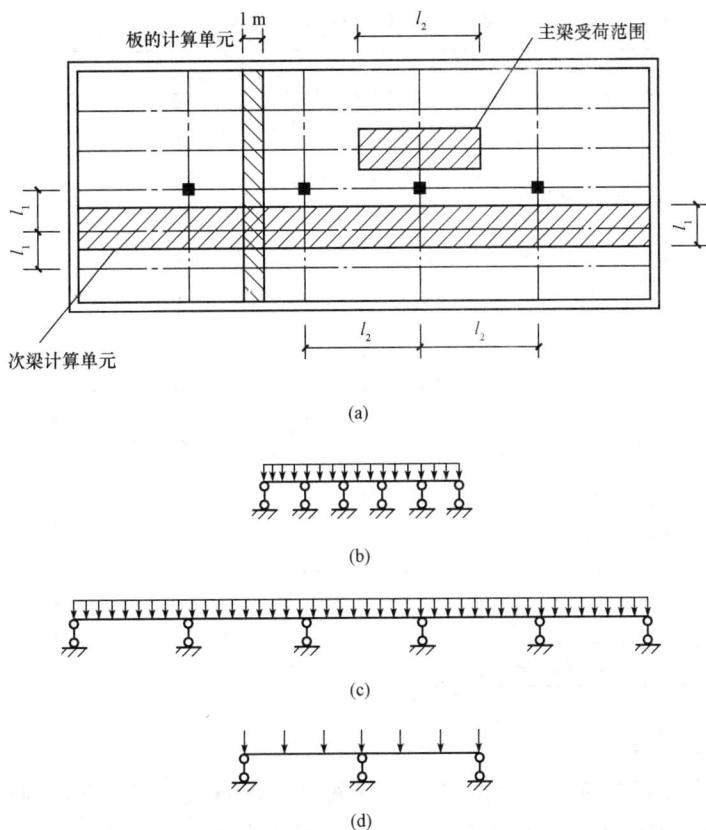

(a)

(b)

(c)

(d)

图6.7 单向板楼盖板、梁的计算简图

（a）荷载计算单元；（b）板的计算简图；（c）次梁的计算简图；（d）主梁的计算简图

支座之间的距离取计算跨度，作用在板面上的荷载包括恒载和活载两种，其值可查《建筑结构荷载规范》（GB 50009—2012）。

对于跨数多于五跨的等截面连续板、梁，当其各跨度上的荷载相同且跨度差不超过10%时，可按五跨等跨连续梁计算，小于五跨的按实际跨数计算。板的计算简图如图6.7（b）

所示。

2. 次梁的计算简图

次梁支承在主梁或墙上,其支座按不动铰支座考虑,次梁按多跨连续梁计算。次梁所受荷载为板传来的荷载和自重,也是均布荷载。计算板传来的荷载时,取次梁相连跨度一半作为次梁的受荷宽度 l。次梁的计算简图如图 6.7(c)所示。

3. 主梁的计算简图

当主梁支承在砖柱(墙)上时,其支座按铰支座考虑;当主梁与钢筋混凝土柱整体现浇时,若梁柱的线刚度比大于 5,则主梁支座也可视为不动铰支座(否则简化为框架),主梁按连续梁计算。

主梁承受次梁传下的荷载以及主梁自重。次梁传下的荷载是集中荷载,取主梁相邻跨度一半 l_2 作为主梁的受荷宽度,主梁的自重可简化为集中荷载计算。主梁的计算简图如图 6.7(d)所示。

板和梁的计算跨度见表 6.1。

表 6.1　板和梁的计算跨度

跨数	支座情形		计算跨度		符号意义
			板	梁	
单跨	两端简支		$l=l_0+h$	$l=l_0+a \leqslant 1.05l_0$	l_0—支座净距 l_c—支座中心间的距离 h—板的厚度 a—边支座宽度 a'—中间支座宽度
	一端简支,一端与梁整体连接		$l=l_0+0.5h$		
	两端与梁整体连接		$l=l_0$		
多跨	两端简支		当 $a' \leqslant 0.1l_c$ 时, $l=l_0$	当 $a' \leqslant 0.05l_c$ 时, $l=l_0$	
			$a' > 0.1l_c$ 时, $l=1.1l_0$	$a' > 0.05l_c$ 时, $l=1.05l_0$	
	一端入墙内另一端与梁整体连接	按塑性计算	$l=l_c+0.5h$	$l=l_0+0.5a \leqslant 1.025l_0$	
		按弹性计算	$l=l_0+0.5(h+a')$	$l=l_c \leqslant 1.025l_0+0.5a'$	
	两端与梁整体连接	按塑性计算	$l=l_c$	$l=l_c$	
		按弹性计算	$l=l_c$	$l=l_c$	

4. 梁、板内力计算

梁、板的内力计算有弹性计算法(如力矩分配法)和塑性计算法(弯矩调幅法)两种。

(1)弹性计算法是将钢筋混凝土梁、板视为理想弹性体,以结构力学的一般方法(如力矩分配法)来进行结构的内力计算。对于等跨连续梁、板且荷载规则的情况,其内力可通过查表计算;对于不等跨连续梁,可选用结构计算软件由计算机计算。

(2)塑性计算法是在弹性理论计算方法的基础上,考虑了混凝土的开裂、受拉钢筋屈服、内力重分布的影响,进行内力调幅,降低和调整了按弹性理论计算的某些截面的最大弯矩。在设计混凝土连续次梁、板时尽量采用这种方法;对重要构件及使用中一般不允许出现裂缝的构件,如主梁及其他处于有腐蚀性、湿度大等环境中的构件,不宜采用塑性计算法，应采用弹性计算法。

1.4 弯矩调幅

1. 板和次梁的计算

板和次梁的内力一般采用塑性计算法，不考虑活荷载的不利位置。对于等跨连续板、梁，其弯矩值为

$$M = \alpha(g+q)l^2$$

式中 α——弯矩系数，按图 6.8 采用；

g，q——均布恒荷载和活荷载的设计值；

l_0——计算跨度。

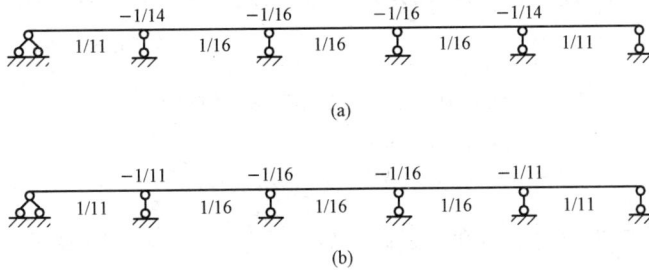

图 6.8 连续板、梁的弯矩系数

(a)板的弯矩系数；(b)梁的弯矩系数

板所受剪力很小，混凝土足以承担剪力，所以板不必进行受剪承载力计算，也不必配置腹筋。

次梁的剪力按下式计算：

$$V = \beta(g+q)l_n$$

式中 β——剪力系数，按图 6.9 采用；

g，q——均布恒荷载和活荷载的设计值；

l_n——净跨度。

图 6.9 次梁的剪力系数

2. 主梁的内力计算

主梁的内力采用弹性计算法，即按结构力学方法计算内力。此时要考虑活荷载的不利组合。

(1)活荷载的最不利位置。梁板上活荷载的大小和位置是随意变化的，构件各截面的内力也是变化的。要保证构件在各种情况下安全，就必须确定活荷载布置在哪些位置，控制截面(支座、跨中)可能产生最大内力，即确定活荷载的最不利位置。

1)当求连续梁某跨跨内最大正弯矩时，除应在该跨布置活荷载，然后向左右两边每隔一跨布置活荷载，如图 6.10(a)、(b)所示。

2)当求某支座最大(绝对值)负弯矩时，除应在该支座左右两跨布置活荷载，然后每隔

一跨布置活荷载，如图 6.10(c)、(d)所示。

3)当求某跨跨内最大(绝对值)负弯矩时，则该跨不布置活荷载，而在左右相邻两跨布置活荷载，然后每隔一跨布置活荷载。如图 6.10(a)、(b)所示。

4)求某支座截面最大剪力时，活荷载布置与求该截面最大负弯矩时相同，如图 6.10 (c)、(d)所示。

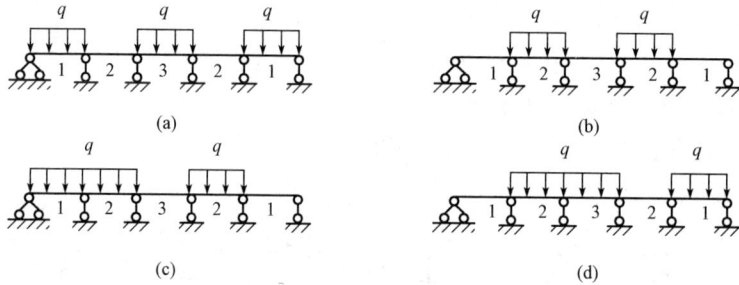

图 6.10　连续梁最不利活荷载位置

(a)$M_{1max}M_{3max}V_{Amax}$(或 M_{2max})；(b)M_{2max}(或 $M_{1max}M_{3max}$)

(c)$M_{1Bmax}V_{Bmax}$；(d)$M_{cBmax}V_{Cmax}$

(2)内力计算。活荷载的最不利位置确定后，对于等跨(包括跨差不大于 10%)的连续梁(板)，可直接利用表格查得在荷载和各种活荷载最不利位置下的内力系数，求出梁有关截面的弯矩和剪力。

1)当均布荷载作用时：

$$M = K_1 g l_0{}^2 + K_2 q l_0{}^2$$
$$V = K_3 g l_0{}^2 + K_4 q l_0{}^2$$

2)当集中荷载作用时：

$$M = K_1 G l_0 + K_2 Q l_0$$
$$V = K_3 G + K_4 Q$$

式中　　g，q——单位长度上的均布恒载和均布活载；

　　　　G，Q——集中恒载与集中活载；

　　　　$K_1 \sim K_4$——内力系数；

　　　　l_0——梁的计算跨度，按表 6.1 规定采用。若相邻两跨跨度不相等(不超过 10%)，在计算支座弯矩时，l_0 取相邻两跨的平均值；而在计算跨中弯矩及剪力时，仍用该跨的计算跨度。

1.5　配筋计算原则

1. 板的计算

只需按钢筋混凝土正截面强度计算，不需进行斜截面受剪承载力计算。

2. 次梁的计算

次梁应根据所求的内力进行正截面和斜截面承载力的配筋计算。正截面承载力计算中，跨中截面按 T 形截面考虑，支座截面按矩形截面考虑；在斜截面承载力计算中，当荷载、跨度较小时，一般仅配置箍筋。否则，还需设置弯起钢筋。

3. 主梁的计算

主梁应根据所求的内力进行正截面和斜截面承载力的配筋计算。正截面承载力计算中，跨中截面按 T 形截面考虑，支座截面按矩形截面考虑。

1.6 构造要求

1. 板的构造要求

(1)钢筋的级别、直径、间距。受力钢筋宜采用 HPB300 级钢筋，常用直径 6～12 mm。为了施工方便，宜选用较粗钢筋做负弯矩钢筋。受力钢筋的间距一般不小于 70 mm，也不大于 200 mm。当板厚 $h>150$ mm 时，间距不大于 $1.5h$，且不大于 250 mm。

(2)配置形式。连续板中受力钢筋的配置可采用弯起式和分离式两种，如图 6.11 所示。

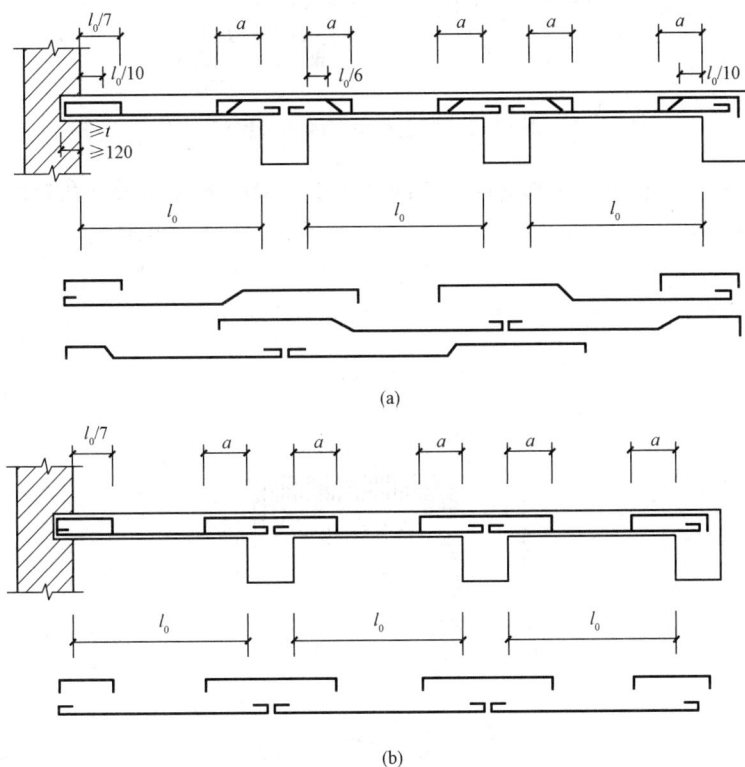

(a)

(b)

图 6.11 连续板中受力钢筋的布置方式
(a)弯起式；(b)分离式

弯起式配筋是将跨中的一部分正弯矩钢筋在支座附近适当位置向上弯起，作为支座负弯矩筋，若数量不足则再另加直筋。一般采用隔一弯一或隔一弯二。弯起式配筋具有锚固和整体性好、节约钢筋等优点，但施工复杂，实际工程中应用较少，一般用于板 $h\geqslant$ 120 mm 厚及经常承受动荷载的板。

分离式配筋是指板支座和跨中截面的钢筋全部各自独立配置。分离式配筋具有设计施工简便的优点，但钢筋锚固差且用钢量大，适用于不受振动和较薄的板中，实际工程中应用较多。

(3)板中分布钢筋。分布钢筋置于受力钢筋内侧，与受力钢筋垂直放置并互相绑扎(或焊接）。分布钢筋的间距不宜大于 250 mm，直径不宜小于 6 mm，单位长度上分布钢筋的截面面积不宜小于单位宽度上受力钢筋截面面积的 15%，且不宜小于该方向板截面面积的 15%。

（4）板中垂直于主梁的构造钢筋。在主梁附近的板，由于受主梁的约束，将产生一定的负弯矩，所以，应在跨越主梁的板上部配置与主梁垂直的构造钢筋，其数量应不少于板中受力钢筋截面面积的 1/3，且直径不应小于 8 mm，间距不应大于 200 mm，伸出主梁边缘的长度不应小于板计算跨度 l_0 的 1/4，如图 6.12 所示。

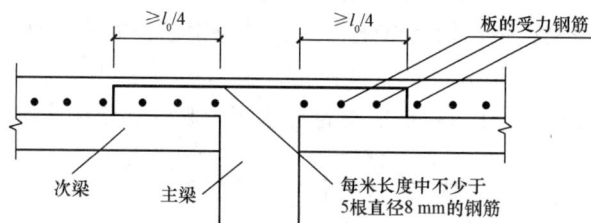

图 6.12　与主梁垂直的构造钢筋

（5）嵌固在墙内板上部的构造钢筋。嵌固在承重砖墙内的现浇板，在板的上部应配置构造钢筋，其直径不应小于 8 mm，钢筋间距不应大于 200 mm，其截面面积不宜小于该方向跨中受力钢筋截面面积的 1/3，伸出墙边的长度不应小于 $l_1/7$。对两边均嵌固在墙内的板角部分，应双向配置上部构造钢筋，伸出墙边的长度不应小于 $l_1/4$（l_1 为单向板的跨度或双向板的短边跨度），如图 6.13 所示。

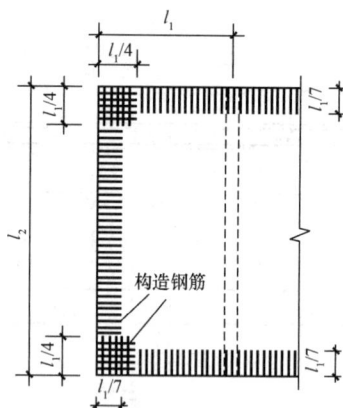

图 6.13　嵌固在墙内板顶的构造钢筋

2. 次梁的构造要求

次梁在砖墙上的支承长度不应小于 240 mm，并应满足墙体局部受压承载力的要求。次梁的钢筋直径、净距、混凝土保护层、钢筋锚固、弯起及纵向钢筋的搭接、截断等，均按受弯构件的有关规定。次梁的剪力一般较小，斜截面强度计算中一般仅需设置箍筋即可，弯筋可按构造设置。

次梁的纵筋配置形式分为无弯起钢筋和设置弯起钢筋两种。

当不设弯起钢筋时，支座负弯矩钢筋全部另设。要求跨中纵筋伸入支座的长度不小于规定的受压钢筋的锚固长度 l_{as}，所有伸入支座的纵向钢筋均可在同一截面上搭接。对于承受均布荷载的次梁，当 $q/g \leqslant 3$ 且跨度差不大于 20% 时，支座负弯矩钢筋切断位置于一次切断数量按图 6.14(a) 所示的构造要求确定。

当设置弯起钢筋时，弯筋的位置及支座负弯矩钢筋的切断按图 6.14(b) 所示的构造要求确定。

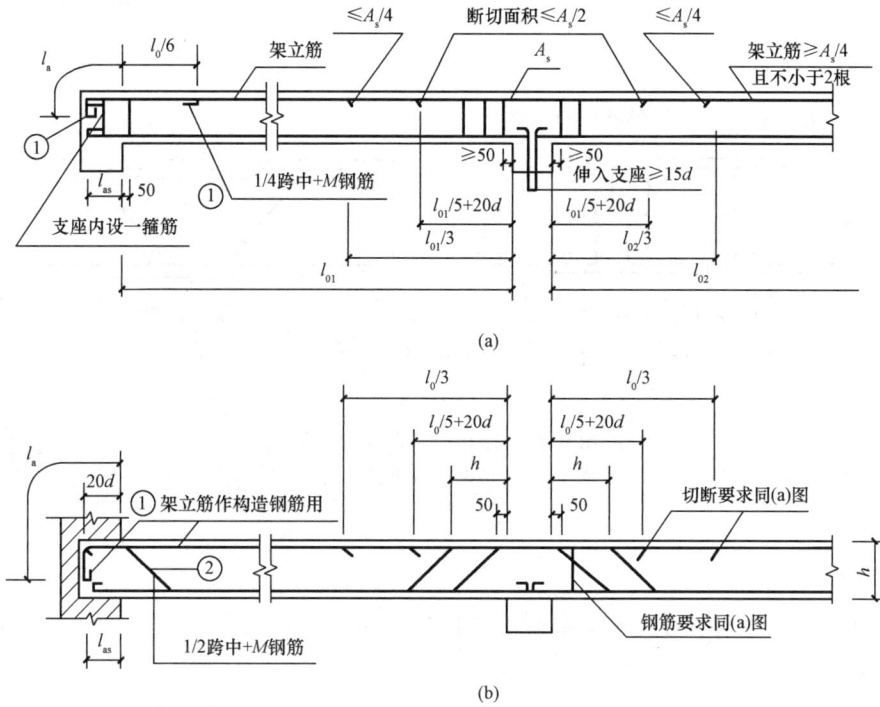

图 6.14　次梁的配筋方式
(a)无弯起钢筋时；(b)设弯起钢筋时

3. 主梁的构造要求

主梁纵向受力钢筋的弯起和截断应根据弯矩包络图进行布置。

主梁支承在砌体上的长度不应小于 370 mm，并应满足砌体局部受压承载力的要求。

在次梁和主梁相交处，次梁的集中荷载传至主梁的腹部，有可能引起斜裂缝[图 6.15(a)]。为防止斜裂缝的发生引起局部破坏，应在梁支承处的主梁内设置附加横向钢筋，形式有箍筋和吊筋两种[图 6.15(b)]，一般宜优先采用箍筋。

附加钢筋的用量按下式计算：

$$F = mA_{sv}f_{yv} + 2A_{sb}f_y \sin \alpha$$

式中　F——次梁传给主梁的集中荷载设计值；

　　　f_{yv}，f_y——附加箍筋、吊筋的抗拉强度设计值；

　　　A_{sb}——附加吊筋的截面面积；

　　　α——附加吊筋与梁纵轴线的夹角，一般为 45°，梁高大于 800 mm 时为 60°；

　　　A_{sv}——每道附加箍筋的截面面积，$A_{sv} = nA_{sv1}$，n 为每道箍筋的肢数，A_{sv1} 为单肢箍的截面面积；

　　　m——在宽度 s 范围内的附加箍筋道数。

图 6.15 附加横向钢筋的布置

(a)破坏形态；(b)布筋方式

任务实施

某多层工业厂房采用现浇钢筋混凝土单向板肋梁楼盖，四周支承在砖砌体墙上，结构平面如图 6.16 所示。相关设计资料如下。

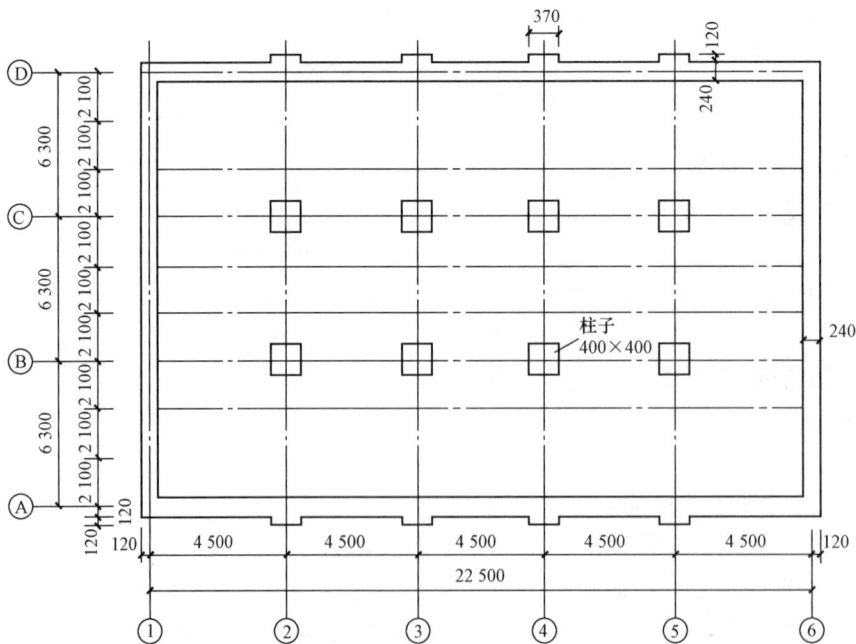

图 6.16 楼盖结构平面布置图

(1)楼面做法：20 mm 水泥砂浆抹面($\gamma = 20$ kN/m^3)，板底及梁底、梁侧用 20 mm 厚石灰砂浆抹底($\gamma = 17$ kN/m^3)；

(2)材料选用：混凝土强度等级采用 C25，梁中受力纵筋及吊筋采用 HRB335 级钢筋，

· 140 ·

梁中其余钢筋及板中钢筋均采用 HPB300 级钢筋;

(3)楼面活荷载标准值:$q=7$ kN/m²。试设计此单向板肋梁楼盖。

确定主梁的跨度为 6.3 m,次梁的跨度为 4.5 m,主梁每跨内布置两根次梁,板的跨度为 2.1 m。

按高跨比条件,要求板厚 $h \geqslant 2\,100/40 = 52.5$(mm),对工业建筑的楼盖板,要求 $h \geqslant 80$ mm,取板厚 $h = 80$ mm。

次梁截面高度应满足 $h = l/18 \sim l/12 = 4\,500/18 \sim 4\,500/12 = 250 \sim 375$(mm)。考虑到楼面活荷载比较大,取 $h = 400$ mm。截面宽度取为 $b = 200$ mm。

主梁的截面高度应满足 $h = l/15 \sim l/10 = 420 \sim 630$(mm),取 $h = 600$ mm;截面宽度 $b = (1/3 \sim 1/2)h = 200 \sim 300$(mm),取 $b = 250$ mm。

1. 板的设计

(1)确定板的厚度:先根据板的类型和跨度初选板厚:简支板,$h \geqslant l/35$;连续板,$h \geqslant l/40$;悬臂板,$h \geqslant l/12$;同时应满足现浇混凝土板的最小厚度要求。对于本例题:工业房屋楼面要求 $h \geqslant 70$ mm,连续板还要求 $h \geqslant l/40 = 52.5$ mm,考虑到可变荷载较大和振动荷载的影响,取 $h = 80$ mm。

(2)确定荷载设计值:根据板的构造及用途确定恒荷载设计值和活荷载设计值。

板的恒荷载标准值:

20 mm 水泥砂浆面层 $0.02 \times 20 = 0.4$(kN/m²);

80 mm 钢筋混凝土板 $0.08 \times 25 = 2$(kN/m²);

20 mm 板底石灰砂浆 $0.02 \times 17 = 0.34$(kN/m²);

小计 2.74 kN/m²。

板的活荷载标准值:7 kN/m²。

恒荷载分项系数取 1.2;因为是工业建筑楼盖且楼面活荷载标准值大于 4.0 kN/m²,所以活荷载分项系数取 1.3。于是板的荷载设计值如下:

恒荷载设计值为 $g = 2.74 \times 1.2 = 3.29$(kN/m²);

活荷载设计值为 $q = 7 \times 1.3 = 9.1$(kN/m²);

荷载总设计值为 $g + q = 12.39$ kN/m²,近似取为 $g + q = 12.4$ kN/m²。

(3)确定计算单元:沿板的长边方向切取 1 m 宽的板带作为计算单元。

(4)确定计算简图:根据板的支承情况,按塑性理论确定板边跨、中间跨的计算跨度。

次梁截面为 200 mm×400 mm,现浇板在墙上的支承长度不小于 100 mm,取板在墙上的支承长度为 120 mm,板厚为 80 mm,板的实际结构如图 6.17 所示。按塑性内力重分布设计,板的计算跨度确定如下:

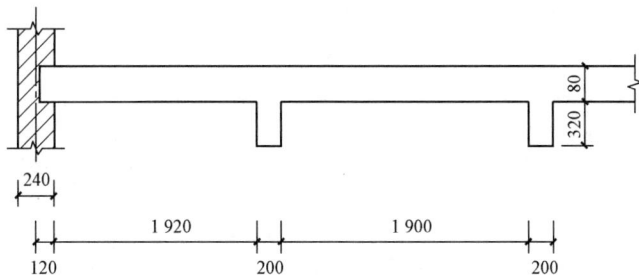

图 6.17 板的支承形式

边跨按以下两项中较小值确定：

$l_{01}=l_n+h/2=(2\,100-120-200/2)+80/2=1\,920(\text{mm})$

$l_{01}=l_n+a/2=(2\,100-120-200/2)+120/2=1\,940(\text{mm})$

所以，边跨的计算跨度取 $l_{01}=1\,920$ mm。

中跨：$l_{02}=l_n=2\,100-200=1\,900(\text{mm})$

$\dfrac{1\,920-1\,900}{1\,900}\times100\%=1.05\%<10\%$，故跨度差小于 10%，可按等跨连续板计算。计算简图如图 6.18 所示。

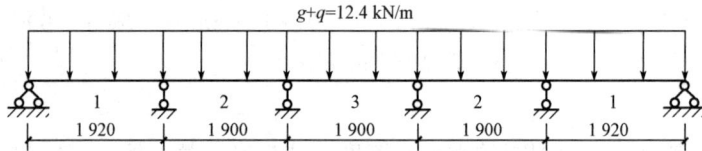

图 6.18　板的计算简图

（5）内力计算：按塑性理论法，通过查表得到相关内力系数，求得各控制截面的内力。

由表可查得，板的弯矩系数 α_m 分别为边跨跨中 $1/11$；离端第二支座 $-1/11$；中间跨跨中 $1/16$；中间支座 $-1/14$。按照公式 $M=\alpha_m(g+q)l_0^2$ 进行计算，板的弯矩设计值的计算过程见表 6.2。

表 6.2　板弯矩设计值的计算

截面位置	边跨跨中 1	离端第二支座 B	中间跨中 2	中间支座 C
弯矩系数 α_m	$1/11$	$-1/11$	$1/16$	$-1/14$
计算跨度 l_0/m	1.92	1.92	1.90	1.90
$M=\alpha_m(g+q)l_0^2$	4.16	-4.16	2.80	-3.20

（6）配筋计算：按正截面受弯承载力计算配筋；不需进行斜截面计算。

板厚 80 mm，板截面有效高度 $h_0=80-20=60(\text{mm})$。C25 混凝土，$\alpha_1=1$，$f_c=11.9$ N/mm^2；HPB300 钢筋，$f_y=270$ N/mm^2。为了考虑四边与梁整体连接的中间区格单向板拱效应的有利影响，对中间跨的跨中弯矩和支座弯矩各折减 20%，但边跨的跨中弯矩及边支座弯矩不折减。故 M_2、M_3 和 M_C 值各降低 20%。板截面配筋计算过程见表 6.3。

表 6.3　板的配筋计算

截面	1	B	2, 3	C
弯矩设计值/(kN·m)	4.16	-4.16	2.80 (2.24)	-3.20 (-2.56)
$\alpha_s=M/\alpha_1 f_c b h_0^2$	0.097	0.097	0.065 (0.052)	0.075 (0.060)
$\zeta=1-\sqrt{1-2\alpha_s}$	0.102	0.102	0.067 (0.053)	0.078 (0.062)

截面		1	B	2, 3	C
轴线①~②⑤~⑥	计算配筋/mm² $A_s=\xi b h_0 \alpha_1 f_c/f_y$	270.0	270.0	177.2	206.3
	实际配筋/mm²	φ6或φ/8@140 $A_s=281$	φ6或φ8@140 $A_s=281$	φ6@140 $A_s=202$	φ6@140 $A_s=202$
轴线②~⑤	计算配筋(mm²) $A_s=\xi b h_0 \alpha_1 f_c/f_y$	270.0	270.0	140.2	164.0
	实际配筋(mm²)	φ6或φ8@140 $A_s=281$	φ6或φ8@140 $A_s=281$	φ6@140 $A_s=202$	φ6@140 $A_s=202$

注：为了考虑四边与梁整体连接的中间区格单向板拱效应的有利影响，对中间跨的跨中弯矩和支座弯矩各折减20%，但边跨的跨中弯矩及边支座弯矩不折减

板的配筋图绘制。板中除配置计算钢筋外，还应配置构造钢筋，如分布钢筋和嵌入墙内的板的附加钢筋。钢筋直径不宜小于 8 mm，间距不宜大于 200 mm。钢筋从混凝土梁边、柱边、墙边伸入板内的长度不宜小于 $l_0/4$，砌体墙支座处钢筋伸入板边的长度不宜小于 $l_0/7$，其中计算跨度 l_0 对单向板按受力方向考虑。板的配筋图如图 6.19 所示。

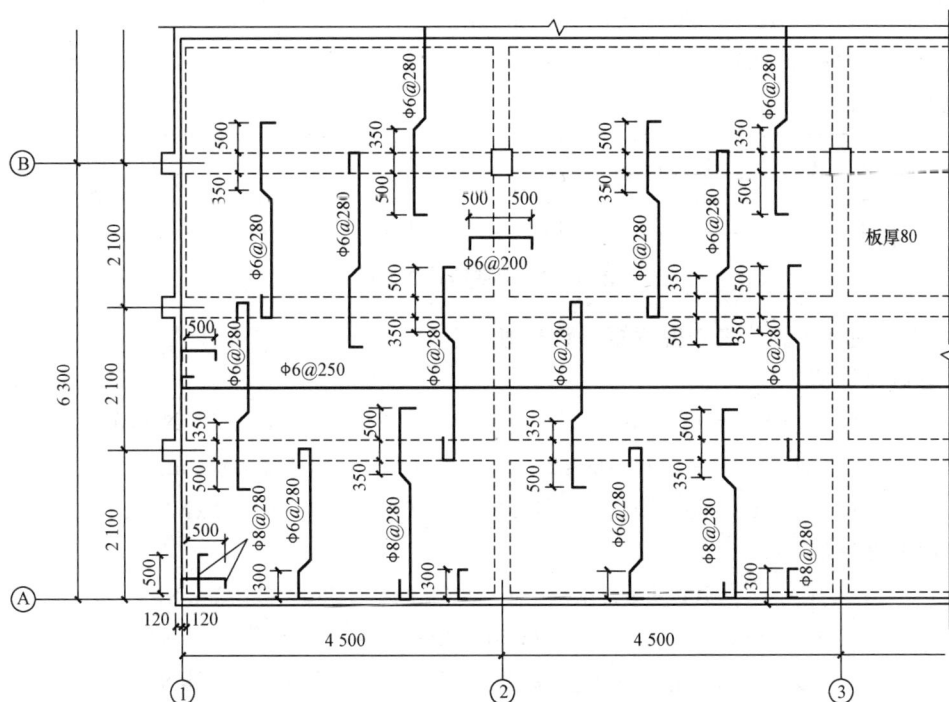

图 6.19　板内配筋示意

2. 次梁的设计

按考虑内力重分布设计，根据本车间楼盖的实际使用情况，楼盖的次梁和主梁的活荷载不考虑梁从属面积的荷载折减。

（1）确定次梁的截面尺寸。次梁截面高度应满足 $h=l/18\sim l/12=4\,500/18\sim 4\,500/12=250\sim 375(\text{mm})$。考虑到楼面活荷载比较大，取 $h=400$ mm。截面宽度取为 $b=200$ mm。

(2)确定荷载设计值。

1)恒荷载设计值。

板传来恒荷载 $3.29 \times 2.1 = 6.91(kN/m)$

次梁自重 $0.2 \times (0.4 - 0.08) \times 25 \times 1.2 = 1.92(kN/m)$

次梁粉刷 $0.02 \times (0.4 - 0.08) \times 2 \times 17 \times 1.2 = 0.26(kN/m)$

小计 $g = 9.09\ kN/m$

2)活荷载设计值。

$q = 9.1 \times 2.1 = 19.11(kN/m)$

荷载总设计值

$g + q = 9.09 + 19.11 = 28.2(kN/m)$

(3)确定次梁的计算简图。次梁在砖墙上的支承长度为 240 mm。主梁截面为 250 mm × 600 mm。计算跨度:

1)边跨:

$l_{01} = l_n + a/2 = (4\ 500 - 120 - 250/2) + 240/2 = 4\ 375(mm) > 1.025l_n = 1.025 \times 4\ 255 = 4\ 361(mm)$

取 $l_{01} = 4\ 360\ mm$

2)中间跨:$l_{02} = l_n = 4\ 500 - 250 = 4\ 250(mm)$

因跨度相差小于 10%,可按等跨连续梁计算。$g + q = 28.2\ kN \cdot m$,次梁的计算简图如图 6.20 所示。

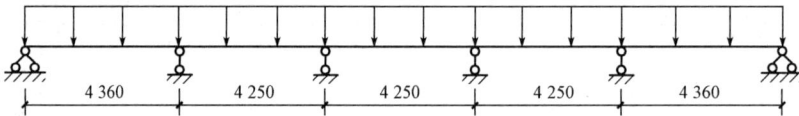

图 6.20 次梁的计算简图

(4)内力的计算。分别查得弯矩系数和剪力系数。

1)弯矩设计值:

$$M_1 = -M_B = (g + q)l_{01}^2/11 = 28.2 \times 4.36^2/11 = 48.73(kN \cdot m)$$

$$M_2 = (g + q)l_n^2/16 = 28.2 \times 4.25^2/16 = 31.84(kN \cdot m)$$

$$M_C = -(g + q)l_n^2/14 = -28.2 \times 4.25^2/14 = -36.38(kN \cdot m)$$

2)剪力设计值:

$$V_2 = 0.45(g + q)l_{n1} = 0.45 \times 28.2 \times 4.255 = 54.0(kN)$$

$$V_{BL} = 0.60(g + q)l_{n1} = 0.60 \times 28.2 \times 4.255 = 72.0(kN)$$

$$V_{BR} = 0.55(g + q)l_{n2} = 0.55 \times 28.2 \times 4.25 = 65.92(kN)$$

$$V_C = 0.55(g + q)l_{n2} = 0.55 \times 28.2 \times 4.25 = 65.92(kN)$$

(5)配筋的计算。

1)正截面受弯承载力的计算——计算受力纵筋。正截面受弯承载力计算时,跨内按 T 形截面计算,翼缘宽度取 $b_f' = l/3 = 4\ 500/3 = 1\ 500(mm)$;$b_f' = b + s_n = 200 + 1\ 900 = 2\ 100(mm) > 1\ 500\ mm$,故取 $b_f' = 1\ 500\ mm$。除支座 B 截面纵向钢筋按两排布置外,其余截面均布置一排。C25 混凝土,$\alpha_1 = 1.0$,$f_c = 11.9\ N/mm^2$,$f_t = 1.27\ N/mm^2$;纵向钢筋采用 HRB335,$f_y = 300\ N/mm^2$,箍筋采用 HPB300,$f_{yv} = 270\ N/mm^2$。经判别跨内截面

均属于第一类 T 形截面。正截面承载力计算过程列于表 6.4。

表 6.4 次梁正截面受弯承载力计算

截面	边跨跨中 1	离端第二支座 B	中间跨中 2	中间支座 C
弯矩设计值 /(kN·m)	48.73	−48.73	31.84	−36.38
$\alpha_s = M/\alpha_1 f_c b h_0^2$	$\dfrac{48.73\times10^6}{1.0\times11.9\times1\,500\times365^2}$ $=0.020\,5$	$\dfrac{48.73\times10^6}{1.0\times11.9\times200\times340^2}$ $=0.177\,1$	$\dfrac{31.84\times10^6}{1.0\times11.9\times1\,500\times365^2}$ $=0.013\,4$	$\dfrac{36.38\times10^6}{1.0\times11.9\times200\times365^2}$ $=0.114\,7$
$\zeta=1-\sqrt{1-2\alpha_s}$	0.020 7	0.196 4<0.35	0.013 5	0.122 2<0.35
$A_s=\xi b h_0 \alpha_1 f_c/f_y$	450.0	530.0	293.2	353.9
选配钢筋 （mm²）	3Φ14（弯1） $A_s=461$	2Φ12+2Φ14 $A_s=534$	2Φ12+1Φ14（弯1） $A_s=379.9$	2Φ12+1Φ14 $A_s=379.9$

支座截面 ξ 均小于 0.35，符合塑性内力重分布的原则。

2)斜截面受剪承载力计算——复核截面尺寸、腹筋计算和最小箍筋率验算。

验算截面尺寸如下。

$h_w = h_0 - h_f' = 365 - 80 = 285 \text{(mm)}$，因 $h_w/b = 285/200 = 1.425 < 4$，截面尺寸按下式验算：

$0.25\beta_c f_c b h_0 = 0.25 \times 1.0 \times 11.9 \times 200 \times 365 \times 10^{-3} = 217.2\text{(kN)} > V_{max} = 72.0\text{(kN)}$

故截面尺寸满足要求。

$0.7 f_t b h_0 = 0.7 \times 1.27 \times 200 \times 365 \times 10^{-3} = 64.9\text{(kN)} < V_B, V_C$

所以，B 和 C 支座需要按计算配置箍筋。采用 Φ6 的双肢箍筋，并计算 B 支座左侧截面。由式 $V \leqslant V_{cs} = 0.7 f_t b h_0 + f_{yv} \dfrac{A_{sv}}{s} h_0$，得

$$\frac{A_{sv}}{s} = \frac{nA_{sv1}}{s} \geqslant \frac{V - 0.7 f_t b h_0}{f_{yv} h_0} = \frac{72\,000 - 0.7 \times 1.27 \times 200 \times 365}{270 \times 365} = 0.072 \text{(mm}^2/\text{mm)}$$

依据梁中最大箍筋间距要求和梁中箍筋最小直径要求，此取 Φ6@200，2 肢箍，则

$$\frac{nA_{sv1}}{s} = \frac{2 \times 28.3}{200} = 0.283 \text{(mm}^2/\text{mm)} > 0.072 \text{ mm}^2/\text{mm}，$$

弯矩调幅时要求配箍率下限为

$$\rho_{sv,\,min} = 0.3 \times \frac{f_t}{f_{yv}} = 0.3 \times \frac{1.27}{270} \times 100\% = 0.141\%$$

实际配箍率

$$\rho_{sv} = \frac{nA_{sv1}}{bs} = \frac{2 \times 28.3}{200 \times 200} \times 100\% = 0.142\% > 0.141\%$$

故所配双肢 Φ6@200 的箍筋满足要求。因各个支座处的剪力相差不大，为方便施工，沿梁全长均配置双肢 Φ6@200。

（6）施工图的绘制。次梁配筋图如图 6.21 所示，其中次梁纵筋弯起、截断位置和锚固长度等按构造要求确定。

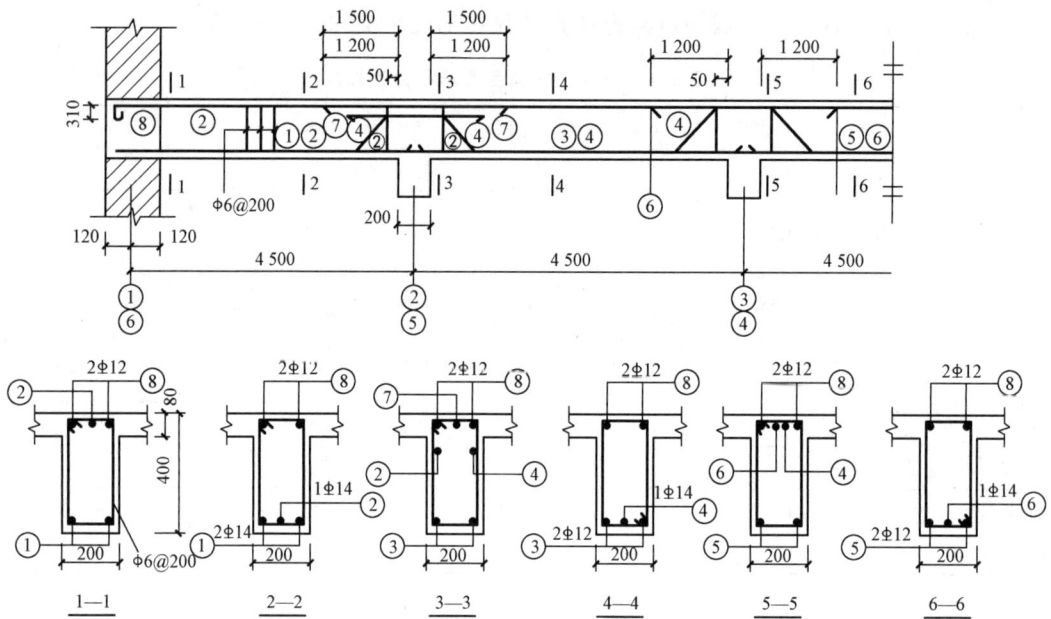

图 6.21　次梁配筋图

3. 主梁的设计

主梁按弹性理论设计。

(1)确定主梁的截面尺寸。截面高度 $h = l/15 \sim l/10 = 400 \sim 600\ \text{mm}$，取 $h = 600\ \text{mm}$，截面宽度 $b = (1/3 \sim 1/2)h = 200 \sim 300\ \text{mm}$，取 $b = 250\ \text{mm}$。

(2)确定荷载设计值。主梁主要承受次梁传来的荷载和主梁的自重以及粉刷层重，为简化计算，主梁自重、粉刷层重也简化为集中荷载，作用于与次梁传来的荷载相同的位置。

次梁传来恒荷载 $9.09 \times 4.5 = 40.91(\text{kN})$。

主梁自重(含粉刷):

$[(0.6 - 0.08) \times 0.25 \times 2.1 \times 25 + 2 \times (0.6 - 0.08) \times 0.02 \times 2.1 \times 17] \times 1.2 = 9.08(\text{kN})$。

恒荷载 $G = 40.91 + 9.08 = 49.99(\text{kN})$，取 $G = 50\ \text{kN}$。

活荷载 $Q = 19.11 \times 4.5 = 85.995(\text{kN})$，取 $Q = 86\ \text{kN}$。

(3)确定主梁的计算简图。主梁端部支承在带壁柱墙上，支承长度为 370 mm；中间支承在 400 mm×400 mm 的混凝土柱上。主梁按连续梁计算。其计算跨度:

边跨 $l_{n1} = 6\,300 - 200 - 120 = 5\,980(\text{mm})$，因 $0.025l_{n1} = 149.5\ \text{mm} < a/2 = 185\ \text{mm}$，取 $l_{01} = 1.025l_{n1} + b/2 = 1.025 \times 5\,980 + 400/2 = 6\,329.5(\text{mm})$，近似取 $l_{01} = 6\,330\ \text{mm}$。

中跨 $l_{02} = 6\,300\ \text{mm}$。

因跨度不相差 10%，主梁的计算简图如图 6.22 所示。

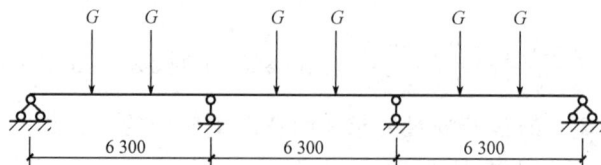

图 6.22　主梁的计算简图

(4)内力计算及内力包络图。

1)弯矩设计值。计算公式 $M=k_1Gl+k_2Ql$，式中 k_1 和 k_2 由表查得，计算结果见表6.5。

表6.5　主梁弯矩计算

项次	荷载简图	边跨跨中 $\dfrac{k}{M_1}$	中间支座 $\dfrac{k}{M_B}$	中间跨跨中 $\dfrac{k}{M_2}$	中间支座 $\dfrac{k}{M_C}$
1		$\dfrac{0.244}{77.23}$	$\dfrac{-0.267}{-84.31}$	$\dfrac{0.067}{21.11}$	$\dfrac{-0.267}{-84.31}$
2		$\dfrac{0.289}{157.33}$	$\dfrac{-0.133}{-72.23}$	$\dfrac{-0.133}{-72.06}$	$\dfrac{-0.133}{-72.23}$
3		$\dfrac{-0.044}{-23.95}$	$\dfrac{-0.133}{-72.23}$	$\dfrac{0.200}{108.36}$	$\dfrac{-0.133}{-72.23}$
4		$\dfrac{0.229}{124.66}$	$\dfrac{-0.311}{-168.90}$	$\dfrac{0.170}{92.11}$	$\dfrac{-0.089}{-48.34}$
组合项次 M_{min}/(kN·m)		①＋③ 53.28	①＋④ −253.21	①＋② −50.95	①＋④ −132.65
组合项次 M_{max}/(kN·m)		①＋② 234.56		①＋③ 129.47	

计算跨度 l 的选取：边跨取 6.33 m，中间跨取 6.3 m，支座取 6.315 m。

2)剪力设计值。计算公式 $V=k_3G+k_4Q$ 计算结果见表6.6。

表6.6　主梁剪力计算

项次	荷载简图	端支座 $\dfrac{k}{V_A}$	中间支座 $\dfrac{k}{V_{Bl}(V_{Cl})}$	中间支座 $\dfrac{k}{V_{Br}(V_{Cr})}$
1		$\dfrac{0.733}{36.65}$	$\dfrac{-1.267}{-63.35}$	$\dfrac{1.00}{50.00}$
2		$\dfrac{0.866}{74.48}$	$\dfrac{-1.134}{-97.52}$	$\dfrac{1.222}{105.09}$
4		$\dfrac{1.222}{105.09}$	$\dfrac{1.222}{105.09}$	$\dfrac{1.222}{105.09}$
组合项次 $\pm V_{max}$/kN		①＋② 111.13	①＋④ −176.10	①＋④ 155.09

3)内力包络图。荷载组合①＋②时，出现第一跨跨内最大弯矩和第二跨跨内最小弯矩。此时，$M_A=0$，$M_B=-84.31-72.23=-156.54$(kN·m)，以这两个支座弯矩值的连线为基线，叠加边跨在集中荷载 $G+Q=50+86=136$(kN)作用下的简支梁弯矩图，则第一个集中荷载下的弯矩值为 $\dfrac{1}{3}(G+Q)l_{01}-\dfrac{1}{3}M_B=234.78$ kN·m $\approx M_{1max}$；第二个集中荷载下的

弯矩值为 $\frac{1}{3}(G+Q)l_{01}-\frac{2}{3}M_B=182.6$ kN·m。

中间跨跨中弯矩最小时，两个支座弯矩值均为 156.54 kN·m，以此支座弯矩连线为基线叠加集中荷载 $G=50$ kN 作用下的简支梁弯矩图，则集中荷载处的弯矩值为 $\frac{1}{3}Gl_{02}-M_B=-51.54$ kN·m。

荷载组合①+④时，支座最大负弯矩 $M_B=-253.21$ kN·m，其他两个支座的弯矩为 $M_A=0$，$M_C=-132.65$kN·m，在这三个支座弯矩间连直线，以此连线为基线，于第一跨、第二跨分别叠加集中荷载为 $G+Q$ 时的简支梁弯矩图，则集中荷载处的弯矩值顺次为 202.56、118.15、72.58、112.76。

同理，当 $-M_B$ 最大时，集中荷载下的弯矩倒位排列。

荷载组合①+③时，边跨跨内弯矩最小与中间跨跨中弯矩最大。此时，$M_B=M_C=-156.54$ kN·m，第一跨在集中荷载 G 作用下的弯矩值分别为 53.32 kN·m、1.14 kN·m；第二跨在集中荷载 $G+Q$ 作用下的弯矩值为 129.06 kN·m $\approx M_{2max}$。

主梁的弯矩包络图如图 6.23(a) 所示。

根据表 6.6 中的数据可画出剪力包络图。

荷载组合①+②时，$V_{Amax}=111.13$ kN·m，至第一集中荷载处剪力降为 $111.13-136=-24.87$(kN)，至第二集中荷载处剪力降为 $-24.87-136=-160.87$(kN)；荷载组合①+④时，V_B 最大，其 $V_{Bl}=-176.10$ kN，则第一跨集中荷载处剪力顺次为（从右至左）-40.1 kN、95.9 kN。其余剪力值可照此计算。主梁的剪力包络图如图 6.23(b) 所示。

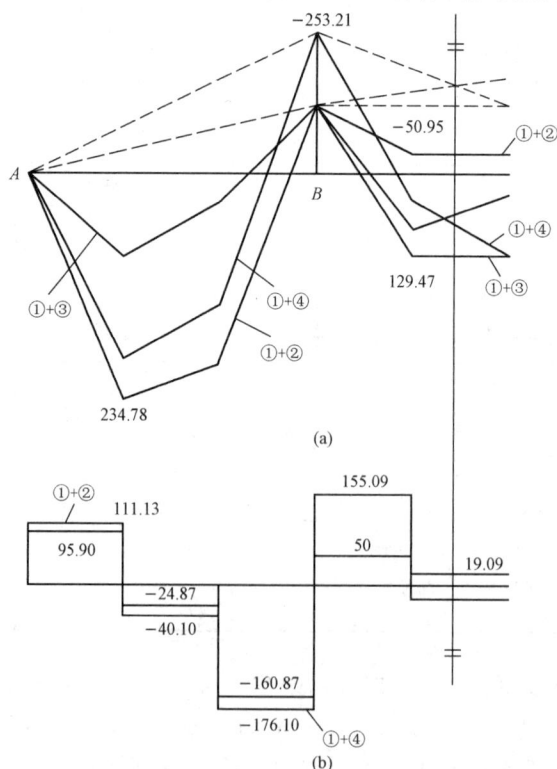

图 6.23 主梁的内力包络图
(a)弯矩包络图；(b)剪力包络图

(5)配筋的计算。C25 混凝土，$\alpha_1 = 1.0$，$f_c = 11.9$ N/mm^2，$f_t = 1.27$ N/mm^2；纵向钢筋采用 HRB335，$f_y = 300$ N/mm^2，箍筋采用 HPB300，$f_{yv} = 270$ N/mm^2。

1)正截面受弯承载力。跨内按 T 形截面计算，因 $b/h_0 = 80/565 = 0.14 > 0.1$，翼缘计算宽度按 $l/3 = 6.3/3 = 2.1$(m)和 $b + s_n = 4.75$ m 中较小值确定，取 $b_f' = 2.1$ m。

B 支座边的弯矩设计值应按照下式进行计算：

$$M_B = M_{Bmax} - V_0 \frac{b}{2} = -253.21 + 136 \times \frac{0.4}{2} = -226.01 \text{(kN·m)}，纵向受力钢筋除 B$$

支座截面为二排外，其余均为一排。跨内截面经判别都属于第一类 T 形截面。正截面受弯承载力的计算过程列于表 6.7。

表 6.7　主梁正截面承载力计算

截面	1	B	2	
弯矩设计值 /(kN·m)	234.56	−226.01	129.47	−51.54
$\alpha_s = M/\alpha_1 f_c b h_0^2$	$\dfrac{234.56 \times 10^6}{1.0 \times 11.9 \times 2\,100 \times 565^2}$ $= 0.029\,4$	$\dfrac{226.01 \times 10^6}{1.0 \times 11.9 \times 250 \times 530^2}$ $= 0.270\,5$	$\dfrac{129.47 \times 10^6}{1.0 \times 11.9 \times 2\,100 \times 565^2}$ $= 0.016\,2$	$\dfrac{51.54 \times 10^6}{1.0 \times 11.9 \times 250 \times 565^2}$ $= 0.054\,3$
γ_s	0.985	0.839	0.992	0.972
$A_s = M/\gamma_s f_y h_0$	1 404.9	1 694.2	770.0	312.8
选配钢筋 /mm^2	2Φ18+3Φ20 $A_s = 1\,450$	3Φ18+3Φ20 $A_s = 1\,704$	2Φ18+1Φ20 $A_s = 823.2$	2Φ18 $A_s = 509$

主梁纵向钢筋的弯起和截断按弯矩包络图确定。

2)斜截面受剪承载力。

①验算截面尺寸：

$h_w = h_0 - h_f' = 530 - 80 = 450$(mm)，因 $h_w/b = 450/250 = 1.8 < 4$，截面尺寸按下式验算：

$0.25\beta_c f_c b h_0 = 0.25 \times 1.0 \times 11.9 \times 250 \times 530 = 394.2$(kN) $> V_{max} = 176.1$ kN

截面尺寸满足要求。

②计算所需腹筋：采用 Φ8@200 mm 双肢箍筋，

$$V_{cs} = 0.7 f_t b h_0 + f_{yv} \frac{A_{sv}}{s} h = 0.7 \times 1.27 \times 250 \times 530 + 270 \times \frac{100.6}{200} \times 530 = 189.77 \text{(kN)}$$

$V_A = 111.13$ kN $< V_{cs}$、$V_{Br} = 155.09$ kN $< V_{cs}$、$V_{Bl} = 176.10$ kN $< V_{cs}$，无须配置弯起钢筋。

③验算最小配筋率：

$$\rho_{sv} = \frac{A_{sv}}{bs} = \frac{100.6}{250 \times 200} = 0.002 > 0.24 \frac{f_t}{f_{yv}} = 0.001\,13，满足要求。$$

④次梁两侧附加横向钢筋的计算：

次梁传来的集中力 $F_1 = 40.91 + 86 = 126.91$(kN)，$h_1 = 600 - 400 = 200$(mm)，附加箍筋布置范围 $s = 2h_1 + 3b = 2 \times 200 + 3 \times 200 = 1\,000$(mm)。取附加箍筋 Φ8@200 mm 双肢，则在长度 s 内可布置附加箍筋的排数，取 $m = 1\,000/200 + 1 = 6$(排)，次梁两侧各布置 3 排。另加吊筋 1Φ18，$A_{sb} = 254.5$ mm^2，有

$$2f_y A_{sb} \sin\alpha + m \cdot n f_{yv} A_{sv1} = 2 \times 300 \times 254.5 \times 0.707 + 6 \times 2 \times 270 \times 50.3 = 270.93(\text{kN}) > F_1$$

满足要求。

主梁边支座下需设置梁垫，计算从略。

(6)施工图的绘制。按相同比例在同一坐标图上绘出弯矩包络图和抵抗弯矩图（图 6.23）。图中钢筋的弯起点、弯终点位置以及截断位置等应按构造要求确定。

板配筋、次梁配筋和主梁配筋图分别如图 6.19、图 6.21、图 6.24 所示。

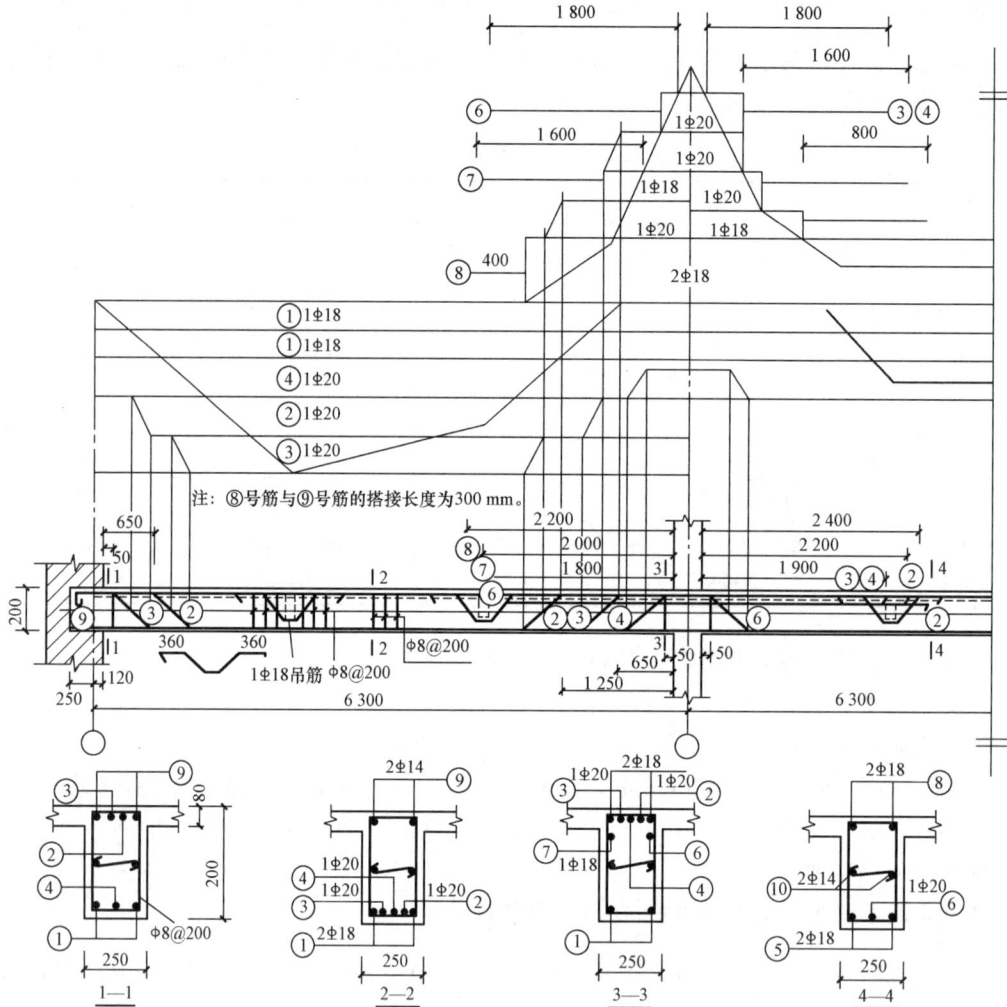

图 6.24　主梁的配筋图

一、简答题

1. 简述单向板肋梁楼盖中板、次梁和主梁的内力计算简图和基本假定。

2. 多跨连续梁，承受大小为 g 的恒荷载和大小为 q 的活荷载，试写出最不利活荷载的布置原则。

3. 简要说明应力重分布和内力重分布的区别。

4. 按弹性理论计算时，板、次梁为什么要采用折算荷载？

5. 为什么连续梁按弹性理论计算方法和塑性计算方法进行内力分析时，计算跨度的取值是不同的？

6. 单向板楼盖按弹性理论和塑性理论计算时，在荷载取值方面有何不同？为什么？

7. 试说明单向板肋梁楼盖的传力途径。

8. 为什么连续梁内力计算时要进行荷载最不利布置？

9. 什么是连续梁的内力包络图？为什么要绘制内力包络图？绘制的规律是什么？

10. 连续单向板截面设计时，内力计算中采取了什么措施加以调整？为什么？

二、实训题

（一）任务描述

某仓库楼盖，采用现浇钢筋混凝土肋形楼盖，其结构平面布置如图 6.25 所示。

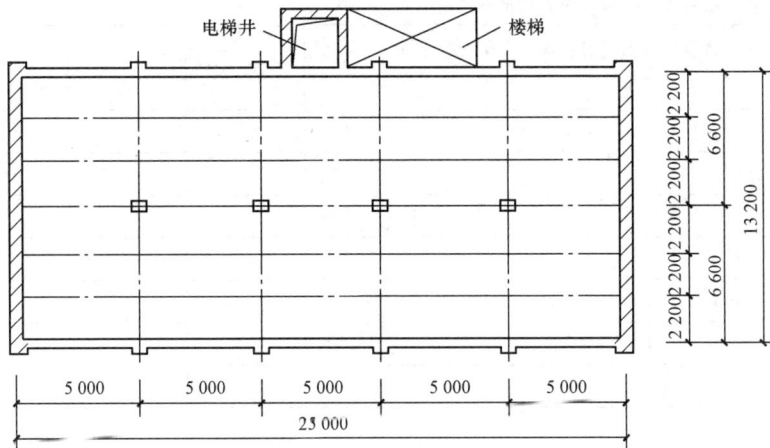

图 6.25 楼盖结构平面布置

(1)楼面构造层做法：20 mm 厚水泥砂浆面层，15 mm 厚板底纸筋抹灰。

(2)可变荷载：由《混凝土结构荷载规范》(GB 50009—2012)(简称《荷载规范》)查得其标准值为 7.0 kN/m²。

(3)永久荷载分项系数为 1.2，可变荷载分项系数为 1.3(由于楼面活载标准值≥4 kN/m²)。

(4)材料选用：

混凝土：采用 C25(f_c=11.9. N/mm²)。

钢筋：梁中受力主筋采用 HRB400 钢筋(f_y=360 N/mm²)。

其余采用 HPB300 钢筋(f_y=270 N/mm²)。

1. 设计该混凝土楼盖单向板、次梁和主梁的截面尺寸。

2. 计算该楼盖单向板的配筋，并绘制施工图。

3. 计算该楼盖次梁的配筋，并绘制施工图。

4. 计算该楼盖主梁的配筋，并绘制施工图。

（二）任务实施

1. 课前准备

课前完成线上学习任务，从网络课堂接受任务，通过互联网、图书查阅资料，分析相关信息，做好任务前准备工作。

2. 任务引导

根据前面学习过的内容，查阅规范设计案例，找出与本任务中相类似的解题过程。

3. 任务设计

4. 设计任务评价表(表6.8)

表 6.8　任务评价表

序号	评价项目	配分	自我评价 (25%)	小组评价 (30%)	教师评价 (35%)	其他 (10%)
1	能够正确列出与使用任务实施中的计算公式	10				
2	能够描述整体式现浇钢筋混凝土单向板肋梁楼盖设计过程与依据	20				
3	能够依据规范查阅确定相关数据	10				
4	计算准确	20				
5	绘图规范、合理	10				
6	遵守纪律	10				
7	完成任务中的所有内容	20				
	合计	100				
	总分					

任务 2　钢筋混凝土现浇双向板肋形楼盖

知识目标

1. 了解双向板的受力特点；
2. 理解双向板的计算要点及构造要求。

能力目标

1. 具有对现浇双向板肋形楼盖进行现场施工组织的能力；
2. 具有对平法结构图的识读能力。

素养目标

1. 培养科学求实、诚实守信、严谨认真的工作态度；
2. 培养遵守相关法律法规、结构设计规范和识图标准的职业意识；
3. 树立安全至上、质量第一的理念。

"励志院士"容柏生：勤学苦读，曾设计广东国际大厦

不知道你是否还记得深圳亚洲大酒店，如今叫它香格里拉大酒店更为合适。这座屹立在深圳的高114 m多达38层的Y形酒店在20世纪80年代算得上是中国现代化建筑代表之一，在这里接待过许多国外友人，举行过许多历史性会晤。不仅如此，在当时，它可是中国面向世界响当当的一面旗帜，而这座大厦所采用的结构体系正是由容柏生研究出来的。

1985年，容柏生创造了中国现代建筑史上的一个奇迹，他在花岗岩石残积土层上主持设计了一座18层高的建筑——广东国际大厦，这座大厦不但是当时中国当之无愧的第一高楼，同时也是当时世界上采用预应力平板楼盖的最高建筑。广东国际大厦，是容柏生采用"超级构架"结构体系成功建造的第一座高层建筑。凭借着这一建筑设计成就，在广东国际大厦封顶当天，容柏生就被建设部授予了"中国工程设计大师"的称号，并在后来先后斩获国家科学技术进步奖二等奖、中国土木工程詹天佑奖和全国优秀工程设计金质奖三座国家级别的奖项。

在创新中谋求发展，20世纪90年代容柏生创造性地提出"短肢剪力墙"体系，并成功运用到普通高层建筑。在那个年代，中国内地绝大多数30层左右的小中高层建筑都是根据容柏生提出的体系建造出来的，容柏生为祖国创造的直接和间接利益无法估量。

新中国大厦、肇庆星湖大厦等一座座全国著名的大厦都是在容柏生的主持设计下建造出来的。甚至有人曾说在20世纪90年代中国现代建筑有一半功劳应归功于容柏生，或许有所夸张，但也从侧面看到了容柏生在中国现代建筑史上的不凡之处。1995年，容柏生实至名归成功当选为中国工程院院士。

他的一生坎坷起伏，曾经历过低谷，也曾攀登过顶峰。岁月荏苒，经历过大起大落的容柏生看淡了一切，他自己说道："我并不是一个了不起的人，只是愿意老实地做点事。"

📄 任务描述

某大型商业综合体项目的办公楼设计了肋形楼盖结构，采用钢筋混凝土现浇双向板肋形楼盖结构。进行配筋设计应采用什么步骤？

📄 知识准备

双向板肋梁楼盖的梁格可以布置成正方形或接近正方形，外观整齐美观，常用于民用房屋的较大房间及门厅处；当楼盖为5 m左右方形区格且使用荷载较大时，双向板楼盖比单向板楼盖经济，所以也常用于工业房屋的楼盖。

双向板的受力特点是两个方向传递荷载（图6.26）。板中因有扭矩存在，使板的四角有翘起的趋势，受到墙的约束后，使板的跨中弯矩减少，刚度增大，双向板的跨度可达5 m，而单向板的常用跨度一般在2.5 m以内。因此，双向板的受力性能比单向板优越。双向板的工作特点是两个方向共同受力，所以两个方向均须配置受力钢筋。

视频：钢筋混凝土现浇双向板肋形楼盖

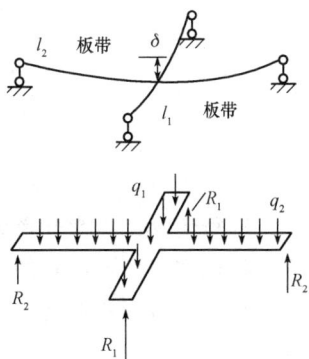

图6.26 双向板带的受力

整体式双向板肋梁楼盖的结构平面布置如图 6.27 所示。当面积不大且接近正方形时（如门厅），可不设中柱，双向板的支承梁支承在边墙（或柱）上，形成井式梁[图 6.27(a)]；当空间较大时，宜设中柱，双向板的纵、横梁分别为支承在中柱和边墙（或柱）上的连续梁[图 6.27(b)]；当柱距较大时，还可在柱网格中再设井式梁[图 6.27(c)]。

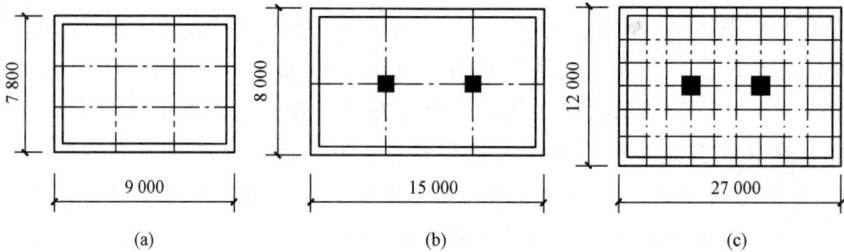

图 6.27　双向板肋梁（形）楼盖结构布置
(a)井式梁；(b)连续梁；(c)柱网格中设井式梁

2.1　内力计算

整体式双向板肋梁楼盖的内力计算的顺序是先板后梁。内力计算的方法有弹性计算方法和塑性计算方法。因塑性计算方法存在局限性，在工程中极少采用，一般用弹性计算方法。

1. 板的计算

无论是单块双向板还是连续双向板都有简单实用计算方法，具体计算略。

2. 梁的计算

(1)双向板支承梁的受力特点。板的荷载就近传给支承梁。因此，可从板角作 45°平分线来分块。传给长梁的是梯形荷载，传给短梁的是三角形荷载(图 6.28)。梁的自重为均布荷载。

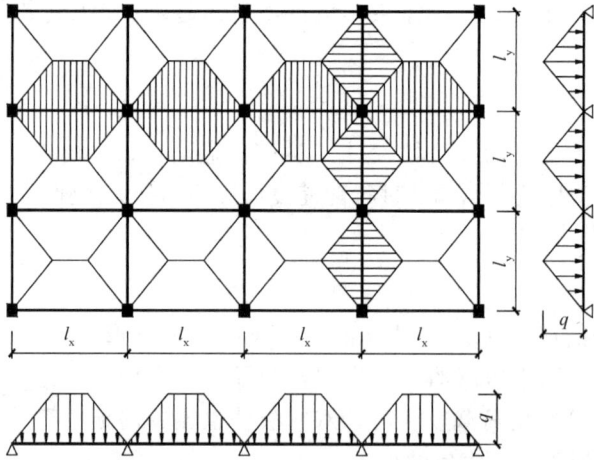

图 6.28　双向板支承梁所承受的荷载

等跨连续梁承受梯形或三角形荷载的内力，可采用等效均布荷载计算。

梯形和三角形荷载的等效均布荷载如下。

1)当荷载为梯形时：

$$P_{equ} = \frac{5}{8}p$$

2)当荷载为三角形时：

$$P_{\text{equ}} = (1 - 2a^2 + a^3)p$$

式中　P_{equ}——等效均布荷载；

　　　p——梯形或三角形荷载的最大值；

　　　a——系数，$a = a/l_0$（图 6.29）。

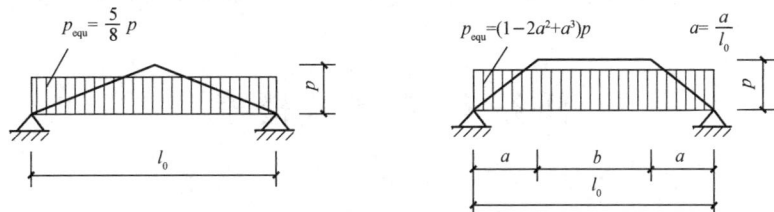

图 6.29　双向板的等效均布荷载

（2）梁的内力计算。中间有柱时，纵、横梁一般可按连续梁计算；当梁柱线刚度比≤5时，宜按框架计算；中间无柱的井式梁，可查设计手册。

对于四边与梁整体连接的板，应考虑周边支承梁对板产生水平推力的有利影响，将计算所得的弯矩值根据规定予以减少。折减系数可查设计手册。

2.2　构造要求

1. 板厚

双向板的厚度一般为 80~160 mm。同时，为满足刚度要求，简支板还应不小于 $l/45$，连续板不小于 $l/50$，l 为双向板的短向计算跨度。

2. 受力钢筋

沿短跨方向的跨中钢筋放在外层，沿长跨方向的跨中钢筋放在其上面。配筋形式有弯起式与分离式两种，常用分离式。

3. 构造钢筋

双向板的板边若置于砖墙上时，其板边、板角应设置构造钢筋，其数量、长度等同单向板。

任务实施

第一步　荷载计算。

根据楼盖的使用功能和设计要求，确定楼盖的设计荷载，包括活载、恒荷载和风荷载等。

第二步　肋板尺寸设计。

根据设计荷载和跨度，确定肋板的尺寸，包括肋板的宽度、高度和厚度等。一般采用矩形或梯形截面，可以根据结构的刚度要求进行优化设计。

第三步　楼板尺寸设计。

根据肋板的尺寸和跨度，确定楼板的尺寸，包括楼板的宽度、厚度和配筋等。一般采用矩形或 T 形截面，可以根据结构的刚度要求进行优化设计。

第四步　钢筋布置设计。

根据设计要求和构造形式，确定钢筋的布置方式和数量，包括主筋和箍筋的位置、直径和间距等。钢筋布置应满足强度和刚度要求，同时考虑施工的可行性和经济性。

1. 什么是单向板？什么是双向板？
2. 单向板和双向板是如何区分的？
3. 简述用机动法计算钢筋混凝土四边固定矩形双向板极限荷载的要点及步骤。

任务3 装配式楼盖

知识目标

1. 了解装配式楼盖中板、梁的构件形式；
2. 理解装配式楼盖构件的计算要点及连接构造。

能力目标

1. 具有对装配式楼盖进行现场施工组织的能力；
2. 具有对平法结构图的识读能力。

素养目标

1. 培养科学求实、诚实守信、严谨认真的工作态度；
2. 培养遵守相关法律法规、结构设计规范和识图标准的职业意识；
3. 树立安全至上、质量第一的理念。

行业故事

现如今，随着建筑行业的不断发展，装配式建筑在中国得到了越来越广泛的应用。装配式建筑与传统建筑相比，其碳排放优势显著。装配式建筑采用规模化的集约式生产，能够在一定程度上节约耗材、降低能耗并减少建筑废弃物；其在建筑施工过程中采取机械化安装的方式，能够减少噪声、废气、废物废水排放等污染，降低整个建筑生命周期内的碳排放。随着"碳中和"与"碳达峰"发展目标的提出，装配式建筑天然的绿色环保优势将进一步凸显。

目前，我国装配式建筑产能主要分布在湖南、江苏、山东、江西等地，其中湖南省的产能占比最高，且主要是 PC 结构产能。目前我国最大的 PC 构建制造商和 PC 设备生产商——远大住工总部位于湖南长沙，为湖南省发展装配式 PC 建筑提供了便利条件。据公开数据，2020 年湖南省装配式混凝结构产能占比 19.8%，江苏以 11.5% 排名第二，山东以 9.6% 排名第三。

"十四五"规划进一步明确了装配式建筑方向以及相关的新型工业化、信息化、绿色等趋势。2020 年年底召开的中央经济工作会议也提出，将进一步加快装配式建筑的推广速度。2020 年 7 月以来，装配式建筑多份重磅支持政策相继出台，进入 2021 年，贵州、云南、甘肃等多地出台装配式建筑和绿色建筑推广政策。装配式的相关顶层政策框架持续添砖加瓦，政策面逐步走向成熟。

近年来随着装配式建筑的技术研究逐渐改善、劳动力成本上升以及国家政策层面上的扶持，我国正迎来装配式建筑发展的新阶段，据统计，2019 年全国新开工装配式建筑 4.2 亿 m²，较 2018 年增长 45%，占新建建筑面积的比例约为 13.4%。2019 年全国新开工装配式建筑面积较 2018 年增长 45%，近 4 年年均增长率为 55%。

到 2025 年，中国新建装配式建筑面积将达到 16.51 亿 m²，市场规模将达 3.6 万亿元。在抗疫大战中，武汉火神山和雷神山医院先后拔地而起，让市场充分认识到装配式建筑的效率与优势。随着中国国内疫情形势逐步向好、市场信心回暖，装配式建筑有望迎来高速增长契机。

任务描述

某城市规划了一片新的住宅区，需要建造一栋多层住宅楼。为了提高施工效率和质量，设计师决定采用装配式楼盖结构。该楼盖结构由预制混凝土楼板和钢结构组成，具有较高的抗震性能和可靠性。设计方案应考虑哪些问题？

知识准备

装配式楼盖的形式很多，最常见的是采用铺板式楼盖，即由预制的楼板放在支承梁或砖墙上。

3.1 板的构造形式

1. 实心板

实心板上下平整，制作方便，但自重大、刚度小，宜用于小跨度。跨度一般为 1.2～2.4 m，板厚一般为 50～100 mm，板宽一般为 500～1 000 mm。实心板常用作走廊板、楼梯平台板、地沟盖板等。

2. 空心板

空心板刚度大，自重较实心板轻、节省材料，隔声隔热效果好，而且施工简便，因此在预制楼盖中使用较为普遍。

我国大部分省、自治区均有空心板定型图。空心板孔洞的形状有圆形、方形、矩形及椭圆形等，为便于抽芯，一般采用圆形孔。

空心板常用板宽 600 mm、900 mm 和 1 200 mm；板厚有 120 mm、180 mm 和 240 mm。普通钢筋混凝土空心板常用跨度为 2.4～4.8 m；预应力混凝土空心板常用跨度为 2.4～7.5 m。

3. 槽形板

槽形板[图 6.30(a)、(b)]由面板、纵肋和横肋组成。横肋除在板的两端必须设置外，在板的中部也可设置数道，以提高板的整体刚度。槽形板分为正槽形板和倒槽形板。

槽形板面板厚度一般为 25～30 mm；纵肋高（板厚）一般有 120 mm 和 180 mm；肋宽 50～80 mm；常用跨度为 1.5～5.6 m；常用板宽 500 mm、600 mm、90 mm 和 1 200 mm。

4. T 形板

T 形板[图 6.30(c)、(d)]受力性能好，能用于较大跨度，所以常用于工业建筑。T 形板有单 T 形板和双 T 形板。T 形板常用跨度 6～12 mm；面板厚度一般为 40～50 mm，肋高 300～500 mm，板宽 1 500～2 100 mm。

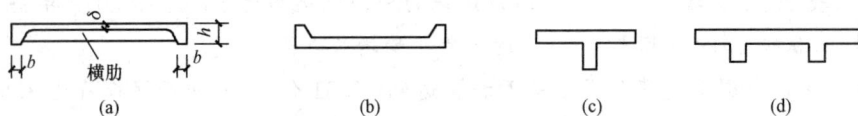

图 6.30　常见的预制板形式

(a)，(b)槽形；(c)，(d)T 形

3.2　梁的构造形式

装配式楼盖梁的截面有矩形、T 形、倒 T 形、I 形、十字形及花篮形等，如图 6.31 所示。矩形截面梁外形简单，施工方便，应用广泛。当梁较高时，可采用倒 T 形、十字形或花篮形梁。

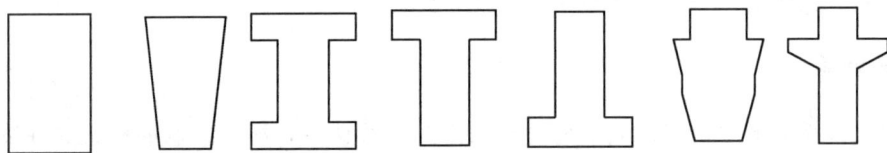

图 6.31　预制梁截面形式

3.3　装配式楼盖的平面布置

按墙体的支承情况，装配式楼盖的平面布置一般有以下几种方案。

1. 横墙承重方案

当房间开间不大，横墙间距小，可将楼板直接搁置在横墙上，由横墙承重，如图 6.32 所示。当横墙间距较大时，也可在纵墙上架设横梁，将预制板沿纵向搁置在横墙或横梁上。横墙承重方案整体性好，空间刚度大，多用于住宅和集体宿舍类的建筑。

视频：装配式楼盖

2. 纵墙承重方案

当横墙间距大且层高又受到限制时，可将预制板沿横向搁置在纵墙上，如图 6.33 所示。纵墙承重方案开间大，房间布置灵活，但刚度差，多用于教学楼、办公楼、实验楼、食堂等建筑。

3. 纵横墙承重方案

当楼板一部分搁置在横墙上，一部分搁置在大梁上，而大梁搁置在纵墙上，此为纵横墙承重方案，如图 6.34 所示。

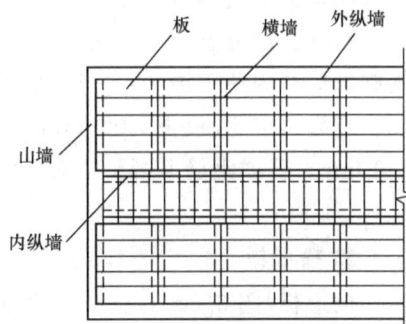

图 6.32　横墙承重方案

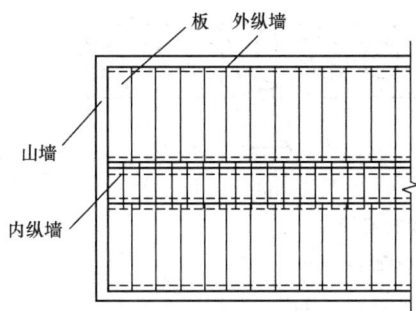

图 6.33 纵墙承重方案

图 6.34 纵横墙承重方案

3.4　装配式楼盖构件的计算要点

装配式预制构件的计算包括使用阶段的计算、施工阶段的验算及吊环计算。

1. 使用阶段的计算

装配式预制构件无论是板还是梁，其使用阶段的承载力、变形和裂缝的验算与现浇整体式结构完全相同。

2. 施工阶段的验算

装配式预制构件在运输和吊装阶段的受力状态与使用阶段不同，故须进行施工阶段验算，验算的要点如下：

(1)按构件实际堆放情况和吊点位置确定计算简图。

(2)考虑运输、吊装时的动力作用，构件自重应乘 1.5 的动力系数。

(3)对于屋面板、檩条、挑檐板、预制小梁等构件，应考虑在其最不利位置作用有 0.8 kN 的施工或检修集中荷载；对雨篷应取 1.0 kN 进行验算。

(4)在进行施工阶段强度验算时，结构重要性系数应较使用阶段的计算降低一个安全等级，但不得低于三级，即不得低于 0.9。

3. 吊环计算

吊环应采用 HPB300 级钢筋制作，严禁使用冷拉钢筋，以保持吊环具有良好的塑性，防止起吊时发生脆断。吊环锚入构件的深度应不小于 $30d$（d 为钢筋直径）。并应焊接或绑扎在钢筋骨架上。计算时每个吊环可考虑两个截面受力，在构件自重标准值作用下，吊环的拉应力不应大于 50 N/mm^2。此外，若在一个构件上，设有 4 个吊环时，设计时最多只考虑 3 个同时发挥作用。

3.5　装配式楼盖的连接构造

装配式楼盖中板与板、板与梁、板与墙的连接要比现浇整体式楼盖差得多，因而整体性差，为了改善楼面整体性，需要加强构件间的连接，具体方法如下：

(1)在预制板间的缝隙中用强度不低于 C15 的细石混凝土或 M15 的砂浆灌缝，而且灌缝要密实，如图 6.35(a)所示；当板缝宽度≥50 mm 时，应按板缝上有楼板荷载计算配筋，如图 6.35(b)所示；当楼面上有振动荷载或房屋有抗震设防要求时，可在板缝内加拉结钢筋，如图 6.36 所示。当有更高要求时，可设置厚度为 40～50 mm 的现浇层，现浇层可采用 C20 的细石混凝土，内配 φ4@150 或 φ6@250 双向钢筋网。

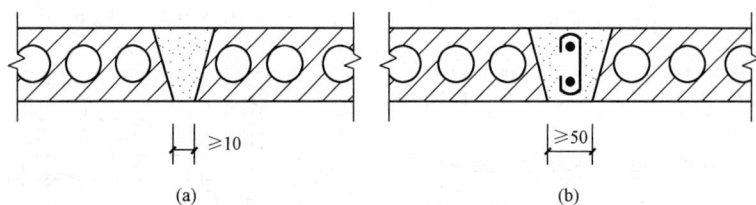

图 6.35 板与板的连接

(a)板缝<50 mm；(b)板缝≥50 mm

（2）预制板支承在梁上，以及预制板、预制梁支承在墙上都应以 10～20 mm 厚 1∶3 水泥砂浆坐浆、找平。

（3）预制板在墙上的支承长度应不小于 100 mm；在预制梁上的支承长度应不小于 80 mm。预制梁在墙上的支承长度一般应不小于 180 mm。

（4）板与非支承墙的连接，一般可采用细石混凝土灌缝，如图 6.37（a）所示；当板跨≥4.8 m 时，靠外墙的预制板侧边应与墙或圈梁拉结，如图 6.37（b）、（c）所示。

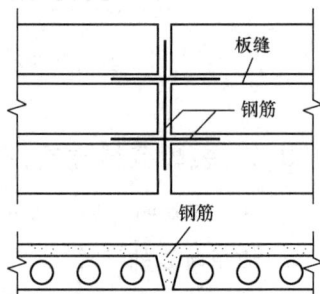

图 6.36 拉结钢筋

图 6.37 板与墙的连接构造

(a)细石混凝土灌缝；(b)与墙拉结；(c)与圈梁拉结

任务实施

1. 设计任务分析

（1）楼盖结构要满足国家相关标准和规范的要求，具有良好的抗震性能和承载能力。

（2）楼盖结构要满足建筑设计的要求，包括楼层高度、楼板荷载、楼板平整度等。

（3）楼盖结构要具有装配式施工的特点，包括模块化设计、快速安装、易于拆卸等。

2. 设计任务的实施

该装配式楼盖设计应考虑的问题包括以下几点。

（1）结构形式：采用钢筋混凝土楼板和钢结构组成的框架结构。楼板采用预制混凝土楼板，具有较高的强度和平整度。钢结构采用预制钢构件，具有较高的抗震性能和可靠性。

（2）模块化设计：将楼盖结构分为多个模块，每个模块包括一层楼板和相应的钢结构。每个模块的尺寸和重量要适合运输和安装要求，便于现场组装。

（3）快速安装：采用专业的装配式施工工艺和设备，实现楼盖结构的快速安装。预制混凝土楼板通过吊装和拼接的方式安装，钢结构通过螺栓连接的方式安装。

（4）易于拆卸：楼盖结构的拆卸要方便、快捷，采用可拆卸连接件和设备，减少拆卸过程中的损坏和浪费。

思考与练习

简答题

查阅资料，试述装配式建筑发展意义及蓝图。

任务 4　现浇楼梯、雨篷

知识目标

1. 了解现浇楼梯与雨篷的结构选型；
2. 理解板式楼梯和梁式楼梯的构造。

能力目标

1. 具有现浇板式楼梯的初步计算能力；
2. 具有对现浇楼梯、雨篷进行现场施工组织的能力；
3. 具有对平法结构图的识读能力。

素养目标

1. 培养科学求实、诚实守信、严谨认真的工作态度；
2. 培养遵守相关法律法规、结构设计规范和识图标准的职业意识；
3. 树立安全至上、质量第一的理念。

行业榜样

马克俭：花最少的钱，建最好的房

12 月 9 日，贵州发布 2021 年全省"最美科技工作者"先进事迹，25 名来自科研生产一线的科技工作者，荣获 2021 年贵州省"最美科技工作者"称号。即日起，《贵州日报》天眼新闻将推出全省"最美科技工作者"先进事迹系列报道，激励广大科技工作者以"最美科技工作者"为榜样，大力弘扬科学家精神，学习最美、争当最美，以饱满的精神状态和昂扬的奋斗姿态投入科研生产一线，为贵州的高质量发展提供强有力的科技支撑。

他，人如其名，投身建筑领域教学、科研及科技成果转化工作 60 余年，秉承"花最少的钱，建最好的房子"的理念，在结构工程学科领域做出了开创性贡献。

他就是 2021 年贵州省"最美科技工作者"、中国工程院院士、贵州大学空间结构研究中心主任马克俭。

1958 年，25 岁的马克俭凭着"初生牛犊不怕虎"的勇毅，在建筑领域初露锋芒。

当时，刚被批准成立的贵州工学院其他建筑都陆续完工，但 200 多平方米的教工食堂建设问题一直困扰着大家，因为学校拿不出多余的钱购买钢筋和水泥。在建设协调会上，马克俭提出用砖砌大跨度屋顶的技术方案，但对于这个刚参加工作不久的年轻人的建议，与会人员均心存疑虑。

为说服众人，马克俭将鸡蛋打碎，挑出一块蛋壳放在桌上解释说："蛋壳怕受拉，但不怕受压，砖砌体的抗压强度较高，可以根据蛋壳的受力原理用砖来砌筑食堂的屋盖。"

听完马克俭的观点后，学校决定让他大胆尝试。

马克俭和同事们经过缜密计算与分析并绘制成施工图后，带领 58、59 级工民建专业的学生自己烧砖与施工。一年后，一栋造型别致的建筑呈现在大家眼前，至今成为贵阳市蔡家关一道亮丽的风景，承载了一代"贵工人"艰苦奋斗的精神和自主办学的理想。2018 年，包括这座食堂在内的贵州工学院旧址成为全省第六批文物保护单位之一。

类似这种在科技创新上的感人事例不胜枚举。扎根贵州 63 载，马克俭始终坚持自主创新，立足贵州为全国土木工程行业做出了重要贡献。目前，已撰写学术专著 5 部、发表学术论文 200 余篇、获授权国家发明专利 47 项，编制国家技术规程 1 部、地方技术规程 4 部。先后获国家科技进步奖三等奖 1 项，省部级科技进步奖一等奖 2 项、二等奖 3 项、三等奖 6 项。

任务描述

某工业厂房楼梯间的平面尺寸为 3.4 m×8.8 m，层高为 34.5 m，采用钢筋混凝土现浇楼梯，水磨石面层，纸筋灰板底粉刷，楼梯活荷载为 3.5 kN/m²，试设计该楼梯。

知识准备

4.1 楼梯的类型及构造要求

楼梯是多层和高层房屋的重要组成部分，可以解决竖向交通问题。楼梯主要由梯段和休息平台组成，其平面布置、踏步尺寸等由建筑设计确定。目前，大多采用钢筋混凝土楼梯，以满足承重和防火要求。

钢筋混凝土楼梯有现浇整体式和预制装配式两类，但预制装配式楼梯整体性较差，现已很少采用。本处只介绍现浇钢筋混凝土楼梯。

现浇钢筋混凝土楼梯按其结构形式和受力特点，分为板式楼梯、梁式楼梯、悬挑式楼梯和螺旋式楼梯。

1. 板式楼梯

当楼梯使用荷载不大，梯段的水平投影跨度≤3 m 时，宜采用板式楼梯。板式楼梯由梯段板、平台板和平台梁组成，如图 6.38(a) 所示。板式楼梯的优点是下表面平整，比较美观，施工支模方便；缺点是不适宜承受较大荷载。

2. 梁式楼梯

当使用荷载较大，且梯段水平投影长度＞3 m时，板式楼梯不够经济，宜采用梁式楼梯。梁式楼梯由踏步板、梯段梁、平台板和平台梁组成，如图 6.38(b)所示。梁式楼梯的优点是比较经济；缺点是不够美观，施工支模较复杂等。

3. 悬挑式楼梯

当建筑中不宜设置平台梁和平台板的支承时，可以采用折板悬挑式楼梯，如图 6.38(c)所示。悬挑式楼梯属空间受力体系，内力计算比较复杂，造价高、施工复杂。

4. 螺旋式楼梯

当建筑中有特殊要求，不便设置平台；或需要特殊建筑造型时，可采用螺旋式楼梯[图 6.38(d)]。特点同悬挑式楼梯。

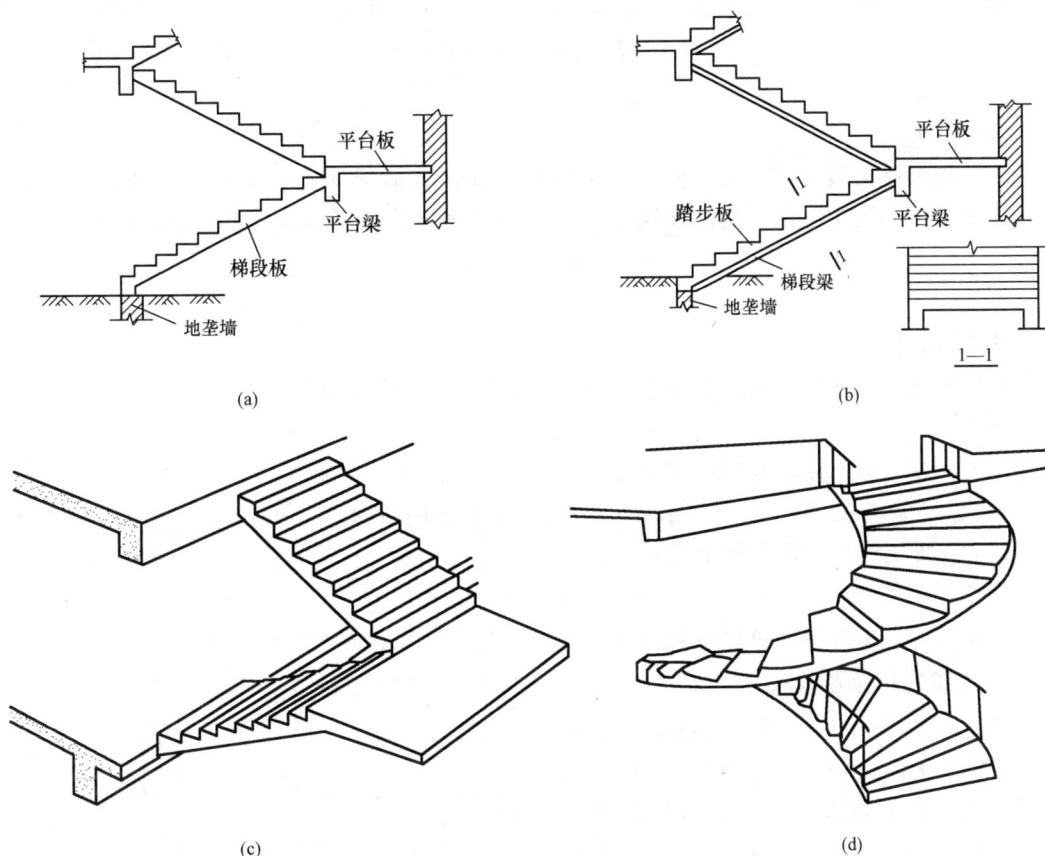

图 6.38　各种形式的楼梯

(a)板式楼梯；(b)梁式楼梯；(c)悬挑式楼梯；(d)螺旋式楼梯

4.2　雨篷的类型及构造要求

板式雨篷一般由雨篷板和雨篷梁组成。雨篷梁除支承雨篷板外，还兼作过梁。雨篷板的挑出长度一般为 60～100 cm。当建筑需要的挑出长度较大时，可以在雨篷梁上悬挑边梁来支承雨篷板，形成梁板式雨篷。

雨篷的计算包括雨篷板的计算、雨篷梁的计算及雨篷整体倾覆的验算三个方面。

1. 雨篷板的计算

雨篷板上的荷载有自重、抹灰层重、面层重、雪荷载、均布活荷载和施工或检修集中荷载。其中，均布活荷载的标准值按不上人屋面考虑，取 $0.5\ \text{kN/m}^2$。施工或检修集中荷载取 $1.0\ \text{kN}$，并且在计算强度时，沿板宽每米作用一个集中荷载。计算倾覆时，沿板宽每隔 $2.5\sim3.0\ \text{m}$ 作用一个集中荷载，并应作用于最不利位置。均布荷载、雪荷载、施工或检修集中荷载不同时考虑。

雨篷板的计算通常是取 1 m 宽的板带，在上述荷载作用下，按悬臂板计算。

2. 雨篷梁的计算

雨篷梁所承受的荷载除自重外，还有上部墙体和楼板传来的荷载以及雨篷板传来的荷载。雨篷板上的荷载使雨篷梁产生弯曲和扭转，因此计算雨篷梁配筋时，应按弯扭构件计算。

雨篷梁弯矩的计算按简支构件考虑，因此跨中最大正弯矩为

$$M = 1/8(g + q)l_0^2$$

$$\text{或}\ M = 1/8 p l_0^2 + M_p$$

两者取大值。

在计算雨篷梁最大剪力时，同样应考虑施工或检修荷载的不利布置。此时，应在计算截面处布置一个集中荷载，然后每隔 1 m 布置一个集中荷载。这样，雨篷梁的最大剪力为

$$V = 1/2(g + q)l_0$$

$$\text{或}\ V = 1/2 p l_0 - V_p$$

两者取大值。

在均布荷载作用下，板上沿梁长度方向单位长度上的扭矩为

$$t = (g + q)l \times (b + l_0)/2$$

在恒荷载与施工或检修集中荷载作用下，单位长度上的扭矩为

$$t = g l_0(b + l_0)/2 + p(l_0 + b/2)$$

由 t 在梁端产生的最大扭矩为

$$T = 1/2 t l_n$$

各种内力求出后，就可以按规范规定的弯扭构件的计算方法进行雨篷梁的配筋计算。

3. 雨篷的抗倾覆验算

如图 6.39 所示，作用在雨篷板上的荷载，对整个雨篷绕 O 点产生倾覆力矩 M_{OV}，而梁自重、梁上砌体重以及楼盖传来的荷载等都有阻止雨篷倾覆的作用，这些荷载将产生抗倾覆力矩 M_r。

砌体规范对抗倾覆验算要求：

$$M_r \geqslant M_{OV}$$

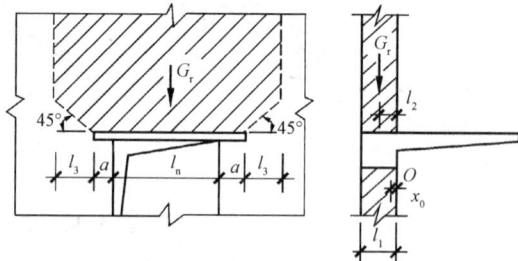

图 6.39　雨篷的抗倾覆荷载示意

4.3　现浇板式楼梯的设计计算

板式楼梯的计算要点和构造要求如下：

计算时首先假定平台板、梯段板都是简支于平台梁上，且两板在支座处不连续。计算梯段板时，可取出 1 m 宽板带或以整个梯段板作为计算单元。梯段板的计算简图如图 6.40 所示。

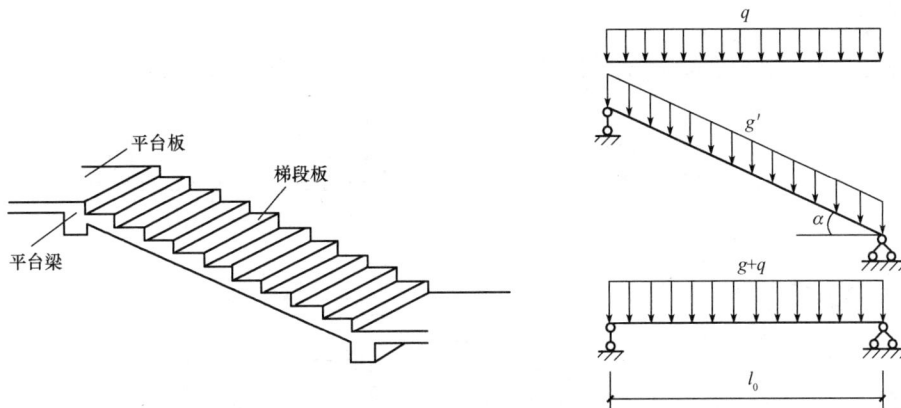

图 6.40 板式楼梯及楼段板的计算简图

图中，荷载 g' 为沿斜向板长的恒荷载设计值，包括踏步自重和斜板自重。

$$g = \frac{g'}{\cos\alpha}$$

则梯段板的跨中最大弯矩可按下式计算：

$$M_{\max} = \frac{1}{10}(g + q)l_0^2$$

式中　g——由 g' 换算成水平方向分布的恒荷载；

　　　α——梯段板的倾角；

　　　q——活荷载设计值。

同一般板一样，梯段斜板不进行斜截面受剪承载力计算。

竖向荷载在梯段板产生的轴向力，对结构影响很小，设计中不做考虑。

梯段板中的受力钢筋按跨中最大弯矩进行计算。梯段板的配筋形式可采用弯起式或分离式。在垂直受力钢筋方向按构造配置分布钢筋，并要求每个踏步板内至少放置一根钢筋。现浇板式楼梯的梯段板与平台梁整体连接，故应将平台板的负弯矩钢筋伸入梯段板，伸入长度不小于 $l_0/4$。板式楼梯的配筋图，如图 6.41 所示。

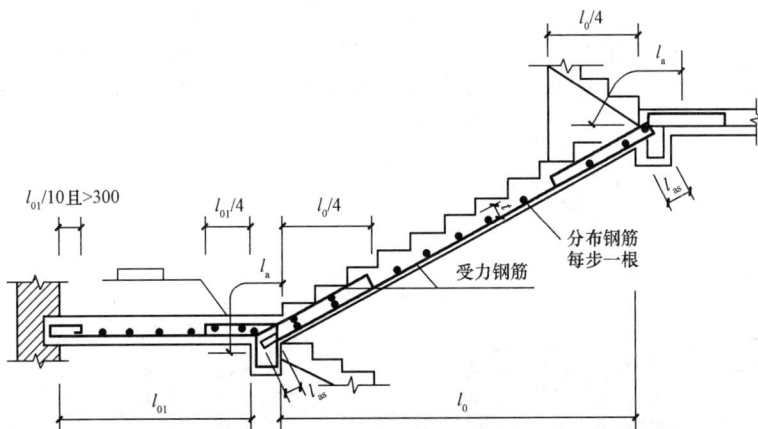

图 6.41 板式楼梯的配筋图

4.4 现浇梁式楼梯的设计计算

计算时，假定各构件均为简支支承。

1. 踏步板

踏步板简支于两侧梯段梁上，承受均布线荷载，计算简图如图 6.42 所示。

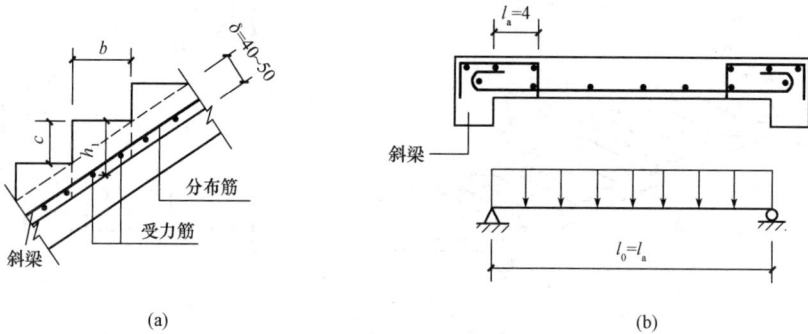

图 6.42　踏步板的计算单元和计算简图

(a)计算单元；(b)计算简图

跨中最大弯矩可按下式计算：

$$M_{max} = \frac{1}{10}(g+q)l_n^2$$

式中　l_n——踏步板净跨度。

踏步板内受力钢筋要求每个踏步范围内不少于两根，且沿垂直于受力筋方向布置间距不大于 300 mm 的分布筋。梯段梁中纵向受力筋在平台梁中应有足够的锚固长度。在靠梁边的板内应设置构造筋不少于 Φ8@200，伸出梁边 $l_n/4$。

2. 梯段斜梁

梯段斜梁承受由踏步板传来的荷载和本身的自重，两端简支于平台梁上，斜梁的计算简图如图 6.43 所示。

梯段梁跨中最大弯矩可按下式计算：

$$M_{max} = \frac{1}{8}(g+q)l_0^2$$

3. 平台梁

平台梁简支于两端墙体上，承受平台板和梯段梁传来的荷载及平台梁自重。其中，平台板传来的荷载及平台梁自重为均布线荷载，而梯段梁传来的则是集中荷载，平台梁的计算简图如图 6.44 所示。

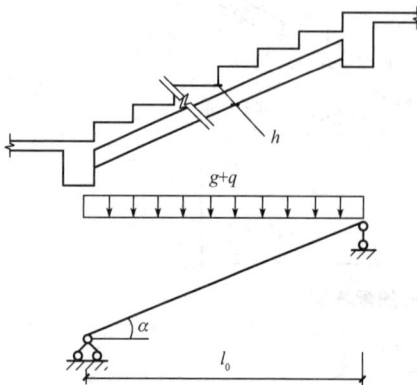

图 6.43　斜梁的计算简图

图 6.44　平台梁计算简图

4. 平台板

平台板的内力计算与板式楼梯的平台板相同。

任务实施

1. 结构形式和材料强度等级

采用现浇板式，C20 级混凝土，结构布置如图 6.45 所示，梁内钢筋为 HRB400 级，板内为 HPB300 级。

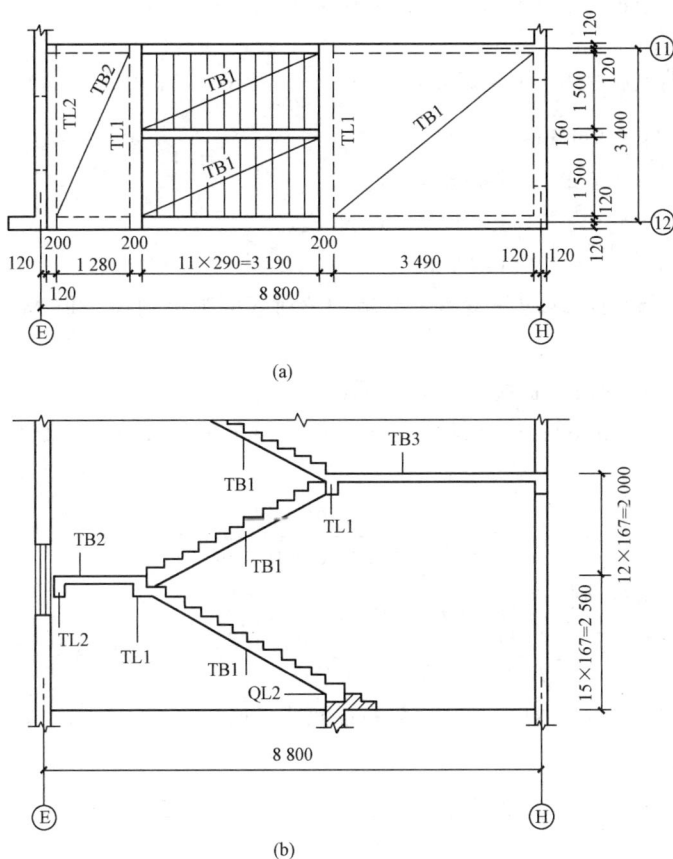

图 6.45　楼梯结构布置图

(a)平面；(b)剖面

2. 梯段斜板 TB₁

该板倾斜角度为

$$\alpha = \arctan \frac{167}{290} = 29.9°$$

$$\cos \alpha = 0.867$$

(1)计算跨度和板厚。计算跨度取 $l_0 = l_n + a = 3.19 + 0.2 = 3.39(\text{m})$；板厚一般不小于 $\dfrac{l_0}{30}$，即 $h \geqslant \dfrac{3\,390}{30} = 113(\text{mm})$，现取 $h = 120(\text{mm})$。

（2）荷载计算。荷载计算取 1 m 宽板带作为计算单元。具体计算如下：

1）恒荷载。

①三角形踏步重：$\dfrac{1}{2} \times 0.29 \times 0.167 \times \dfrac{1}{0.29} \times 25 = 2.088$（kN/m）；

②斜板自重：$0.12 \times 1.00 \times \dfrac{1}{0.876} \times 25 = 3.425$（kN/m）；

15 mm 厚水泥砂浆找平层：$0.015 \times (0.29 + 0.167) \times \dfrac{1}{0.29} \times 20 = 0.473$（kN/m）；

12 mm 厚磨石子面层：$0.012 \times (0.29 + 0.167) \times \dfrac{1}{0.29} \times 24 = 0.454$（kN/m）；

12 mm 厚纸筋灰板底粉：$0.012 \times 1.00 \times \dfrac{1}{0.876} \times 16 = 0.219$（kN/m）；

标准值 $g_k = 6.659$ kN/m；

设计值 $g = 1.3 \times 6.659 = 8.66$（kN/m）。

2）活荷载标准值 $q_k = 3.5 \times 1.00 = 3.5$（kN/m）。

设计值 $q = 1.5 \times 3.5 = 5.25$（kN/m）。

（3）弯矩计算。斜板两端均与梁整浇，考虑梁对板的弹性约束，取 $M = (g + q) l_0^2 / 10$ 计算 $M = 15.99$ kN·m。

（4）配筋计算。楼梯段斜板配筋计算如下：

$h_0 = 120 - 25 = 95$（mm）；C20 级混凝土，$\alpha_1 f_c = 9.6$ N/mm²；HPB300 级钢筋，$f_y = 270$ N/mm²；

$$\alpha_s = \frac{M}{\alpha_1 f_c b h_0^2} = \frac{15\,990\,000}{9.6 \times 1\,000 \times 95^2} = 0.185$$

查表得 $\gamma_s = 0.906$，则

$$A_s = \frac{M}{f_y \gamma_s h_0} = \frac{15\,990\,000}{270 \times 0.906 \times 95} = 688 \text{（mm}^2\text{）}$$

选用 $\phi 12@100$（$A_s = 1\,131$ mm²）。分布筋每步 $1\phi 8$。

3. 平台板 TB$_2$

（1）计算跨度与板厚。计算跨度取 $l_0 = l_n + a = 1.25 + 0.2 = 1.48$（m）；该板视为单跨简支板，板厚应 $\geq \dfrac{l_0}{35} = \dfrac{1\,480}{35} = 42$（mm），现为工业厂房，荷载较大，取 $h = 70$ mm。

（2）荷载计算。取 1 m 宽板带作为计算单元。具体计算如下。

1）恒荷载：

12 厚磨石子面层：$0.012 \times 1 \times 24 = 0.29$（kN/m）；

15 厚水泥砂浆找平层：$0.015 \times 1 \times 20 = 0.30$（kN/m）；

70 厚现浇板：$0.070 \times 1 \times 25 = 1\,075$（kN/m）；

12 mm 厚纸筋灰板底粉：$0.012 \times 1 \times 16 = 0.20$（kN/m）；

标准值 $g_k = 2.54$ kN/m；

设计值 $g = 1.3 \times 2.54 = 3.30$（kN/m）。

2）活荷载标准值 $q_k = 3.5 \times 1 = 3.50$（kN/m）；

设计值 $q = 1.5 \times 3.5 = 5.25$（kN/m）。

(3)弯矩计算。该板两端与梁整浇，取 $M=(g+q)l_0^2/10$ 计算 $M=1.87$ kN·m。

(4)配筋计算。平台板 TB2 配筋计算如下：

$h_0=70-25=45$ (mm)；C20 级混凝土，$\alpha_1 f_c=9.6$ N/mm²；HPB300 级钢筋，$f_y=270$ N/mm²；

$$\alpha_s=\frac{M}{\alpha_1 f_c b h_0^2}=\frac{1\ 870\ 000}{9.6\times 1\ 000\times 95^2}=0.021\ 6$$

查表得 $\gamma_s=0.953$，则

$$A_s=\frac{M}{f_y \gamma_s h_0}=\frac{1\ 870\ 000}{270\times 0.953\times 45}=162 (mm^2)$$

选用 Φ6@150（$A_s=189$ mm²）。

4. 平台板 TB₃

(1)计算跨度与板厚。该板视为四边简支双向板，取 $l_{0x}=3.69$ m，$l_{0y}=3.40$ m；单跨双向板板厚一般不小于短边的 1/45，即 $h\geqslant 3\ 400/45=76$ (mm)，因荷载较大，取 $h=90$ mm。

(2)荷载计算。取 1 m 宽板带作为计算单元。

恒荷载：标准值 $g_k=2.54+0.02\times 25=3.04$ (kN/m)；

设计值 $g=1.3\times 3.04=3.95$ (kN/m)。

活荷载：标准值 $q_k=3.5$ kN/m；

设计值 $q=1.5\times 3.5=5.25$ (kN/m)。

(3)弯矩计算。由 $l_{0y}/l_{0x}=3.4/3.69=0.921$ 查附表得

$$m_x=0.036\ 1\times(g+q)l_{0y}^2=0.036\ 1\times(3.95+5.25)\times 3.4^2=3.84 (kN·m)$$

$$m_y=0.043\ 6\times(g+q)l_{0y}^2=0.043\ 6\times(3.95+5.25)\times 3.4^2=4.64 (kN·m)$$

钢筋混凝土的横向变形系数 $v=0.2$，故板的跨中弯矩为

$$m_{x,v}=m_x+vm_y=3.84+0.2\times 4.64=4.79 (kN·m)$$

$$m_{y,v}=m_y+vm_x=4.64+0.2\times 3.84=5.41 (kN·m)$$

(4)配筋计算。平台板 TB₃ 配筋计算如下：

假定用 HPB300 钢筋，在 l_{0y} 方向，$h_0=90-24=66$ (mm)；在 l_{0x} 方向，$h_0=66-8=58$ (mm)。

l_y 方向：$\alpha_s=\dfrac{M}{\alpha_1 f_c b h_0^2}=\dfrac{5\ 410\ 000}{9.6\times 1\ 000\times 66^2}=0.129$。

查表得 $\gamma_s=0.936$，则

$$A_s=\frac{M}{f_y \gamma_s h_0}=\frac{5\ 410\ 000}{270\times 0.936\times 66}=324 (mm^2)$$

选用 Φ8@130（$A_s=387$ mm²）。

l_y 方向：$\alpha_s=\dfrac{M}{\alpha_1 f_c b h_0^2}=\dfrac{4\ 790\ 000}{9.6\times 1\ 000\times 58^2}=0.148$。

查表得 $\gamma_s=0.936$，则

$$A_s=\frac{M}{f_y \gamma_s h_0}=\frac{4\ 790\ 000}{270\times 0.936\times 58}=327 (mm^2)$$

选用 Φ8@130（$A_s=387$ mm²）。

5. 平台梁 TL_1

(1)计算跨度和截面尺寸。该梁为简支梁，近似取计算跨度 $l_0=3.4$ m，截面尺寸取 $b \times h = 200$ mm $\times 350$ mm（确定梁高时，应注意使梁的底面低于斜板底面）。

(2)荷载计算。

1)恒荷载：

梯段斜板传来 $6.7 \times \dfrac{3.19}{2} = 10.69 (kN/m)$；

平台板传来 $2.54 \times \left(\dfrac{1.28}{2} + 0.2 \right) = 2.13 (kN/m)$；

梁自重 $0.2 \times (0.35 - 0.07) \times 25 = 1.40 (kN/m)$；

梁侧粉刷 $0.012 \times (0.35 - 0.07) \times 2 \times 16 = 0.11 (kN/m)$；

标准值 $g_k = 14.33$ kN/m；

设计值 $g = 1.3 \times 14.33 = 18.63 (kN/m)$。

2)活荷载：

梯段斜板传来 $3.5 \times \dfrac{3.19}{2} = 5.58 (kN/m)$；

平台板传来 $3.5 \times \left(\dfrac{1.28}{2} + 0.2 \right) = 2.94 (kN/m)$；

标准值 $q_k = 8.52$ kN/m；

设计值 $q = 1.5 \times 8.52 = 12.78 (kN/m)$。

(3)内力作用。

$$M = \frac{1}{8}(g+q)l_0^2 = \frac{1}{8} \times (18.63 + 12.78) \times 3.4^2 = 45.39 (kN \cdot m)$$

$$V = \frac{1}{2}(g+q)l_n = \frac{1}{2} \times (18.63 + 12.78) \times 3.16 = 49.63 (kN)$$

(4)配筋计算。

1)纵向钢筋（近似按矩形截面考虑）：

$$\alpha_s = \frac{M}{\alpha_1 f_c b h_0^2} = \frac{45\ 390\ 000}{9.6 \times 200 \times 310^2} = 0.246$$

查表得 $\gamma_s = 0.869$，则

$$A_s = \frac{M}{f_y \gamma_s h_0} = \frac{45\ 390\ 000}{360 \times 0.869 \times 310} = 468 (mm^2)$$

选用 $3\Phi16 (A_s = 603\ mm^2)$。架立筋选用 $2\Phi10$。

2)横向钢筋。

$$\frac{V}{f_c b h_0} = \frac{49\ 630}{9.6 \times 200 \times 310} = 0.083 < 0.25 (截面尺寸满足)$$

$$\frac{V}{f_t b h_0} = \frac{49\ 630}{1.1 \times 200 \times 310} = 0.728 < 0.8 (仅需按构造要求配箍)$$

根据构造要求，选用 $\Phi6@200$。

6. 平台梁 TL_2、TL_3

TL_2、TL_3 的计算方法同 TL_1，此处从略。

思考与练习

一、简答题

1. 楼梯主要由哪些部分组成？各部分的作用是什么？

2. 如何表示和确定楼梯的坡度？

3. 当楼梯底层中间平台下做通道而平台净高不满足要求时，常采取哪些办法解决？

4. 现浇钢筋混凝土楼梯有哪几种结构形式？各有何特点？

二、实训题

（一）任务描述

某建筑采用现浇钢筋混凝土板式楼梯，楼梯结构布置如图 6.46 所示。踏步两端与平台梁和楼梯梁整接，平台板一端与平台梁整接，另一端搁置在砖墙上，平台梁两端都搁置在楼梯间的侧墙上。试计算楼梯的各个组成部分。

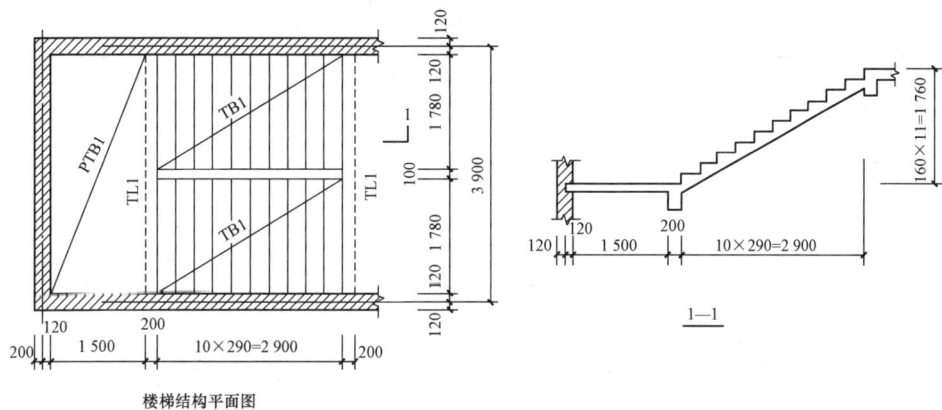

楼梯结构平面图

图 6.46　楼梯结构布置图

（二）任务实施

1. 课前准备

课前完成线上学习任务，从网络课堂接受任务，通过互联网、图书查阅资料，分析相关信息，做好任务前的准备工作。

2. 任务引导

根据前面学习过的内容，查阅规范设计案例，找出与本任务中相类似的解题过程。

3. 任务设计

4. 设计任务评价表(表 6.9)

表 6.9　任务评价表

序号	评价项目	配分	自我评价 (25%)	小组评价 (30%)	教师评价 (35%)	其他 (10%)
1	能够正确列出与使用任务实施中的计算公式	10				
2	能够描述现浇钢筋混凝土板式楼梯设计计算的过程与依据	20				
3	能够依据规范查阅确定相关数据	10				
4	计算准确	20				
5	绘图规范、合理	10				
6	遵守纪律	10				
7	完成任务中的所有内容	20				
	合计	100				
	总分					

模块 7　多层及高层钢筋混凝土结构与平法图识读

【知识结构】

```
┌─────────────────────────────────────────────────┐
│ 多层及高    ┌─ 多层及高层建筑的定义                │
│ 层建筑的 ──┤                                      │
│ 结构体系    └─ 多层及高层建筑的常用结构体系        │
└─────────────────────────────────────────────────┘

┌─────────────────────────────────────────────────┐
│             ┌─ 框架结构的类型及布置                │
│ 框架结构 ──┤                                      │
│             └─ 框架结构设计与计算                  │
└─────────────────────────────────────────────────┘

┌─────────────────────────────────────────────────┐
│ 结构施工    ┌─ 结构施工图平面表示方法              │
│ 图平面整 ──┤                                      │
│ 体表示方法  └─ 板、柱、梁、墙施工图识图            │
└─────────────────────────────────────────────────┘
```

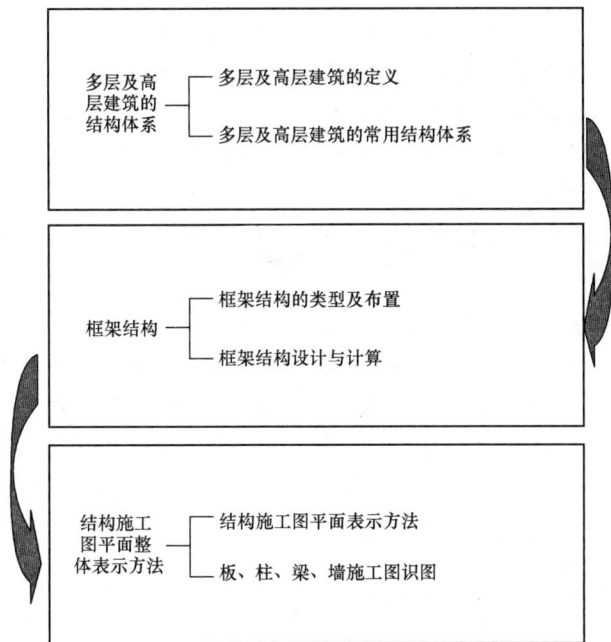

任务 1　多层及高层建筑的结构体系

知识目标

1. 了解多层及高层建筑的定义；
2. 了解各种常用结构体系的特点、适用范围。

能力目标

初步具有对多层及高层建筑的结构合理选型的能力。

素养目标

1. 培养科学求实、诚实守信、严谨认真的工作态度；

2. 培养遵守相关法律法规、结构设计规范和识图标准的职业意识；

3. 树立安全至上、质量第一的理念。

行业故事

世界各城市的生产和消费的发展达到一定程度后，都会积极致力于提高城市建筑的层数。实践证明，高层建筑可以带来明显的社会经济效益：首先，使人口集中，可利用建筑内部的竖向和横向交通缩短部门之间的连系距离，从而提高效率；其次，能使大面积建筑的用地大幅度缩小，有可能在城市中心地段选址；最后，可以减少市政建设投资和缩短建筑工期。

当高层建筑的层数和高度增加到一定程度时，它的功能适用性、技术合理性和经济可行性都将发生质的变化。与多层建筑相比，在设计上、技术上都有许多新的问题需要加以考虑和解决。作为一名土木工程专业的学生，更要知道高层建筑在结构方面的问题，主要有：

(1)考虑高层建筑遇到巨大风荷载和地震作用时所产生的水平侧向力；

(2)严格控制高层建筑体型的高宽比例，以保证其稳定性；

(3)使建筑平面、体型、立面的质量和刚度尽量保持对称和匀称，使整体结构不出现薄弱环节；

(4)妥善处理因风荷载、地震、温度变化和基础沉降带来的变形节点构造；

(5)考虑在重量大、基础深的地质条件下如何保证安全可靠的设计技术和施工条件问题。

中国的高层建筑历史源远流长。古代就开始建造高层建筑，建于 523 年的河南登封县嵩岳寺塔，高为 40 m，为砖结构；建于 1056 年的山西应县佛宫寺释迦塔，高 67 m 多，为木结构，均保存至今。因此，作为土木工程专业的学生，应该好好学习专业知识，为我国以后的高层建筑发展做出自己的一份贡献。

任务描述

某城市规划了一座高层住宅楼，设计师需要选择一个适合的结构体系。该结构体系需要满足国家相关标准和规范的要求，具有较高的抗震性能和承载能力，并且需要考虑施工效率和经济性。应考虑采用什么样的结构形式？考虑哪些问题？

知识准备

《高层建筑混凝土结构技术规程》(JGJ 3—2010)中规定，10 层及 10 层以上或房屋高度大于 28 m 的住宅建筑和房屋高度大于 24 m 的其他房屋民用建筑为房屋建筑，2～9 层且高度不大于 28 m 的建筑物为多层建筑物。《建筑设计防火规范（2018 年版）》(GB 50016—2014)中规定，27 m 的住宅建筑以及高度大于 24 m 的非单层厂房、仓库和其他民用建筑为高层建筑，超过 100 m 的为超高层。

1.1 高层建筑的特点

(1)可以获得更多的建筑面积。

(2)可以提供更多的空闲场地，用作绿化和休闲场地，有利于美化环境，带来充足的日光、采光和通风效果。

（3）结构分析和计算更加复杂，水平荷载是高层建筑结构设计的主要控制因素，水平荷载在非地震区主要为风荷载，地震区为风荷载和地震作用。

（4）工程造价较高，运行成本较大。

（5）热岛效应（城市人口密集、工厂及车辆排热、居民生活用能的释放、城市建筑结构及下垫面特性的综合影响等是其产生的主要原因）或影响建筑物周边区域的采光，玻璃幕墙造成光污染现象。城市热岛可影响近地层温度层结，城市热岛还在一定程度上影响城市空气湿度、云量和降水。对植物的影响则表现为提早发芽和开花、推迟落叶和休眠。

1.2 常用结构体系

钢筋混凝土多层及高层房屋有框架结构[图 7.1(a)]、剪力墙结构[图 7.1(b)]、框架-剪力墙结构[图 7.1(c)]和筒体结构四种主要的结构体系。

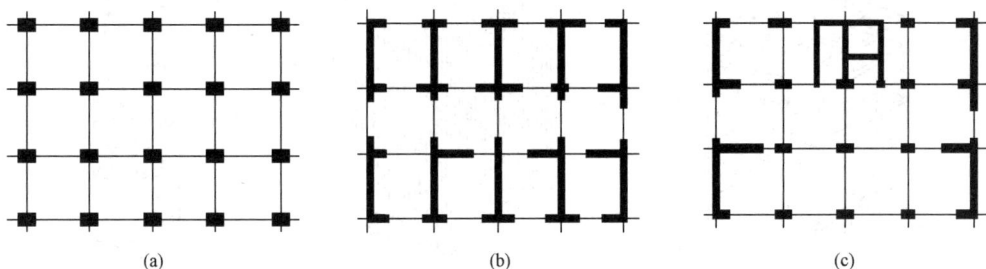

图 7.1 常用结构体系
(a)框架结构；(b)剪力墙结构；(c)框架-剪力墙结构

1. 框架结构

框架结构房屋是由梁、柱组成的框架承重体系，内、外墙仅起围护和分隔的作用。

框架结构的优点是能够提供较大的室内空间，平面布置灵活，因而适用于各种多层工业厂房和仓库。在民用建筑中，框架结构适用于多层和高层办公楼、旅馆、医院、学校、商场及住宅等内部有较大空间要求的房屋。

框架结构在水平荷载下表现出抗侧移刚度小、水平位移大的特点，属于柔性结构，随着房屋层数的增加，水平荷载逐渐增大，将因侧移过大而不能满足要求。因此，框架结构房屋一般不超过 15 层。

2. 剪力墙结构

当房屋层数更多时，水平荷载的影响进一步加大，这时可将房屋的内、外墙都做成剪力墙，形成剪力墙结构[图 7.1(b)]。它既承担竖向荷载，又承担水平荷载——剪力，"剪力墙"由此得名。因剪力墙是一整片高大实体墙，侧面又有刚性楼盖支撑，故有很大的刚度，属于刚性结构。在水平荷载下，相当于一个底部固定、顶端自由的竖向悬臂梁。

剪力墙结构由于受实体墙的限制，平面布置不灵活，故适用于住宅、公寓、旅馆等小开间的民用建筑，在工业建筑中很少采用。此种结构的刚度较大，在水平荷载下侧移小，适用于 15～35 层的高层房屋。

3. 框架-剪力墙结构

为了弥补框架结构随房屋层数增加，水平荷载迅速增大而抗侧移刚度不足的缺点，可在框架结构中增设钢筋混凝土剪力墙形成框架-剪力墙结构[图 7.1(c)]。

在框架-剪力墙结构房屋中,框架负担竖向荷载为主,而剪力墙将负担绝大部分水平荷载。此种结构体系房屋由于剪力墙的加强作用,房屋的抗侧移刚度有所提高,房屋侧移大大减小,多用于 16~25 层的工业与民用建筑中(如办公楼、旅馆、公寓、住宅及工业厂房)。

4. 筒体结构

筒体结构是将剪力墙集中到房屋的内部和外围形成空间封闭筒体,使整个结构体系既具有极大的抗侧移刚度,又能因剪力墙的集中而获得较大的空间,使建筑平面获得良好的灵活性,由于抗侧移刚度较大,适用于更高的高层房屋(≥30 层,≥100 m)。

筒体结构有单筒体结构(包括框架核心筒和框架外框筒)、筒中筒结构和成束筒结构三种形式(图 7.2)。

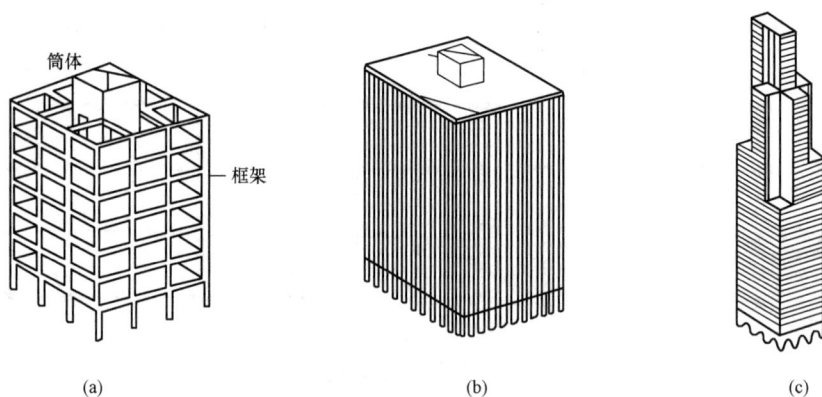

图 7.2 筒体结构
(a)单筒体结构;(b)筒中筒结构;(c)成束筒结构

任务实施

1. 设计任务分析

(1)结构安全性:结构体系要能够承受地震、风荷载等外部荷载,确保建筑的安全性和稳定性。

(2)施工效率:结构体系要便于施工,提高施工效率和质量。

(3)经济性:结构体系要考虑经济性,控制建筑成本。

2. 设计任务的实施

在这个案例中,我们可以选择钢筋混凝土框架结构作为多层及高层建筑的结构体系。以下是具体的设计方案。

(1)结构形式:采用钢筋混凝土框架结构。框架结构由柱、梁和楼板组成,具有较高的抗震性能和承载能力。

(2)框架结构:柱和梁采用预制构件,楼板采用预制混凝土楼板。预制构件的工厂化生产可以提高施工效率和质量控制。

(3)剪力墙结构:在结构体系中引入剪力墙,提高结构的整体刚度和稳定性。剪力墙采用钢筋混凝土墙体,具有较高的抗震性能和承载能力。

（4）钢结构：在高层建筑中，采用钢结构作为主体结构，提高抗震性能和空间利用率。钢结构具有较高的强度和刚度，可以减小柱子和墙体的截面尺寸，提供开放、灵活的空间布局。

（5）装配式施工：采用装配式施工的方法，将柱、梁和楼板等构件预制在工厂中，然后运输到现场进行组装。装配式施工可以提高施工效率和质量，减少现场施工时间和人力成本。

（6）绿色建筑：结构体系要考虑绿色建筑的原则，采用可再生材料和环保材料，减少对自然资源的消耗和环境污染。同时，结构体系要考虑节能和节水的要求，减少能源和水资源的消耗。

思考与练习

简答题

1. 常用的多、高层建筑结构体系有哪几种？
2. 什么是框架结构？它们有何特点？

任务 2　框架结构

知识目标

1. 了解框架结构的类型及布置；
2. 理解框架结构的内力计算和设计步骤。

能力目标

1. 具有合理进行框架结构布置的能力；
2. 能够按照框架结构的构造要求正确指导施工。

素养目标

1. 培养科学求实、诚实守信、严谨认真的工作态度；
2. 培养遵守相关法律法规、结构设计规范和识图标准的职业意识；
3. 树立安全至上、质量第一的理念。

行业故事

剪力墙结构体系由纵、横剪力墙和楼盖构成，剪力墙既承受两个方向的水平荷载，又承受全部的竖向荷载。剪力墙结构体系的侧向刚度较大，因而可以建造建筑物的高度比框架结构体系大。同时，剪力墙结构体系的平面布置受到很大限制，适用于隔墙位置固定，平面布置比较规则的住宅、旅馆等建筑。例如广州白云宾馆，它是我国首栋百米高层建筑。

1972年，为扩大对外贸易，满足交易会的需求，中央决定在广州兴建白云宾馆。1976年年初，投资2 000万元的白云宾馆基本完工。楼高120 m，共34层（包括地下室一层），拥有客房718间，为当时中国的第一高楼。1976年6月1日，白云宾馆正式开业。

　　广州白云宾馆的楼群掩映在郁葱的"绿意"中，2 000 m²的前庭花园，绿树葱茏，芳草如茵，在车水马龙的环市东路上，俨然是"城中绿岛"。

📋 任务描述

　　设计一个多层商业综合体，包括商场、办公楼和酒店等功能。采用框架结构，该建筑需要满足国家相关标准和规范的要求，具有较高的抗震性能和承载能力，并且需要考虑施工效率和经济性。受力计算是非常重要的一步。进行受力计算的基本步骤是什么？

📋 知识准备

2.1　框架结构的类型

　　框架结构按施工方法，可分为全现浇式框架、半现浇式框架、装配式框架和装配整体式框架四种形式。全现浇式框架，即梁、柱、楼盖均为现浇钢筋混凝土。半现浇式框架是指梁、柱为现浇，楼板为预制，或柱为现浇，梁板为预制的结构。装配式框架是指梁、柱、楼板均为预制，然后通过焊接拼装连接成整体的框架结构。所谓装配整体式框架，是将预制梁、柱和板在现场安装就位后，在梁的上部及梁、柱节点处再后浇混凝土使其形成整体，故它兼有现浇式和装配式框架两者的优点；缺点是增加了现场浇筑混凝土量，且装配整体式框架的梁是二次受力的叠合构件——叠合梁，计算较复杂。

动画：框架
结构构造

2.2　框架结构的布置

1. 柱网及层高

　　结构的框架布置主要是确定柱网尺寸，即平面框架的跨度（进深）及其间距（开间）。框架结构的柱网尺寸和层高应根据房屋的生产工艺、使用要求、建筑材料和施工条件等因素综合确定，并应符合一定的模数要求，力求做到平面形状规整统一、均匀对称、体形简单，最大限度地减少构件的种类、规格，以简化设计，方便施工。

视频：框架结构

　　民用建筑柱网和层高一般以300 mm为模数。由于民用建筑种类繁多，功能要求各有不同，因此柱网和层高的变化也大，特别是高层建筑，柱网较难定型，灵活性大。

2. 承重框架布置方案

　　根据承重框架布置方向的不同，框架的结构布置方案可划分为以下三种：

　　（1）横向框架承重。横向框架承重布置方案是板、连系梁沿房屋纵向布置，框架承重梁沿横向布置（图7.3），有利于增加房屋的横向刚度；缺点是由于主梁截面尺寸较大，当房屋需要较大空间时，其净空较小。

　　（2）纵向框架承重。纵向框架承重布置方案是板、连系梁沿房屋横向布置，框架承重梁沿纵向布置（图7.4）。优点是通风、采光好，有利于楼层净高的有效利用，可设置较多的架空管道，故适用于某些工业厂房；但因其横向刚度较差，在民用建筑中一般采用较少。

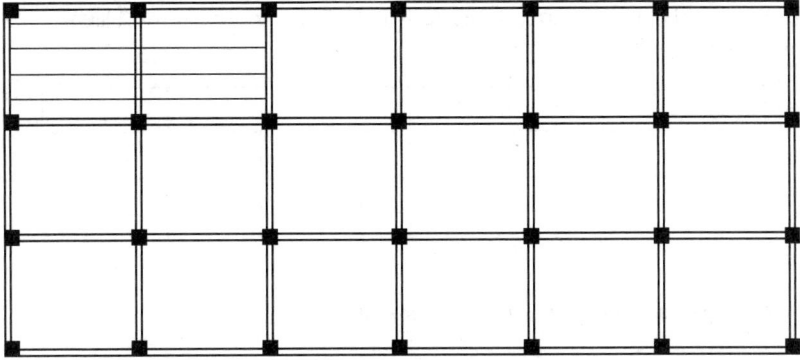

图 7.3　横向框架承重体系

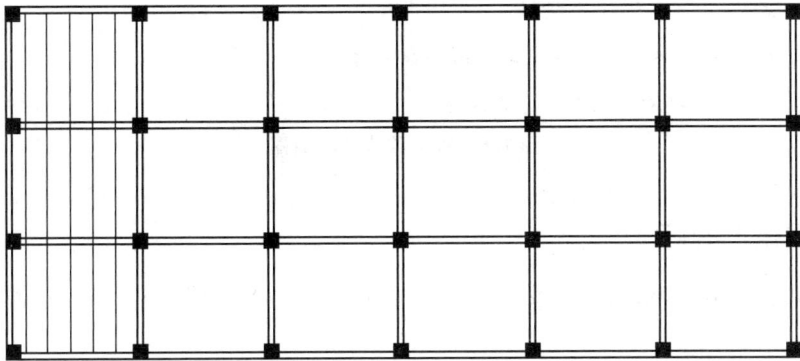

图 7.4　纵向框架承重体系

（3）纵、横向框架混合承重。纵、横向框架混合承重布置方案是沿房屋的纵、横向布置承重框架(图 7.5)。纵、横向框架共同承担竖向荷载与水平荷载。当柱网平面尺寸为正方形或接近正方形时，或当楼面活荷载较大时，则常采用这种布置方案。纵、横向框架混合承重方案，多采用现浇钢筋混凝土整体式框架。

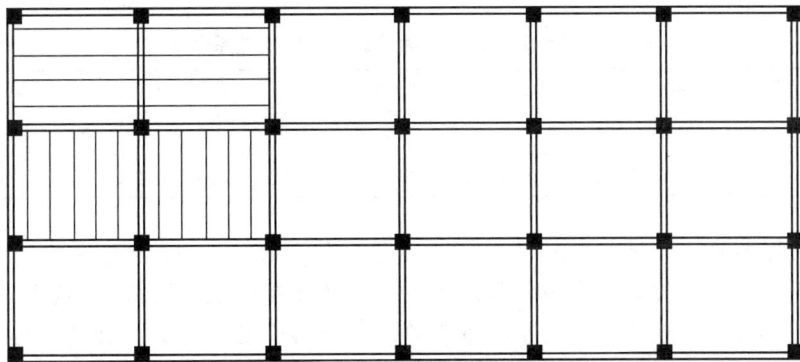

图 7.5　纵、横向框架混合承重体系

2.3　框架结构计算简图

任何框架结构都是一个空间结构，当横向、纵向的各榀框架布置规则，各自的刚度和荷载分布都比较均匀时，可以忽略相互之间的空间连系，简化为一系列横向和纵向平面框架，使计算大大简化，如图 7.6 所示。在计算简图中，框架梁、柱以其轴线表示，梁柱连接区以节点表示。梁的跨度取其节点间的长度。柱高，首层取基础顶面至一层梁顶之间的高度，一般层取层高。

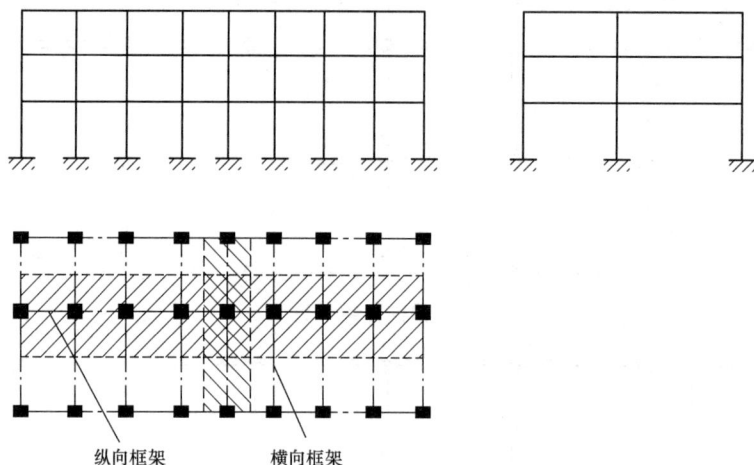

图 7.6　框架结构计算简图

2.4　框架上的荷载

竖向荷载包括恒载（结构自重及建筑装修材料重量等）及活载（楼面及屋顶使用荷载、雪荷载等）。

在设计楼面梁、墙、柱及基础时，要根据承荷面积（对于梁）及承荷层数（对于墙、柱及基础）的多少，对楼面活荷载乘以相应的折减系数。这是因为考虑到构件的受荷面积越大（或承荷层数越多），楼面活荷载在全部承荷面上均满载的概率越小。如以住宅、旅馆、办公楼、医院病房及托儿所等房屋为例，当楼面梁的承荷面积（梁两侧各延伸 1/2 梁间距范围内的实际面积）超过 25 m² 时，楼面活载折减系数为 0.9；墙柱基础的活荷载按楼层数的折减系数见表 7.1。

表 7.1　计算截面以上活荷载总和的折减系数表

计算截面以上的层数	1	2~3	4~5	6~8	9~20	>20
计算截面以上活荷载总和的折减系数	1.0(0.9)	0.85	0.70	0.65	0.60	0.55
注：当楼面梁的承荷面积大于 25 m² 时，采用括号内数值。其他类房屋的折减系数见《荷载规范》						

风荷载的标准值 W_k、基本风压 W_0、风压高度变化系数 μ_z、风载体型系数 μ_s 参见模块 6。对于高层建筑，要适当提高基本风压的取值。对一般高层建筑，可按《荷载规范》给出的基本风压值乘以系数 1.1 后采用；对于特别重要的和有特殊要求的高层建筑，可将基本风压值乘以 1.2 后采用。

随风速、风向的变化，作用在建筑物表面上的风压（吸）力也在不停地变化。实际风压是在平均风压上下波动。波动风压会使建筑物在平均侧移附近左右摇摆。对高度较大、刚度较小的高层建筑将产生不可忽略的动力效应，使振幅加大。设计时采用加大风载的办法来考虑动力效应，在风压值上乘风振系数 β_z。

《荷载规范》规定，只对于高度大于 30 m，且高宽比大于 1.5 的房屋结构，考虑风振系

数 β_z。其他情况下，取 $\beta_z = 1.0$。有关风振系数 β_z 的计算方法详见《荷载规范》。

2.5 框架内力近似计算方法

1. 竖向荷载作用——分层法

框架在竖向荷载作用下，各层荷载对其他层杆件的内力影响较小，因此，可忽略本层荷载对其他各层梁内力的影响，将多层框架简化为单层框架，即分层做力矩分配计算。具体步骤如下：

(1)将多层框架分层，以每层梁与上下柱组成的单层框架作为计算单元，柱远端假定为固定端；

(2)用力矩分配法分别计算各计算单元的内力，由于除底层柱底是固定端外，其他各层柱均为弹性连接，为减少误差，除底层柱外，其他各层柱的线刚度均乘以 0.9 的折减系数，相应的传递系数也改为 1/3，底层柱仍为 1/2；

(3)分层计算所得的梁端弯矩即为最后弯矩。由于每根柱分别属于上、下两个计算单元，所以柱端弯矩要进行叠加。此时节点上的弯矩可能不平衡，但一般误差不大，如需要进一步调整时，可将节点不平衡弯矩再进行一次分配，但不再传递。

对侧移较大的框架及不规则的框架不宜采用分层法。

2. 框架在水平荷载作用的近似计算方法——反弯点法、D 值法

(1)反弯点法。框架在水平荷载作用下，因无节点间荷载，梁、柱的弯矩图都是直线形，都有一个反弯点，在反弯点处弯矩为零，只有剪力。因此，若能求出反弯点的位置及其剪力，则各梁、柱的内力就很容易求得。

底层柱的反弯点位于距柱下端 2/3 高度处，其余各层柱反弯点在柱高的中点处。

按柱的抗侧刚度将总水平荷载直接分配到柱，得到各柱剪力以后，可根据反弯点的位置，求得柱端弯矩。再由结点平衡，可求出梁端弯矩和剪力。反弯点法对梁柱线刚度之比超过 3 的层数不多的规则框架，计算误差不大。

(2)D 值法。对于多高层框架，用反弯点法计算的内力误差较大。为此，改进的反弯点法(D 值法)用修正柱的抗侧移刚度和调整反弯点高度的方法计算水平荷载作用下框架的内力。修正后的柱抗侧移刚度用 D 表示，故又称为 D 值法。该方法的计算步骤与反弯点法相同，具体可参考相关书籍，这里不再讲述。

2.6 框架侧移近似计算及限值

1. 框架侧移近似计算

抗侧移刚度 D 的物理意义是产生单位层间侧移所需的剪力(该层间侧移是梁柱弯曲变形引起的)。当已知框架结构第 j 层所有柱的 D 值($\sum D_{ij}$)及层剪力 V_j 后，则可得近似计算层间侧移 Δ_j 的公式：

$$\Delta_j = \frac{v_j}{v_n} \tag{7.1}$$

框架顶点的总侧移为各层框架层间侧移之和，即

$$\Delta_n = \sum_{j=1}^{n} \Delta_j \tag{7.2}$$

式中　n——框架的总层数。

以上算出的层间侧移和顶点的总侧移是梁柱弯曲变形引起的。事实上，框架的总变形应由梁柱弯曲变形和柱轴向变形两部分组成。在层数不多的框架中，柱轴向变形引起的侧移很小，常常可以忽略。在近似计算中，只须计算由梁柱弯曲引起的变形。

2. 框架侧移限值

为保证多层框架房屋具有足够的刚度，避免因产生过大的侧移而影响结构的强度、稳定性和使用要求。规范规定：高度不大于 150 m 的框架结构，其楼层层间最大位移与层高之比不宜大于 1/550。

2.7　控制截面及最不利内力组合

框架结构承受的荷载有恒载、楼(屋)面活载、风荷载和地震作用(抗震设计时需考虑)。对于框架梁，一般取两梁端和跨间最大弯矩处截面为控制截面。对于柱，取各层柱上、下两端为控制截面。

1. 最不利组合

最不利内力组合就是使得所分析杆件的控制截面产生不利的内力组合，通常是指对截面配筋起控制作用的内力组合。对于框架结构，针对控制截面的不利内力组合类型如下。

(1)梁端截面：$+M_{\max}$；$-M_{\max}$；$V_{\max}$。

(2)梁跨中截面：$+M_{\max}$；$M_{\min}$。

(3)柱端截面：$+|M|_{\max}$ 及相应的 N，V；$N_{\max}$ 及相应的 M，V；$N_{\min}$ 及相应的 M，V。

2. 竖向活荷载不利布置及其内力塑性调幅

竖向活荷载不利布置的方法有逐跨施荷组合法、最不利荷载位置法和满布活载法。

满布活载法把竖向活荷载同时作用在框架的所有的梁上，即不考虑竖向活荷载的不利分布，大大地简化计算工作量。这样求得的内力在支座处与按最不利荷载位置法求得的内力很接近，可以直接进行内力组合。但其计算的跨中弯矩比最不利荷载位置法计算结果明显偏低，用此法时常对跨中弯矩乘以 1.1～1.2 的调整系数予以提高。经验表明，对楼(屋)面活荷载标准值不超过 5.0 kN/m² 的一般工业与民用多层及高层框架结构，此法的计算精度可以满足工程设计要求。

在竖向荷载作用下，可以考虑梁端塑性变形内力重分布而对梁端负弯矩进行调幅。装配整体式框架调幅系数为 0.7～0.8；现浇框架调幅系数为 0.8～0.9。梁端负弯矩减小后，应按平衡条件计算调幅后的跨中弯矩(与调幅前的跨中弯矩相比有所增加)。截面设计时，梁跨中正弯矩至少应取按简支梁计算的跨中弯矩的一半。竖向荷载产生的梁的弯矩应先进行调幅，再与风荷载和水平地震作用产生的弯矩进行组合。

2.8　框架构件设计

1. 梁柱截面形状及尺寸

对于框架梁，截面形状一般有矩形、T 形、I 形等。

框架结构的主梁截面高度 h_b 可按 $(1/10～1/18)l_b$ 确定(l_b 为主梁的计算跨度)，且不宜大于 1/4 净跨。主梁截面的宽度 b_b 不宜小于 $1/4h_b$，且不宜小于 200。

对于框架柱，截面形状一般有矩形、T 形、I 形、圆形等。

框架矩形截面柱的边长，不宜小于 250 mm，圆柱直径不宜小于 350 mm，截面高度与宽度的边长比不宜大于 3。

2. 材料强度等级

现浇框架的混凝土强度等级不应低于 C20，梁、柱混凝土强度等级相差不宜大于 5 MPa。超过时，梁、柱节点区施工时应做专门处理，使节点区混凝土强度等级与柱相同。

纵向钢筋宜采用 HRB400 级钢筋。

3. 配筋计算

(1)框架梁。框架梁纵向钢筋及腹筋的配置，分别由受弯构件正截面承载力和斜截面承载力计算确定，并满足变形和裂缝宽度要求，同时满足构造规定。

(2)框架柱。框架柱为偏心受压构件，其配筋按偏心受压构件计算。通常，中间轴线上的柱可按单向偏心受压考虑，位于边轴线上的角柱，应按双向偏心受压考虑。

4. 配筋构造要求

(1)框架梁。纵向受拉钢筋的最小配筋率不应小于 0.2% 和 $0.45f_t/f_y$ 两者的较大值；沿梁全长顶面和底面应至少各配置两根纵向钢筋，钢筋直径不应小于 12 mm。框架梁的箍筋应沿梁全长设置。截面高度大于 800 mm 的梁，其箍筋直径不宜小于 8 mm；其余截面高度的梁不应小于 6 mm。在受力钢筋搭接长度范围内，箍筋直径不应小于搭接钢筋最大直径的 25%。箍筋间距不应大于表 7.2 的规定；在纵向受拉钢筋的搭接长度范围内，箍筋间距尚不应大于搭接钢筋较小直径的 5 倍，且不应大于 100 mm；在纵向受压钢筋的搭接长度范围内，也不应大于搭接钢筋较小直径的 10 倍，且不应大于 200 mm。

表 7.2　抗震设计梁箍筋的最大间距(mm)

h_b/mm	$V>0.7f_tbh_0$	$V \leqslant 0.7f_tbh_0$
$h_b \leqslant 300$	150	200
$300<h_b \leqslant 500$	200	300
$500<h_b \leqslant 800$	250	350
$h_b>800$	300	500

(2)框架柱。柱纵向钢筋的最小配筋百分率对于中柱、边柱和角柱不应小于 0.6%，同时每一侧配筋率不应小于 0.2%；柱全部纵向钢筋的配筋百分率不宜大于 5%。柱纵向钢筋宜对称配置。柱纵向钢筋间距不应大于 350 mm，截面尺寸大于 400 mm 的柱，纵向钢筋间距不宜大于 200 mm；柱纵向钢筋净距均不应小于 50 mm。柱的纵向钢筋不应与箍筋、拉筋及预埋件等焊接；柱纵向钢筋的绑扎接头应避开柱端的箍筋加密区。框架柱的周边箍筋应为封闭式。箍筋间距不应大于 400 mm，且不应大于构件截面的短边尺寸和最小纵向受力钢筋直径的 15 倍。箍筋直径不应小于最大纵向钢筋直径的 1/4，且不应小于 6 mm。当柱中全部纵向受力钢筋的配筋率超过 3% 时，箍筋直径不应小于 8 mm，箍筋间距不应大于最小纵向钢筋直径的 10 倍，且不应大于 200 mm。箍筋末端应做成 135° 弯钩且弯钩末端平直段长度不应小于 10 倍箍筋直径。当柱每边纵筋多于 3 根时，应设置复合箍筋(可采用拉筋)。

2.9　现浇框架节点构造

现浇框架的节点构造主要是为了保证梁和柱的连接质量。框架梁、柱的纵向钢筋在框架节点区的锚固和搭接应符合图 7.7 的要求。

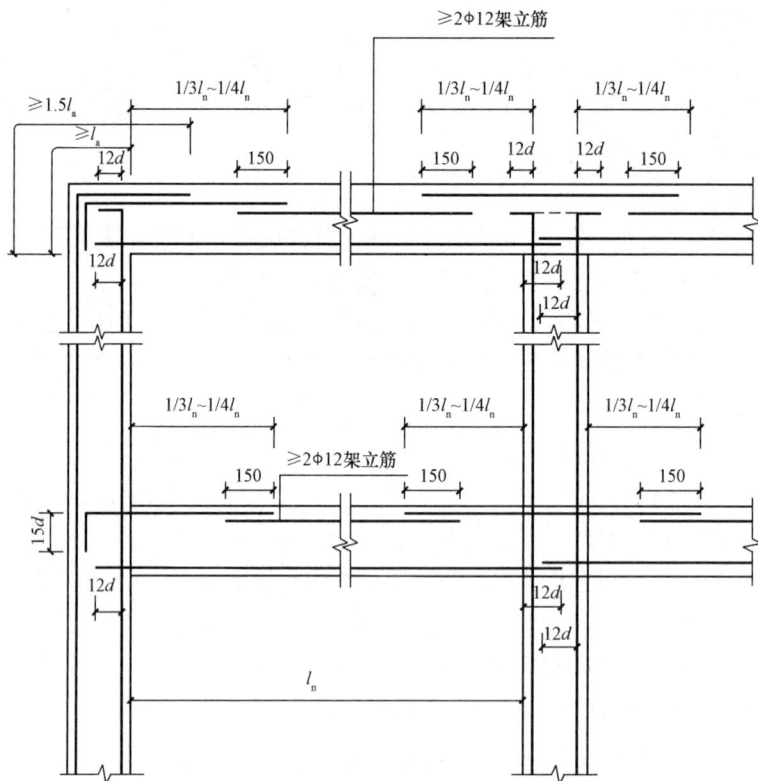

图 7.7　设计框架梁纵向钢筋在节点内的锚固与搭接

任务实施

第一步　确定荷载。

根据商业综合体的用途和规模，确定各种荷载，包括永久荷载(如自重、装修材料)、可变荷载(如人员、家具、设备)和风荷载等。根据国家和地区的相关规范，确定荷载的大小和分布情况。

第二步　进行结构分析。

根据商业综合体的结构体系和荷载情况，进行结构分析。可以使用有限元分析软件或手算方法进行结构分析，计算各个构件的受力情况，如梁、柱、框架节点等。

第三步　计算构件受力。

根据结构分析的结果，计算各个构件的受力情况。对于框架结构，通常需要计算梁、柱和节点的受力。对于梁和柱，需要计算弯矩、剪力和轴力等。对于节点，需要计算节点的刚度和连接件的受力情况。

第四步　设计构件尺寸。

根据构件的受力情况，进行构件尺寸的设计。根据相关规范和设计准则，确定构件的截面尺寸和材料强度等参数，以满足构件的强度和稳定性要求。

第五步　进行验算和优化。

对设计的构件尺寸进行验算，确保构件的强度和稳定性满足设计要求。如果有必要，可以进行优化设计，调整构件的尺寸和布置，以提高结构的经济性和效率。

> 思考与练习

简答题

1. 框架结构的承重方式有哪几种？特点如何？

2. 如何估算框架梁、柱截面尺寸？

3. 在确定框架结构的计算简图时，如何利用结构和荷载的对称性？

4. 多层框架结构在荷载作用下(竖向荷载和水平荷载)的内力和侧移计算，采用的方法有哪些？

5. 多层框架在竖向荷载作用下的计算方法有哪几种？

6. 何谓弯矩二次分配法？如何计算？三大要素是什么？

7. 用弯矩分配法计算多层框架在竖向荷载作用下的内力时，其三大要素是什么？

任务 3　结构施工图平面整体表示方法

知识目标

1. 了解结构施工图平面表示方法；
2. 掌握剪力墙平法施工图识图方法。

能力目标

1. 具有阅读框架结构平法施工图的能力；
2. 具有绘制框架结构施工图的能力。

素养目标

1. 培养科学求实、诚实守信、严谨认真的工作态度；
2. 培养遵守相关法律法规、结构设计规范和识图标准的职业意识；
3. 树立安全至上、质量第一的理念。

行业故事

陆建新：以"工匠精神"建万丈高楼

陆建新，1982 年毕业于南京建筑工程学院(现南京工业大学)工程测量专业，同年进入中建工作至今。多年来，他像钉子一样"钉"在建筑施工行业最前线，从最基层的测量员一步一步成长为钢结构建筑施工领域顶级专家,参与承建国内7幢百层高楼中的4幢,带领团队将中国超高层钢结构施工技术推向世界一流水平,被誉为"中国楼王"。

陆建新凭借高超的业务能力,屡屡刷新"中国高度"。1982年,陆建新18岁,在中国第一幢超高层建筑深圳国贸大厦从事施工测量工作,从此与超高层建筑结下不解之缘。他见证并参与了中国超高层建筑从无到有、中国建筑从100 m级高度逐步攀升至600 m级世界高度的全过程,亲自参与创造了深圳国贸大厦"三天一层楼"、深圳地王大厦"两天半一层楼"的"深圳速度"和广州西塔"两天一层楼"的世界高层建筑施工速度新纪录。1994年,建设当时的亚洲第一高楼深圳地王大厦时,他创新测量方法,将大楼整体垂直偏差控制在当时代表世界最高水准的美国标准允许偏差的1/3以内。该测量方法成为钢结构安装行业测量标准工艺并沿用至今。

陆建新孜孜不倦刻苦钻研,不断破解技术难题,将中国钢结构建筑施工技术推向世界领先水平。他主持研发的"上海环球金融中心超高层复杂体系巨型钢结构安装成套技术"等11项科技成果被鉴定为国际领先或先进水平,主持和参与完成的国家专利达400余项,参与完成的成果获4项国家科学进步奖。在深圳平安国际金融中心项目,他研发出世界领先的"悬挂式外爬塔式起重机支承系统及其周转使用方法",减少1 100多个塔式起重机使用台班,缩短工期96天,创造直接经济效益7 680余万元。该方法在全国多个项目推广应用,获得2017年日内瓦国际发明展特别金奖。

任务描述

已知某厂房双向板肋梁楼盖如图7.8所示,支承梁截面为200 mm×500 mm,梁上部纵筋直径为18 mm,梁中箍筋直径为10 mm。板中未注明分布筋直径为8 mm、间距为200 mm的HPB300级钢筋,板混凝土强度等级采用C20,板保护层厚度为15 mm,梁保护层厚度为25 mm,试计算:LB1中①号和②号钢筋的长度及根数,X、Y方向钢筋的根数及长度。

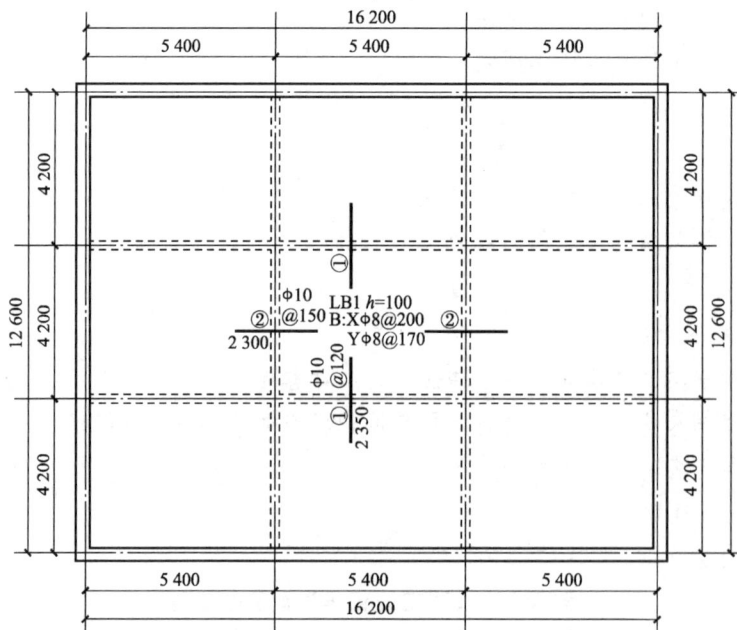

图7.8 楼板平法施工图

绘制结构梁、柱施工图，传统的方法是将构件(梁、柱)从结构平面布置图中索引出来，再逐个绘制配筋详图，绘图烦琐且工作量庞大。结构施工图平面整体设计方法(平法)对传统的方法做了重大改革。目前，平法作为结构施工图的新型设计表示方法，已广为采用。

平法的表达形式，概括来讲，是把结构构件的尺寸和配筋等，按照平面整体表示法制图规则，整体直接表达在各类构件的结构平面布置图上，再与标准构造详图相结合，即构成一套新型完整的结构施工图。

在平面布置图上表示各构件尺寸和配筋的方式有三种：平面注写方式、列表注写方式和截面注写方式。无论按哪种方式绘制结构施工图时，都应将所有梁、柱构件进行编号，编号中含有类型代号和序号。类型代号在标准图集中有明确的定义，必须按标准图集中的定义对构件编号，其作用是指明所选用的标准构造详图(因为在标准构造详图上已经按图集所定义的构件类型注明代号)。另外，还应在各类构件的平法施工图中注明各结构层的楼面标高、结构层高及相应的结构层号，且结构层楼面标高和结构层高在单项工程中必须统一。

为了确保施工人员准确无误地按平法施工图进行施工，在实际工程结构设计总说明中必须写明以下与平法施工图密切相关的内容：

(1)所选用平法标准图的图集号，以免图集升版后在施工中用错版本；

(2)混凝土结构的使用年限；

(3)抗震设防烈度及结构抗震等级，以明确选用相应抗震等级的标准构造详图；

(4)各类构件(梁、柱)在其所在部位所选用的混凝土的强度等级和钢筋级别，以确定相应纵向受拉钢筋的最小锚固长度及最小搭接长度等；

(5)柱(包括墙柱)纵筋、墙身分布筋、梁上部贯通筋等在具体工程中需接长时所采用的接头形式及有关要求；

(6)当具体工程中有特殊要求时，应在施工图中另加说明。梁、板、柱平法识图在前面的模块中已经学习，本任务主要介绍剪力墙平法施工图识图。

此处所讲的剪力墙，是指现浇钢筋混凝土结构中的剪力墙。剪力墙平法施工图的绘制同柱平法施工图一样，分为列表注写方式和截面注写方式两种。

1. 剪力墙平法施工图列表注写方式

剪力墙的构造比较复杂，除剪力墙自身的配筋外，还有暗梁、连梁、圈梁和暗柱等。在剪力墙平法施工图列表注写方式中表示内容包括剪力墙施工图和剪力墙梁表、剪力墙身表、剪力墙柱表、结构层楼面标高及结构层高表等。图7.9所示为剪力墙平法施工图列表注写方式示例；剪力墙表包括三个表，即剪力墙梁表、剪力墙身表和剪力墙柱表。剪力墙梁表的表示方法与梁的平法施工图中的列表注写方式相同；剪力墙柱表与柱平法施工图中的列表注写方式相同；剪力墙身表的配筋比较简单，它表示剪力墙的编号、标高、墙厚、水平分布筋、垂直分布筋和拉筋等内容。

2. 剪力墙平法施工图截面注写方式

如图7.10所示，剪力墙平法施工图截面注写方式与柱平法施工图截面注写方式类同。但是，除剪力墙的构造特点外，还有暗柱和连梁。暗柱表示方法与柱平法施工图截面注写方式一致；连梁的表示方法常采用梁平法施工图平面注写方式。

剪力墙柱表

	YBZ1	YBZ2	YBZ3	YBZ4
截面	(1 050 / 300 / 300×300)	(1 200 / 600 / 600 / 300)	(900 / 600 / 600 / 300)	(300×300 / 300 / 300 / 300 250 300)
编号	YBZ1	YBZ2	YBZ3	YBZ4
标高	-0.030~-12.270	-0.030~-12.270	-0.030~-12.270	-0.030~-12.270
纵筋	24⚟20	22⚟20	18⚟22	20⚟20
箍筋	Φ10@100	Φ10@100	Φ10@100	Φ10@100

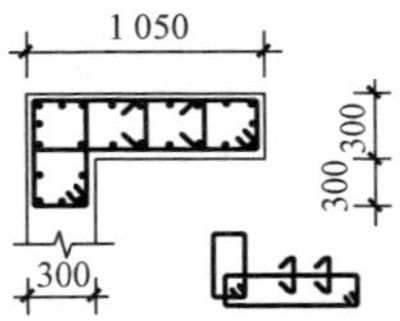

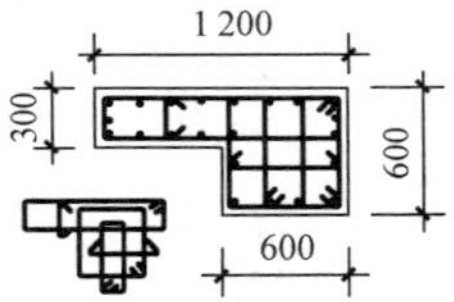

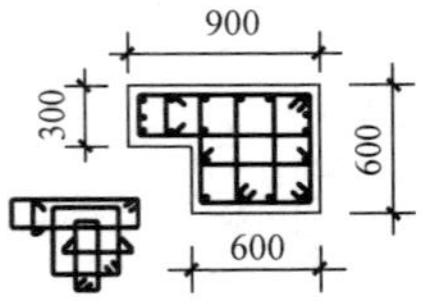

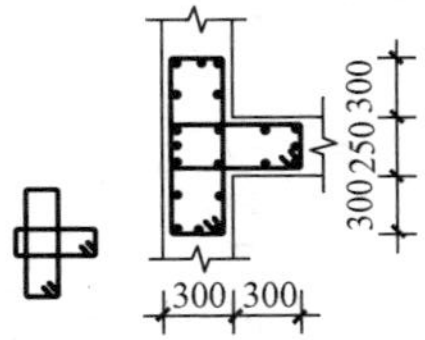

	YBZ5	YBZ6	YBZ7
截面	(550 / 250 / 825 / 250)	(250 / 300 250 / 1 400 / 300)	(300 / 600 / 600)
编号	YBZ5	YBZ6	YBZ7
标高	-0.030~-12.270	-0.030~-12.270	-0.030~-12.270
纵筋	20⚟20	23⚟20	16⚟20
箍筋	Φ10@100	Φ10@100	Φ10@100

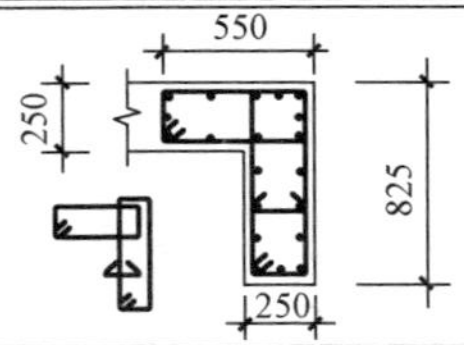

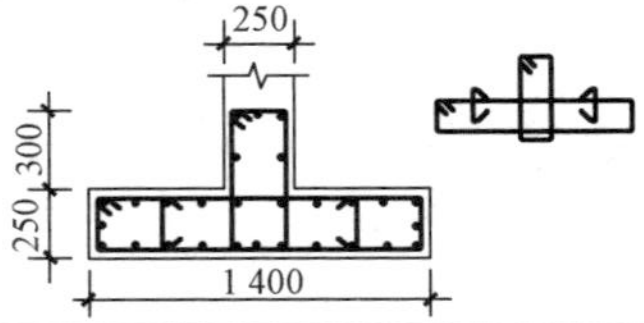

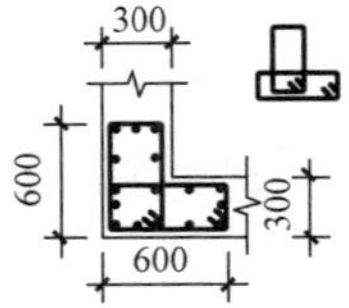

-0.030~-12.270剪力墙平法施工图列表注写方式示例（部分剪力墙柱表）

图 7.9 剪力墙平法施工图列表注写方式示例

层号	标高/m	层高/m
屋面2	65.670	
塔层2	62.370	3.30
屋面1(塔层1)	59.070	3.30
16	55.470	3.60
15	51.870	3.60
14	48.270	3.60
13	44.670	3.60
12	41.070	3.60
11	37.470	3.60
10	33.870	3.60
9	30.270	3.60
8	26.670	3.60
7	23.070	3.60
6	19.470	3.60
5	15.870	3.60
4	12.270	3.60
3	8.670	3.60
2	4.470	4.20
1	-0.030	4.50
-1	-4.530	4.50
-2	-9.030	4.50

剪力墙约束边缘构件位

结构层楼面标高
结构层高
上部结构嵌固部位：-0.030

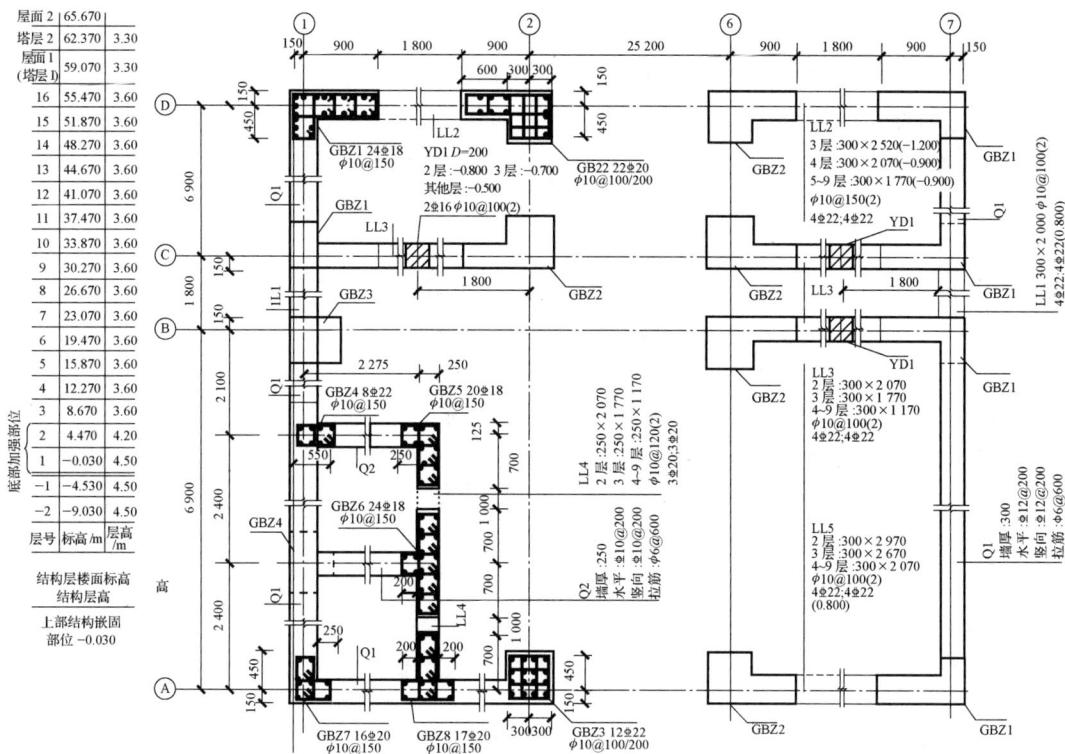

图 7.10　剪力墙平法施工图截面注写方式示例

任务实施

(1)①号负筋：

长度 $= 2\,350 \times 2 + 2(100 - 15 - 15) = 4\,840\,(\text{mm})$

$$根数 = \frac{5\,400 - 200 - \dfrac{120}{2} - \dfrac{120}{2}}{120} + 1 = 44\,(根)$$

⑤号负筋：

长度 $= 2\,300 \times 2 + 2(100 - 15 - 15) = 4\,740\,(\text{mm})$

$$根数 = \frac{4\,200 - 200 - \dfrac{150}{2} - \dfrac{150}{2}}{150} + 1 = 27\,(根)$$

(2)LB1 板底部受力钢筋 X 方向钢筋：

长度 $= l_\text{n} + \max\{5d,\ b/2\} \times 2 = 5\,400 - 200 + \max\{5 \times 8,\ 200/2\} \times 2 = 5\,400\,(\text{mm})$

$$根数 = \frac{4\,200 - 200 - \dfrac{200}{2} - \dfrac{200}{2}}{200} + 1 = 20\,(根)$$

Y 方向钢筋：

长度 $= l_\text{n} + \max\{5d,\ b/2\} \times 2 = 4\,200 - 200 + \max\{5 \times 8,\ 200/2\} \times 2 = 4\,200\,(\text{mm})$

$$根数 = \frac{5\,400 - 200 - \dfrac{170}{2} - \dfrac{170}{2}}{170} + 1 = 31\,(根)$$

一、简答题

1. 试说明 B、L、KL、KJ、GZ、KZ 分别代表什么构件。

2. 柱平法施工图的表达方法有哪两种？

3. 梁平法施工图的表达方法有哪两种？

4. 梁的平面注写方式有哪两种标注方式？施工时以哪种取值优先？

5. 试说明在梁平法表示中，φ6@100/200(2)、6Φ18 4/2、G4Φ16、N6Φ16 的含义。

二、实训题

(一)识图任务

图 6.16 为现浇钢筋混凝土单向板肋梁楼盖框架结构，试根据图纸及《混凝土结构施工图平面整体表示方法制图规则和构造详图(现浇混凝土框架、剪力墙、梁、板)》(22G101—1)画出楼盖配筋图。

(二)读图过程

1. 读图准备

课前完成线上学习任务，从网络课堂接受任务，通过互联网、图书查阅资料，分析相关信息，做好任务前的准备工作。

2. 读图引导

根据前面学习过的内容，查阅规范设计案例，找出与本任务中相类似的解题过程。

3. 读图任务

(1)确定表达方案。

(2)打底稿：

1)布图定基准线(定位轴线)；

2)梁、柱、墙等轮廓线；

3)楼板的钢筋(受力筋)详图：形状、编号、规格、直径、间距、配置范围等；

4)尺寸、文字标注：定位轴线、轴间尺寸、总尺寸等；

5)文字说明(包括图名、标题栏等)。

(3)图线整理。

4. 读图任务评价表(表 7.3)

表 7.3 任务评价表

序号	评价项目	配分	自我评价(25%)	小组评价(30%)	教师评价(35%)	其他(10%)
1	读图正确	10				
2	尺寸标注准确	20				
3	能够依据规范查阅确定相关数据	10				
4	钢筋数量及标识正确	20				
5	绘图规范、合理	10				
6	遵守纪律	10				
7	完成任务中的所有内容	20				
	合计	100				
	总分					

模块 8　砌体结构

【知识结构】

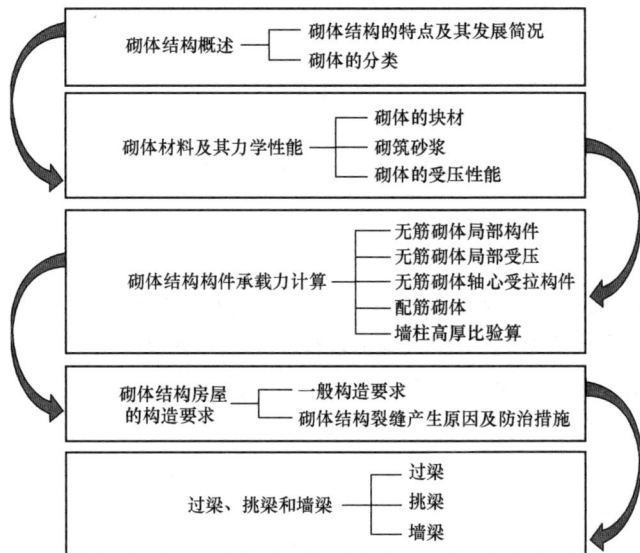

任务 1　砌体材料及其力学性能

知识目标

1. 了解砌体的材料、种类；

2. 了解判断砌体结构的受拉、受压、受弯、受剪性能和破坏特征的方法；

3. 理解正确使用砌体结构的抗拉、抗压、抗弯、抗剪强度平均值公式的方法；

4. 理解砌体结构的变形，砌体的弹性模量、剪切模量以及砌体的线膨胀系数、收缩率和摩擦系数等性能。

能力目标

1. 能够阐述块材的类型、规格、强度等级判定；

2. 能够判断砂浆的类型、施工工艺、应用及其强度等级；

3. 能够认识砌体的种类，判断砌体轴心受压破坏特点。

素养目标

1. 培养遵守结构设计规范和识图标准的职业意识；

2. 树立安全至上、质量第一的理念。

3. 培养科学求实、诚实守信、严谨认真的工作态度。

🗎 行业故事

　　砌体结构在我国具有悠久的发展历史。在19世纪中叶以前,我国古代的砖石建筑主要为城墙、佛塔和少数砖砌重型穹拱佛垫以及石桥和石拱桥。我国历史上有名的工程——万里长城,是春秋战国时期各诸侯国为了互相防御各自在形势险要处修建的城墙。秦始皇统一全国后为了防御北方匈奴的南侵,于公元前214年将秦、赵、燕三国的北边长城予以修缮,连贯为一,故址西起临洮(甘肃岷县),北傍阴山,东至辽宁。长城是我国古代劳动人民勇敢、智慧与血汗的结晶。作为当代大学生,我们应该坚信我国建筑瑰宝的历史价值,弘扬中国人民伟大的创造、奋斗、团结精神,坚定文化自信。

🗎 任务描述

　　某住宅楼有一截面尺寸为 370 mm×490 mm 的砖柱(图 8.1),烧结普通砖的强度等级为 MU10,水泥砂浆强度等级为 M7.5,柱高 3.5 m,两端为不动铰支座。柱顶承受轴向压力标准值 N_k＝148 kN(其中,永久荷载 108 kN,可变荷载 40 kN,不包括砖柱自重),砖的重度 $\gamma_{砖}$＝19 kN/m³,试验算该柱截面承载力。

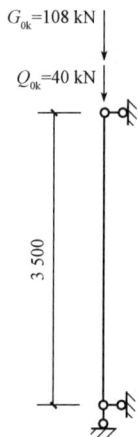

G_{0k}=108 kN

Q_{0k}=40 kN

3 500

图 8.1　柱示意

🗎 知识准备

1.1　砌体结构概述

1. 砌体结构产生和发展

　　砌体结构是由天然的或人工合成的各种块体通过砂浆铺缝砌筑而成的结构,是砖砌体、砌块砌体、石砌体结构的统称。因过去大量应用砖砌体和石砌体,所以,习惯上也称为砖石结构。本模块内容根据《砌体结构设计规范》(GB 50003—2011)(以下简称《砌体规范》)编写而成。

视频:砌体结构
的知识

砌体结构是人类最古老的一门建筑艺术，在我国有着悠久的历史。大约在 6 000 年前，就已有木构架和木骨泥墙。公元前 20 世纪，有土夯实的城墙。公元前 1783 年—公元前 1122 年，已逐渐开始采用黏土做版筑墙。公元前 1388 年—公元前 1122 年，逐步采用晒干的土坯砌筑墙。公元前 1134 年—公元前 771 年已有烧制的瓦。公元前 475 年—公元前 221 年已有烧制的大尺寸空心砖。公元 317 年—公元 558 年已有实心砖的使用。石料也由最初的用于装饰浮雕、台基和制作栏杆，到后来用于砌筑建筑物。

我国劳动人民对砌体建筑的发展做出了伟大的贡献。目前，古代遗留下来的砌体建筑物还有很多，如举世闻名的万里长城就是我国古代一项伟大的夯土砖石建筑工程。又如河南登封的嵩岳寺塔、河北赵县的安济桥、南京的天坛斋宫等，这些建筑形成了我国砌体结构的特有风格，充分体现了我国古代劳动人民超高的建筑技术。中华人民共和国成立以来，我国的基本建设取得了辉煌成就，随着我国经济的不断发展和人民生活水平的不断提高，人们的居住条件得到了很大程度上的改善，用砌体结构建造的各类住宅遍布我国城乡。

在国外，大约在 8 000 年前已开始采用晒干的土坯。5 000～6 000 年前经凿琢的天然石材已被广泛使用；烧制砖的使用也有约 3 000 年的历史。

2. 砌体结构的优点

砌体结构有着与其他结构迥然而异的特点。其主要优点如下：

(1)砌体结构所用的主要材料来源方便，易就地取材。天然石材易于开采加工；黏土、砂等在绝大多数地区有，且块材易于生产；利用工业固体废弃物生产的新型砌体材料既有利于节约天然资源，又有利于保护环境。这对节约钢、木、水泥三大建材具有现实意义。

(2)砌体结构造价低。不仅比钢结构节约钢材，较钢筋混凝土结构可以节约水泥和钢材，而且砌筑砌体时不需模板及特殊的技术设备，可以节约木材。

(3)砌体结构比钢结构甚至较钢筋混凝土结构有更好的耐火性，且具有良好的保温、隔热性能，节能效果明显。

(4)砌体结构施工操作简单快捷。一般新铺砌体上即可承受一定荷载，因而可以连续施工；在寒冷地区，必要时还可以用冻结法施工。

(5)当采用砌块或大型板材做墙体材料时，可以减轻结构自重，加快施工进度，进行工业化生产和施工。采用配筋混凝土砌块的高层建筑较现浇钢筋混凝土高层建筑可节省模板，加快施工进度。

3. 砌体结构的新进展和发展趋势

(1)块体轻质高强并改善物理性能；

(2)砂浆提高强度和粘结度，改善砌体整体性和抗震性；

(3)发展各种砌块，节省和利用资源，保护农田；

(4)采用配筋(甚至预应力筋)砌体，改善抗拉、抗剪强度；

(5)施工方面发展机械化和工业化方法；

(6)改善结构布置，避免砌体受拉、弯、剪。

4. 砌体的分类

砌体可按照所用材料、砌法及在结构中所起作用等方面的不同进行分类。按照所用材料不同，砌体可分为砖砌体、砌块砌体及石砌体；按砌体中有无配筋砌体，可分为无筋砌体与配筋砌体;按实心与否,可分为实心砌体与空心砌体;按在结构中所起的作用不同,可分为承重砌体与自承重砌体等。

按尺寸大小,砌块可分为小型砌块、中型砌块和大型砌块三种。通常,把高度为180～350 mm 的砌块称为小型砌块;高度为 350～900 mm 的砌块称为中型砌块;高度大于900 mm 的砌块称为大型砌块。

混凝土小型空心砌块是由普通混凝土或轻集料混凝土制成。主规格尺寸为 390 mm× 190 mm×190 mm。空心率为 25%～50%。其简称混凝土砌块或砌块,在我国承重墙体材料中使用最为普遍。

(1)砖砌体。由砖(包括空心砖)和砂浆砌筑而成的整体称为砖砌体。通常用作承重外墙、内墙、砖柱、围护墙及隔墙。墙体厚度是根据强度和稳定要求确定的。

砖砌体按砖的搭砌方式有一顺一丁、梅花丁、三顺一丁等砌法,如图 8.2 所示。

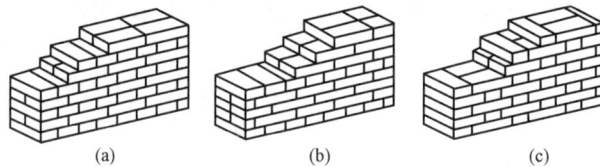

图 8.2　砖墙砌合法
(a)一顺一丁;(b)三顺一丁;(c)梅花丁

烧结普通砖和硅酸盐砖实心砌体的墙厚度可分为 240 mm(一砖)、370 mm(一砖半)、490 mm(两砖)等。有些砖必须侧砌而构成墙厚为 180 mm、300 mm、420 mm 等。

试验表明,在上述范围内,用同样的砖和砂浆砌成的砌体,其抗压强度没有明显的差异。但当顺砖层数超过五层时,则砌体的抗压强度明显下降。

空斗墙是将部分或全部砖在墙的两侧立砌,而在中间留有空洞的墙体,如图 8.3 所示。

图 8.3　空斗墙

(2)砌块砌体。目前,我国的砌块砌体主要是混凝土小型空心砌块砌体。混凝土小型空心砌块因块小、便于手工砌筑,在使用上比较灵活,而且可以利用其孔洞做成配筋芯柱,满足抗震要求,应用较多。同时,砌块砌体为建筑工厂化、机械化、加快建设速度、减轻结构自重开辟了新的途径,对于砌体砌块一般先排块后施工,施工时砌块底面向上反向砌筑。

砌块砌体砌筑时应分皮错缝搭砌。排列砌块是设计工作中的一个重要环节,要求砌块类型最少,排列规律整齐,避免通缝。如小型砌块上、下皮搭砌长度不得小于 90 mm。砌筑空心砌块时,应对孔,使上、下皮砌块的肋对齐,以便有利于传力。

(3)石砌体(产石地区适用)。石砌体是由石材和砂浆或由石材和混凝土砌筑形成。它可分为料石砌体、毛石砌体和毛石混凝土砌体。料石砌体和毛石砌体用砂浆砌筑,毛石混凝土由混凝土和毛石交替铺砌而成。石砌体可用于一般民用房屋的承重墙、柱和基础,还可用于建造拱桥、坝和涵洞等。毛石混凝土砌体常用于基础。

（4）配筋砌体。为了提高砌体的抗压、抗弯和抗剪承载力，常在砌体中配置钢筋或钢筋混凝土，这样的砌体称为配筋砌体。目前，常用的配筋砖砌体主要有两种类型，即横向配筋砖砌体和组合砖砌体。

1）横向配筋砖砌体。横向配筋砖砌体是指在砖砌体的水平灰缝内配置钢筋网片或水平钢筋形成的砌体。这种砌体一般在轴心受压或偏心受压构件中应用。

2）组合砖砌体。目前，在我国应用较多的组合砖砌体有两种。

①外包式组合砖砌体：外包式组合砖砌体是指在砖砌体墙或柱外侧配有一定厚度的钢筋混凝土面层或钢筋砂浆面层，以提高砌体的抗压、抗弯和抗剪能力。

②内嵌式组合砖砌体：砖砌体和钢筋混凝土构造柱组合墙是一种常用的内嵌式组合砖砌体。这种墙体施工必须先砌墙，后浇筑钢筋混凝土构造柱。

（5）配筋混凝土空心砌块砌体。在混凝土空心砌块竖向孔中配置钢筋、浇筑灌孔混凝土，在横肋凹槽中配置水平钢筋并浇筑灌孔混凝土或在水平灰缝配置水平钢筋，所形成的砌体，称为配筋混凝土空心砌块砌体(图 8.4)。这种配筋砌体自重轻、抗震性能好，可用于中高层房屋中，起剪力墙的作用。

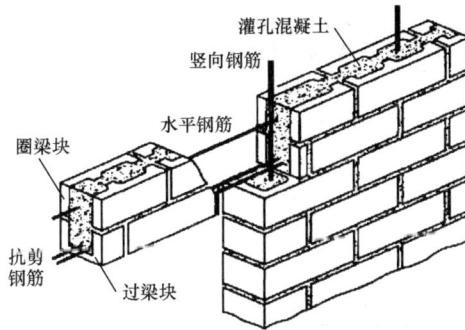

图 8.4　配筋混凝土空心砌块砌体

1.2　砌体材料

1. 砌体的块材

目前我国常用的砌体材料可分为以下几类。

（1）砖。目前我国用于建筑材料的砖，有烧结普通砖和非烧结硅酸盐砖。

1）烧结普通砖。由页岩、煤矸石或粉煤灰为主要原料，经过焙烧而成的实心或孔洞率不大于规定值且外形尺寸符合规定的砖，称为烧结普通砖。它具有一定的强度并有隔热、隔声、耐久及价格低等特点。烧结普通砖的生产和推广应用，既可充分利用工业废料，又可保护农田，是墙体材料发展的方向，如烧结页岩砖、烧结煤矸石砖、烧结粉煤灰砖等。

我国烧结普通"标准砖"的统一规格尺寸为 240 mm×115 mm×53 mm，重度为 18～19 kN/m³。

2）非烧结硅酸盐砖。由硅质材料和石灰为主要原料压制成型并经高压釜蒸汽养护而成的实心砖，统称为硅酸盐砖。常用的有蒸压灰砂砖、蒸压粉煤灰砖等。

蒸压灰砂砖是以石灰和砂为主要原料，也可掺入着色剂或掺合料，经坯料制备、压制成型、蒸压养护而成的实心砖，简称灰砂砖。色泽一般为灰白色。

蒸压粉煤灰砖又称烟灰砖，是以粉煤灰、石灰为主要原料，掺和适量石膏和集料，经坯料制备、压制成型、高压蒸汽养护而成的实心砖。

硅酸盐砖规格尺寸与烧结普通砖相同。经过较长工程实践的验证，硅酸盐砖可与烧结普通砖一样作为房屋墙体和处于潮湿环境下的墙体和基础，但不宜用于壁炉、烟囱等处于高温环境下的砌体。此外，若硅酸盐砖上、下表面较为平滑，则与砂浆的黏结能力较弱，不利于承受水平剪力，故也不宜用作抗震墙体。

(2)空心砖。空心砖分为烧结多孔砖和烧结空心砖两大类。

1)烧结多孔砖是以黏土、页岩、煤矸石、粉煤灰为主要原料，经焙烧而成的孔洞率不小于25%，孔洞的尺寸小而数量多，使用时孔洞垂直于受压面，主要用于砌筑墙体的承重用砖。其优点是减轻墙体自重，改善保温隔热性能，节约原料和能源。与实心砖相比，多孔砖厚度较大，故除了略微提高块体的抗弯、抗剪强度外，同时还可节省砌筑砂浆量，减少砌筑工作量，加快砌筑速度。烧结多孔砖的强度等级指标见表8.1。

表8.1 烧结多孔砖强度等级指标

强度等级	抗压强度/MPa		抗折荷重/kN	
	平均值不小于	单块最小值不小于	平均值不小于	单块最小值不小于
MU30	30	22	13.5	9
MU25	25	18	11.5	7.5
MU20	20	14	9.5	6
MU15	15	10	7.5	4.5
MU10	10	6.5	5.5	3

砖的等级按试验实测值进行划分。烧结普通砖、烧结多孔砖的强度等级有 MU30、MU25、MU20、MU15 和 MU10。其中，MU 表示砌体中的块体(Masonry Unit)，其后的数值表示块体的抗压强度值，单位为 MPa。

2)烧结空心砖以黏土、页岩、煤矸石为主要原料，经焙烧而成，孔洞率不小于35%，孔洞的尺寸大而数量少，孔洞采用矩形条孔或其他孔形的水平孔，且平行于大面和条面，其规格和形状如图8.5所示。这种空心砖具有良好的隔热性能，自重较轻，主要用作框架填充墙或非承重隔墙。

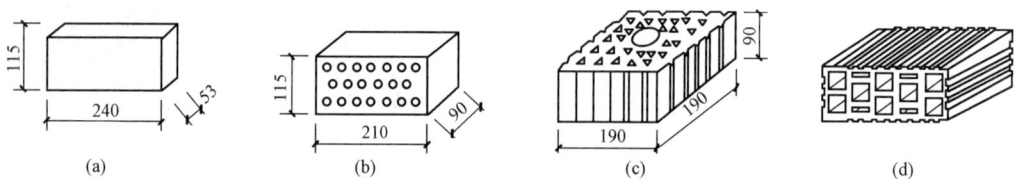

图8.5 部分地区空心砖的规格
(a)烧结普通砖；(b)P型多孔砖；(c)M型多孔砖；(d)空心砖

(3)石材。常用的天然石材主要有重质岩石和轻质岩石两类。建筑结构石材多采用花岗石、石灰石和凝灰岩等。石材具有强度高，抗冻性、抗水性和抗气性均较好的优点，常用于建筑物的基础和挡土墙等。在石材产地，石材也可用于砌筑承重墙体。经打光磨平后的天然石料也常用于重要建筑物的饰面工程。但由于石材的导热系数大，保温隔热性能较差，故不适于用作寒冷地区房屋的墙体。

石材分为毛石和料石两种。毛石是指形状不规则，中部厚度不小于 200 mm 的块石。料石按其加工后外形的规则程度，又分为细料石、半细料石、粗料石和毛料石。

石砌体中的石材要选择无明显风化的天然石材。

(4)砌块。砌块一般是指采用普通混凝土及硅酸盐材料制作的实心或空心块材。砌块砌体可加快施工进度及减轻劳动量，既能保温又能承重，是比较理想的节能墙体材料。常用砌块有普通混凝土空心砌块、轻集料混凝土空心砌块、粉煤灰砌块、煤矸石砌块、炉渣混凝土砌块等。

砌块的强度等级是根据单个砌块受压破坏时的压力除以砌块毛面面积得到的抗压强度来确定的。《砌体规范》把砌块的强度等级，划分为 MU3.5、MU5、MU7.5、MU10、MU15 五个等级。

采用加气混凝土或硅酸盐制作砌块，可进一步减轻结构自重，但这种砌块强度较低，一般只用作填充墙。

2. 砌筑砂浆

砂浆是由胶凝材料、细集料、掺合料和水，按适当比例配制而成。砂浆在砌体中的作用是使块体与砂浆接触表面产生粘结力和摩擦力。从而，把散放的块体材料凝结成整体，以承受荷载共同工作，并因抹平块体表面而使应力分布均匀。同时，砂浆填满了块体间的缝隙，减少了砌体的透气性，从而提高砌体的隔热、防水和抗冻性能。砌体对所用砂浆的要求主要是足够的强度，适当的可塑性(流动性)和保水性。

砂浆按其所用胶凝材料，主要分为水泥砂浆、混合砂浆和石灰砂浆三种。

(1)水泥砂浆。水泥砂浆由水泥与砂加水按一定配合比拌和而成的不加塑性掺合料的纯水泥砂浆。这种砂浆强度较高，耐久性较好，但其流动性和保水性较差，一般多用于含水率较大的地下砌体和对强度要求较高的砌体。

(2)混合砂浆。混合砂浆包括水泥石灰砂浆、水泥黏土砂浆等，是加有塑性掺合料的水泥砂浆。石灰和黏土是通常采用的塑性掺合料，掺加塑性掺合料后可节约水泥，提高砂浆的流动性和保水性，但塑性掺合料不应掺得过多，过多会影响砂浆的抗压强度。混合砂浆具有较高的强度，较好的耐久性、和易性、保水性，施工方便，质量容易保证，常用于地上砌体。

(3)石灰砂浆。石灰砂浆是由石灰与砂和水按一定的配合比拌和而成的砂浆。这种砂浆强度不高、耐久性差，不能用于地面以下或防潮层以下的砌体，一般用于受力不大的简易建筑或临时建筑。各种砂浆的分类及比较见表 8.2。

表 8.2　砂浆分类

砂浆品种	塑性掺合料	和易性、保水性	强度	耐久性	耐水性
水泥砂浆	无	差	高	好	好
混合砂浆	有	好	较高	较好	差
非水泥砂浆	有	好	低	差	无

1.3 砌体的力学性能

1. 砌体的受压性能

(1)砖砌体在轴心受压下的破坏特征。试验表明,砌体的破坏过程大致经历以下三个阶段:

第一阶段,从开始加荷到个别出现第一条(或第一批)裂缝,如图 8.6(a)所示。这个阶段的特点是如不再增加荷载,裂缝也不扩展。

第二阶段,随着荷载的增加,单块砖内个别裂缝不断开展并扩大,并沿竖向通过若干层砖形成连续裂缝,如图 8.6(b)所示。

第三阶段,砌体完全破坏的瞬间为第三阶段。继续增加荷载,裂缝将迅速开展,砌体被几条贯通的裂缝分割成互不相连的若干小柱,如图 8.6(c)所示,小柱朝侧向突出。其中,某些小柱可能被压碎,以致最终丧失承载力而破坏。

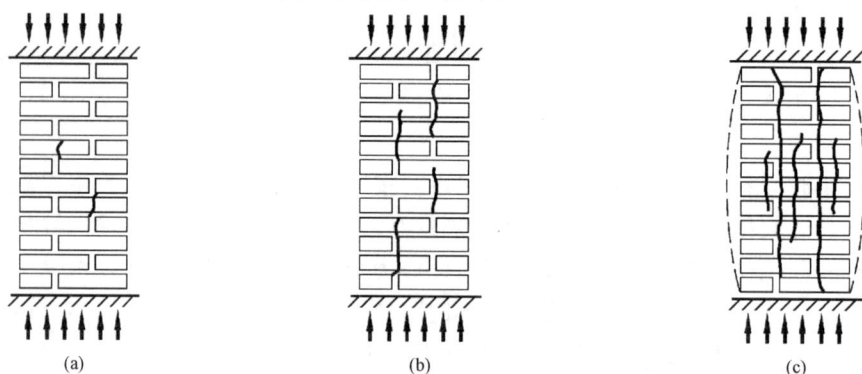

图 8.6 砖砌体在轴心受压下的破坏形态
(a)出现裂缝;(b)裂缝发展;(c)完全破坏

当砌体受压时,砖承受的压力是不均匀的,而处于受弯、受剪和局部受压状态下,由于砖的厚度小,又是脆性材料,其抗剪、抗弯强度远低于抗压强度,砌体的第一裂缝就是由于单块砖的受弯、受剪破坏引起的。

单块砖在砌体内除了受弯、受剪外还有受拉。

由于砖与砂浆的横向变形性能不一致,砂浆的泊松系数 υ 是砖的 1.5～5.0 倍,因此,砂浆的横向变形大于砖的横向变形,使得砖内产生横向拉应力,也是促使砖在较小的荷载下提早开裂的原因之一。

(2)影响砌体抗压强度的因素。

1)块体的强度、尺寸和形状的影响。砌体的强度主要取决于块体的强度等级。增加块体的厚度,其抗弯、抗剪能力也会增加,同样会提高砌体的抗压强度。

块体表面越平整,灰缝的厚度将越均匀,从而减少块体的受弯受剪作用,砌体的抗压强度就会提高。

2)砂浆的强度及和易性的影响。砂浆强度过低,将加大块体与砂浆横向变形的差异,对砌体抗压强度不利。砂浆的变形性能越大,砌体的抗压强度越低。

和易性好的砂浆具有很好的流动性和保水性。在砌筑时易于铺成均匀、密实的灰缝,减少了单个块体在砌体中弯、剪应力,因而提高了砌体的抗压强度。

3)砌筑质量的影响。砌筑质量对砌体抗压强度的影响，主要表现在水平灰缝砂浆的饱满程度。

灰缝的厚度也将影响砌体强度。水平灰缝厚些容易铺得均匀，但增加了砖的横向拉应力；灰缝过薄，使砂浆难以均匀铺砌。实践证明，水平灰缝厚度宜为 $8 \sim 12$ mm。

(3)砌体的抗压强度设计值 f 及其调整系数 γ_a。

1)砌体截面面积 $A < 0.3$ m^2 时，$\gamma_a = 0.7 + A$；

2)采用水泥砂浆砌筑时，$\gamma_a = 0.9$。

任务实施

1. 设计任务分析

(1)荷载可按最不利组合；

(2)按无筋砌体受压构件的承载力计算公式来计算；

(3)考虑高厚比 β 和轴向力的偏心距 e 对受压构件承载力的影响；

(4)对各类砌体来说，截面面积均应按毛截面计算。

2. 设计任务的实施

解：(1)基本参数。

$f = 1.69$ N/mm^2（查表可得）；

$A = 0.37 \times 0.49 = 0.181\ 3$（m^2）$< 0.3$（m^2）；

$\gamma_a = 0.7 + A = 0.7 + 0.181\ 3 = 0.881\ 3$（m^2）。

(2)影响系数。

$\beta = \gamma_\beta H_0 / h = 1.0 \times 3\ 500 / 370 = 9.46$（砂浆强度$>$M5，$\alpha = 0.001\ 5$）。

(3)承载力验算。

取柱底为控制截面（柱底轴力比柱顶轴力大）。

柱自重标准值：$G_{1k} = 0.37 \times 0.49 \times 3.5 \times 19 = 12.06$（kN）（砖砌体自重密度为 19 kN/m^3）。

1)按恒荷载控制：$N_1 = 1.35 \times (108 + 12.06) + 1.0 \times 40 = 202.1$（kN）；

2)按活荷载控制：$N_2 = 1.2 \times (108 + 12.06) + 1.4 \times 40 = 200.1$（kN）。

因为 $N = (N_1, N_2)_{max} = N_1 = 202.1$ kN，故

$N_u = \varphi(\gamma_a f)A$

$\quad = 0.882 \times (0.881\ 3 \times 1.69) \times 0.181\ 3 \times 10^6$（安全）

$\quad = 238.2$（kN）$> N = 202.1$（kN）

思考与练习

一、简答题

1. 目前，我国建筑工程中采用的砌体结构有哪几种？

2. 砖砌体轴心受压时分为哪几个受力阶段？它们的特征如何？

3. 砖砌体的抗压强度为什么低于它所用砖的抗压强度？

4. 影响砌体抗压强度的因素有哪些？

5. 从影响砌体抗压强度的因素分析，如何提高砖墙的施工质量？

6. 砌体弯曲受拉时有哪几种破坏形态？砌体的受压弹性模量是如何确定的？它主要与哪些因素有关？

二、实训题

（一）设计任务

经抽测某工地的砖强度为 12.5 MPa，砂浆强度为 4.6 MPa，试计算其砌体的抗压强度平均值。

（二）设计过程

1. 设计准备

课前完成线上学习任务，从网络课堂接受任务，通过互联网、图书查阅资料，分析相关信息，做好任务前的准备工作。

2. 设计引导

根据前面学习过的内容，查阅规范设计案例，找出与本任务中有关的解题过程。

（1）根据前面学习过的内容计算出试件的抗压强度；

（2）其他条件与设计资料相同；

（3）计算出砌体的抗压强度平均值。

3. 设计内容

4. 设计任务评价表（表 8.3）

表 8.3　任务评价表

序号	评价项目	配分	自我评价（25%）	小组评价（30%）	教师评价（35%）	其他（10%）
1	能够正确列出与使用任务实施中的计算公式	10				
2	能够描述砖砌体抗压强度影响因素	20				
3	能够依据规范查阅确定相关系数	10				
4	计算数据准确	20				
5	计算过程规范、合理	10				
6	遵守纪律	10				
7	完成任务中的所有内容	20				
	合计	100				
	总分					

任务2　砌体结构构件承载力计算

1. 了解砌体结构的分类；
2. 熟悉砌体结构承载能力极限状态设计表达式及系数的意义；
3. 掌握无筋砌体受拉、受弯、受剪构件的破坏特征；
4. 掌握梁、墙梁的计算与构造及挑梁的抗倾覆验算。

1. 能够正确进行砌体构件承载力的基本计算、局部受压承载力计算；
2. 能够判断无筋砌体受压构件承载力的主要影响因素；
3. 能够认识无筋砌体局部受压时的受力特点；
4. 能够进行无筋砌体受拉、受弯、受剪构件的破坏特征分析及承载力计算。

1. 培养遵守结构设计规范的职业意识；
2. 树立安全至上的理念；
3. 培养严谨认真、实事求是的科学态度。

行业故事

从保护环境、节约资源和能源、发展循环经济的角度来看，节约能源是砖瓦行业首要目标。在国家产业政策推动下，制砖用原料也从原来的单一使用黏土资源向综合利用方向发展：页岩、江河淤泥、煤矸石、粉煤灰、各种工业废弃物等已成为砖瓦产品的主要原材料。利用煤矸石、粉煤灰、建筑垃圾和污泥等各类固体废弃物生产的节能、节土、利废、环保的新型墙体材料得到了快速发展。在走可持续发展的道路上，砖瓦工业节能任重道远，树立生态文明发展观，砖瓦节能途径应主要从产品结构和技术结构两方面开展，一是开发大规格、低重度、具有保温隔热性能的烧结空心制品和具有装饰功能的清水墙装饰砖、内外墙体装饰板；二是采用高效节能技术，提高能源利用效率。坚持节约土地资源，节约能源，资源综合利用，保护环境，提高产品质量，遵循减量化、再利用、资源化的原则，是砖瓦工业健康可持续发展的必由之路。作为一名大学生，树立环保意识，环保无小事，从你我做起。

任务描述

某住宅楼有一窗间墙，采用 MU10 砖和 M5 混合砂浆砌筑，钢筋混凝土梁 $b \times h = 250 \text{ mm} \times 600 \text{ mm}$，支承于砖墙上，如图 8.7 所示，梁端支承压力设计值 $N_l = 100 \text{ kN}$，上部荷载设计值 $N' = 50 \text{ kN}$，试验算梁端支承处局部受压承载力。

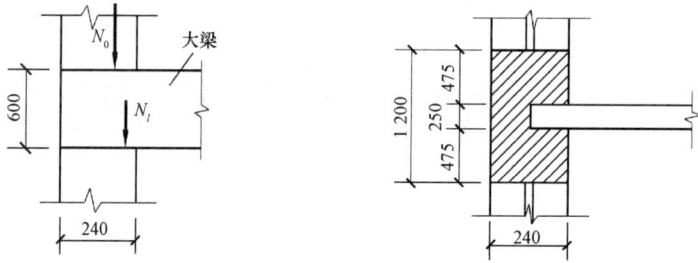

图 8.7　工程实例附图

[知识准备]

2.1　砌体结构构件分类

1. 无筋砌体受压构件

砌体结构的特点是抗压能力大大超过抗拉能力，一般适用于轴心受压或偏心受压构件。在实际工程上常作为承重墙体、柱及基础。用于建造小型拦河坝、挡土墙、渡槽、拱桥、涵洞、溢洪道、水闸以及渠道护面等水工建筑。

如图 8.8 所示，砌体结构承受轴心压力时，截面中的应力均匀分布，构件承受外力达到极限值时，截面中的应力达到砌体的抗压强度 f。随着荷载偏心距的增大，截面受力特性发生明显变化。当偏心距较小时，截面中的应力呈曲线分布，但仍全截面受压，构件承受荷载达到极限值，破坏将从压应力较大一侧开始，截面靠近轴向力一侧边缘的压应力 σ_b 大于砌体的抗压强度 f。随着偏心距增大，截面远离轴向力一侧边缘的压应力减小，并由受压逐步过渡到受拉，受压边缘的压应力将有所提高，构件承受荷载达到极限值，当受拉边缘的应力大于砌体沿通缝截面的弯曲抗拉强度，将产生水平裂缝，随着裂缝的开展，受压面积逐渐减小。从上述试验可知：砌体结构偏心受压构件随着轴向力偏心距增大，受压部分的压应力分布更加不均匀，构件所能承担的轴向力明显降低。因此，砌体截面破坏时的极限荷载与偏心距大小有密切关系。规范在试验研究的基础上，采用影响系数 φ 来反映偏心距和构件的高厚比对截面承载力的影响。同时，轴心受压构件可视为偏心受压构件的特例。

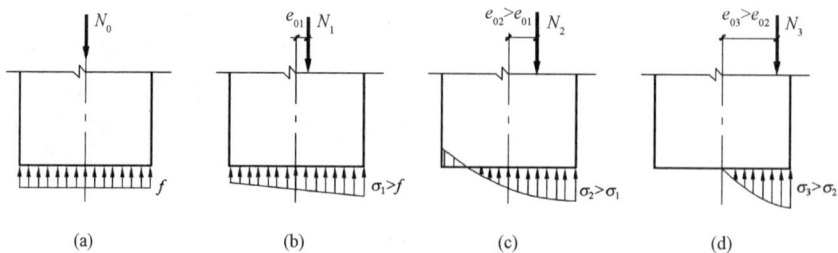

图 8.8　砌体受压时截面应力变化

(a)轴心受压；(b)偏心距较小；(c)偏心距略大；(d)偏心距较大

2. 无筋砌体轴心受拉构件

在实际情况中虽然砌体承受压力的情况比较多，但有时也会遇到砌体承受轴向拉力、弯矩、剪力的情况，本处主要就轴心拉力进行说明。

例如，砌体结构的圆形水池池壁，内部水压力在池壁中产生的环向水平拉力将使池壁砌体的垂直截面处于轴心受拉状态。砌体轴心受拉时，依据拉力作用于砌体的方向，有三种破坏形态(图 8.9)。

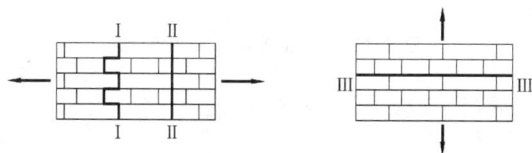

图 8.9 砌体受拉破坏的三种形式

砌体的轴心受拉构件的承载力应按下式计算：

$$N_t \leqslant f_t A$$

式中 N_t——轴心拉力设计值；

f_t——砌体轴心抗拉强度设计值；

A——受拉截面面积。

3. 配筋砌体

配筋砌体的种类有：网状配筋砖砌体；组合砖砌体；砖砌体和钢筋混凝土构造柱组合墙。

(1)网状配筋砖砌体(图 8.10)。网状配筋砖砌体构件在轴向压力作用下，不但发生纵向压缩变形，同时也发生横向膨胀。由于钢筋、砂浆层与块体之间存在着摩擦力和粘结力，钢筋被完全嵌固在灰缝内与砖砌体共同工作；当砖砌体纵向受压时，钢筋横向受拉，因钢筋的弹性模量比砌体大，变形相对小，可阻止砌体的横向变形发展，防止砌体因纵向裂缝的延伸而过早失稳破坏，从而间接地提高网状配筋砖砌体构件的承载能力，故这种配筋有时又称为间接配筋。试验表明，砌体与横向钢筋之间足够的粘结力是保证两者共同工作，充分发挥块体的抗压强度，提高砌体承载力的重要保证。

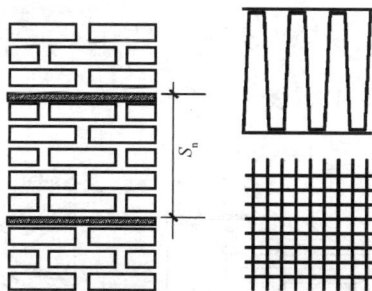

图 8.10 网状配筋砖砌体

动画：构造柱

(2)组合砖砌体构件(图 8.11)。

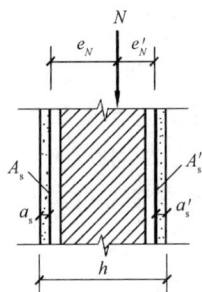

图 8.11　组合砖砌体构件示意

1)受力性能：钢筋、混凝土或砂浆直接参与受压。

2)计算公式。

轴心受压时：

$$N \leqslant \varphi_{\mathrm{com}}(fA + f_{\mathrm{c}}A_{\mathrm{c}} + \eta_{\mathrm{s}}f_{\mathrm{y}}'A_{\mathrm{s}}') \tag{8.1}$$

偏心受压时：

$$N \leqslant fA' + f_{\mathrm{c}}A_{\mathrm{c}}' + \eta_{\mathrm{s}}f_{\mathrm{y}}'A_{\mathrm{s}}' - \sigma_{\mathrm{s}}A_{\mathrm{s}} \tag{8.2}$$

确定中和轴：

$$Ne_{N} \leqslant fS_{\mathrm{s}} + f_{\mathrm{c}}S_{\mathrm{c,\,s}} + \eta_{\mathrm{s}}f_{\mathrm{y}}'A_{\mathrm{s}}'(h_{0} - a_{\mathrm{s}}') \tag{8.3}$$

$$fS_{N} + f_{\mathrm{c}}S_{\mathrm{c,\,N}} + \eta_{\mathrm{s}}f_{\mathrm{y}}'A_{\mathrm{s}}'e_{N}' - \sigma_{\mathrm{s}}A_{\mathrm{s}}e_{N} = 0 \tag{8.4}$$

（3）砖砌体和钢筋混凝土构造柱组合墙。砖砌体和钢筋混凝土构造柱组合墙由砖和柱组成（图 8.12）。

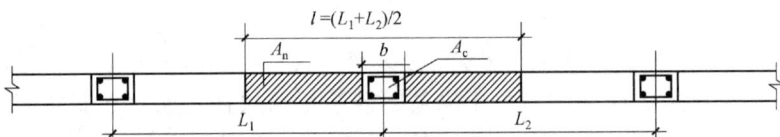

图 8.12　砖砌体和钢筋混凝土构造柱组合墙

砖砌体和钢筋混凝土构造组合墙，两者共同承担荷载，存在一定的内力重分布，在达到极限状态砖砌体破坏时构造柱承载力并不能完全发挥。

计算公式为两部分叠加，但要考虑柱的强度系数：

$$N \leqslant \varphi_{\mathrm{com}}[fA_{\mathrm{n}} + \eta(f_{\mathrm{c}}A_{\mathrm{c}} + f_{\mathrm{y}}'A_{\mathrm{s}}')]\eta = \left[\frac{1}{l/b - 3}\right]^{\frac{1}{4}} \leqslant 1 \tag{8.5}$$

几种配筋砌体的比较如图 8.13、表 8.4 所示。

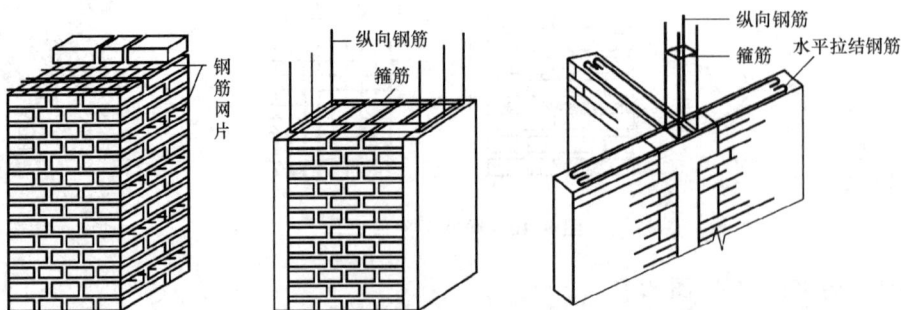

图 8.13　配筋砌体

表 8.4　几种配筋砌体比较

水平网状配筋砖砌体	混凝土或钢筋砂浆面层组合砖砌体	砖砌体和钢筋混凝土构造柱组合墙
在水平灰缝中配置钢筋网片	偏心距超限的砖砌体外侧配置纵向钢筋	在房屋墙体中设置间距不大于 4 m 的构造柱
提高轴心抗压承载力	提高偏心抗压承载力	提高砖墙的承载力

2.2　无筋砌体局部受压的受力特点和破坏特征

1. 砌体局部受压的受力特点和破坏形态

压力仅作用在砌体的部分面积上的受力状态称为局部受压。在混合结构中经常遇到局部受压的情况。如支撑墙或柱的基础顶面[图 8.14(a)]，支撑钢筋混凝土梁的墙或柱的支撑面上[图 8.14(b)]等均产生局部受压。前者当砖柱承受轴心压力时为局部均匀受压，后者为局部不均匀受压。这些情况的共同点是砌体支撑着比自身强度高的上层构件，上层构件的压力通过局部受压面积传递给本层的砌体构件。

视频：梁端支承处局部受压承载力验算

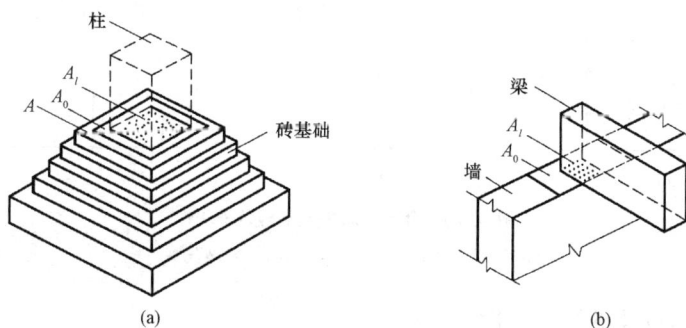

图 8.14　砖砌体局部受压情况

(a)支撑墙或柱的基础顶面；(b)支撑钢筋混凝土梁的墙或柱的支撑面

通过大量的试验研究及理论分析证实，砌体局部受压时，不利的一面是在较小的承压面上承受较大的压力，使得单位面上的压应力较高；有利的一面是砌体局部受压强度高于砌体抗压强度，原因是在局部压力作用下，局部受压区的砌体在产生纵向变形的同时还会发生横向变形（横向膨胀），而周围未直接承受压力的砌体像套箍一样阻止了局部受压区砌体的横向膨胀，使其裂缝的发展受到限制，局压区砌体处于三向或双向受压状态下，砌体对局部压力的抵抗能力也显著提高。试验表明，周围砌体越厚，"套箍"作用越大，局部受压砌体的抗压强度越高。

砌体的局部受压破坏试验表明，其破坏可能出现以下三种形态：

(1)由于竖向裂缝的发展而破坏(先裂后坏)[图 8.15(a)]。当影响砌体局部抗压强度的计算底面面积 A_0 与局部受压面积 A_l 之比(A_0/A_l)不太大时，随着压力的增大，砌体承压面上 1～2 皮砖以下的砌体开始出现第一批竖向裂缝，当压力逐渐增加时，竖向裂缝逐渐增多并向上、下扩展，最终破坏时形成一条主裂缝，这种破坏形态一般由计算防止。

（2）劈裂破坏（一裂即坏）[图 8.15(b)]。当 A_0/A_l 较大并且压力增加到一定数值时，砌体沿竖向突然发生劈裂破坏，劈裂裂缝贯穿砌体的绝大部分高度。这种情况下破坏时，开裂荷载接近破坏荷载，破坏为突发的脆性破坏。这种破坏形态应该在工程中避免，这种破坏形态一般由构造措施防止。

（3）局部压碎破坏（未裂先坏）[图 8.15(c)]。当块材强度较低时，局部受压面下的砌体承受很大的压应力，一般在试件尚未开裂时表面就被压碎。这种破坏形态一般较少发生，一般由构造措施来防止。

试验结果表明，大多数砌体局部受压破坏为第一种破坏形态。但无论发生哪种破坏，砌体局部受压面积的抗压强度均高于砌体全截面均匀受压时的抗压强度。

局部受压的处理措施一般如下：
（1）提高砌体局部受压处的强度；
（2）采用刚性垫块，增大砌体的局部受压面积；
（3）采用柔性垫梁，扩散梁端的集中力。

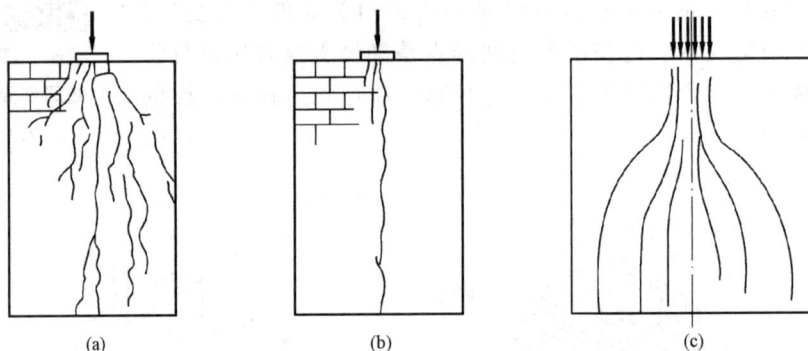

图 8.15　砌体局部受压破坏形态
（a）先裂后坏；（b）一裂即坏；（c）未裂先坏

2. 网状配筋砖砌体的受压性能

网状配筋砖砌体的受力过程分为三个阶段。

第一阶段：加载出现裂缝，与无筋砌体相比，延缓了裂缝的出现；

第二阶段：裂缝发展，由于钢筋网的存在，阻止了裂缝的发展，使其很难形成连续缝；

第三阶段：砖块开裂严重，部分砖压碎破坏，但不形成小柱体（由于钢筋网的弹性模量大于体的弹性模量，故能阻止砌体横向变形，避免被竖向裂缝分割成小柱体而发生失稳破坏）。

2.3　受压构件承载力计算

1. 无筋砌体受压构件的计算公式

无筋砌体受压构件的承载力计算公式：

$$N \leqslant \varphi f A$$

式中　N——荷载设计值产生的轴向力；

φ——高厚比 β 和轴向力的偏心距 e 对受压构件承载力的影响系数；

f——砌体的抗压强度设计值；

视频：砌体结构
构件承载力计算

A——截面面积，对各类砌体均应按毛截面计算。

在应用公式计算中，需注意下列问题：

(1)确定影响系数 φ 时，构件高厚比 β 应按下列公式计算。

矩形截面：$\qquad\qquad\qquad \beta = \gamma_\beta H_0 / h$

T形截面：$\qquad\qquad\qquad \beta = \gamma_\beta H_0 / h_T$

式中 γ_β——不同砌体材料的构件高厚比修正系数，按表8.5采用；

$\qquad H_0$——受压构件的计算高度(表8.6)；

$\qquad h$——矩形截面轴向力偏心方向的边长，当轴心受压时为截面较小边长；

$\qquad h_T$——T形截面的折算厚度，可近似按 $35i$ 计算；

$\qquad i$——截面回转半径。

表8.5 高厚比修正系数 γ_β

砌体材料类别	γ_β
烧结普通砖、烧结多孔砖	1.0
混凝土及轻集料混凝土砌块	1.1
蒸压灰砂砖、蒸压粉煤灰砖、粗料石、半细料石	1.2
粗料石、毛石	1.5

表8.6 受压构件的计算高度 H_0

房屋类型			柱		带壁柱墙或周边拉结的墙		
			排架方向	垂直排架方向	$s>2H$	$2H \geqslant s > H$	$s \leqslant H$
有吊车的单层房屋	变截面柱上段	弹性方案	$2.5H_u$	$1.25H_u$	$2.5H_u$		
		刚性、刚弹性方案	$2.0H_u$	$1.25H_u$	$2.0H_u$		
	变截面柱下段		$1.0H_l$	$0.8H_l$	$1.0H_1$		
无吊车的单层房屋和多层房屋	单跨	弹性方案	$1.5H$	$1.0H$	$1.5H$		
		刚弹性方案	$1.2H$	$1.0H$	$1.2H$		
	多跨	弹性方案	$1.25H$	$1.0H$	$1.25H$		
		刚弹性方案	$1.10H$	$1.0H$	$1.10H$		
	刚性方案		$1.0H$	$1.0H$	$1.0H$	$0.4s + 0.2H$	$0.6s$

注：①表中 H_u 为变截面柱的上段高度，H_l 为变截面柱的下段高度；
　　②对于上端为自由端的构件，$H_0 = 2H$；
　　③独立砖柱，当无柱间支撑时，柱在垂直排架方向的 H_0 应按表中数值乘1.25后采用；
　　④s 为房屋横墙间距；
　　⑤自承重墙的计算高度应根据周边支承或拉结条件确定

(2)偏心距 e。轴向力的偏心距 e 按内力设计值计算，并不应超过 $0.6y$，y 为截面重心到轴向力所在偏心方向截面边缘的距离。偏心受压构件的偏心距过大，构件承载力明显下降，并且偏心距过大可能使截面受拉边出现过大的水平裂缝。

（3）矩形截面短边验算。对矩形截面构件，当轴向力偏心方向的截面边长大于另一方向的边长时，除按偏心受压计算外，还应对较小边长方向按轴心受压进行验算。

2. 砌体局部均匀受压时局部受压承载力计算

《砌体规范》规定砌体截面中受局部压力时的抗压强度提高系数 γ 均按下式计算：

$$\gamma = 1 + 0.35\sqrt{\frac{A_0}{A_l} - 1} \leqslant [\gamma]$$

砌体截面中受局部均匀压力时的承载力可按下式计算：

$$N_l \leqslant N_u = \gamma f A_l$$

式中　A_0——影响砌体局部抗压强度的计算面积；

　　　A_l——局部受压面积；

　　　N_l——局部受压面积上轴向力设计值；

　　　N_u——砌体局部受压承载力；

　　　f——砌体抗压强度设计值；

　　　γ——砌体局部抗压强度提高系数，与 A_0/A_l 有关。为了避免出现当 A_0/A_l 较大时发生突然的竖向破裂破坏，对应的 γ 值应符合下列规定：

（1）在图 8.16(a)的情况下，$\gamma \leqslant 25$；

（2）在图 8.16(b)的情况下，$\gamma \leqslant 20$；

（3）在图 8.16(c)的情况下，$\gamma \leqslant 15$；

（4）在图 8.16(d)的情况下，$\gamma \leqslant 1.25$ 对未灌实的混凝土中、小型砌块砌体，$\gamma \leqslant 10$；

（5）对空心砖砌体，$\gamma \leqslant 1.5$；对未灌实的混凝土中、小型砌块砌体，$\gamma \leqslant 1.0$。

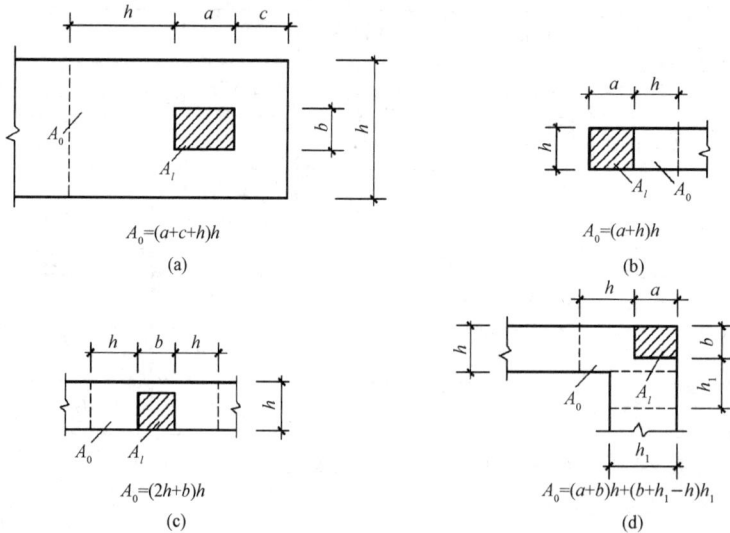

图 8.16　砌体截面局部均匀受压时确定 A_0 示意

a、b—矩形受压面积 A_l 的边长；h、h_1—墙厚或柱的较小边长、

墙厚；c—矩形局部受压面积的外边缘至构件边缘的较小距离，

当 c 大于 h 时，应取为 h

3. 梁端支撑处砌体的局部受压承载力计算

在混合结构房屋中，常会遇到钢筋混凝土梁支撑在砖墙上的情形，当梁端支撑处企图

局部受压时，其压应力的分布是不均匀的。同时，由于梁的挠曲变形和支撑处砌体的压缩变形影响，梁端支撑长度是由实际支撑长度 a 变为长度较小的有效支撑长度 a_0（图 8.17）。

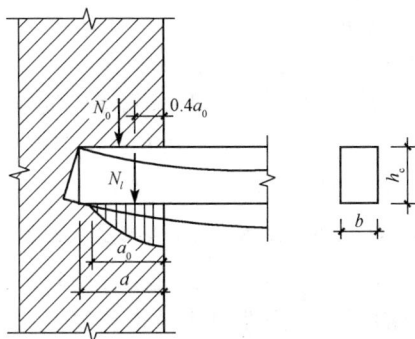

图 8.17　梁端支承处砌体局部受压

梁端支撑处砌体局部受压计算中，除应考虑由梁传来的荷载外，还应考虑局部受压面上部有上部荷载传来的轴向力 N_0。对局部承压的梁端支撑面，无论有无上部荷载下传，梁端支撑处砌体局部受压的承载力均可按下式计算：

$$\psi N_0 + N_l \leqslant \eta \gamma f A_1$$

式中　ψ——上部荷载的折减系数，当 $A_0 / A_l \geqslant 3$ 时，$\psi = 0$；

N_0——砌体局部受压面积内上部荷载设计值产生的轴向力 $N_0 = \sigma_0 + A_l$，σ_0 为上部荷载在局部受压面上产生的平均压应力设计值；

N_l——局部受压面积上由梁上荷载 q 产生的梁端支承压力设计值；

η——梁端底面压应力图形的完整系数，其取值如下：对于简支梁底面非均匀受压，$\eta = 0.7$；对于过梁、墙梁，$\eta = 10$（均匀局压）；

f——砌体抗压强度设计值；

A_l——局部受压面积，$A_l = a_0 b$，b 为梁宽，a_0 为梁端有效支撑长度。

有效支承长度 a_0 一般小于实际支承长度 a（图 8.18），根据试验结果，对于有效长度的计算公式为

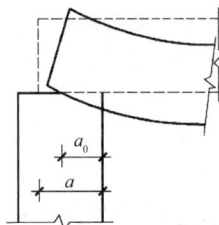

图 8.18　梁端支承长度示意图

$$a_0 = \sqrt{\frac{N_l}{\eta k b \tan\theta}} \tag{8.6}$$

简支混凝土梁简化为

$$a_0 = 10 \sqrt{\frac{h_c}{f}} \tag{8.7}$$

式中　a_0——梁端有效支撑长度，以 mm 计，当 $a_0 > a$ 时，取 $a_0 = a$；

N_l——局部受压面积上由梁上荷载 q 产生的梁端支承压力设计值，以 kN 计；

η——梁端底面压应力图形不均匀系数;

k——基床系数;

b——梁的截面宽度,以 mm 计;

f——砌体的抗压强度设计值;

$\tan\theta$——梁变形时,梁端轴线倾角的正切,对受均布荷载的简支梁,当梁最大挠度 w 与计算跨度 l_0 之比 $w/l_0=1/250$ 时,可近似取 $\tan\theta=1/78$;

h_c——梁截面高度,以 mm 计。

4. 当梁下端设垫块或垫梁时,垫块或垫梁的局部受压承载力计算

当梁端支撑处砌体局部受压,可在梁端下设置刚性垫块(图 8.19),以增大局部受压面积,满足砌体局部受压承载力的要求。刚性垫块是指高度 $t_b\geqslant180$ mm,垫块自梁边挑出的长度不大于 t_b 的垫块。刚性垫块深入墙内的长度 a_b 可以与梁的实际长度 a 相等或者大于 a。梁下垫块通常采用预制刚性垫块,有时也将垫块与梁端现浇成整体。

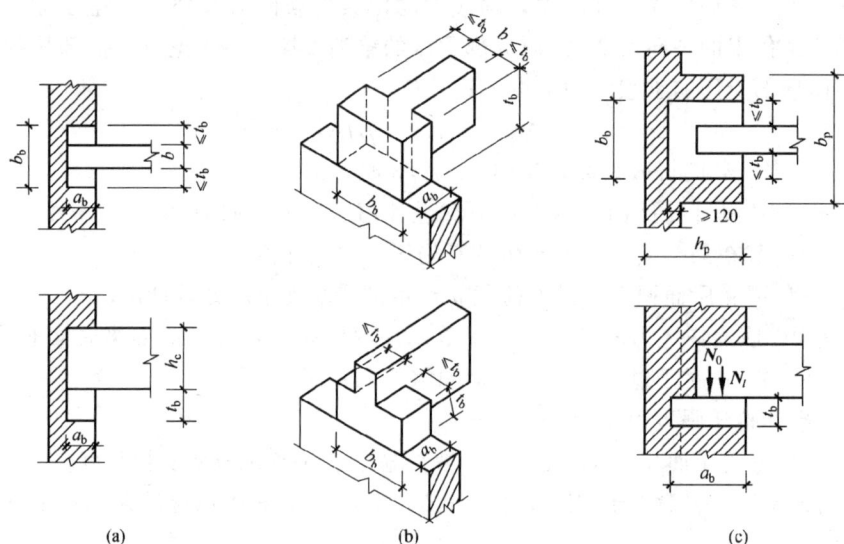

图 8.19 梁端刚性垫块$(A_b=a_b b_b)$

(1)预制刚性垫块下砌体局部受压承载力。试验表明,梁端设置刚性垫块时,梁端的支撑压力能够较均匀地传至垫块下砌体的截面上,梁端支撑压力对砌体的偏心作用却没有改变,同时由于垫块面积比梁端支撑面面积大得多,上层砌体传来的荷载的内拱卸荷作用并不显著,所以垫块下砌体局部受压承载力可按下式计算:

$$N_0+N_l\leqslant\varphi\gamma_l f A_b \tag{8.8}$$

式中 N_0——垫块面积 A_b 上由墙体上部荷载产生的轴向力设计值,$N_0=\sigma_0+A_b$,σ_0 为上部荷载在局部受压面上产生的平均压应力设计值;

A_b——垫块面积,$A_b=a_b b_b$,a_b 为垫块深入墙体的长度,b_b 为垫块宽度;

φ——垫块上 N_0 与 N_l 的合力对垫块形心的偏心距影响系数,按 $\beta\leqslant3$ 查受压构件系数表,其中 e/h 按 e/a_b 计算,a_b 为垫块伸入墙内的长度,$e=\dfrac{N_l\left(\dfrac{a_b}{2}-0.4a_0\right)}{N_0+N_l}$;

γ_l——垫块外砌体面积对局压强度的提高系数,$\gamma_l=0.8\gamma(\gamma_l\geqslant1.0)$,$\gamma$ 为砌体局部

抗压强度提高系数，但以 A_b 代替 A_l。

可以看出，垫块下砌体局部受压接近构件偏心受压的情况，与之不同的是考虑了垫块外砌体面积对局部面积的有利影响。

刚性垫块的构造应符合下列规定：

1) 垫块的高度 $t_b \geqslant 180$ mm，自梁边缘算起的垫块挑出长度不宜大于垫块的高度 t_b；

2) 在带壁柱墙的壁柱内设置刚性垫块时，其计算面积应取壁柱范围内的面积，而不应计算翼缘部分，同时壁柱上垫块伸入翼墙内的长度不应小于 120 mm；

3) 现浇垫块与梁端整体浇筑时，垫块可在梁高范围内设置。

(2) 与梁现浇成整体的垫块下砌体局部受压承载力计算。当垫块与梁现浇成整体时，梁受荷后发生挠曲变形，垫块（梁端扩大部分）与梁端一起转动，其受力状态与不设垫块的梁端类似，因此砌体局部受压承载力仍按原公式计算，不同的是此时 $A_l = a_0 \times b_h$（b_h 为现浇梁垫的宽度）。同时在计算有效支撑长度时 b_h 代替 b。

(3) 垫梁下砌体的局部受压承载力计算。当梁支承在承重墙上，梁支撑面下又设钢筋混凝土圈梁时，就可以利用圈梁或者垫梁，把梁端支承压力（以集中力的形式）传于垫梁以下一定宽度的砌体上去。试验表明，当垫梁在大于 πh_0（h_0 为垫梁的折算高度）长度的中部受有集中局部荷载时，垫梁下砌体竖向压应力按三角形分布，其分布范围为 πh_0（图 8.20），当垫梁下的砌体局部受压破坏时，竖向压应力的最大值与砌体抗压强度之比大于 1.5。于是，保证垫梁下砌体不发生局压破坏的条件写成

$$\sigma_0 + \sigma_{l\max} \leqslant \gamma f = 1.5f$$

$$\rightarrow \sigma_0 + \frac{N_l}{0.5 \pi h_0 b_b \delta_2} \leqslant 1.5f \qquad (8.9)$$

整理后得到

$$N_0 + N_l \leqslant 2.4 b_b h_0 f \delta_2$$

式中　N_0——垫梁在 $0.5 \pi h_0 b_b$ 范围内上部荷载产生的轴向力设计值，$N_0 = 0.5 \pi h_0 b_b \sigma_0$；

　　　N_l——梁端荷载产生的支承压力设计值；

　　　b_b，h_b——垫梁的宽度和高度；

　　　h_0——垫梁折算高度；$h_0 = 2 \sqrt[3]{\dfrac{E_c I_c}{Eh}}$；

　　　E_c，I_c——垫梁的弹性模量和截面惯性矩；

　　　E，h——砌体的弹性模量和厚度；

　　　δ_2——垫梁底面压应力分布系数，当荷载沿墙厚方向均匀分布时可取 1.0，不均匀分布时可取 0.8。

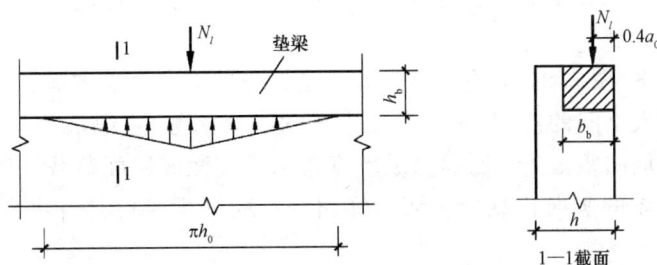

图 8.20　垫梁局部受压示意

5. 网状配筋砖砌体的受压承载力计算

(1)设计计算公式。

$$N \leqslant \varphi_n f_n A \tag{8.10}$$

式中　f_n——水平网状配筋砌体抗压强度设计值；

　　　φ_n——β，ρ 和 e/h 对网状配筋砌体受压构件承载力的影响系数。

$$f_n = f + 2\left(1 - \frac{2e}{y}\right) \cdot \frac{\rho}{100} \cdot f_y \tag{8.11}$$

式中　f_y——钢筋抗拉强度设计值，当 $f_y > 320 \text{ N/mm}^2$ 时，取 $f_y = 320 \text{ N/mm}^2$；

　　　ρ——钢筋网体积配筋率($0.1 < \rho < 1.0$)。

$$\rho = \frac{V_s}{V} \cdot 100 = \frac{2A_s}{as_n} \cdot 100 \tag{8.12}$$

(2)适用范围。

1)对于矩形截面：$e/h \leqslant 0.17$；

2)高厚比：$\beta \leqslant 16$ 构造要求(如钢筋直径、间距等)。

(3)网状配筋砖砌体构件的构造应符合下列规定。

1)网状配筋砖砌体中的体积配筋率不应小于 0.1%，且不应大于 1%。

2)采用钢筋网时，钢筋的直径宜采用 3~4 mm；当采用连弯钢筋网时，钢筋的直径不应大于 8 mm。

3)钢筋网中钢筋的间距 a，不应大于 120 mm，且不应小于 30 mm。

4)钢筋网的竖向间距 s_n 不应大于 5 皮砖，且不应大于 400 mm；当采用连弯钢筋网时，网的钢筋方向应互相垂直，沿砌体高度交错设置，s_n 为同一方向网的间距。

5)网状配筋砖砌体所用的砂浆强度等级不应低于 M7.5；钢筋网应设置在砌体的水平灰缝中，灰缝厚度应保证钢筋上下至少各有 2 mm 厚的砂浆层。

6. 墙柱高厚比验算

墙柱高厚比验算是混合结构房屋墙和柱设计的基本内容。

(1)混合结构房屋墙和柱的设计。在砌体结构房屋的设计中，承重墙、柱的布置十分重要。因为承重墙、柱的布置直接影响房屋的平面划分、空间大小、荷载传递、结构强度、刚度、稳定、造价及施工的难易。通常将平行于房屋长向布置的墙体称为纵墙；平行于房屋短向布置的墙体称为横墙；房屋四周与外界隔离的墙体称外墙；外横墙又称为山墙；其余墙体称为内墙。

砌体结构房屋中的屋盖、楼盖、内外纵墙、横墙、柱和基础等是主要承重构件，它们互相连接，共同构成承重体系。根据结构的承重体系和荷载的传递路线，房屋的结构布置可分为以下几种方案。

1)纵墙承重方案(图 8.21)。纵墙承重方案是指纵墙直接承受屋面、楼面荷载的结构方案。对于要求有较大空间的房屋(如单层工业厂房、仓库等)或隔墙位置可能变化的房屋，通常无内横墙或横墙间距很大，因而由纵墙直接承受楼面或屋面荷载，从而形成纵墙承重方案。这种方案房屋的竖向荷载的主要传递路线：板→梁(屋架)→纵向承重墙→基础→地基。

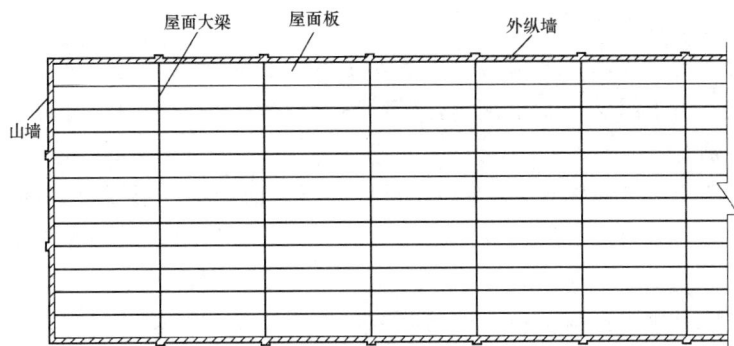

图 8.21　纵墙承重

纵墙承重方案的特点如下：

①纵墙是主要的承重墙。横墙的设置主要是为了满足房间的使用要求，保证纵墙的侧向稳定和房屋的整体刚度，因而房屋的划分比较灵活。

②由于纵墙承受的荷载较大，在纵墙上设置的门、窗洞口的大小及位置都受到一定的限制。

③纵墙间距一般比较大，横墙数量相对较少，房屋的空间刚度不如横墙承重体系。

④与横墙承重体系相比，楼盖材料用量相对较多，墙体的材料用量较少。

纵墙承重方案适用于使用上要求有较大空间的房屋（如教学楼、图书馆）以及常见的单层及多层空旷砌体结构房屋（如食堂、俱乐部、中小型工业厂房）等。纵墙承重的多层房屋，特别是空旷的多层房屋，层数不宜过多，因纵墙承受的竖向荷载较大，若层数较多，需显著增加纵墙厚度或采用大截面尺寸的壁柱，这从经济上或适用性上都不合理。因此，当层数较多、楼面荷载较大时，宜选用钢筋混凝土框架结构。

2）横墙承重方案（图 8.22）。房屋的每个开间都设置横墙，楼板和屋面板沿房屋纵向搁置在墙上。板传来的竖向荷载全部由横墙承受，并由横墙传至基础和地基，纵墙仅承受墙体自重。因此这类房屋称为横墙承重方案。这种方案房屋的竖向荷载的主要传递路线：楼（屋）面板→梁→纵墙→基础→地基。

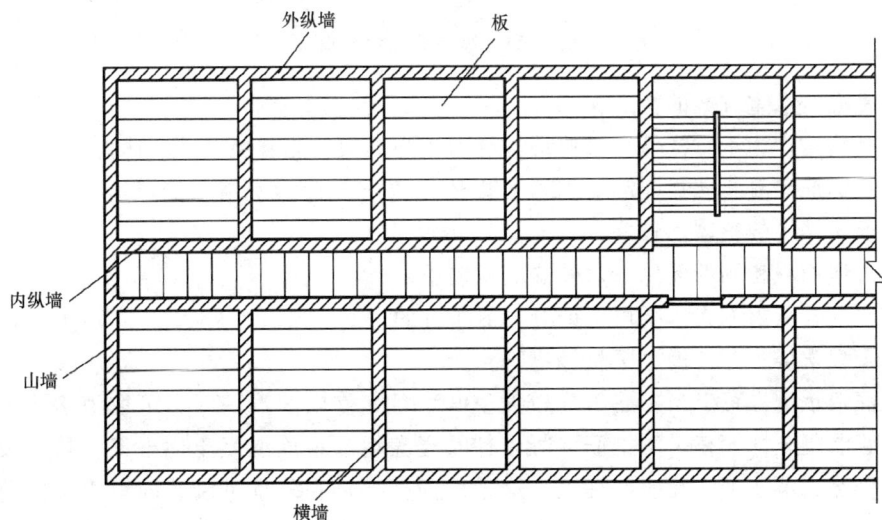

图 8.22　横墙承重

横墙承重方案的特点如下：

①横墙是主要的承重墙。纵墙的作用主要是围护、隔断以及与横墙拉结在一起，保证横墙的侧向稳定。由于纵墙是非承重墙，对纵墙上设置门、窗洞口的限制较少，外纵墙的立面处理比较灵活。

②横墙间距较小，一般为3~4.5 m，同时又有纵向拉结，形成良好的空间受力体系，刚度大，整体性好。对抵抗沿横墙方向作用的风力、地震作用以及调整地基的不均匀沉降等较为有利。

③由于在横墙上放置预制楼板，结构简单，施工方便，楼盖的材料用量较少，但墙体的材料用量较多。

横墙承重方案适用于宿舍、住宅、旅馆等居住建筑和由小房间组成的办公楼等。横墙承重方案中，横墙较多，承载力及刚度比较容易满足要求，故可建造较高层的房屋。

3）纵横墙混合承重方案(图8.23)。当建筑物的功能要求房间的大小变化较多时，为了结构布置的合理性，通常采用纵横墙混合承重方案。这种方案房屋的竖向荷载的主要传递路线：楼(屋)面板→梁→纵墙楼(屋)面板→基础→地基。

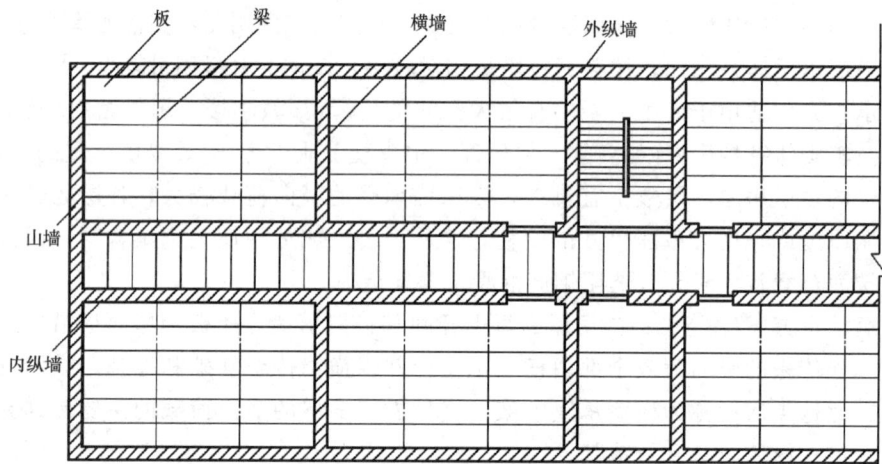

图8.23 纵横墙混合承重

纵横墙混合承重方案的特点如下：

①纵横墙均作为承重构件，可使结构受力较为均匀，能避免局部墙体承载过大。

②由于钢筋混凝土楼板(及屋面板)可以依据建筑设计的使用功能灵活布置，较好地满足使用要求，结构的整体性较好。

③在占地面积相同的条件下，外墙面积较小。

纵横墙混合承重方案，既可保证有灵活布置的房间，又具有较大的空间刚度和整体性，所以适用于教学楼、办公楼、医院等建筑。

4）内框架承重方案。当房屋需要较大空间，且允许中间设柱时，可取消房屋的内承重墙而用钢筋混凝土柱代替，由钢筋混凝土柱及楼盖组成钢筋混凝土内框架。楼盖及屋盖梁在外墙处仍然支承在砌体墙或壁柱上。这种由内框架柱和外承重墙共同承担竖向荷载的承重体系称为内框架承重体系。这种方案房屋的竖向荷载的主要传递路线：外纵墙→外纵墙基础；板→梁→地基柱→柱基础→地基。

内框架承重方案的特点如下：

①外墙和柱为竖向承重构件，内墙可取消，因此有较大的使用空间，平面布置灵活。

②由于竖向承重构件材料不同，基础形式也不同，因此施工较复杂，易引起地基不均匀沉降。

③横墙较少，房屋的空间刚度较差。

内框架承重方案一般用于多层工业车间、商店等建筑。此外，某些建筑的底层为了获得较大的使用空间，有时也采用这种承重方案。必须指出，对内框架承重房屋应充分注意两种不同结构材料所引起的不利影响，并在设计中选择符合实际受力情况的计算简图，精心地进行承重墙、柱的设计。

5) 底部框架承重方案。当沿街住宅底部为公共房时，在底部也可以用钢筋混凝土框架结构同时取代内外承重墙体，相关部位形成结构转换层，成为底部框架承重方案。此时，梁板荷载在上部几层通过内外墙体向下传递，在结构转换层部位，通过钢筋混凝土梁传给柱，再传给基础。底部框架承重方案的特点如下：

①墙和柱都是主要承重构件。以柱代替内外墙体，在使用上可获得较大的使用空间。

②由于底部结构形式的变化，其抗侧刚度发生了明显的变化，成为上部刚度较大，底部刚度较小的上刚下柔结构房屋。

(2) 房屋的静力计算方案。砌体结构房屋是由屋盖、楼盖、墙、柱、基础等主要承重构件组成的空间受力体系，共同承担作用在房屋上的各种竖向荷载(结构的自重、屋面、楼面的活荷载)、水平风荷载和地震作用。砌体结构房屋中仅墙、柱为砌体材料，因此墙、柱设计计算即成为本模块的两个主要方面的内容。墙体计算主要包括内力计算和截面承载力计算(或验算)。

计算墙体内力首先要确定其计算简图，也就是如何确定房屋的静力计算方案的问题。计算简图既要尽量符合结构实际受力情况，又要使计算尽可能简单。

现以单层房屋为例，说明在竖向荷载(屋盖自重)和水平荷载(风荷载)作用下，房屋的静力计算是如何随房屋空间刚度不同而变化。

情况一为两端没有设置山墙的单层房屋，外纵墙承重，屋盖为装配式钢筋混凝土楼盖(图 8.24)。

图 8.24 两端没有设置山墙的单层房屋

该房屋的水平风荷载传递路线：风荷载→纵墙→纵墙基础→地基；竖向荷载的传递路线是屋面板→屋面梁→纵墙→纵墙基础→地基。

情况二为两端设置山墙的单层房屋。在水平荷载作用下，屋盖的水平位移受到山墙的约束，水平荷载的传递路线发生了变化。屋盖可以看作水平方向的梁(跨度为房屋长度，梁高为屋盖结构沿房屋横向的跨度)，两端弹性支承在山墙上，而山墙可以看作竖向悬臂梁支承在基础上(图 8.25)。因此，该房屋的水平风荷载传递路线为风荷载→纵墙→纵墙基础→地基；屋盖结构→山墙→山墙基础。

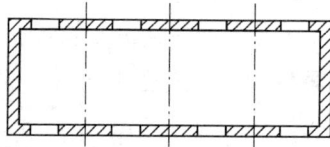

图 8.25 两端设置山墙的单层房屋

从上面的分析可以清楚地看出，这类房屋风荷载的传递体系已经不是平面受力体系，而是空间受力体系。此时，墙体顶部的水平位移不仅与纵墙自身刚度有关，而且与屋盖结构水平刚度和山墙顶部水平方向的位移有关(图 8.26)。

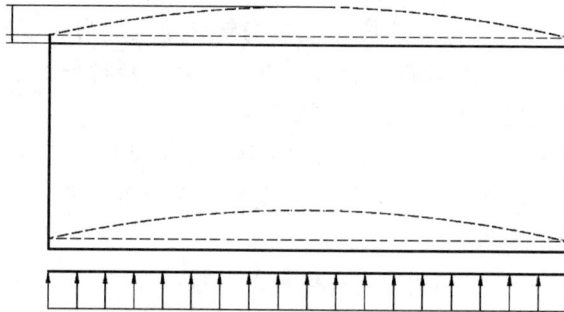

图 8.26 屋盖结构的受力体系图示

影响房屋空间性能的因素很多，除上述的屋盖刚度和横墙间距外，还有屋架的跨度、排架的刚度、荷载类型及多层房屋层与层之间的相互作用等。《砌体规范》为方便计算，仅考虑屋盖刚度和横墙间距两个主要因素的影响，按房屋空间刚度(作用)大小，将砌体结构房屋静力计算方案分为三种，见表 8.7。

表 8.7 房屋的静力计算方案

	屋盖或楼盖类别	刚性方案	刚弹性方案	弹性方案
1	整体式、装配整体式和装配式无墙体系钢筋混凝土屋盖或钢筋混凝土楼盖	$s<32$	$32 \leqslant s \leqslant 72$	$s>72$
2	装配式有檩体系钢筋混凝土屋盖、轻钢屋盖和有密铺望板的木屋盖或楼盖	$s<20$	$20 \leqslant s \leqslant 48$	$s>48$
3	瓦材屋面的木屋盖和轻钢屋盖	$s<16$	$16 \leqslant s \leqslant 36$	$s>36$

1)刚性方案。房屋的空间刚度很大，在水平风荷载作用下，墙、柱顶端的相对位移 $u_s/H \approx 0$(H 为纵墙高度)。此时屋盖可看成纵向墙体上端的不动铰支座，墙柱内力可按上端有不动铰支承的竖向构件进行计算，这类房屋称为刚性方案房屋。

2)弹性方案。房屋的空间刚度很小，在水平风荷载作用下墙顶的最大水平位移接近平面结构体系，其墙柱内力计算应按不考虑空间作用的平面排架或框架计算，这类房屋称为弹性方案房屋。

3)刚弹性方案。房屋的空间刚度介于上述两种方案之间,在水平风荷载作用下,纵墙顶端水平位移比弹性方案要小,但又不可忽略不计,其受力状态介于刚性方案和弹性方案之间,这时墙柱内力计算应按考虑空间作用的平面排架或框架计算,这类房屋称为刚弹性方案房屋。

由上面的分析可知,房屋墙、柱的静力计算方案是根据房屋空间刚度的大小确定的,而房屋的空间刚度则由两个主要因素确定,一是房屋中屋(楼)盖的类别;二是房屋中横墙间距及其刚度的大小。因此作为刚性和刚弹性方案房屋的横墙,《砌体规范》规定应符合下列要求:

①横墙中开有洞口时,洞口的水平截面面积不应超过横墙水平全截面面积的50%。

②横墙的厚度不宜小于180 mm。

③单层房屋的横墙长度不宜小于其高度,多层房屋的横墙长度不宜小于 $H/2$(H 为横墙总高度)。

当横墙不能同时符合上述要求时,应对横墙的刚度进行验算。如其最大水平位移值 $u_{max} \leqslant H/4\,000$($H$ 为横墙总高度)时,仍可视作刚性和刚弹性方案房屋的横墙;凡符合此刚度要求的一段横墙或其他结构构件(如框架等),也可以视作刚性或刚弹性方案房屋的横墙。

(3)墙柱的允许高厚比。

1)高厚比的定义。墙柱高度与厚度之比称为高厚比。在进行墙体设计时必须限制其高厚比,保证墙体的稳定性和刚度。

2)影响高厚比的主要因素。

①砂浆的强度等级。

②横墙的间距。

③构造支撑条件。如刚性方案允许高厚比可以大一些,弹性和刚弹性方案可以小一些。

④砌体的截面形式。

⑤构件的重要性和房屋的使用条件。

3)高厚比的验算。对于矩形截面墙、柱的高厚比应符合下列要求:

$$\beta = \frac{H_0}{h} \leqslant \mu_1 \mu_2 [\beta] \tag{8.13}$$

式中 $[\beta]$——墙柱的允许高厚比。

   H_0——墙柱的计算高度(表8.7),H_0=表中系数×构件高度 H,构件高度 H 的确定:对于底层,构件下端取基础顶面;当基础埋置较深且有刚性地坪时,可取室外地坪下 500 mm 处。

   μ_1,μ_2——$[\beta]$ 的修正系数。μ_1 为非承重墙的修正系数:当厚度为 240 mm 时,$\mu_1=1.2$;当厚度为 90 mm 时,$\mu_1=1.5$;当厚度在 240 mm 和 90 mm 之间时,插值计算;μ_2 为门窗洞口的墙相应 $[\beta]$ 的修正系数,其中 $\mu_2=1-0.4\dfrac{b_s}{s} \geqslant 0.7$,式中,$b_s$ 为宽度 s 范围内的门窗洞口的宽度,s 为相邻窗间墙或壁柱之间的距离。

4)墙、柱的允许高厚比限值见表8.8。

表 8.8 墙、柱的允许高厚比限值

砌体的类型	砂浆强度等级	墙	柱
无筋砌体	M25	22	15
	M50. 或 Mb50、Ms50	24	16
	≥M75 或 Mb75、Ms75	26	17
配筋砌块砌体	—	30	21

5）带壁柱墙和带构造柱墙的高厚比验算。

①当验算带壁柱墙的高厚比时，公式中的 h 应当改为折算厚度 h_T（$h_T=3.5\sqrt{I/A}=3.5i$，I、A 为 T 形截面的惯性矩和截面面积），确定计算高度 H_0 时，按相邻横墙减去 s 确定；《砌体规范》中单层房屋带壁柱墙的计算宽度（考虑翼缘 b_f）＝壁柱宽＋2/3 墙高（≤窗间墙宽度，≤壁柱间距离）。

②当构造柱截面宽度不小于墙厚时，h 取墙厚，确定计算高度时，s 应当取相邻横墙的间距，允许高厚比乘以提高系数 μ_c。其中 $\mu_c=1+\gamma\dfrac{b_c}{l}$，式中，$\gamma$ 为系数，对于细石料、半细石料砌体，$\gamma=0$；对于混凝土砌块、粗料石、毛料石及毛石砌体，$\gamma=1.0$；其他砌体，$\gamma=1.5$；b_c 为构造柱沿墙长方向的宽度；l 为构造柱的间距。当 $\dfrac{b_c}{l}>0.25$ 时，取 $\dfrac{b_c}{l}=0.25$，当 $\dfrac{b_c}{l}<0.05$ 时，取 $\dfrac{b_c}{l}=0.05$。

6）墙柱高厚比验算目的。

①保证构件在荷载作用下的稳定，在满足强度要求的同时具有足够的稳定性。

②通过高厚比控制，使墙、柱有足够刚度，避免出现过大的侧向变形。

③保证施工中安全。

任务实施

1. 设计任务分析

（1）考虑梁支承在砌体上的有效支承长度 $a_0=10\sqrt{\dfrac{h_c}{f}}$；

（2）上部荷载对局部受压承载力的影响，考虑上部荷载折减系数 $\varphi=1.5-0.5\dfrac{A_0}{A_l}$；

（3）梁端支承处砌体的局部受压承载力按公式 $\Psi N_0+N_l\leqslant\eta\gamma f A_l$ 计算；

（4）刚性垫块下的砌体应按公式 $N_0+N_l\leqslant\varphi\gamma_l f A_b$ 计算，其中 γ_l 为垫块外砌体面积的有利影响系数。

2. 设计任务的实施

解：（1）基本参数。

$f=1.50\ \text{N/mm}^2$

$a_0=10\sqrt{\dfrac{h_c}{f}}=10\sqrt{\dfrac{600}{1.50}}=200(\text{mm})<a=240\ \text{mm}（可以）$

局压面积：$A_l = a_0 b = 0.2 \times 0.25 = 0.05 (\text{m}^2)$

影响局压计算面积：$A_0 = h(2h+b) = 0.24 \times (2 \times 0.24 + 0.25) = 0.175(\text{m}^2) <$ 窗间墙面积 $A = 0.24 \times 1.2 = 0.288(\text{m}^2)$（否则 A_0 取窗间墙面积 A）

$$\gamma = 1 + 0.35\sqrt{\frac{A_0}{A_l} - 1} = 1 + 0.35 \times \sqrt{3.5 - 1} = 1.55 < 2.0（可以）$$

$(A_0/A_l = 0.175/0.05 = 3.5)$

局压面积上由墙体上部荷载产生的轴向力。

(2) 上部荷载折减系数：因为 $A_0/A_l = 3.5 > 3$，所以 $\psi = 0$，$\psi N_0 = 0$。

(3) 梁端支承处砌体局压承载力。

$N = \psi N_0 + N_l = 0 + 100 = 100 (\text{kN})$

$N_u = \eta\gamma f A_l = 0.7 \times 1.55 \times 1.50 \times 0.05 \times 10^6 = 81.4 \times 10^3 (\text{N}) < N = 100 (\text{kN})$（不安全）

提高 N_u 的措施：增设刚性垫块或柔性垫梁；提高砖或砂浆的强度等级；加大砌体截面尺寸（如增设壁柱）等。

按条件，增设预制刚性垫块 $t_b \times a_b \times b_b = 240\ \text{mm} \times 240\ \text{mm} \times 650\ \text{mm}$，试验算垫块下砌体局压承载力。

思考与练习

一、简答题

1. 砌体受压时，截面应力的变化情况如何？

2. 轴心受压与偏心受压砌体的承载力计算公式是否相同？

3. 为什么砌体在局部压力作用下，会提高承载力？

4. 梁端支撑处砌体的局部受压为什么与砌体局部均匀受压不相同？

5. 砌体的受拉、受弯、受剪应如何计算？

6. 什么情况下才采用网状配筋砌体或组合砖砌体？

7. 配砖砌体有什么构造要求？

二、实训题

(一) 设计任务

某一实训楼标准层结构平面布置图中有一砖柱，已知砖柱 $490\ \text{mm} \times 490\ \text{mm}$，$H_0 = 5.88\ \text{m}$，MU10、M5 混合砂浆，轴心压力设计值为 $500\ \text{kN}$，试验算其受压承载力。

(二) 设计过程

1. 设计准备

课前完成线上学习任务，从网络课堂接受任务，通过互联网、图书查阅资料，分析相关信息，做好任务前准备工作。

2. 设计引导

根据前面学习过的内容，查阅规范设计案例，找出与本任务中相类似的解题过程。

(1) 通过截面验算考虑砌体抗压强度设计值是否需要调整系数；

(2) 考虑高厚比 β 的影响；

(3) 柱界面的承载力按公式 $N \leqslant \varphi_n \gamma_a f A$ 计算。

3. 设计内容

4. 设计任务评价表(表8.9)

表 8.9　任务评价表

序号	评价项目	配分	自我评价 (25%)	小组评价 (30%)	教师评价 (35%)	其他 (10%)
1	能够正确列出与使用任务实施中的计算公式	10				
2	能够描述配筋砌体计算原理	20				
3	能够依据规范查阅确定相关数据	10				
4	计算准确	20				
5	绘图规范、合理	10				
6	遵守纪律	10				
7	完成任务中的所有内容	20				
合计		100				
总分						

任务 3　砌体结构房屋的构造要求

知识目标

1. 了解建筑结构墙体开裂形态,分析开裂原因;
2. 熟悉砌体结构的一般抗震要求;
3. 掌握建筑结构墙体开裂的防止措施。

能力目标

1. 能够正确掌握建筑结构墙体开裂的原因和防止措施;
2. 能够认识砌体结构的抗震构造要求;
3. 能够认识新型节能、保温墙体材料及构造。

1. 培养遵守结构设计规范和识图标准的职业意识；
2. 树立安全至上、质量第一的理念。
3. 培养科学求实、诚实守信、严谨认真的工作态度。

行业故事

大雁塔又名"慈恩寺塔"。唐永徽三年（652 年），玄奘为保存由天竺经丝绸之路带回长安的经卷、佛像，主持修建了大雁塔，最初五层，后加盖至九层。塔座十分厚重，外形看起来非常飘逸优美。大雁塔有 1 300 多年的建造历史，它作为现存最早、规模最大的唐代四方楼阁式砖塔，是佛塔这种古印度佛寺的建筑形式随佛教传入中原地区，并融入华夏文化的典型物证。唐代诗人岑参曾在诗中赞道："塔势如涌出，孤高耸天宫。登临出世界，磴道盘虚空。突兀压神州，峥嵘如鬼工。四角碍白日，七层摩苍穹。"大雁塔的恢宏气势由此可见。这座塔高为 45 m，用砖头垒起来，这些砖头的质量非常高，采用黄泥制作而成，能敲打出金属般的声音。而在砖头上还有手印，建造者需要将手印按在上面，出现质量问题将会被问责。正是因为对建造工艺的技术要求很高，所以大雁塔建筑的质量非常高，在 1 300 多年的风雨中，可以一直保存下来，就算是在地震之下，也很难被破坏。它是凝聚了中国古代劳动人民智慧结晶的标志性建筑，具有很高的历史和艺术价值。

任务描述

某教学楼标准层结构平面布置图中©轴上①与②轴之间有一简支梁 L—5，计算跨度 $l_0 = 8.2$ m，作用在梁上的永久荷载（含自重）标准值 $G_k = 12$ kN/m，可变荷载标准值 $Q_k = 2.5$ kN/m，构件安全等级二级。试求：

(1) 在承载能力极限状态计算时，梁跨中截面弯矩的组合设计值；

(2) 按正常使用极限状态计算时，梁跨中截面荷载效应的标准组合弯矩值和准永久组合弯矩值。

知识准备

3.1 砌体结构房屋构造要求

(1) 承重独立砖柱的截面尺寸不应小于 240 mm×370 mm。毛石墙的厚度不宜小于 350 mm，毛料石柱较小边长不宜小于 400 mm。当有振动荷载时，墙柱不宜采用毛石砌体。

(2) 屋架跨度大于 6 m 或梁跨度分别大于 4.8 m（砖砌体）、4.2 m（砌块和料石砌体）、3.9 m（毛石砌体）时，应在其支承处砌体上设置混凝土或钢筋混凝土垫块。当墙中有圈梁时，垫块宜与圈梁浇成整体。

动画：圈梁　　视频：砌体结构房屋构造要求

（3）厚度240 mm墙上梁的跨度大于或等于6 m、砌块或料石墙以及厚度小于240 mm砖墙上梁的跨度大于或等于4.8 m时，宜在梁支座下设壁柱或构造柱，或采取其他加强措施。

（4）预制钢筋混凝土板的支承长度在墙上不宜小于100 mm，在钢筋混凝土圈梁上不宜小于80 mm；当利用板端伸出钢筋拉结并用混凝土灌缝时，其支承长度可为40 mm，但板端缝宽不宜小于80 mm，灌缝混凝土强度等级不宜低于C20。

（5）砌块墙与后砌隔墙交接处，应沿墙高每400 mm在水平灰缝内设置不少于2φ4的焊接钢筋网片。

（6）砌块砌体应分皮错缝搭砌，上下皮搭砌长度不得小于90 mm。不满足上述要求时，应在水平灰缝内设置不少于2φ4的焊接钢筋网片（横向钢筋的间距不宜大于200 mm），网片每端均应超过该垂直缝，其长度不得小于300 mm。

3.2 砌体结构裂缝产生的原因

砌体房屋常见裂缝形态如图8.27所示。

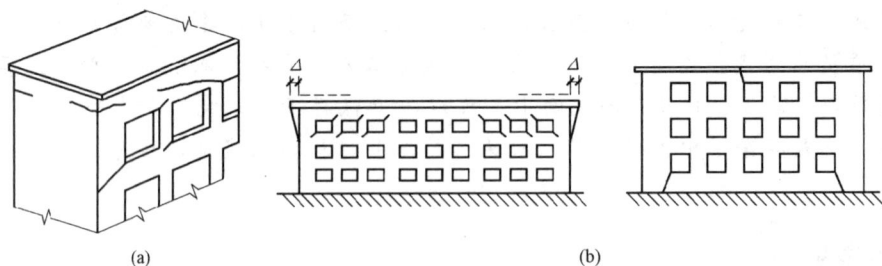

图8.27 砌体房屋常见裂缝

（a）温度裂缝；（b）沉降裂缝

1. 裂缝对房屋性能的影响

（1）影响外观。

（2）影响防水、防渗、保温性能。

（3）影响整体性、承载力、耐久性和抗震性能。

2. 裂缝形成的原因

（1）设计原因。

（2）施工原因。

（3）材料产生干缩裂缝。

（4）环境温度变化产生温度裂缝。

（5）地基不均匀沉降产生沉降裂缝。

3. 防止或减轻墙体开裂的途径

（1）合理布置结构。

（2）加强房屋结构的整体刚度。

（3）设置沉降缝。

（4）设置收缩缝。

视频：砌体结构
裂缝产生的原因

4. 防止或减轻墙体开裂的措施

在保证收缩缝间距的基础上，为了防止或减轻房屋顶层墙体的裂缝，可根据房屋具体情况分别采取"防、放、抗"措施：

（1）为减少屋面与顶层墙体温差，防止墙顶产生裂缝，屋面应设置保温、隔热层。

（2）为释放或降低温差应力，屋面保温（隔热）层或屋面刚性面层及砂浆找平层应设置分隔缝，分隔缝间距不宜大于 6 m，并与女儿墙隔开，其缝宽不小于 30 mm。

（3）受温差影响较大地区可适当选用装配式有檩体系钢筋混凝土屋盖和瓦材屋盖。在钢筋混凝土屋面板与墙体圈梁的接触面处设置水平滑动层，滑动层可采用两层油毡夹滑石粉或橡胶片等；对于长纵墙，可只在其两端的 2~3 个开间内设置，对于横墙可只在其两端各 $l/4$ 范围内设置（l 为横墙长度），如图 8.28 所示。

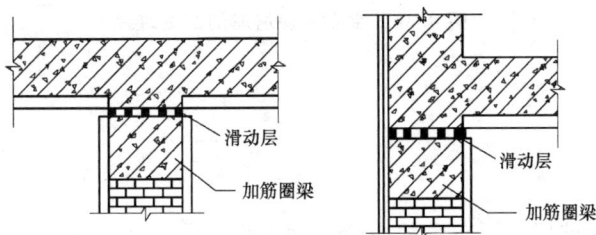

图 8.28　屋面滑动层构造详图

3.3　砌体结构裂缝的防治措施

针对墙体不同区域，可采取下列构造措施加强其抗裂能力：

（1）顶层屋面板下设置现浇钢筋混凝土圈梁，并沿内外墙拉通，房屋两端圈梁下的墙体内宜适当设置水平筋，并设置有效的保温、隔热层。

（2）顶层挑梁末端下墙体灰缝内设置 3 道焊接钢筋网片（纵向钢筋不宜少于 2φ4，横筋间距不宜大于 200 mm）或 2φ6 钢筋，钢筋网片或钢筋应自挑梁末端伸入两边墙体不小于 1 m，如图 8.29 所示。

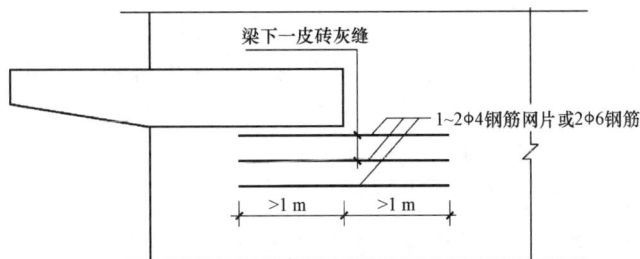

图 8.29　顶层挑梁末端钢筋网片

（3）当房屋刚度较大时，可在窗台下或窗台角处墙体内设置竖向控制缝。在墙体高度或厚度突然变化处也宜设置竖向控制缝，或采取其他可靠的防裂措施。竖向控制缝的构造和嵌缝材料应能满足墙体平面外传力和防护的要求，如图 8.30 所示。

（4）灰砂砖、粉煤灰砖砌体宜采用黏结性好的砂浆砌筑，混凝土砌块砌体应采用砌块专用砂浆砌筑。

（5）顶层墙体及女儿墙砂浆强度等级不低于 M5。

（6）墙体转角处和纵横墙交接处宜沿竖向每隔 400～500 mm 设拉结钢筋，其数量为每 120 mm 墙厚不少于 1φ6 钢筋或焊接钢筋网片，埋入长度从墙的转角或交接处算起，每边不小于 600 mm。

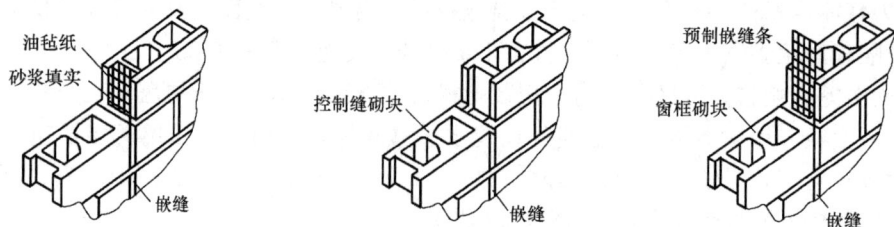

图 8.30　空心砌块房屋的控制缝

任务实施

1. 设计任务分析

（1）分析教学楼标准层平面布置图中简支梁的跨度；

（2）明确在荷载作用下，梁跨中截面弯矩组合设计值；

（3）明确正常使用极限状态计算时，梁跨中截面荷载效应的组合弯矩值。

2. 设计任务的实施

（1）认识标准层平面布置图中简支梁的跨度；

（2）分析在荷载作用下，计算梁跨中截面弯矩组合设计值；

（3）针对正常使用极限状态计算时，计算梁跨中截面荷载效应的组合弯矩值。

思考与练习

一、填空题

1. 砌体结构材料中的块材和砂浆各有哪些种类？砌体结构设计中对块体和砂浆有何要求？

2. 砖砌体中砖和砂浆的强度等级是如何确定的？

3. 影响砌体抗压强度的主要因素有哪些？

4. 什么是高厚比？影响实心砖砌体允许高厚比的因素是什么？

5. 为什么要验算高厚比？

6. 在进行承重纵墙计算时所应完成的验算内容有哪些？

7. 砌体的弯曲受拉破坏有哪三种形态？

二、实训题

砌体结构在框架结构的建筑内，属于二次结构，一般不进行承重，但由于涉及建筑的抗震要求，砌体结构在建筑设计内属于结构设计，整体的砌体结构也属于主体结构的子分部。

（一）设计任务

墙体在建筑物中是不可或缺的部分，是围合成空间的基本构造。建筑墙体除非在砖混结构中是承重墙，在框架等其他结构体系中，主要作用是围护、保温、隔声、防火等。

（二）设计过程

砌体结构在框架结构的建筑内，属于二次结构，既然涉及结构安全，那么在装饰设计中，对于砌体结构就不能随意拆改，改动后必须增加防护措施。

（三）设计任务评价表（表8.10）

表 8.10 任务评价表

序号	评价项目	配分	自我评价（25%）	小组评价（30%）	教师评价（35%）	其他（10%）
1	能够正确列出与使用任务实施中的计算公式	10				
2	能够描述砌体结构房屋的构造要求据	20				
3	能够依据规范查阅确定相关系数	10				
4	计算数据准确	20				
5	计算过程规范合理	10				
6	遵守纪律	10				
7	完成任务中的所有内容	20				
合计		100				
总分						

任务4 过梁、挑梁和墙梁

知识目标

1. 熟悉梁的类型和构造；
2. 了解梁的特点和破坏形态，墙梁的构造；
3. 掌握过梁的分类及适用条件；
4. 掌握挑梁的破坏形态，挑梁的抗倾覆；
5. 熟悉挑梁下砌体的局部受压承载力验算方法。

能力目标

1. 能够认识梁的类型和构造；
2. 能够正确判断墙梁的特点和破坏形态，墙梁的构造；
3. 能够正确掌握梁与雨棚的受力特点和构造要求。

1. 培养遵守结构设计规范和识图标准的职业意识；
2. 树立安全至上、质量第一的理念；
3. 培养科学求实、诚实守信、严谨认真的工作态度。

行业故事

长城是古代中国在不同时期为抵御北方游牧民族侵袭而修筑的规模浩大的军事工程的统称。长城东西绵延上万里，又称作万里长城。现存的长城遗迹主要为始建于 14 世纪的明长城，西起嘉峪关，东至辽东虎山，全长 8 851.8 km，平均高 6～7 m、宽 4～5 m。长城属于砌体结构，用砖砌、石砌、砖石混合砌的方法砌筑城墙，在地势坡度较小时，砌筑的砖块或条石与地势平行；而当地势坡度较大时，则用水平跌落的方法来砌筑。

砌体结构历史悠久，天然石是最原始的建筑材料之一。古代大量具有纪念性的建筑物都用砖、石建造。如用巨大石块建成的金字塔一直保存到现代。中国封建时期采用砖木建造的砖塔是一种高层建筑，如河南登封嵩岳寺塔为砖砌单筒体结构，体现了中国古代砌体结构的成就。它是中华民族勤劳、智慧的丰碑和见证。我们应当树立崇高的学习目标，爱国敬业，为中华民族的发展增添力量。

任务描述

某承托阳台钢筋混凝土挑梁(图 8.31)，挑出长度 $l=1.5$ m，埋入砌体长度 $l_1=1.6$ m，挑梁埋入部分截面尺寸 $b \times h_b = 240 \times 320$ mm，挑梁上部分一层墙体净高 2.86 m，墙体 240 mm，采用 MU7.5 砖与 M5 混合砂浆砌筑，墙体自重 5.24 kN/m²。阳台传给挑梁的荷载标准值为：活载 $q_{1k}=4.13$ kN/m，恒载 $g_{1k}=4.85$ kN/m，阳台边梁传来恒载集中力 $F_k=4.5$ kN，挑梁自重 1.5 kN/m，挑梁埋入部分自重 2.0 kN/m；楼盖传给挑梁尾部的荷载标准值：活载 $q_{2k}=4.95$ kN/m，恒载 $g_{2k}=9.7$ kN/m；屋面传来的荷载标准值：活载 $q_{3k}=1.65$ kN/m，恒载 $g_{3k}=15.0$ kN/m。M_{ov} 取 25.53 kN·M，试验算该挑梁抗倾覆及挑梁下砌体局部受压承载力。

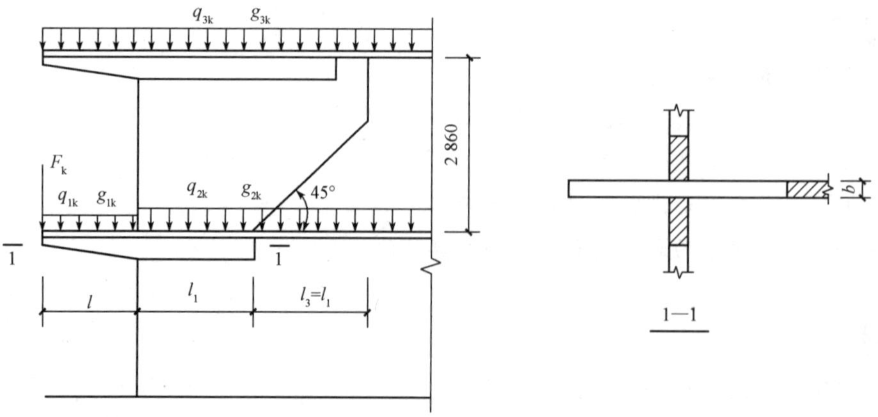

图 8.31　挑梁布置及荷载图

4.1 梁的类型和构造要求

1. 过梁

过梁是砌体结构门窗洞口上常用的构件，主要有钢筋混凝土过梁、钢筋砖过梁、砖砌平拱过梁和砖砌弧拱过梁等几种不同的形式。由于砖砌过梁延性较差，跨度不宜过大，因此对有较大振动荷载或可能产生不均匀沉降的房屋，应采用钢筋混凝土过梁。钢筋混凝土过梁端部支承长度不宜小于 240 mm，各种过梁如图 8.32 所示。

视频：过梁、
挑梁和墙梁

砖砌过梁的构造要求应符合下列规定：

(1)砖砌过梁截面计算高度内的砂浆强度等级不宜低于 M5。

(2)砖砌平拱用竖砖砌筑部分的高度不应小于 240 mm。

(3)钢筋砖过梁底面砂浆层处的钢筋，其直径不应小于 5 mm，间距不宜大于 120 mm，钢筋伸入支座砌体内的长度不宜小于 240 mm，砂浆层的厚度不宜小于 30 mm。

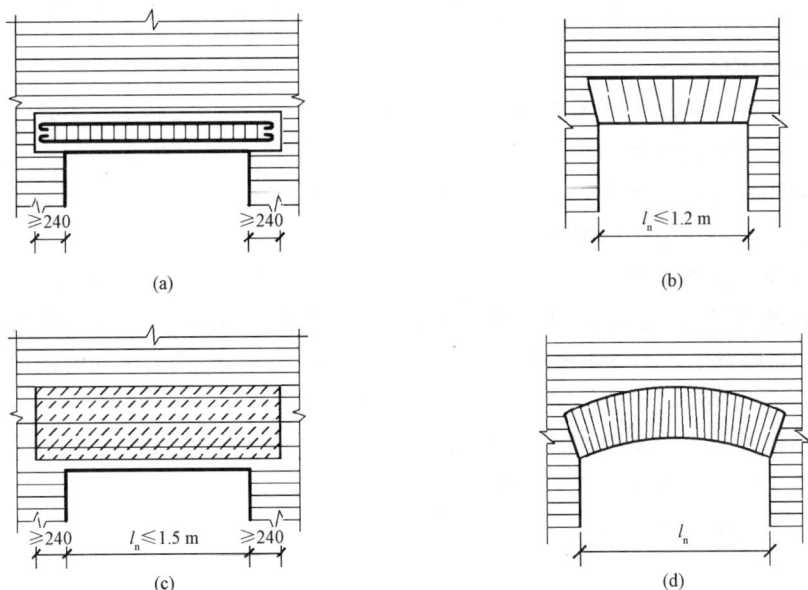

图 8.32 过梁示意

(a)钢筋混凝土过梁；(b)钢筋砖过梁；(c)砖砌平拱过梁；(d)砖砌弧拱过梁

2. 挑梁

在砌体结构房屋中，为了支撑挑廊、阳台、雨篷等，常设有埋入砌体墙内的钢筋混凝土悬臂构件，即挑梁。当埋入墙内的长度较大且梁相对于砌体的刚度较小时，梁发生明显的挠曲变形，将这种挑梁称为弹性挑梁，如阳台挑梁、外廊挑梁等；当埋入墙内的长度较短，埋入墙内的梁相对于砌体刚度较大时，挠曲变形很小，主要发生刚体转动变形，将这种挑梁称为刚性挑梁。嵌入砖墙内的悬臂雨篷梁属于刚性挑梁。

挑梁的设计除应符合现行混凝土结构设计规范外，还应满足下列要求。

（1）纵向受力钢筋至少应有 1/2 的钢筋面积伸入梁尾端，且不少于 2Φ12。其余钢筋伸入支座的长度不应小于 $2l_1/3$。

（2）挑梁埋入砌体长度 l_1 与挑出长度 l 之比宜大于 1.2；当挑梁上无砌体时，l_1 与 l 之比宜大于 2。

3. 墙梁

墙梁一般有简支墙梁、连续墙梁、框支墙梁。

墙梁的设计除应符合设置规定、满足承载力要求之外，还应符合有关的构造要求。

（1）材料的强度等级。

1）托梁的混凝土强度等级：不应低于 C30；

2）纵向钢筋：宜采用 HRB400 或 RRB400 级钢筋；

3）承重墙梁的块体强度等级：不应低于 MU10；

4）计算高度范围内墙体的砂浆强度等级：不应低于 M10。

（2）墙体。

1）下列墙体应满足刚性方案房屋的要求：

①框支墙梁的上部砌体房屋。

②设有承重的简支墙梁或连续墙梁的房屋。

2）墙梁计算高度范围内的墙体厚度：

①对砖砌体不应小于 240 mm。

②对混凝土小型砌块砌体不应小于 190 mm。

3）墙梁洞口上方的处理：

①应设置钢筋混凝土过梁，其支承长度不应小于 240 mm。

②洞口范围内不应施加集中荷载。

4）承重墙梁支座处的处理：

①应设置落地翼墙。翼墙厚度：对砖砌体不应小于 240 mm；对混凝土砌块砌体不应小于 190 mm。翼墙宽度：不应小于墙梁墙体厚度的 3 倍；并与墙梁墙体同时砌筑。

②当不能设置翼墙时，应设置落地且上、下贯通的构造柱。

5）墙梁墙体在靠近支座跨度范围内开洞时的处理：在支座处应设置落地且上、下贯通的构造柱；构造柱并应与每层圈梁连接。

6）墙梁计算高度范围内墙体每天的砌筑高度：每天可砌高度不应超过 1.5 m；否则，应加设临时支撑。

（3）托梁。

1）托梁两边的楼盖：

①托梁两边各一个开间及相邻开间处应采用现浇钢筋混凝土楼盖。

②现浇楼板厚度不宜小于 120 mm，当楼板厚度大于 150 mm 时，宜采用双层双向钢筋网。

③楼板上应少开洞，洞口尺寸大于 800 mm 时应设洞边梁。

2）托梁各跨底部的纵向受力钢筋：

①应通长设置，不得在跨中段弯起或截断。

②钢筋接长应采用机械连接或焊接。

③托梁跨中截面纵向受力钢筋总配筋率：不应小于 0.6%。

3）托梁的上部纵向钢筋：

①托梁距边支座边 $l_0/4$ 范围内，上部纵向钢筋面积不应小于跨中下部纵向钢筋面积的 $1/3$。

②连续墙梁或多跨框支墙梁的托梁中支座上部附加纵向钢筋，从支座边算起每边延伸不少于 $l_0/4$。

4）托梁的支承长度：

①承重墙梁的托梁在砌体墙、柱上的支承长度不应小于 350 mm。

②纵向受力钢筋伸入支座应符合受拉钢筋的锚固要求。

5）腰筋的设置：

①当托梁高度 $h_b \geqslant 500$ mm 时，应沿梁高设置通长水平腰筋。

②腰筋的直径不应小于 12 mm，间距不应大于 200 mm。

6）墙梁偏开洞口时托梁的箍筋加密区：

①箍筋加密区的范围：偏开洞口的宽度及两侧各一个梁高 h_b 范围内并直至靠近洞口的支座边。

②加密区的箍筋：直径不宜小于 8 mm，间距不应大于 100 mm。

4.2 梁的受力特点及破坏形态

1. 过梁

（1）过梁上的荷载取值。过梁上的荷载有两种：一种是仅承受墙体荷载；第二种是除承受墙体荷载外，还承受其上梁板传来的荷载。试验表明，如过梁上的砌体采用水泥混合砂浆砌筑，当砖砌体的砌筑高度接近跨度的一半时，跨中挠度的增加明显减小。此时，过梁上砌体的当量荷载相当于高度等于 $1/3$ 跨度时的墙体自重。这是由于砌体砂浆随时间增长而逐渐硬化，参加工作的砌体高度不断增加，使砌体的组合作用不断增强。当过梁上墙体有足够高度时，施加在过梁上的竖向荷载将通过墙体内的拱作用直接传给支座。因此，过梁上的墙体荷载应如下取用：

1）对砖砌体，当过梁上的墙体高度 $h_w < l_n/3$ 时，应按墙体的均布自重采用，其中 l_n 为过梁的净跨。当墙体高度 $h_w \geqslant l_n/3$ 时，应按高度为 $l_n/3$ 墙体的均布自重采用，如图 8.33 所示。

2）对混凝土砌块砌体，当过梁上的墙体高度 $h_w < l_n/2$ 时，应按墙体的均布自重采用。当墙体高度 $h_w \geqslant l_n/2$ 时，应按高度为 $l_n/2$ 墙体的均布自重采用。

对梁板来说试验结果表明，当在砌体高度等于跨度的 80% 左右的位置施加外荷载时，过梁的挠度变化已很微小，因此可认为，在高度等于跨度的位置上施加外荷载时，荷载将全部通过拱作用传递，而不由过梁承受。对过梁上部梁、板传来的荷载，《砌体规范》规定：对砖和小型砌块砌体，当梁、板下的墙体高度 $h_w < l_n$ 时，应计入梁、板传来的荷载。当梁、板下的墙体高度 $h_w \geqslant l_n$ 时，可不考虑梁、板荷载。

（2）过梁的破坏形式。钢筋砖过梁的工作机理类似带拉杆的三铰拱，有两种可能的破坏形式：正截面受弯破坏和斜截面受剪破坏。当过梁受拉区的拉应力超过砖砌体的抗拉强度时，则在跨中受拉区会出现垂直裂缝；当支座处斜截面的主拉应力超过砖砌体沿齿缝的抗拉强度时，在靠近支座处会出现斜裂缝，在砌体材料中表现为阶梯形斜裂缝，如图 8.34 所示。

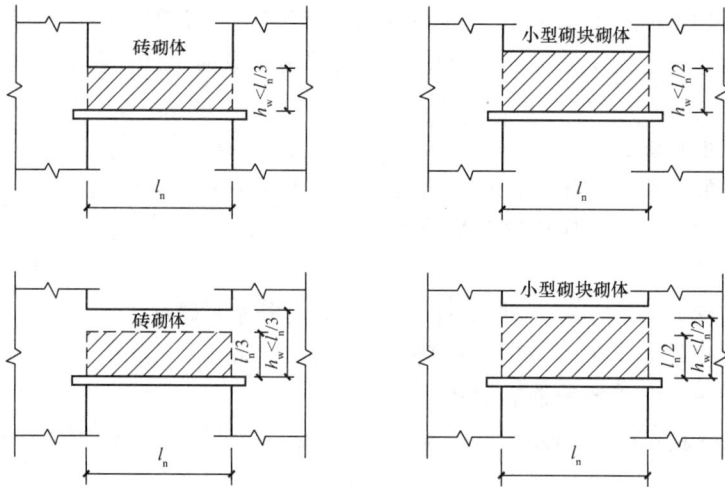

图 8.33　过梁上墙体高度示意

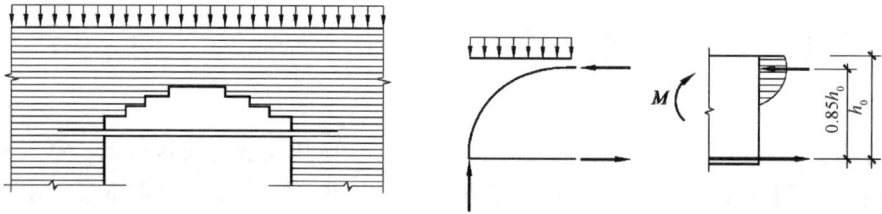

图 8.34　过梁上荷载作用示意

　　砖砌平拱过梁的工作机理类似三铰拱，除可能发生受弯破坏和受剪破坏，在跨中开裂后，还会产生水平推力。此水平推力由两端支座处的墙体承受。当此墙体的灰缝抗剪强度不足时，会发生支座滑动而破坏，这种破坏易发生在房屋端部的门窗洞口处墙体上。

2. 挑梁的受力特点与破坏形态

　　(1)挑梁的受力特点。埋置于墙体中的挑梁是与砌体共同工作的。在墙体上的均布荷载 P 和挑梁端部集中力 F 作用下经历了弹性、带裂缝工作和破坏三个受力阶段。

　　有限元分析及弹性地基梁理论分析都表明，在 F 作用下挑梁与墙体的上、下界面竖向正应力 σ_y 的分布，如图 8.35 所示。此应力应与 p 作用下产生的竖向正应力 σ_0 叠加。由于挑梁以上墙体的前部和挑梁以下墙体的后部竖向受拉，当加荷至 $(0.2\sim0.3)F_u$ 时(F_u 为挑梁破坏荷载)，将在挑梁以上墙体出现水平裂缝，随后在挑梁以下墙体出现水平裂缝。挑梁带有水平裂缝工作到 $0.8F_u$ 时，在挑梁尾端的墙体中将出现阶梯形斜裂缝，其与竖向轴线的夹角 α 较大。水平裂缝不断向外延伸，挑梁下砌体受压面积逐渐减少，压应力不断增大，将可能出现局部受压裂缝。而混凝土挑梁在 F 作用下将在墙边稍靠里的部位出现竖向裂缝，在墙边靠外的部位出现斜裂缝(图 8.36)。

　　(2)挑梁可能发生下列三种破坏形态。

　　1)挑梁倾覆破坏。当挑梁埋入端的砌体强度较高且埋入段长 l_1 较短，则可能在挑梁尾端处的砌体中产生阶梯形斜裂缝。如挑梁砌入端斜裂缝范围内的砌体及其他上部荷载不足以抵抗挑梁的倾覆力矩，此斜裂缝将继续发展，直至挑梁产生倾覆破坏。发生倾覆破坏时，挑梁绕其下表面与砌体外缘交点处稍向内移的一点转动，如图 8.36(a)所示。

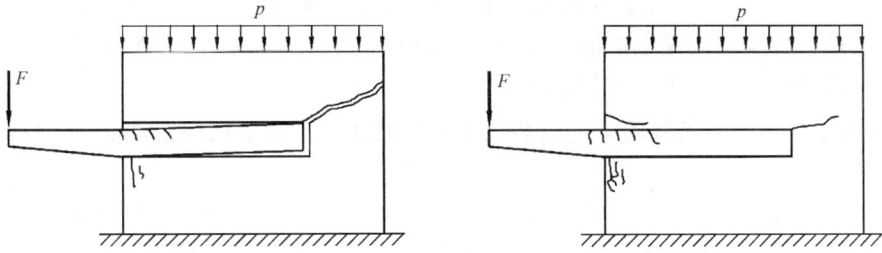

图 8.35　挑梁荷载作用图示

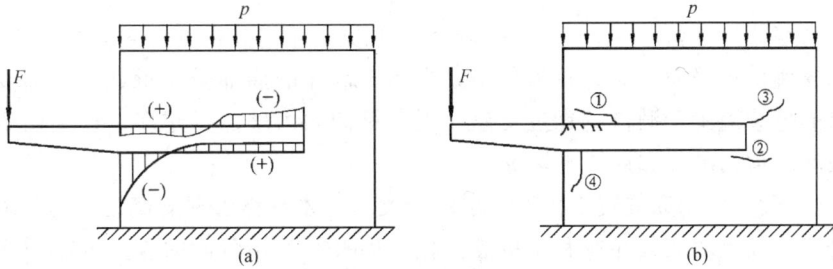

图 8.36　荷载破坏形态

(a)倾覆破坏；(b)局部受压破坏

2)挑梁下砌体局部受压破坏。当挑梁埋入端的砌体强度较低且埋入段长度 l_1 较长，在斜裂缝发展的同时，下界面的水平裂缝也在延伸，使挑梁下砌体受压区的长度减小、砌体压应力增大。若压应力超过砌体的局部抗压强度，则挑梁下的砌体将发生局部受压破坏 [图 8.36(b)]。

3)挑梁弯曲破坏或剪切破坏。挑梁由于正截面受弯承载力或斜截面受剪承载力不足引起弯曲破坏或剪切破坏。

3. 墙梁

(1)简支无洞口墙梁。墙梁是由墙和托梁组合而成的。当托梁及其上的墙体达到一定强度后，它们两者就能共同工作，在裂缝出现前，如同钢筋混凝土和砖砌体两种材料组成的深梁，可采用有限单元法分析。当墙体无洞口时，主压应力都指向支座，墙梁形成拱作用，托梁主要受拉，这与一般受弯构件情况不同。根据试验研究，影响墙梁破坏形态的因素较多，如砌体高跨比(h_w/l_0)、托梁高跨比(h_b/l_0)、砌体的抗压强度设计值(f)、混凝土的轴心抗压强度设计值(f_c)、托梁的纵向受力钢筋配筋率(ρ)、加荷方式、墙体开洞情况以及有无纵向翼墙等。由于这些因素的不同，将发生下述几种破坏形态：

1)弯曲破坏。当托梁中的配筋较少，而砌体强度相对较高，且 h_w/l_0 也较小时，则一般先在跨中出现竖向裂缝。随着荷载的增加，竖向裂缝穿过托梁和墙体界面，迅速上升，最后托梁的下部和上部主筋先后达到屈服，墙梁沿跨中垂直截面发生弯曲破坏。

2)剪切破坏。当托梁中配筋较多，而砌体强度相对较低，且 h_w/l_0 适中时，易在支座上部的砌体中由于主拉或主压应力引起斜裂缝，导致砌体的剪切破坏。

3)局部受压破坏。当托梁中配筋较多，而砌体强度相对较低，且 $h_w/l_0>0.75$ 时，在托梁支座上方砌体中竖向应力集中，当该处应力超过砌体的局部抗压强度时，将产生砌体局部受压破坏。

(2)简支有洞口墙梁。当墙体有洞口时,墙梁顶部荷载通过墙体的大拱和小拱向两端支座及托梁传递,托梁不仅受拉,而且受弯;当洞口位于跨中时,大拱作用加强,小拱作用削弱;托梁的受力又接近于无洞口的状况。

(3)连续墙梁。按构造要求,连续墙梁在其顶面处设置有通长的钢筋混凝土圈梁以形成连续墙梁的碑梁。

经研究,在弹性阶段,连续墙梁的工作犹如由托梁、墙体和顶梁组合而成的连续梁,并随着裂缝的发展逐渐转换为连续组合拱受力体系。对于等跨连续墙梁,由于组合作用,托梁的跨中弯矩,第一内支座弯矩和边支座剪力等均有所降低。托梁的大部分区段处于偏拉状况,但在中间支座附近,由于组合拱的推力,托梁处于偏压剪的受力状况。顶梁的存在有利于提高墙梁的受剪承载力,但中间支座处托梁发生剪切破坏的可能性仍大于边支座。另外,中间支座由于竖向正应力较为集中,支座下墙体的局部受压承载力也需要注意。对于开有洞口的连续墙梁,洞口越靠近支座,则托梁的内力增加得越多。连续墙梁的破坏形态有弯曲破坏、剪切破坏和局压破坏等。

(4)框支墙梁。由钢筋混凝土框架支承的墙梁结构体系称为框支墙梁。框支墙梁可以适应较大的跨度和较重的荷载并有利于抗震。框支墙梁在弹性阶段的应力分布与简支的及连续的墙梁类似。约在40%的破坏荷载时托梁的跨中截面先出现竖向裂缝,并迅速向上延伸至墙体。在70%~80%的破坏荷载时,在墙体或托梁端部出现斜裂缝,经过延伸逐渐形成框架组合体受力体系。临近破坏时,在梁和墙体的界面可能出现水平裂缝,在框架柱中出现竖向或水平裂缝。

框支墙梁的破坏形态如下:

1)弯曲破坏。当 h_w/l_0 稍小,框架梁、柱配筋较少而砌体强度较高时,易发生这种破坏。此时梁的纵向钢筋先屈服,在跨中形成一个塑性铰(拉弯铰)。此后,按第二批塑性铰位置的不同,可能出现两种弯曲破坏机构:其一为框架梁端部负弯矩使梁两端上部纵筋屈服,又增加了两个拉弯铰,形成框架梁弯曲破坏机构;其二如单跨底层框支柱上端截面外侧纵筋屈服,增加了两处压弯铰,形成框架梁-柱弯曲破坏机构。

2)剪切破坏。当框架梁、柱配筋较多,承载力较强而墙砌体强度较低时,在一般的高跨比情况下,靠近支座的墙体会出现斜裂缝而发生剪切破坏。

4.3 梁的承载力计算方法

1. 过梁的承载力计算

由过梁的破坏形式可知,应对过梁进行受弯、受剪承载力验算。对砖砌平拱还应按其水平推力验算端部墙体的水平受剪承载力。

(1)钢筋砖过梁的承载力计算。

1)正截面受弯承载力可按下式计算:

$$M \leqslant 0.85h_0 f_y A_s \tag{8.14}$$

式中　M——按简支梁并取净跨计算的跨中弯矩设计值;

　　　f_y——钢筋的抗拉强度设计值;

　　　A_s——受拉钢筋的截面面积;

　　　h_0——过梁截面的有效高度,$h_0 = h - a_s$;

h——过梁的截面计算高度，取过梁底面以上的墙体高度，但不大于 $l_\mathrm{n}/3$，当考虑梁、板传来的荷载时，则按梁、板下的高度采用。

2)斜截面受剪承载力可按下式计算：

$$V \leqslant f_\mathrm{v}bz \quad z = I/S \tag{8.15}$$

式中 V——剪力设计值；

f_v——砌体的抗剪强度设计值；

b，I——截面宽度和截面惯性矩；

z——内力臂，当截面为矩形时取 z 等于 $2h/3$；

S，h——截面面积矩和截面高度。

(2)钢筋混凝土过梁的承载力计算。钢筋混凝土过梁的承载力应按钢筋混凝土受弯构件计算。过梁的弯矩按简支梁计算，计算跨度取 $l_\mathrm{n}+a$ 和 $1.05l_\mathrm{n}$ 两者中的较小值，其中 a 为过梁在支座上的支承长度。在验算过梁下砌体局部受压承载力时，可不考虑上部荷载的影响，即取 $\psi=0$。由于过梁与其上砌体共同工作，构成刚度很大的组合深梁，其变形非常小，故其有效支承长度可取过梁的实际支承长度，并取应力图形完整系数 $\eta=1$。

砌有一定高度墙体的钢筋混凝土过梁按受弯构件计算严格地说是不合理的。试验表明过梁也是偏拉构件。过梁与墙梁并无明确分界定义，主要差别在于过梁支承于平行的墙体上，且支承长度较长；一般跨度较小，承受的梁、板荷载较小。当过梁跨度较大或承受较大梁、板荷载时，应按墙梁设计。

2. 挑梁的承载力验算

对于挑梁，需要进行抗倾覆验算、挑梁下砌体的局部承压验算以及挑梁本身的承载力验算。

$$M_\mathrm{max} = M_\mathrm{ov}$$
$$V_\mathrm{max} = V_0$$

(1)抗倾覆验算。砌体墙中钢筋混凝土挑梁的抗倾覆应按下式验算：

$$M_\mathrm{r} \geqslant M_\mathrm{ov} \tag{8.16}$$
$$M_\mathrm{r} = 0.8G_\mathrm{r}(l_2 - x_0) \tag{8.17}$$

式中 M_ov——挑梁的荷载设计值对计算倾覆点产生的倾覆力矩；

M_r——挑梁的抗倾覆力矩设计值；

G_r——挑梁的抗倾覆荷载，为挑梁尾端上部 45°扩散角的阴影范围（其水平长度为 l_3）内本层的砌体与楼面恒荷载标准值之和；

l_2——G_r 的作用点至墙外边缘的距离。

挑梁计算倾覆点至墙外边缘的距离可按下列规定采用：

当 $l_1 \geqslant 2.2h_\mathrm{b}$ 时

$$x_0 = 0.3h_0 \leqslant 0.13l_1 \tag{8.18}$$

当 $l_1 < 2.2h_\mathrm{b}$ 时

$$x_0 = 0.13l_1 \tag{8.19}$$

式中 l_1——挑梁埋入砌体墙中的长度(mm)；

x_0——计算倾覆点至墙外边缘的距离(mm)，当梁下有构造柱时，计算倾覆点到墙外边缘的距离可取 $0.5x_0$；

h_b——挑梁的截面高度(mm)。

(2)在确定挑梁的抗倾覆荷载G_r时，应注意以下几点：

1)当墙体无洞口时，若$l_3 > l_1$，则G_r中不应计入尾端部$(l_3 - l_1)$范围内的本层砌体和楼面恒载。

2)当墙体有洞口时，若洞口内边至挑梁尾端的距离$\geqslant 370$ mm，则G_r的取法与上述相同(应扣除洞口墙体自重)；否则只能考虑墙外边至洞口外边范围内本层的砌体与楼面恒载。

(3)挑梁下砌体的局部受压承载力验算。挑梁下砌体的局部受压承载力，可按下式验算：

$$N_l \leqslant \eta \gamma f A_l \tag{8.20}$$

式中　N_l——挑梁下的支承压力，可取$N_l = 2R$，R为挑梁的倾覆荷载设计值；

　　　η——梁端底面压应力图形的完整系数，可取0.7；

　　　γ——砌体局部抗压强度提高系数，对图8.37(a)所示可取1.25；对图8.37(b)可取1.5；

　　　A_l——挑梁下砌体局部受压面积，可取$A_l = 1.2 b h_b$，b为挑梁的截面宽度，h_b为挑梁的截面高度。

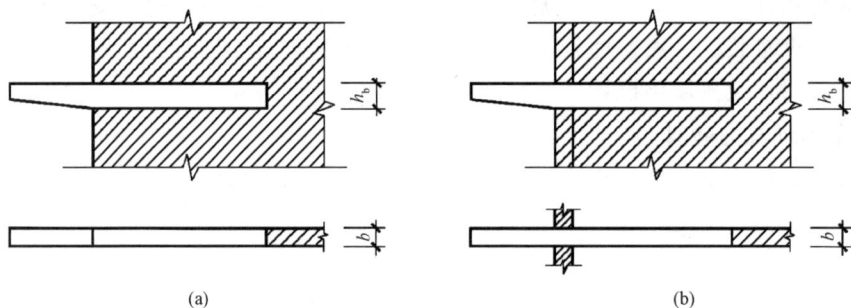

图8.37　挑梁不同支承位置图示

(a)γ取1.25；(b)γ取1.5

(4)挑梁本身的承载力验算。挑梁的最大弯矩设计值M_{max}与最大剪力设计值V_{max}，可按下列公式计算

$$M_{max} = M_{ov}$$
$$V_{max} = V_0 \tag{8.21}$$

式中　V_0——挑梁的荷载设计值在挑梁墙外边缘处截面产生的剪力。

任务实施

1. 设计任务分析

(1)根据挑梁尾端上部受影响的部分砌体计算挑梁的抗倾覆荷载；

(2)正确选用砌体局部抗压强度提高系数；

(3)正确计算挑梁下砌体局部受压面积；

(4)考虑梁端底面压应力图形的完整系数。

2. 设计任务的实施

解：1)抗倾覆练习。

$$M_r = 0.8G_r(l_2 - x_0)$$

$$= 0.8\left[\frac{1}{2} \times (9.7 + 2) \times (1.6 - 0.09)^2 + 1.6 \times 2.86 \times 5.24 \times \right.$$

$$\left(\frac{1.6}{2} - 0.09\right) + \frac{1}{2} \times 1.6^2 \times 5.24 \times \left(\frac{1}{3} \times 1.6 + 1.6 - 0.09\right) +$$

$$1.6 \times (2.86 - 1.6) \times 5.24 \times \left(\frac{1}{2} \times 1.6 + 1.6 - 0.09\right) +$$

$$\left. 15.2 \times (1.6 + 1.6) \times (1.6 - 0.09)\right]$$

$$= 0.8 \times (13.34 + 17.02 + 13.71 + 24.40 + 73.45)$$

$$= 113.54(\text{kN} \cdot \text{m}) > 25.53(\text{kN} \cdot \text{m})，满足要求。$$

这里计算仅考虑墙自重及楼、屋盖的恒载标准值。

2)挑梁下砌体局部受压承载力验算。

$$\eta = 0.7, \ \gamma = 1.5, \ f = 1.37 \text{ N/mm}^2$$

$$A_l = 1.2bh_b = 1.2 \times 240 \times 320 = 92\ 160(\text{mm}^2)$$

$$N_l = 2R = 2 \times \{1.2 \times 4.5 + 1.59[1.4 \times 4.13 + 1.2(1.5 + 4.85)]\}$$

$$= 2 \times 26.71 = 53.42(\text{kN})$$

$$\eta\gamma f A_l = 0.7 \times 1.5 \times 1.37 \times 92\ 160 = 132.57(\text{kN}) > 53.42 \text{ kN}$$

➤ 思考与练习

一、选择题

1. 砌体局部受压可能有三种破坏形式，工程设计中一般应按（　　）来考虑。

   A. 先裂后坏　　　　　B. 一裂即坏　　　　　C. 未裂先坏

2. 中心受压砌体中的砖处于（　　）的复杂应力状态下。

   Ⅰ. 整体受压　　Ⅱ. 受弯　　Ⅲ. 受剪　　Ⅳ. 局部受压　　Ⅴ. 横向受拉

   A. Ⅰ、Ⅱ　　　　　　　　　　　　B. Ⅰ、Ⅱ、Ⅲ

   C. Ⅰ、Ⅱ、Ⅲ、Ⅳ　　　　　　　D. Ⅱ、Ⅲ、Ⅳ、Ⅴ

二、简答题

1. 过梁上的荷载是如何计算的？

2. 墙梁在使用和施工阶段，应分别进行哪些承载力计算？

三、实训题

（一）设计任务

工程每层外墙上有钢筋混凝土梁在窗间墙上的支承情况，梁的截面尺寸 $b \times h = 250 \text{ mm} \times 550 \text{ mm}$，在窗间墙上的支承长度 $a = 240 \text{ mm}$。窗间墙的截面尺寸为 $1\ 200 \text{ mm} \times 240 \text{ mm}$，采用 MU10 烧结普通砖和 M2.5 混合砂浆砌筑。梁端支承压力设计值 $N_l = 130 \text{ kN}$，梁底墙体截面由上部荷载设计值产生的轴向力 $N_s = 45 \text{ kN}$。试验算梁端支承处砌体局部受压承载力。若不满足要求，设置刚性垫块，进行验算。并试抄绘本任务中的平面剖切图,查找规范中的有关规定。

(二)设计过程

1. 设计准备

课前完成线上学习任务,从网络课堂接受任务,通过互联网、图书查阅资料,分析相关信息,做好任务前准备工作。

2. 设计引导

根据前面学习过的内容,查阅规范设计案例,找出与本任务中相类似的解题过程。

(1)由基本参数计算出影响局部抗压强度的面积;

(2)计算局部受压面积上由墙体上部荷载产生的轴向力;

(3)计算梁端支撑处砌体局部承载力。

3. 设计内容

4. 设计任务评价表(表8.11)

表 8.11 任务评价表

序号	评价项目	配分	自我评价 (25%)	小组评价 (30%)	教师评价 (35%)	其他 (10%)
1	能够正确列出与使用任务实施中的计算公式	10				
2	能够描述梁端支撑处砌体局部承载力计算的过程与依据	20				
3	能够依据规范查阅确定相关系数	10				
4	计算数据准确	20				
5	计算过程规范合理	10				
6	遵守纪律	10				
7	完成任务中的所有内容	20				
	合计	100				
	总分					

模块 9　钢结构

【知识结构】

钢结构的材料
- 1.钢结构是土木工程的主要结构形式之一。随着钢结构材料技术的迅速发展，钢结构在土木工程领域得到了广泛的应用；
- 2.高层和超高层建筑、多层房屋、工业厂房、体育场馆、会展中心、火车站候车大厅、飞机场航站楼、大型客机抢修库、自动化高架仓库、城市桥梁和大跨度公路桥梁等都已采用钢结构。

钢结构的连接
- 1.钢结构的连接方式通常有焊缝连接、铆钉连接和螺栓连接三种，后两种又通称为紧固件连接；
- 2.焊缝连接是现代钢结构最主要的连接方法；
- 3.铆钉连接有热铆和冷铆两种方法；
- 4.螺栓连接分为普通螺栓连接和高强度螺栓连接两种。

钢结构的受力构件
- 1.轴心受力构件是指承受通过构件截面形心轴线的轴向力作用的构件，当这种轴向力为拉力时，称为轴心受拉构件；
- 2.轴心受力构件（包括轴心受压栓），按其截面组成形式，可分为实腹式构件和格构式构件两种；
- 3.从钢材的应力-应变关系可知，当轴心受力构件的截面平均应力达到钢材的抗拉强度时，构件达到强度极限承载力。

钢屋盖结构设计流程
- 1.屋盖结构的组成和布置；　2.屋盖支撑的类型；
- 3.屋盖支撑的作用；　4.屋盖支撑布置；
- 5.支撑的计算和构造；　6.屋架的形式和主要尺寸；
- 7.屋架杆件内力计算；　8.屋架杆件设计；
- 9.屋架节点设计。

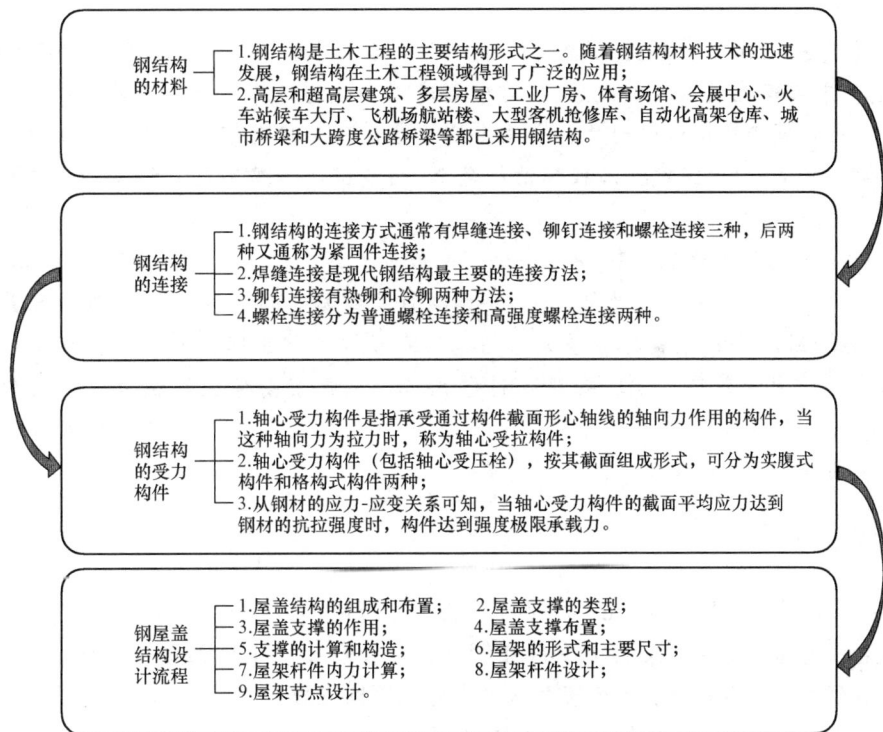

任务　钢结构承载力计算与示例

知识目标

1. 了解钢结构的材料选用；
2. 了解钢结构的连接方法；
3. 了解钢结构的受力构件设计与构造；
4. 了解钢桁架及屋盖结构的特点与布置原则。

能力目标

1. 能够根据规范进行钢结构构件简单计算；
2. 能够识读简单钢屋架施工图。

1. 培养科学求实、诚实守信、严谨认真的工作态度；
2. 培养遵守相关法律法规、结构设计规范和识图标准的职业意识；
3. 树立安全至上、质量第一的理念。

行业故事

2022 年 7 月 12 日，中国建筑金属结构协会公布第十五届"中国建筑工程钢结构金奖"（第一批）。"中国建筑工程钢结构金奖"是中国建筑钢结构行业工程质量的最高荣誉奖。评选对象为我国从事建筑钢结构制作、安装企业承建的各类建筑钢结构工程，获奖工程质量代表国内领先水平。"中国建筑工程钢结构金奖"的获得，体现了企业精湛的施工技术和卓越的施工质量。

某工程总建筑面积为 78 119.87 m²。厂房纵向长度为 245 m，横向长度为 331 m，建筑高度为 25.15 m，最大跨度为 40 m，整体项目用钢总量约 5 100 t，单件钢构最大质量约 9.8 t。施工过程中，钢构件体量大、结构形式多样、作业环境复杂、技术要求高，项目部精心策划、周密部署、合理安排、科学施工，克服了高跨区钢柱直立、大跨度横梁吊装、360°直立锁缝等施工重点难点，确保了项目如期完成，铸就了一项精品工程，树立了一座优质丰碑。

任务描述

梯形屋架，建筑跨度为 18 m，端部高度为 1.99 m，跨中高度为 2.89 m，屋架坡度 $i =$ 1/10，屋架间距为 6 m，屋架两端支撑在钢筋混凝土柱上，上柱截面 400 mm×400 mm，混凝土采用 C20。屋架上、下弦布置有水平支撑和竖向支撑（图 9.1）。

屋面采用 1.5 m×6 m 预应力钢筋混凝土大型屋面板，120 mm 厚珍珠岩（$r =$ 350 kg/m³）的保温层，三毡四油铺绿豆砂防水层，20 mm 厚水泥砂浆找平层，屋面雪荷载为 0.30 kN/m²，钢材采用 Q390。

知识准备

1.1 钢结构的材料

1. 钢结构的知识导入

钢结构是土木工程的主要结构形式之一。随着我国国民经济的迅速发展，其发展极为迅速，钢结构在土木工程各个领域得到了广泛的应用，高层和超高层建筑、多层房屋、工业厂房、体育场馆、会展中心、火车站候车大厅、飞机场航站楼、大型客机抢修库、自动化高架仓库、城市桥梁等都已采用钢结构。为了克服钢结构的缺点，发挥其优势，以适应社会建设不断发展的需要，对钢结构的材料、结构形式、结构设计计算理论等方面的研究也在不断地发展。

视频：钢结构知识

(1)高层及超高层钢结构。国外在 20 世纪 70 年代建造了多幢高层和超高层钢结构建筑，如美国芝加哥西尔斯大厦，110 层，高度为 443 m；毁于"9.11"事件的美国纽约世贸中心双塔均为 110 层，高度为 417 m。我国从 20 世纪 80 年代开始，在上海、深圳、北京等城市相继建成了十几幢高层建筑，在 20 世纪 90 年代又建成了以深圳地王大厦(69 层，高为 324.8 m)、大连国贸中心(51 层，高为 201 m)为代表的高层钢结构建筑，其建筑高度、结构形式、施工速度和施工管理水平均已进入世界先进行列。到 2003 年，全国已建和在建的高层及超高层钢结构建筑有 70 余幢，总建筑结构约 600 万 m²。

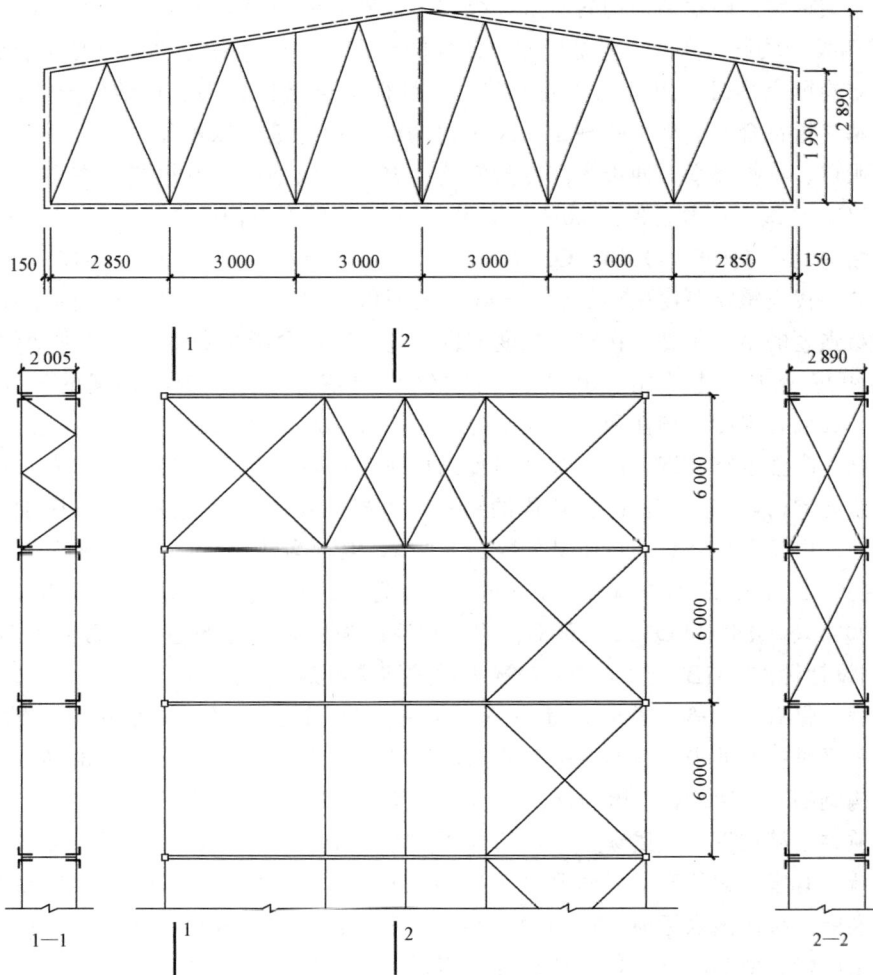

图 9.1 屋架支撑布置图

(2)轻型钢结构住宅。轻型钢结构住宅是以经济钢型材构件作为承重骨架，以轻型墙体材料作为围护结构所构成的居住类建筑。与传统的居住结构相比，轻型钢结构住宅除具有一般钢结构的优点外，还具有建筑空间布置灵活、可有效增加建筑使用面积、降低建造成本等方面的优越性。

(3)大跨度空间钢结构。大跨度空间钢结构主要是指网架、网壳结构及其组合结构和杂交结构，在体育场馆、大型展览场馆、火车站候车大厅、机场机库、机场航站楼、工业厂房、大跨度屋盖或楼层结构、散料仓库、公路收费站等方向得到广泛应用。

2. 钢种和钢材的规格

(1)钢材的种类。钢材的种类(简称钢种)按用途可分为结构钢、工具钢和特殊用途钢等,其中结构钢又分建筑用钢和机械用钢;按化学成分可分为碳素钢和合金钢;按冶炼方法可分为平炉钢、转炉钢和电炉钢等;按脱氧方法可分为沸腾钢、镇静钢和特殊镇静钢等。

我国的建筑用钢主要为碳素结构钢和低合金高强度结构钢两种,优质碳素结构钢在冷拔碳素钢丝和连接用紧固件中也有应用。

1)碳素结构钢。碳素结构钢的质量等级按由低到高的顺序分为A、B、C、D四级。质量的高低主要是以冲击韧性的要求区分的,对冷弯性能的要求也有所区别。碳素结构钢交货时,应有化学成分和力学性能的合格保证书。化学成分要求碳、锰、硅、硫、磷含量符合相应级别的规定,A级钢的碳、锰含量可以不作为交货条件;力学性能要求屈服点、抗拉强度、伸长率和冷弯性能合格,A级钢的冷弯性能只在需方要求时才提供,B、C、D级钢应分别保证20℃、0℃、-20℃的冲击韧性合格。

碳素结构钢有Q195、Q215、Q235、Q255、Q275五种。Q是屈服点的汉语拼音的首位字母,数字代表钢材厚度(直径)≤6 mm时的屈服点(N/mm²)。数字的由低到高,不仅代表了钢材强度的由低到高,在较大程度上也代表了钢材含碳量的由低到高和塑性、韧性、可焊性的由好变差。建筑结构用碳素结构钢主要应用Q235钢,其碳的质量分数为0.12%~0.22%,强度、韧性和焊接性能均适中,冶炼方法一般由供方自行决定。

2)低合金高强度结构钢。低合金高强度结构钢是在冶炼碳素结构钢时加入一种或几种适量的合金元素(锰、硅、钒等)而炼成的钢种,可提高强度、冲击韧性、耐腐蚀性,又不太降低塑性。由于合金元素的总质量分数低于5%,故称为低合金高强度结构钢。根据钢材厚度(直径)≤16 mm时的屈服点(N/mm²),分为Q295、Q345、Q390、Q420、Q460五种。其中Q345、Q390和Q420三种钢材均有较高的强度和较好的塑件、韧性和焊接性能,被《钢结构设计标准》(GB 50017—2017)选为承重结构用钢。

钢的牌号仍有质量等级符号,分为A、B、C、D、E五个等级,和碳素结构钢一样,不同质量等级是按对冲击韧性的要求区分的,E级主要是要求-40℃的冲击韧性。低合金高强度结构钢的A、B级属于镇静钢,C、D、F级属于特殊镇静钢。

3)优质碳素结构钢。优质碳素结构钢与碳素结构钢的主要区别在于钢中含杂质元素较少,磷、硫等有害元素的质量百分数均不大于0.035%,其他缺陷的限制也较严格,具有较好的综合性能。按照国家标准生产的钢材共有两大类:一类为普通含锰量的钢;另一类为较高含锰量的钢。两类的钢号均用两位数字表示,它表示钢中的平均含碳量的万分数,前者数字后不加Mn,后者数字后加Mn,如45号钢,表示平均含碳量为0.45%的优质碳素钢;45Mn号钢,则表示同样含碳量,但锰的含量也较高的优质碳素钢。

(2)钢材的规格。钢结构采用的型材主要为热轧成型的钢板和型钢,以及冷弯(或冷压)成型的薄壁型钢。

1)热轧钢板。热轧钢板包括厚钢板、薄钢板和扁钢等。厚钢板的厚度为4.5~60 mm,宽度为600~3 000 mm,长度为4~12 m,被广泛用于组成焊接构件相连接钢板。薄板的厚度为0.35~4 mm,宽度为500~1 500 mm,长度为0.5~4 m,是冷弯薄壁型钢的原料。扁钢的厚度为4~60 mm,宽度为12~200 mm,长度为3~9 m。

2)热轧型钢。热轧型钢包括角钢、工字钢、槽钢、H型钢、T型钢和钢管等(图9.2)。

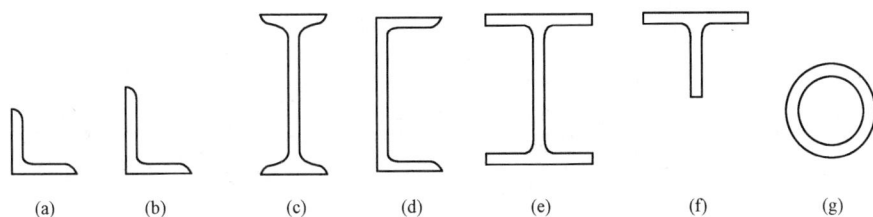

图 9.2　热轧型钢截面

(a)，(b)角钢；(c)工字钢；(d)槽钢；(e)H 型钢；(f)T 型钢；(g)钢管

3)薄壁型钢。薄壁型钢是用薄钢板经模压或弯曲成型，其壁厚一般为 1.5～5 mm，截面形式和尺寸可按工程要求合理设计，通常有角钢、槽钢、卷边槽钢、Z 型钢、卷边 Z 型钢、方管及各种形状的压型钢板等(图 9.3)。压型钢板是近年来开始使用的薄壁型材，是由热轧薄钢板经冷压或冷轧成型的，所用钢板厚度为 0.4～2 mm，主要用作轻型屋面及墙面等构件。

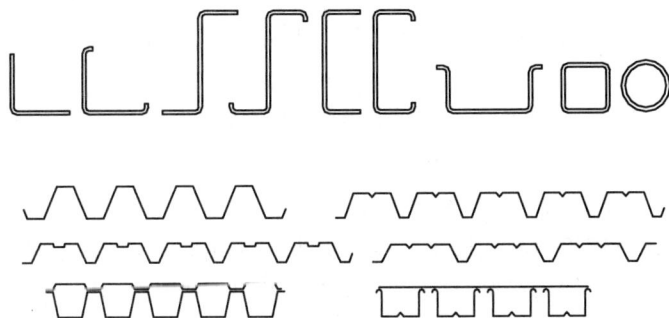

图 9.3　薄壁型钢的截面形式

3. 钢材的主要性能

钢材的多项性能指标可通过单向一次拉伸试验获得。试验一般都是在标准条件下进行的，即采用规定形式和尺寸的标准试件，其表面光滑，没有孔洞、刻槽等缺陷，在常温(20±5)℃的条件下，荷载分级逐次增加，直到试件破坏，由于加载速度缓慢，又称静力拉伸试验。图 9.4(a)给出了相应钢材的拉伸应力(δ)-应变(ε)曲线。其中低碳钢和低合金高强度结构钢简化的光滑曲线如图 9.4(b)所示，曲线可分为五个阶段：弹性阶段(OPE)、弹塑性阶段(ES)、塑性阶段(SC)、应变硬化阶段(CB)、颈缩阶段(BD)。由此曲线可获得钢材的性能指标。

(1)强度。图 9.4 中应力(δ)-应变(ε)曲线的 OP 段为直线，表示钢材具有完全弹性性质，即应力与应变呈线性关系，且卸荷后变形完全恢复。这时应力可由弹性模量 E 定义，即 $\delta = E\varepsilon$，而 E 为该直线段的斜率，P 点应力称为比例极限。曲线 PE 段仍具有弹性，但呈非线性，即为非线性弹性阶段，E 点的应力称为弹性极限。弹性极限和比例极限相距很近，实际上很难区分。通常略去弹性极限的点，把 f_p 看作弹性极限。

(2)塑性。钢材的塑性为当应力超过屈服点后，能产生显著的残余变形(塑性变形)而不立即断裂的性质。塑件好坏可用伸长率和断面收缩率表示。

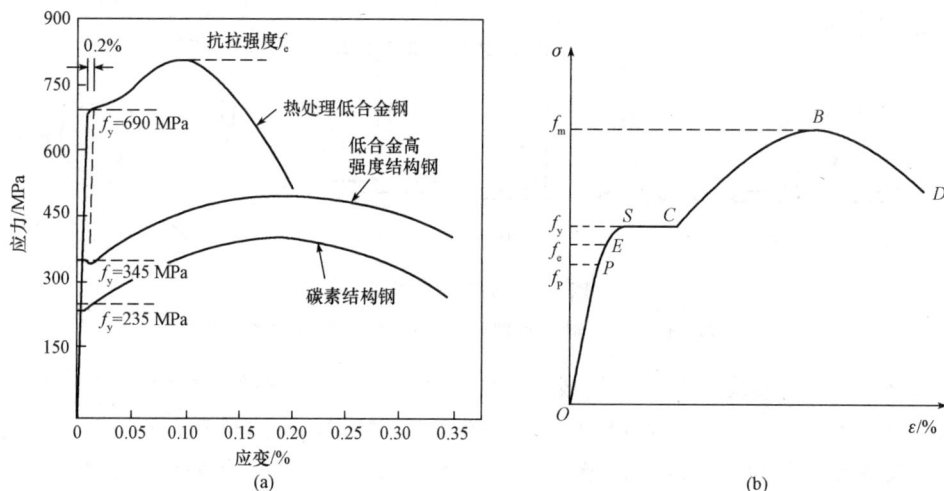

图 9.4　钢材的单向拉伸应力-应变曲线

(a)钢材拉伸应力-应变曲线；(b)低碳钢和低合金高强度结构钢简化的应力-应变曲线

1)伸长率。伸长率是试件被拉断时的绝对变形值与试件原标距之比的百分率。伸长率越大，塑性越好。

2)断面收缩率。断面收缩率是试件拉断后，颈缩的断面面积缩小值与原断面面积比值的百分率。断面收缩率越大，塑性性能越好。

(3)钢材的物理性能指标。钢材在单向受压时的受力性能基本与单向拉伸时相同，因此受压时的各强度指标取用受拉时的数值。受剪时所表现出来的应力-应变变化规律也基本上与单向拉伸时相似，只是受剪时的屈服点及抗剪强度均比受拉时小，剪变模量也低于弹性模量。

4. 影响钢材性能的因素

(1)化学成分的影响。铁是钢的基本元素。纯铁质软，在碳素结构钢中约占 99%；碳和其他元素约占 1%。其他元素主要包括锰、硅、硫、磷、氧、氮等。低合金结构钢的组成，通常在此基础上加入总量不超过 5% 的合金元素，如钒、钛、铬、镍、铜等。尽管碳和其他元素占比重不大，但左右着钢材的性能。

(2)成材过程的影响。

1)冶炼。当用生铁制钢时，必须通过氧化作用除去生铁中多余的碳和其他杂质，使它们转变为氧化物进入渣中。这一过程需要在高温下进行，称为炼钢。钢材的冶炼方法主要有平炉炼钢法、转炉炼钢法和电炉炼钢法。

2)脱氧和浇铸。熔炼好的钢液中通常都残留氧，这将造成钢材晶粒粗细不均匀并发生热脆现象，因此应在炼钢炉中加入脱氧剂以消除氧，从而改善钢材的质量。按脱氧方法和程度的不同，碳素结构钢可分为沸腾钢、半镇静钢、镇静钢和特殊镇静钢四类。

3)轧制。钢材的轧制是通过一系列辊轧，使钢坯逐渐加工成所需厚度的钢板或型钢。薄板因辊轧次数多，其强度比厚板略高，浇铸时的非金属夹杂物在轧制后能造成钢材的分层。设计时应尽量避免拉力垂直于板面，以防层间撕裂。

4)热处理。一般钢材以热轧状态交货，而某些特殊用途的钢材在轧制后还经常经过热处理进行调质，以改善钢材性能。热处理是将钢在固态范围内，施以不同的加热、保温和冷却措施,通过改变钢的内部组织构造而改善其性能的一种加工工艺。

(3)钢材硬化的影响。钢材的硬化有冷作硬化、时效硬化和应变时效硬化三种情况。

在常温下对钢材进行加工称为冷加工。冷拉、冷弯、冲孔、机械剪切等加工使钢材产生很大塑性变形,产生塑性变形后的钢材在重新加荷时将提高屈服点,同时降低塑性和韧性的现象称为冷作硬化。由于降低了塑性和韧性性能,普通钢结构中不利用该现象所提高的强度,重要结构还把钢板因剪切而硬化的边缘部分刨去。而用作冷弯薄壁型钢结构的冷弯型钢,是由钢板或钢带经冷轧成型,也有的是经压力机械压成型或在弯板机上弯曲成型的。由于冷成型操作,实际构件截面上各点的屈服强度和抗拉强度都有不同程度的提高。

(4)温度的影响。钢材的性能受温度的影响十分明显,温度升高与降低都将使钢材性能发生变化。总的趋势是温度升高,钢材强度降低,变形增大;反之,当温度降低时,钢材的强度会略有增加,但同时塑性和韧性降低从而使钢材变脆。

(5)应力集中的影响。由单向拉伸试验所获得的钢材性能,只能反映钢材在标准试验条件下的性能,即应力均匀分布而且是单向的。实际结构中不可避免地存在孔洞、槽口、凹角、截面突然改变以及钢材内部缺陷等,此时截面中的应力分布不再保持均匀,而是在某些区域产生局部高峰应力,在另外一些区域则应力降低,形成所谓的应力集中现象。

(6)反复荷载作用的影响。事实上,钢材总是有"缺陷"的,在直接、连续的反复荷载作用下,先在其缺陷处发生塑性变形和硬化而生成微观裂痕,此后这种微观裂痕逐渐发展成宏观裂纹,构件截面削弱并在裂纹尖端出现应力集中现象,使材料处于三向拉伸应力状态,塑性变形受到限制,钢材的微裂纹和内部缺陷将不断扩展直至断裂,钢材的强度将低于一次静力荷载作用下的拉伸试验的极限强度,表现为脆性特征的疲劳破坏。

5. 钢材的选用

(1)钢材的选用原则。钢材的选用既要确保结构物的安全可靠,又要经济合理。具体应满足下列要求:

1)结构或构件的重要性。根据建筑结构的重要程度和安全等级选择相应的钢材等级。对重型工业、建筑结构、大跨度结构、高层或超高层的民用建筑等重要结构,应选用质量好的钢材。

2)荷载特性。根据荷载的性质不同选用适当的钢材,包括静力或动力、经常作用还是偶然作用、满载还是不满载等情况,并相应地提出必要的质量保证措施。

3)连接方式。钢结构的连接方法有焊接和非焊接两种。由于在焊接过程中,会产生焊接变形、焊接应力以及其他焊接缺陷,可能导致结构产生裂纹或脆性断裂,因此采用焊缝连接时对材质的要求较严格。相对于非焊缝连接的结构而言,焊缝连接时所用钢材的碳、硫、磷及其他有害化学元素的含量应较低,塑性和韧性指标要高,焊接性能要好。

4)结构的工作条件。钢材处于低温时容易发生冷脆,因此在低温条件下工作的结构,尤其是焊接结构,应选用具有良好抗低温脆断能力的镇静钢;露天结构易产生时效,有害介质作用的钢材腐蚀、疲劳和断裂,也应区别选择。

5)钢材厚度。厚度大的钢材不但强度较小,而且塑性、冲击韧性和焊接性能也较差。因此,采用厚度大的钢材的焊接结构应采用材质较好的钢材。

(2)《钢结构设计标准》(GB 50017—2017)的基本规定。

1)承重结构的钢材宜采用 Q235 钢、Q345 钢、Q390 钢和 Q420 钢。当采用其他牌号的钢材时，应符合有关标准的规定。

2）下列情况的承重结构和构件不应采用 Q235 沸腾钢。

①对于焊接结构：

a. 直接承受动力荷载或振动荷载且需要验算疲劳的结构。

b. 工作温度低于−20 ℃时的直接承受动力荷载或振动荷载但可不验算疲劳的结构，以及承受静力荷载的受弯及受拉的重要承重结构。

c. 工作温度等于或低于−30 ℃的所有承重结构。

②对于非焊接结构：工作温度等于或低于−20 ℃的直接承受动力荷载且需要验算疲劳的结构。

3）钢材质量应满足如下要求：

①承重结构采用的钢材应具有抗拉强度、伸长率、屈服强度和硫、磷含量的合格保证，对焊接结构还应具有碳含量的合格保证。

②焊接承重结构以及重要的非焊接承重结构采用的钢材还应具有冷弯试验的合格保证。

1.2 钢结构的连接

1. 钢结构的连接方法

钢结构的连接是将型钢或钢板等组合成构件，并将各构件组装成整个结构的节点和关键部件。连接的方式及其质量优劣直接影响钢结构的工作性能，因此，在进行连接的设计时，必须遵循安全可靠、传力明确、构造简单、制造方便和节约钢材的原则。

钢结构的连接方法通常有焊缝连接、铆钉连接和螺栓连接三种，后两种又通称为紧固件连接(图 9.5)。

视频：钢结构的
连接

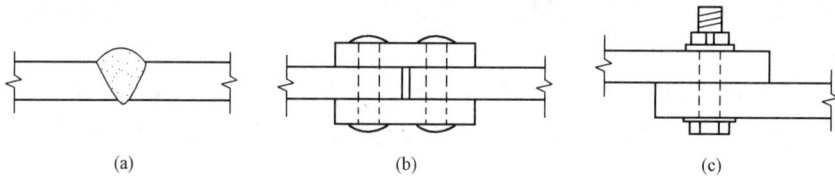

图 9.5　钢结构的连接方法
(a)焊缝连接；(b)铆钉连接；(c)螺栓连接

(1)焊缝连接。焊缝连接是现代钢结构最主要的连接方法。其优点如下：

①构造简单，对几何形体适应性强，任何形式的构件均可直接连接；

②不削弱截面，省工省材；

③制作加工方便，可实现自动化操作，工效高、质量可靠；

④连接的密闭性好，结构的刚度大。

焊缝连接的缺点：

①在焊缝附近的热影响区内，钢材的金相组织发生改变，导致局部材质变脆；

②焊接残余应力和残余变形使受压构件的承载力降低；

③焊接结构对裂纹很敏感，局部裂纹一旦发生，就容易扩展到整体，低温冷脆问题较为突出；

④对材质要求高，焊接程序严格，质量检验工作量大。

（2）铆钉连接。铆钉连接有热铆和冷铆两种方法。热铆是由烧红的锭坯插入构件的锭孔，用铆钉枪或压铆机铆合。冷铆是常温下铆合而成的。在建筑钢结构中一般都采用热铆。

（3）螺栓连接。螺栓连接分为普通螺栓连接和高强度螺栓连接两种。普通螺栓是指螺杆本身发生超过设计允许的塑性变形，螺杆被剪坏，开始承受剪力前连接板间就会发生相对滑移，继而螺栓杆和连接板接触，发生弹塑性形变，承受剪力。高强度螺栓是指有效摩擦面间的静摩擦力被攻克，两块钢板发生相对位移，设计上即为破坏。

2. 焊缝连接的形式

焊缝连接的形式按被连接钢材的相互位置可分为对接、搭接、T形连接和角部连接四种（图9.6）。这些连接所采用的焊缝主要有对接焊缝和角焊缝。

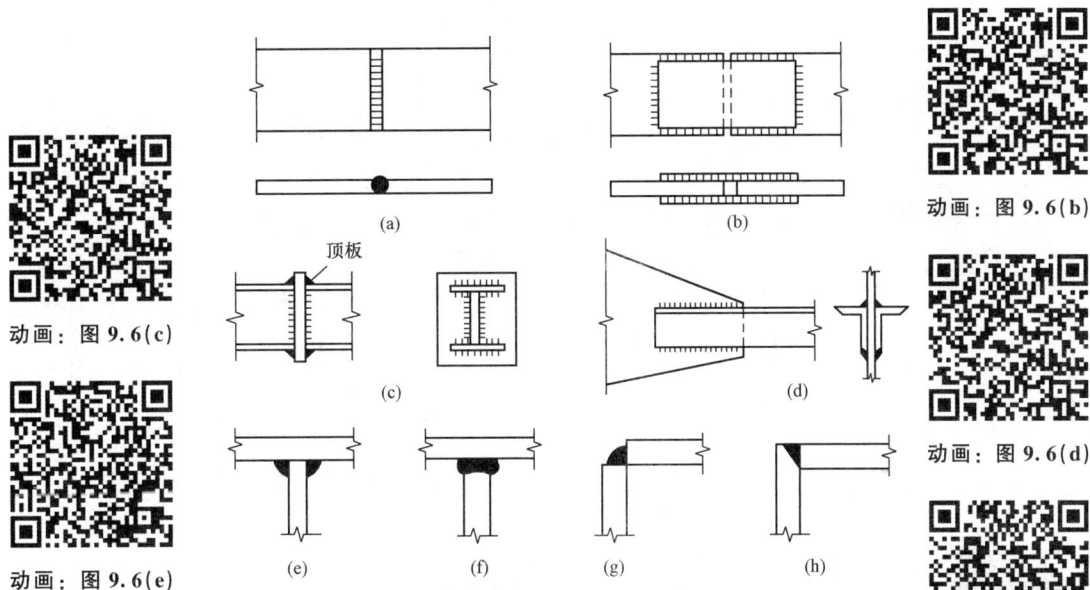

动画：图9.6(b)

动画：图9.6(c)

动画：图9.6(d)

动画：图9.6(e)

图9.6 焊缝连接的形式

(a)对接连接；(b)用拼接盖板的对接连接；(c)用拼接板的对接连接；
(d)搭接连接；(e)，(f)T形连接；(g)，(h)角部连接

动画：图9.6(g)

3. 对接焊缝的构造与计算

（1）对接焊缝的构造。为了经济合理，焊接材料应与构件钢材相匹配，使焊缝金属与母材的力学性能基本一致。例如手工电弧焊，焊接Q235钢构件时，采用E43系列焊条；焊接Q345钢构件时，采用E50系列焊条；焊接Q390、Q420钢构件时，采用E55系列焊条。

不同钢种的母材相焊时（例如Q235钢与Q345钢相焊），可采用与低强度相适应的焊接材料（如E43系列焊条较为合适）。对接焊缝的焊缝金属为焊条金属与母材金属的混合物，性能较好。在焊缝附近的热影响区，经过淬火过程，晶粒组织和机械性能变化很大，残余应力也较大，一般情况，对接焊缝的破坏不是在焊缝截面，而是在焊缝附近或远离焊缝的母材截面。所以Q235与Q345钢母材相焊时，采用E50系列焊条，在强度方面没有意义。E43焊条的焊缝总比E50焊条的韧性好，而且在相同药皮情况下，E43焊条比E50焊条便宜。异种钢相焊时，选用的焊接材料应能保证焊缝强度高于低强度钢材的强度，而焊缝的塑性，则不应低于高强度钢材的塑性。

（2）对接焊缝的计算。对接焊缝分焊透和部分焊透两种。部分焊透的对接焊缝受力时应

力状态复杂，一般按角焊缝的方式处理。以下所述的对接焊缝除非说明均指的是焊透的。焊透的对接焊缝已成为板件或构件的一部分，受力时其应力集中现象不严重，可认为与母材有相同的应力状态。焊缝金属的强度一般高于母材，所以对接焊缝连接的破坏通常不会在焊缝金属部位，而是在母材或焊缝附近的热影响区。但是，由于焊接技术问题，焊缝中难免存在气孔、夹渣、咬边、未焊透等缺陷。试验证明，这些缺陷对受压和受剪的对接焊缝影响不大，但对受拉的对接焊缝影响较为显著。一、二级焊缝的抗拉强度可与母材相等，而三级焊缝允许存在的缺陷较多，其抗拉强度取为母材强度的85%。

1)对接焊缝受轴心力作用。在对接接头和 T 形接头中，垂直于轴心拉力或轴心压力的对接焊缝[图 9.7(a)]，其强度应按下式计算：

$$\sigma = \frac{N}{l_w} \leqslant f_t^w \text{ 或 } f_c^w \tag{9.1}$$

式中　N——轴心拉力或压力；

l_w——焊缝的计算长度，施焊时，焊缝两端设置引弧板和引出板时，等于焊缝的实际长度；无引弧板和引出板时．每条焊缝的计算长度等于实际长度减去 $2t$；

t——在对接接头中连接件的较小厚度，在 T 形接头中为腹板厚度；

f_t^w，f_c^w——对接焊缝的抗拉、抗压强度设计值。

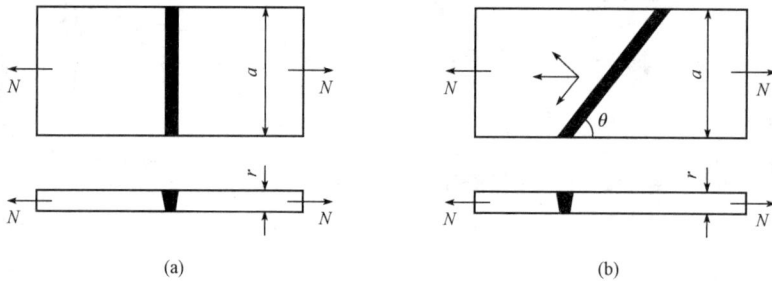

图 9.7　对接焊缝受轴心力

(a)直缝；(b)斜缝

由于对接焊缝是焊件截面的组成部分，焊缝中的应力分布情况基本上与焊件原来的情况相同，故计算方法与构件的强度计算一样。对接焊缝的强度与焊缝质量等级相关，一、二级焊缝的强度指标(包括抗拉强度)可认为与母材强度相等，三级焊缝的强度指标(除抗拉强度外)也可认为与母材强度相等，仅三级焊缝的抗拉强度比母材低。故当设置引弧板和引出板时，只有三级焊缝才需按式(9.1)进行抗拉强度验算。

如果用直缝不能满足抗拉强度要求时，可采用如图 9.7(b)所示的斜对接焊缝。计算表明，焊缝与作用力外的夹角满足 $\tan\theta \leqslant 15$ 时，斜焊缝长度的增加能抵消抗拉强度的不足，可不再进行验算。斜对接焊缝在 20 世纪 50 年代用得较多，由于消耗材料较多，施工也不方便，已逐渐不用，而代之以直对接焊缝。直缝一般加引弧板施焊，若抗拉强度不满足要求，可采用二级检验标准。

2)对接焊缝承受弯矩和剪力的共同作用。图 9.8(a)所示是对接接头受到弯矩和剪力的共同作用，由于焊缝截面是矩形，正应力与剪应力图形分别为三角形与抛物线形，其最大值应分别满足下列强度条件：

$$\sigma = \frac{M}{W_w} \leqslant f_t^w \text{ 或 } f_c^w \tag{9.2}$$

$$\tau = \frac{VS_w}{l_w t} \leqslant f_v^w \qquad (9.3)$$

式中 M, V——焊缝截面所承受的弯矩、剪力；

$\quad\quad W_w$, l_w——焊缝截面对中和轴的抗弯模量和惯性矩，注意无引弧板和引出板时，每条焊缝的计算长度等于实际长度减去 $2t$；

$\quad\quad S_w$——计算剪应力处焊缝截面对中和轴的面积矩；

$\quad\quad f_v^w$——对接焊缝的抗剪强度设计值；

其余符号意义同式(9.1)。

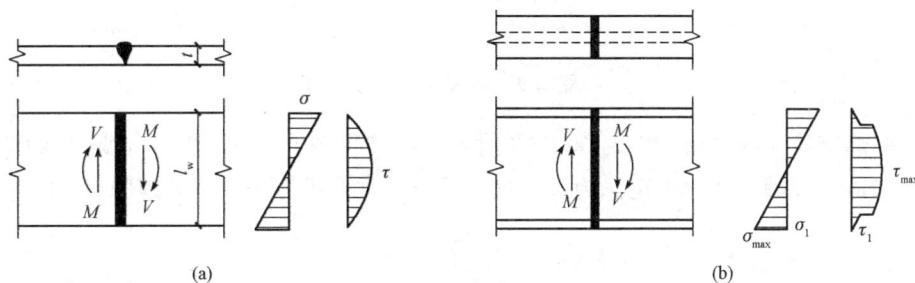

图 9.8 对接焊缝受弯矩和剪力联合作用
(a)矩形截面梁；(b)工形截面梁

图 9.8(b)所示是 I 形截面梁的对接焊缝接头，除应分别按式(9.2)、式(9.3)验算最大正应力和剪应力外，对于同时受有较大正应力和较大剪应力的腹板与翼缘交接点处，还应按下式验算折算应力：

$$\sqrt{\sigma_1^2 + 3\tau_1^2} \leqslant 1.1 f_t^w \qquad (9.4)$$

式中 σ_1, τ_1——验算点处的焊缝正应力和剪应力；

$\quad\quad 1.1$——考虑到最大折算应力只在局部出现，而将强度设计值适当提高的系数。

3)承受轴心力、弯矩和剪力共同作用的对接焊缝。当轴心力与弯矩、剪力共同作用时，焊缝的最大正应力应为轴心力和弯矩引起的应力之和，剪应力按式(9.3)验算，折算应力按式(9.4)验算。

4. 角焊缝的构造与计算

(1)角焊缝的构造。

1)最小焊脚尺寸。如果板件厚度较大而焊缝过小，则施焊时焊缝冷却速度过快而产生淬硬组织，易使焊缝附近主体金属产生裂纹。这种现象在低合金高强度钢中尤为严重。

$$h_f \geqslant 1.5\sqrt{t} \qquad (9.5)$$

式中，t 为较厚板件的厚度，单位 mm，计算时小数点以后均进为 1 mm；埋弧焊的热量较集中，因而熔深较大，故最小焊脚尺寸可较上式的规定减小 1 mm；而 T 形连接的单面角焊缝可靠性较差，应增加 1 mm；当焊件厚度≤4 mm 时，则最小焊脚尺寸应与焊件厚度相同，即 $h_f \geqslant 4$ mm。

2)最大焊脚尺寸。角焊缝的焊脚尺寸不能过大(图 9.9)，否则易使母材形成"过烧"现象，而且使构件产生较大的焊接残余变形和残余应力。所以规定 $h_f \leqslant 1.2t_{min}$，t_{min} 为较薄焊件的厚度。对板件厚度为 t 的边缘角焊缝，若焊脚尺寸 $h_f = t$，在施焊时容易产生咬边现象，不易焊满全厚度。因此规定，当 $t > 6$ mm 时，取 $h_f \leqslant t - (1\sim2)$mm；当 $t \leqslant 6$ mm，由于一般用小直径焊缝施焊，技术较易掌握，可采用与焊件等厚的角焊缝，即 $h_f \leqslant t$。如果另一焊件厚度 $t' < t$ 时，还应满足 $h_f \leqslant 1.2t'$ 的要求。在十字形接头中，为避免厚度为 t_2 的板"过烧"，宜将焊脚尺寸控制在 $h_f \leqslant t_2$ 的范围。

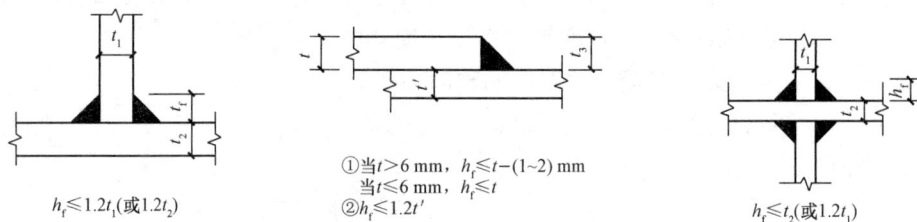

$h_f \leqslant 1.2t_1$(或$1.2t_2$)

①当 $t > 6$ mm，$h_f \leqslant t-(1 \sim 2)$ mm
当 $t \leqslant 6$ mm，$h_f \leqslant t$
②$h_f \leqslant 1.2t'$

$h_f \leqslant t_2$(或$1.2t_1$)

图 9.9　最大焊脚尺寸

3）不等焊脚尺寸的应用。当两焊件厚度相差悬殊时(图 9.10)，用等焊脚尺寸往往无法满足最大和最小焊脚尺寸的规定。为解决这一矛盾，规范推荐采用不等焊脚尺寸。

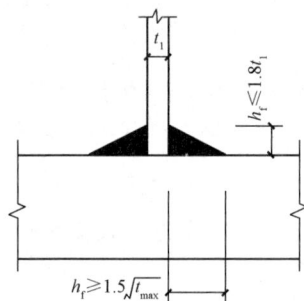

$h_f \leqslant 1.8t_1$

$h_f \geqslant 1.5\sqrt{t_{max}}$

图 9.10　不等焊脚尺寸

4）侧面角焊缝的最小长度。侧面角焊缝的焊脚尺寸大而长度过小时，焊件局部加热严重，焊缝起弧缺陷相距太近，加上可能有其他缺陷(气孔、夹渣等)，对焊缝强度的影响必然较为敏感，使焊缝可靠性降低；另外，焊缝集中在很短距离内，焊件的应力集中也较大。此外，侧面角焊缝多用于搭接连接，作用力对焊缝有偏心，会产生偏心弯矩，如果焊缝长度过小，偏心弯矩影响就较大，使焊缝承载力降低。所以规范规定侧面角焊缝的计算长度不得小于 $8h_f$ 和 40 mm。

5）侧面角焊缝的最大计算长度。前已述及，侧面角焊缝在弹性阶段沿长度方向受力不均匀，两端大而中间小，当两焊件的截面面积不相等时，剪应力的分布不对称于焊缝中点，靠近小截面一端的应力高于大截面一端的应力。虽然侧面角焊缝有良好的塑性，但如果焊缝长度超过某一限位时，有可能首先在焊缝的两端破坏，故一般规定侧面角焊缝的计算长度 $l_f \leqslant 60h_f$，当实际长度大于上述限值时，其超过部分在计算中不予考虑。若内力沿侧面角焊缝全长分布以及梁的支承加劲肋与腹板连接焊缝等，计算长度可不受上述限制。

(2)直角角焊缝强度计算的基本公式。如前所述，角焊缝的受力状态是很复杂的。图 9.11 所示为直角角焊缝的截面，$0.7h_f$ 为直角角焊缝的有效厚度 h_e(喉部尺寸)。试验表明，直角角焊缝的破坏常发生在喉部及其附近，通常认为直角角焊缝是以 45°方向的最小截面(即有效厚度与焊缝计算长度的乘积)作为有效截面或称计算截面。

· **248** ·

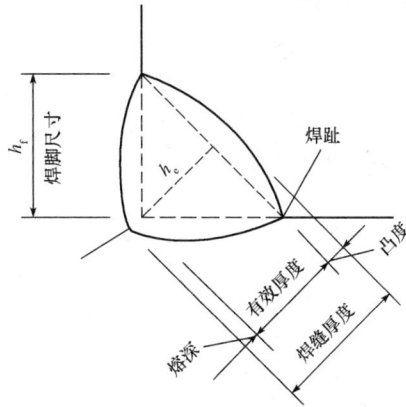

图 9.11　直角角焊缝截面

任何受力情况的角焊缝，均可求得作用于有效截面上的三种应力(图 9.12)：垂直于有效截面的正应力 $\sigma_\perp$、垂直于焊缝长度方向的剪应力 $\tau_\perp$，以及沿焊缝长度方向的剪应力 $\tau_{/\!/}$。即使如此，精确计算仍比较困难，一般是根据试验结果，找出比较合理而又简单的设计方法和相应的公式供设计时应用：无论侧焊缝还是端焊缝，都假定破坏发生在有效截面上，按应力均布并认为都是剪坏，根据试验取最低平均破坏应力来确定其设计强度，这基本上也是国际标准化组织推荐的方法。

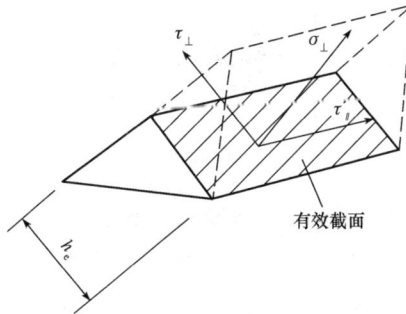

图 9.12　角焊缝有效截面上的应力

应注意的是计算有效厚度 h_e 时，不考虑熔深。现行规范未区分焊件方法的影响，对自动焊来说偏保守。对于凸度，其尺寸大小无法保证，另外，还有凹形的，难于统一考虑，因此均忽略不计。

1)角焊缝的基本计算公式。

$$\sqrt{\left(\frac{\sigma_f}{\beta_f}\right)^2 + \tau_f^2} \leqslant f_f^w \tag{9.6}$$

式中　σ_f——按焊缝有效截面($h_e l_w$)计算，垂直于焊缝长度方向的应力；

　　　τ_f——按焊缝有效截面计算，沿焊缝长度方向的剪应力；

　　　l_w——角焊缝的计算厚度，对每条焊缝取实际长度减去 $2t$(t 是焊接钢板厚度)；当然应满足构造要求；

　　　β_f——正面角焊缝的强度增大系数；对承受静力荷载和间接承受动力荷载的结构，$\beta_f = 1.22$，对直接承受动力荷载的结构，$\beta_f = 1.0$。

2)角焊缝连接的计算。轴心力作用下角焊缝的计算如下。

①轴心力与焊缝相垂直——正面角焊缝：

$$\sigma_f = \frac{N}{h_e l_w} \leqslant \beta_f f_f^w \tag{9.7}$$

②轴心力与焊缝相平行侧面角焊缝：

$$\sqrt{\left(\frac{\sigma_f}{\beta_f}\right)^2 + \tau_f^2} \leqslant f_f^w \tag{9.8}$$

③轴心力与焊缝成一夹角——斜角焊缝：

$$\frac{N}{\beta_{f\theta} \sum h_e l_w} \leqslant f_f^w \tag{9.9}$$

3)承受轴心力的角钢角焊缝计算。当角钢用角焊缝连接时，虽然轴心力通过截面形心，由于截面形心到角钢肢背和肢尖的距离不等，肢背焊缝和肢尖焊缝的受力是不相等的：肢背处受力大而肢尖处受力小，可用内力分配系数量化。

在钢桁架中，弦杆、腹杆承受中心拉力或压力，这些杆件常常采用角钢组成。在节点处角钢腹杆与节点板的连接焊缝一般采用两面侧焊，也可采用三面围焊，特殊情况也允许采用 L 形围焊(图 9.13)。腹杆受轴心力作用，为了避免焊缝偏心受力，焊缝所传递的合力的作用线应与角钢杆件的轴线重合。

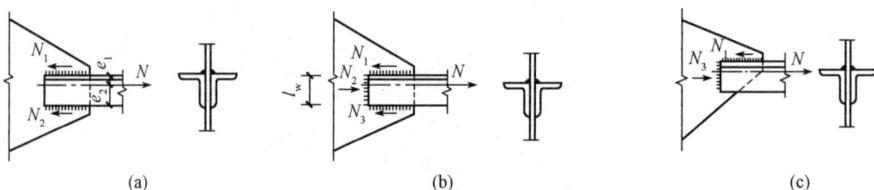

图 9.13　角钢角焊缝受力分配

(a)两面侧焊；(b)三面围焊；(c)L 形围焊

①两边仅用两条侧面角焊缝连接时。设 N_1、N_2 分别为角钢肢背焊缝和肢尖焊缝承担的内力，由平衡条件得

$$N_1 = \frac{e_2}{e_1 + e_2} N = k_1 N \tag{9.10}$$

$$N_2 = \frac{e_1}{e_1 + e_2} N = k_2 N \tag{9.11}$$

式中　k_1，k_2——焊缝内力分配系数(表 9.1)。

表 9.1　焊缝内力分配系数

连接类型	连接形式	内力分配系数	
		肢背 k_1	肢尖 k_2
等肢角钢		0.7	0.3

连接类型	连接形式	内力分配系数	
		肢背 k_1	肢尖 k_2
不等肢角钢短肢连接		0.75	0.25
不等肢角钢长肢连接		0.65	0.35

②三面围焊时。先确定正面角焊缝所分担的轴心力：

$$N_3 = 0.7 h_f \beta_f f_w^f \sum l_{w3} \tag{9.12}$$

③L形围焊时。令 $N_2 = 0$，由上式得

$$N_3 = 2 k_2 N \tag{9.13}$$

$$N_1 = (k_1 - k_2) N \tag{9.14}$$

根据上述方法求得角钢各条连接焊缝所承受的内力 N_1、N_2 和 N_3 后，便可按角焊缝的计算公式设计各焊缝的长度 l_w、焊脚尺寸 h_f，也可验算已有焊缝的强度。

考虑到每条焊缝两端的起灭弧缺陷，实际焊缝长度为计算长度加 $2h_f$；但对于三面围焊，由于在杆件端部转角处必须连续施焊，每条侧面角焊缝只有一端可能起灭弧，放焊缝实际长度为计算长度加 h_f；对于采用绕角焊的侧面角焊缝实际长度等于计算长度加 h_f（绕角焊缝长度 $2h_f$ 不进入计算）。

5. 普通螺栓连接的构造与计算

（1）螺栓的种类。在钢结构中应用的螺栓有普通螺栓和高强度螺栓两大类。普通螺栓又分 A 级、B 级（精制螺栓）和 C 级（粗制螺栓）三种。高强度螺栓按连接方式可分为摩擦型连接和承压型连接两种。此外，还有用于钢屋架和钢筋混凝土柱或钢筋混凝土基础处的锚固螺栓（简称锚栓）。

A 级、B 级螺栓采用 5.6 级和 8.8 级钢材，C 级螺栓采用 4.6 级和 4.8 级钢材。高强度螺栓采用 8.8 级和 10.9 级钢材。10.9 级中 10 表示钢材抗拉极限强度为 $f_u = 1\,000$ N/mm²，0.9 表示钢材屈服强度 $f_y = 0.9 f_u$，其他型号以此类推。锚栓采用 Q235 或 Q345 钢材。

A 级、B 级螺栓（精制螺栓）由毛坯经轧制而成，螺栓杆表面光滑，尺寸较准确，螺孔需用钻模钻成，或在单个零件上先冲成较小的孔，然后在装配好的构件上再扩钻至设计孔径（称 I 类孔）。螺杆的直径与孔径间的空隙甚小，只容许 0.3 mm 左右，安装时需轻轻击入孔，既可受剪又可受拉。但 A 级、B 级螺栓（精制螺栓）制造和安装都较费工，价格高昂，在钢结构中只用于重要的安装节点处，或承受动力荷载的既受剪又受拉的螺栓连接中。

C 级螺栓（粗制螺栓）用圆钢辊压而成，表面较粗糙，尺寸不很精确，其螺孔制作是一次冲成或不用钻模钻成（称 II 类孔），孔径比螺杆直径大 1～2 mm，故在剪力作用下剪切变形很大，并有可能个别螺栓先与孔壁接触，承受超额内力而先遭破坏。由于 C 级螺栓（粗制螺栓）制造简单，价格低，安装方便，常用于各种钢结构工程中，特别适宜于承受沿螺杆轴

线方向受拉的连接、可拆卸的连接和临时固定构件用安装连接中。如在连接中有较大的剪力作用时，考虑到这种螺栓的缺点而改用支托等构造措施以承受剪力，让它只受拉力以发扬它的优点。

C 级螺栓可用于承受静力荷载或间接动力荷载的次要连接中作为受剪连接。

对直接承受动力荷载的螺栓连接应使用双螺母或其他能防止螺栓松动的有效措施。

(2)普通螺栓的计算和构造。

1)普通螺栓连接的工作性能和破坏情况。普通螺栓连接按螺栓传力方式，可分为受拉螺栓、受剪螺栓和受拉兼受剪螺栓三种。

当外力垂直于螺杆时，该螺栓为剪力螺栓。当外力平行于螺杆时，该螺栓为拉力螺栓。

精制螺栓受剪力作用后，螺杆与孔壁接触产生挤压力，同时螺杆本身承受剪切力。粗制螺栓则因孔径大，开始受力时螺杆与孔壁并不接触，待外力超过构件间的摩擦力（很小）而产生滑移后，螺杆才与孔壁接触。螺栓连接受力后的工作性能与钢材（或焊缝）相似，经过弹性工作阶段、屈服阶段、强化阶段而后进入破坏阶段。精制螺栓（或高强度螺栓）的这几个阶段比较明显，粗制螺栓的这几个阶段则不明显。

受剪螺栓连接破坏时可能出现五种破坏形式：螺杆剪断、孔壁挤压（或称承压）破坏、钢板被拉断、钢板端部或孔与孔间的钢板被剪坏、螺栓杆弯曲破坏。

这五种破坏形式，无论哪一种先出现，整个连接就破坏了。所以设计时应控制不出现任何一种破坏形式。通常对前面三种可能出现的破坏情况，通过计算来防止，而后两种情况用构造限制加以保证。对孔与孔间或孔与板端的钢板剪坏，是用限制孔与孔间或孔与板端的最小距离防止。

所以，螺栓连接的计算固然重要，构造要求和螺栓排列也同样重要，都是防止螺栓连接出现各种破坏的不可缺少的组成部分。

2)受拉螺栓的工作性能。在受拉螺栓连接中，螺栓承受沿螺杆长度方向的拉力，螺栓受力的薄弱处是螺纹部分，破坏产生在螺纹部分，一方面是因该处截面面积最小，且常处于偏心受力状态；另一方面是该处因截面存在尖锐的缺口（螺纹）而产生高度应力集中。计算时应考虑这些不利因素。

另外，在受拉螺栓连接中，螺栓所受拉力的大小不但取决于外荷载的大小，还与连接本身的各零件（板件或角钢）有关。

3)受剪兼受拉的螺栓的工作性能。这种螺栓兼有受剪和受拉两种螺栓的受力情况，工作性能比较复杂，通常分别考虑螺栓受剪和受拉性能后，考虑受剪和受拉同时作用的综合效果（见设计规范）。

(3)单个螺栓的承载力计算。每个螺栓受力后能保证正常工作而不会出现破坏所能承受的最大外力称为这个螺栓的承载力。当一个螺栓受力后可能出现几种破坏形式时，应求得相应于几种破坏形式的承载力，其中的最小者即为这个螺栓的承载力。

1)每个受剪螺栓的承载力。

①受剪

$$N_v^b = n_v \frac{\pi d^2}{4} \cdot f_v^b \qquad (9.15)$$

②承压

$$N_c^b = d \sum t f_c^b \qquad (9.16)$$

取两者中的小者为一个螺栓的承载力，以 N_{min}^b 表示。

式中　n_v——螺栓的受剪面数目；

d——螺栓杆的直径；

f_v^b——螺栓杆抗剪强度设计值；

$\sum t$——在同一受力方向承压构件的较小总厚度；

f_c^b——螺栓连接的孔壁承压强度设计值。

2)每个受拉螺栓的承载力。

$$N_t^b = \frac{\pi d_e^2}{4} \cdot f_t^b = A_e f_t^b \tag{9.17}$$

式中　d_e——螺栓螺纹处的有效直径；

A_e——螺栓螺纹处的有效面积；

f_t^b——螺栓的抗拉强度设计值。

(4)剪力螺栓群在轴力 N 作用下计算。

在轴力 N 作用下按下式计算：

$$\frac{N}{n} \leqslant \eta N_{min}^b \tag{9.18}$$

式中　N_{min}^b——抗剪或承压设计承载能力的较小值；

η——剪力螺栓承载力折减系数。

式(9.18)也可以改写为求需要的螺栓数，即

$$n = \frac{N}{\eta N_{min}^b} \tag{9.19}$$

由于螺栓孔削弱了构件截面，应验算净截面强度：

$$\sigma = \frac{N}{A_n} \leqslant f$$

式中　N——轴向力；

A_n——净截面面积；

f——钢材设计强度。

(5)拉力螺栓群在弯矩 M 作用下计算。在弯矩作用下构件绕底排螺栓转动，螺栓最大受力为

$$N_1 = \frac{My_1}{\sum y_i^2} \leqslant N_t^b \tag{9.20}$$

式中　y_i——各螺栓到 A 点距离；

y_1——Y_i 中的最大值；

N_t^b——受拉螺栓的承载力。

(6)螺栓排列的构造要求。螺栓在构件上的排列常采用并列和错列两种形式。螺栓排列时应考虑下列要求：

1)受力要求。为防止螺栓孔到板端的钢板不被剪坏，应规定端距的最小值为 $2d_0$(d_0 为螺栓孔直径)。为了防止螺栓孔与孔间的钢板不被剪坏，应规定孔与孔中心距离的最小值为 $3d_0$。又如受拉构件孔与孔间距离太小将引起较严重的应力集中，而受压构件螺栓间距如果太大则易使板件受压后产生凸曲(屈曲)。

2)紧密性要求。螺栓间距不宜太大，否则因构件接触不紧密或留有孔隙，使潮气侵入而引起锈蚀。

3)施工要求。要保证有一定的空间，便于转动螺栓扳手。

根据以上要求，相关规范规定了螺栓的最大和最小距离。

在角钢、槽钢和工字钢等型钢上布置螺栓和选用螺栓直径时，还应注意到型钢尺寸的限制。

6. 高强螺栓连接的构造与计算

高强度螺栓有摩擦型连接和承压型连接两种，在外力作用下，螺栓承受剪力（称剪力螺栓）和拉力（称拉力螺栓）。

高强度螺栓承压型连接不应用于直接承受动力荷载的结构。

(1)高强度螺栓摩擦型连接受力特点。

1)通过拧紧螺母对螺栓施加预应力 P。

2)对于剪力螺栓，靠接触面的摩擦力来传递外力，而不靠螺杆的抗剪和孔壁的承压来传力。

3)高强度螺栓在外力作用下对螺杆产生拉力时，螺栓的预拉力 P 改变很小。

(2)单个摩擦型高强螺栓的承载力计算。

1)螺栓受剪时为

$$N_v^b = 0.9 n_f \mu P \tag{9.21}$$

式中　n_f——传力摩擦面数；

　　　μ——摩擦面的抗滑移系数；

　　　P——高强度螺栓的预拉力。

2)螺栓受拉时为

$$N_t^b = 0.8P \tag{9.22}$$

(3)剪力螺栓群在轴力作用下计算。轴力 N 通过螺栓群形心，每个螺栓受力为

$$\frac{N}{n} \leqslant N_v^b \tag{9.23}$$

式中　n——螺栓数；

　　　N_v^b——高强螺栓的抗剪承载力。

式(9.23)也可写成所需螺栓数 n 为

$$n = \frac{N}{N_v^b} \tag{9.24}$$

构件净截面所受力 N' 为

$$N' = N(1 - 0.5 \frac{n_1}{n}) \tag{9.25}$$

$$\sum = \frac{N'}{A_n} \leqslant f \tag{9.26}$$

(4)拉力螺栓群在弯矩作用下计算。高强度螺栓群在弯矩作用下，受力时绕形心转动，在弯矩作用下，按下式计算：

$$N_1 = \frac{M y_1'}{\sum y_i'^2} \tag{9.27}$$

式中　y_1'——螺栓群中心至最外一列螺栓距离；

　　　y_i'——第 i 列螺栓至螺栓群中心距离。

1.3 钢结构的受力构件

1. 轴心受力构件

(1)轴心受力构件的应用和截面形式。轴心受力构件是指承受通过构件截面形心轴线的轴向力作用的构件,当这种轴向力为拉力时,称为轴心受拉构件,简称轴心拉杆;当这种轴向力为压力时,称为轴心受压构件,简称轴心压杆。轴心受力构件广泛地应用于屋架、托架、塔架、网架和网壳等各种类型的平面或空间格构式体系以及支撑系统中。支承屋盖、楼盖或工作平台的竖向受压构件通常称为柱,包括轴心受压柱。通常由柱头、柱身和柱脚三部分组成(图 9.14),柱头支承上部结构并将其荷载传给柱身,柱脚则把荷载由柱身传给基础。

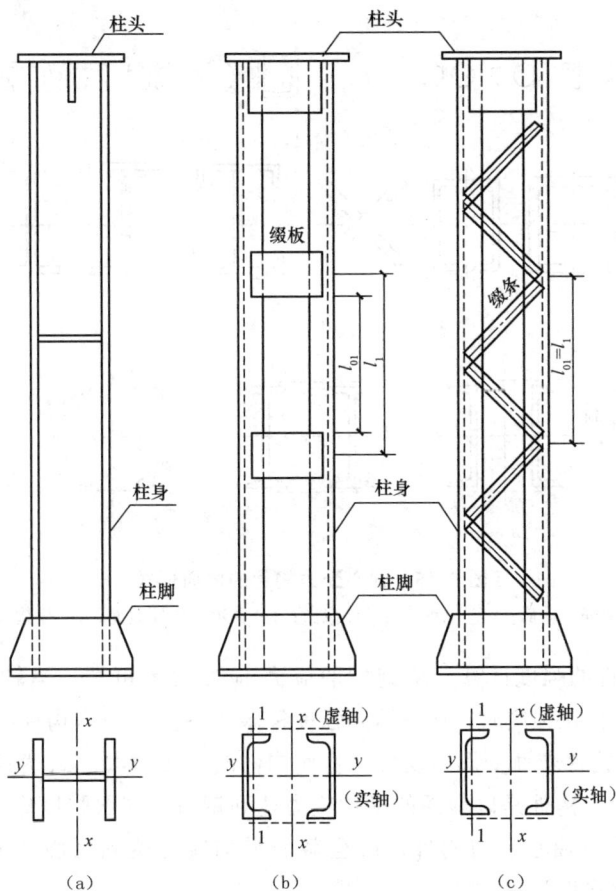

图 9.14　柱的类型

(a)实腹式柱;(b)格构式缀板柱;(c)格构式缀条柱

轴心受力构件(包括轴心受压柱),按其截面组成形式,可分为实腹式构件和格构式构件两种(图 9.15)。实腹式构件具有整体连通的截面,常见的有三种截面形式。第一种是热轧型钢截面,如圆钢、圆管、方管、角钢、工字钢、T 型钢、H 型钢和槽钢等,其中最常用的是 I 形或 H 形截面;第二种是冷弯截面,如卷边和不卷边的角钢或槽钢;第三种是型钢或钢板连接而成的组合截面。在普通桁架中,受拉或受压杆件常采用两个等边或不等边角钢组成的 T 形截面或十字形截面，也可采用单角钢、圆管、方管、工字钢或 T 型钢等截面 [图 9.15(a)]。轻型桁架的杆件则采用小角钢、圆钢或冷弯薄壁型钢等截面[图 9.15 (b)]。受力较大的轴心受力构件(如轴心受压柱)，通常采用实腹式或格构式双轴对称截面；实腹式构件一般是组合截面，有时也采用轧制 H 型钢或圆管截面[图 9.15(c)]。格构式构件一般由两个或多个组件连系组成[图 9.15(d)]，采用较多的是两分格构式构件。实腹式构件比格构式构件构造简单，制造方便，整体受力和抗剪性能好，但截面尺寸较大时钢材用量较多；而格构式构件容易实现两主轴方向的等稳定性，刚度较大，抗扭性能较好，用料较省。

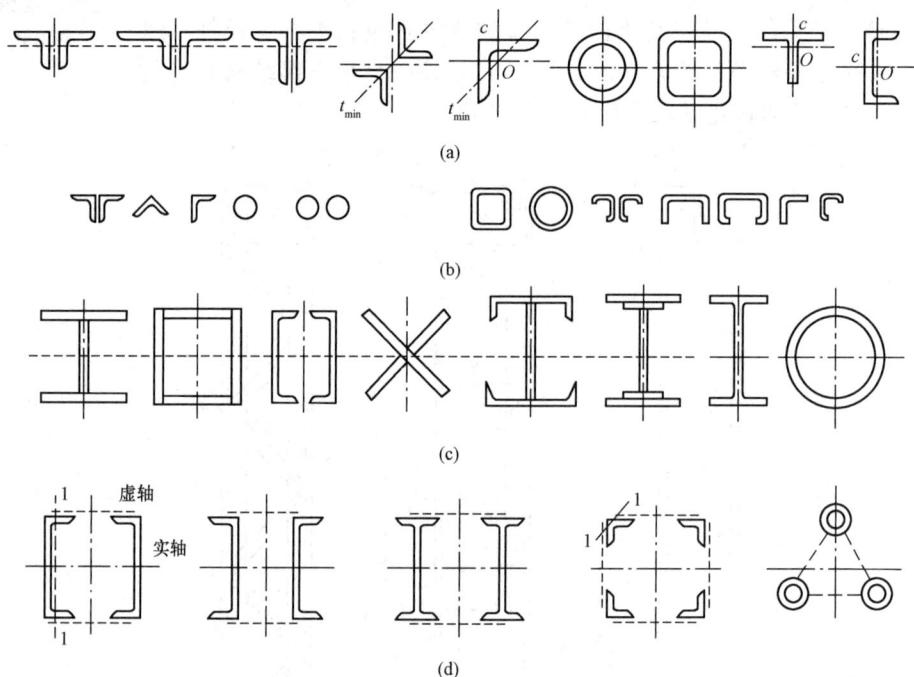

图 9.15　轴心受力构件的截面形式

(a)普通桁架杆件截面；(b)轻型桁架杆件截面；(c)实腹式构件截面；(d)格构式构件截面

（2）轴心受力构件的强度计算。从钢材的应力-应变关系可知，当轴心受力构件的截面平均应力达到钢材的抗拉强度时，构件达到强度极限承载力。但当构件的平均应力达到钢材的屈服强度时，由于构件塑性变形的发展，将使构件的变形过大以致达到不适于继续承载的状态。因此，轴心受力构件是以截面的平均应力达到钢材的屈服强度作为强度计算准则的。

对无孔洞等削弱的轴心受力构件，以全截面平均应力达到屈服强度为强度极限状态，应按下式进行毛截面强度计算：

$$\sigma = \frac{N}{A} \leqslant f \tag{9.28}$$

式中　N——构件的轴心力设计值；

　　　f——钢材抗拉强度设计值或抗压强度设计值；

　　　A——构件的毛截面面积。

对有孔洞等削弱的轴心受力构件(图 9.16)，在孔洞处截面上的应力分布是不均匀的，靠近孔边处将产生应力集中现象。在弹性阶段，孔壁地线的最大应力可能达到构件毛截面平均应力的 3 倍[图 9.16(a)]。若轴心力继续增加，当孔壁边缘的最大施力达到材料的屈服强度以后，应力不再继续增加而截面发展塑性变形，应力渐趋均匀。到达极限状态时，净截面上的应力为均匀屈服应力。因此，对于有孔洞削弱的轴心受力构件，以其净截面的平均应力达到屈服强度为强度极限状态[图 9.16(b)]，应按下式进行净截面强度计算：

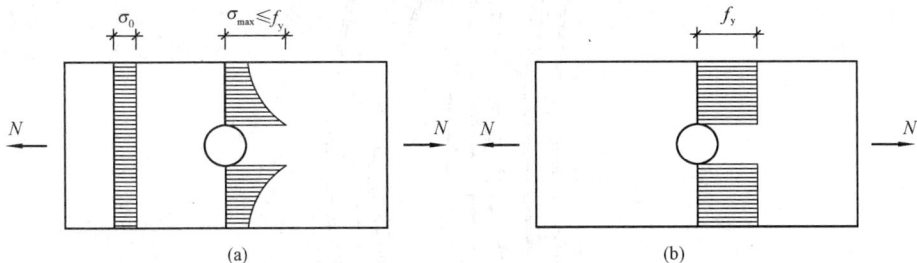

图 9.16 截面削弱处的应力分布

(a)弹性状态；(b)极限状态

$$\sigma = \frac{N}{A_n} \leqslant f \tag{9.29}$$

式中 A_n——构件的净截面面积。

对有螺纹的拉杆，A_n 取螺纹处的有效截面面积。当轴心受力构件采用普通螺栓(或铆钉)连接时，若螺栓(或铆钉)为并列布置[图 9.17(a)]，A_n 按最危险的正交截面(Ⅰ—Ⅰ 截面)计算；若螺栓错列布置[图 9.17(b)]，构件既可能沿正交截面Ⅰ—Ⅰ破坏，也可能沿齿状截面Ⅱ—Ⅱ或Ⅲ—Ⅲ破坏。截面Ⅱ—Ⅱ或Ⅲ—Ⅲ的毛截面长度较大但孔洞较多，其净截面面积不一定比截面Ⅰ—Ⅰ的净截面面积大。A_n 应取Ⅰ—Ⅰ、Ⅱ—Ⅱ或Ⅲ—Ⅲ截面的较小面积计算。

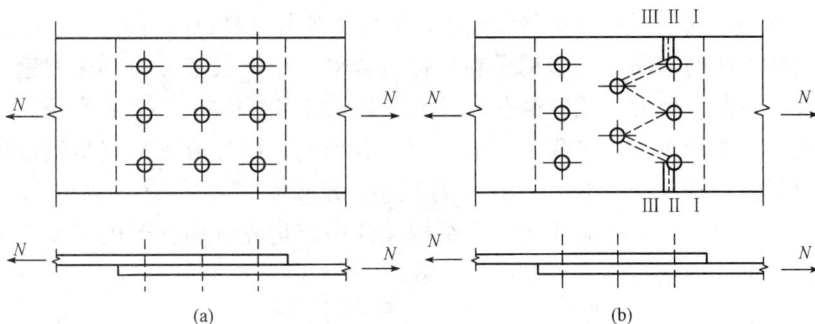

图 9.17 净截面面积的计算

(a)螺栓并列排列时钢板的净面积；(b)螺栓错列排列时钢板的净面积

(3)轴心受压构件的整体失稳现象。无缺陷的轴心受压构件，当轴心压力 N 较小时，构件只产生轴向压缩变形，保持直线平衡状态。此时如有干扰力使构件产生微小弯曲，则当干扰力移去后，构件将恢复到原来的直线平衡状态，这种直线平衡状态下构件的外力和内力间的平衡是稳定的。当轴心压力逐渐增加到一定大小，如有干扰力使构件发生微弯，但若干扰力移去后，构件仍保持微弯状态而不能恢复到原来的直线平衡状态，这种从直线平衡状态过渡到微弯曲平衡状态的现象称为中性平衡状态。如轴心压力再稍微增加，则挠曲变形迅速增大而使构件丧失承载能力，这种现象称为构件弯曲失稳(图 9.18)。中性平衡是从稳定平衡过渡到不稳定平衡的临界状态，中性平衡时的轴心压力称为临界力，相应的截面应力称为临界应力。

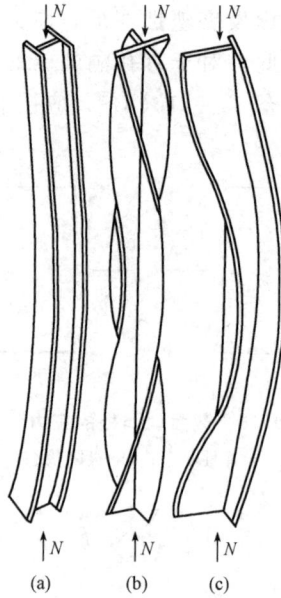

图 9.18　两端铰接轴心受压构件的屈曲状态

(a)弯曲屈曲；(b)扭转屈曲；(c)弯扭屈曲

2. 梁的类型和梁格布置

(1)梁的类型。在工业与民用建筑中钢梁主要用作楼盖梁、工作平台梁、吊车梁、墙架梁及檩条等。按梁的支承情况可将梁分为简支梁、连续梁、悬臂梁等；按梁在结构中的作用不同可将梁分为主梁与次梁；按截面是否沿构件轴线方向变化可将梁分为等截面梁与变截面梁。改变梁的截面会增加一些制作成本，但可达到节省材料的目的。

钢梁按制作方法的不同分为型钢梁和焊接组合梁。型钢梁又分为热轧型钢梁和冷弯薄壁型钢梁两种。目前常用的热轧型钢有普通工字钢、槽钢、热轧 H 型钢等(图 9.19)。冷弯薄壁型钢梁截面种类较多，但在我国目前常用的有槽钢。冷弯薄壁型钢是通过冷弯加工成型的，板壁都很薄，截面尺寸较小。在梁跨较小、承受荷载不大的情况下采用比较经济。型钢梁具有加工方便、成本低的优点，在结构设计中应优先选用。但由于型钢规格型号所限，在大多情况下，用钢量要多于焊接组合梁。

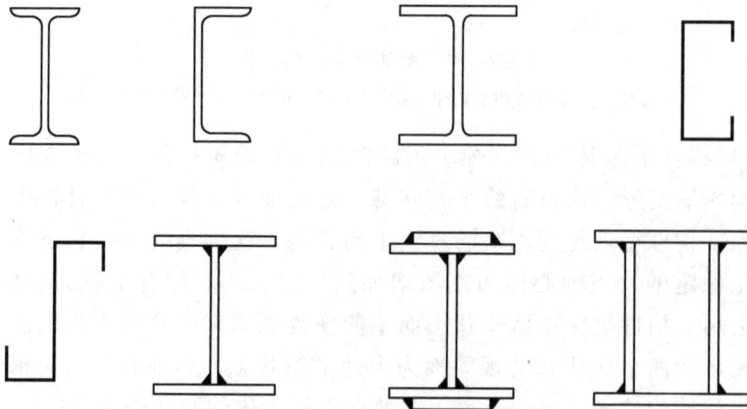

图 9.19　梁的截面形式

由钢板焊成的组合梁在工程中应用较多，当抗弯承载力不足时，可在翼缘加焊一层翼缘板。如果梁所受荷载较大而梁高受限或者截面抗扭刚度要求较高时，可采用箱形截面。

蜂窝梁在工程实践中也有较多应用，该梁能够有效节省钢材，而且腹板空洞可作为设备通道。如图 9.20 所示，将工字钢、H 型钢或焊接组合工字钢沿腹板折线状切开，然后错动半个折线或颠倒重新焊接即可调成蜂窝梁。

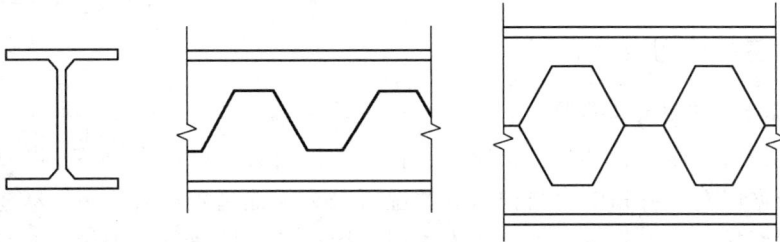

图 9.20　蜂窝梁

(2)梁格布置。在设计梁式楼板结构或其他类似结构时必须选择承重梁体系，称为梁格。梁格可分为简单式梁格、普通式梁格和复式梁格三个主要形式。

1)简单式梁格。在简单式梁格中，荷载由楼板传至主梁，并经主梁传至墙壁或柱等承重结构上，由于板的承载力不大，所以梁布置得较密，这只有在梁跨度不大时才合理。

2)普通式梁格。在普通式梁格中荷载由楼板传至次梁，次梁再将荷载传至主梁，主梁支承在柱或墙等承重结构上。这是一种常用的梁格布置方式。

3)复式梁格。在复式梁格中，主梁间加设纵向次梁，纵向次梁间设横向次梁。荷载由楼板传至横向次梁，再由横向次梁传至纵向次梁，经纵向次梁传给主梁。荷载传递路径长，构造复杂，只用在主梁跨度且荷载都大的情况下。

(3)主次梁连接。主次梁间的连接可以是叠接、平接或降低连接，如图 9.21 所示。

1)叠接。叠接就是次梁直接接在主梁或其他次梁上，用焊缝或螺栓固定。从安装上看这是最简单、最方便的连接方法，但建筑高度高，使用常受限制。

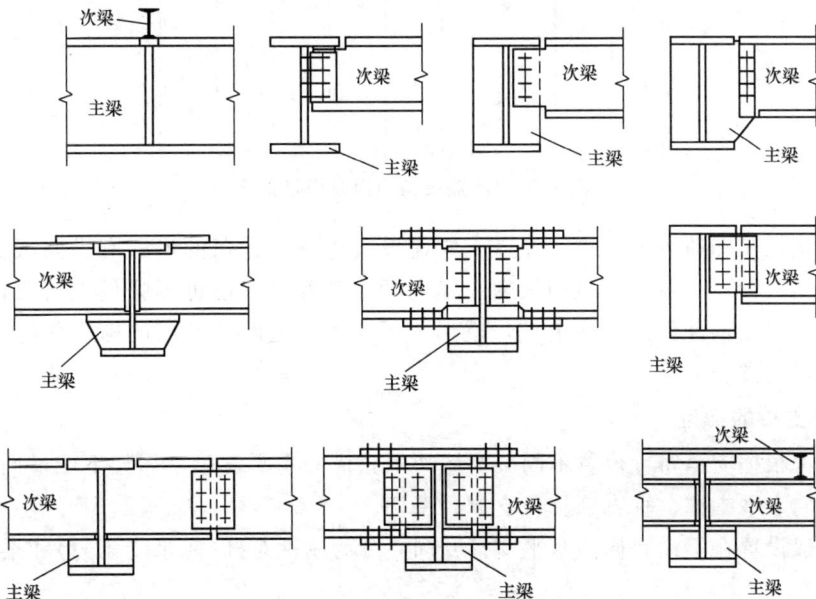

图 9.21　主次梁连接

2)平接。平接又称等高连接，次梁与主梁上翼缘位于同一平面，其上铺板。该法允许在给定的楼板建筑高度里增大主梁的高度。

3)降低连接。降低连接用于复式梁格，横向次梁在低于主梁上翼缘的水平处与主梁相连。横向次梁上叠放纵向次梁，铺板位于主梁之上。该法同样允许在给定的楼板建筑高度里增大主梁的高度。

1.4　钢屋盖结构设计流程

1. 钢屋盖结构的组成和布置

钢屋盖结构由屋面材料、檩条、屋架、托架和天窗架、屋面支撑等构件组成。根据屋面材料和屋面结构布置情况可分为无檩屋盖和有檩屋盖两种。当屋面材料采用预应力大型屋面板时，屋面荷载可通过大型屋面板直接传给屋架，这种屋盖体系称为无檩屋盖；当屋面材料采用瓦楞薄钢板、石棉瓦、波形钢板和钢丝网水泥板等时，屋面荷载要通过檩条传给屋架，这种体系称为有檩屋盖。

无檩屋盖施工快，屋面刚度大，但大型屋面板自重大；有檩屋盖屋面材料自重轻，用料省，但屋面刚度差。两种屋盖体系各有优缺点，具体设计时应根据建筑物使用要求、结构特性、材料供应情况和施工条件等综合考虑而定。

屋架的跨度和间距取决于柱网布置，而柱网布置根据建筑物工艺要求和经济合理等各方面因素而定。无檩屋盖因受大型屋面板尺寸的限制（大型屋面板的尺寸一般为 1.5 m×6 m），故屋架跨度一般取 3 m 的倍数，常用的有 15 m、18 m、21 m、…、36 m 等，屋架间距为 6 m；当柱距超过屋面板长度时，就必须在柱间设置托架，以支承中间屋架（图 9.22）。有檩屋盖的屋架间距和跨度比较灵活，不受屋面材料的限制。

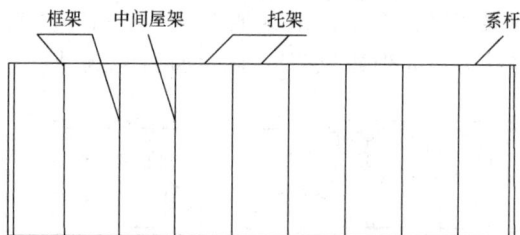

图 9.22　屋盖结构的组成和布置图

为了满足采光和通风等要求，屋盖上常需设置天窗。天窗的形式有纵向天窗、横向天窗和井式天窗三种；一般采用纵向天窗。横向天窗和井式天窗可不另设天窗架，只需将部分屋面材料和屋面构件仍设置在上弦，就形成了天窗。这两种天窗的构造和施工都比较复杂，但用钢量较省。

2. 屋盖支撑的类型

屋盖支撑根据支撑布置位置不同分为屋架上弦横向水平支撑、屋架下弦横向水平支撑、屋架下弦纵向水平支撑；垂直（竖向）支撑、系杆。

系杆一般设置在不设置横向水平支撑开间，分为刚性系杆（能承受压力）和柔性系杆（只能承受拉力）。

3. 屋盖支撑的作用

(1)保证屋盖结构的几何稳定性。由屋架、檩条等互相垂直的平面构件铰接连接而成的屋盖结构是几何可变体系。在某种荷载作用下或在安装时,各屋架有可能向一侧倾倒,故必须布置支撑使屋与屋架连接成几何不变的空间体系,才能保证整个屋盖在各种荷载作用下都能很好地发挥作用。

首先用支撑将相邻两个屋架组成空间稳定体(几何不变体),然后用檩条、系杆或大型钢筋混凝土屋面板将其余各屋架与此空间稳定体连接起来,形成几何不变的、空间稳定的屋盖结构。空间稳定体通常是由相邻两个屋架和它们之间的上弦横向水平支撑、下弦横向水平支撑以及屋架端部和跨中竖直平面内的竖直支撑组成的六面盒式体系。有时,也可采用简单的做法,不设置屋架下弦横向平面支撑,这就成了一个五面的盒式体系。这种五面盒式体系也还是空间稳定体,在一般房屋中采用这种体系的也不少。

(2)保证屋盖的空间刚度和整体性。通常采用的沿屋架上弦平面布置的横向水平支撑(上弦平面不一定水平而常是斜平面),是一个水平放置(或接近水平放置)的桁架。桁架两端的支座是柱(或柱间支撑)或是桁架端部的竖向支撑。这个支撑桁架的高度即为屋架的间距,通常是 6 m。在屋架上弦平面内具有很大的抗弯刚度,在山墙传来的沿房屋纵向风荷载或悬挂吊车纵向制动力作用下,可以保证屋盖结构不产生过大的变形。

在工业厂房中常有起重量大而工作繁忙的桥式吊车或其他振动设备。对屋盖结构的空间刚度和稳定性提出了更高的要求。有时需要设置屋架下弦横向水平支撑和纵向水平支撑。

(3)为受压弦杆提供侧向支承点。屋架上弦平面支撑可作为上弦杆(压杆)的侧向支承点,从而减少其出平面(垂直屋架平面方向)的计算长度。如果没有屋架上弦平面支撑,则上弦出平面的计算长度等于上弦的全部长度,这样的压杆的稳定性是很差的,也是很不经济的。采用屋架上弦平面横向支撑后,横向支撑桁架的节点就是屋架上弦压杆的侧向支承点,计算长度减少很多。没有直接设置横向支撑桁架的屋架弦杆可由系杆与支撑桁架的节点连接,同样也能起到压杆(屋架弦杆)的侧向支承点的作用。所以系杆也是支撑系统的组成部分,不能只重视支撑桁架的设计而忽视系杆的重要性。

(4)承受和传递纵向水平力(风荷载、悬挂吊车纵向制动力、地震荷载等)。房屋两端的山墙挡风面面积较大,所承受的风压力或风吸力有一部分将传递到屋面平面(也可传递给屋架下弦平面)。

这部分的风荷载必须由屋架上弦平面横向支撑(有时同时设置屋架下弦平面横向支撑)承受。所以,这种支撑一般都设在房屋两端,就近承受风荷载并把它传递给柱(或柱间支撑)。

(5)保证结构在安装和架设过程中的稳定性。屋架是平面结构,安装时必须很快把两个屋架互相连接成简单的各具有一定稳定性的空间体,以便施工。最先安装的是屋架与屋架间的竖向支撑。

4. 屋盖支撑布置

(1)上弦横向水平支撑。在钢屋盖中,无论是有檩条的屋盖或是采用大型钢筋混凝土屋面板的无檩屋盖,都应设置上弦横向水平支撑。当屋架上有天窗架时,天窗架上弦也应设置横向水平支撑。

在天窗架范围内屋架上弦横向水平支撑应连续设置(连通),并应把天窗架上弦横向水平支撑通过竖向支撑与屋架上弦横向水平支撑相连接。

上弦横向水平支撑通常设置在房屋两端(当有横向伸缩缝时设在温度区段两端)的第一或第二个开间内,以便就近承受山墙传来的风荷载等。当设置在第二个开间内时,必须用刚性系杆(既能受拉也能受压,按压杆设计)将端屋架与横向水平支撑桁架的节点连接,保证端屋架上弦杆的稳定和把端屋架受到的风荷载传递到横向水平支撑桁架的节点上。当无端屋架时,则应用刚性系杆与山墙的抗风柱连牢,作为抗风柱的支撑点,并把这支撑点所受的力传递给横向水平支撑桁架的节点。

上弦横向水平支撑的间距不宜超过 60 m。当房屋纵向长度较大时,应在房屋长度中间再增加设置横向水平支撑。

大型钢筋混凝土屋面板本身虽有较大的刚度,但它与钢屋架的连接仅靠角部的预埋件与屋架上弦节点焊牢,施工中焊点质量不易保证,常易漏焊,且预埋件与混凝土的锚固质量也不易保证。所以,大型钢筋混凝土屋面板不宜代替钢屋架的支撑。特别是在有起重机或动力设备的工业厂房中,更不宜考虑大型钢筋混凝土屋面板起支撑或系杆作用。在无振动影响的一般房屋中,也有让大型钢筋混凝土屋面板起部分系杆作用的。

(2)下弦横向水平支撑。下弦横向水平支撑与上弦横向水平支撑共同设置时,再加竖向支撑则使相邻两榀屋架组成六面盒式空间稳定体,对整个房屋结构的空间工作性能大有好处。在一般房屋中有时不设置下弦横向水平支撑,相邻两榀屋架组成五面盒式空间稳定体,也能满足要求。只有在有悬挂吊车的屋盖,有桥式吊车或有振动设备的工业房屋或跨度较大($l \geqslant 18$ m)的一般房屋中,必须设置下弦横向水平支撑。

(3)下弦纵向水平支撑。在有桥式起重机的单层工业厂房中,除上、下弦横向水平支撑外,还设置下弦纵向水平支撑。

当有托架时,在托架处必须布置下弦纵向水平支撑。

(4)竖向支撑。在梯形屋架两端必须设置竖向支撑,它是屋架上弦横向水平支撑的支撑结构,它将承受上弦横向水平支撑桁架传来的水平力并将其传递给柱顶(或柱间支撑)。它和上弦横向水平支撑同样重要,是必不可少的受力支撑。此外,在屋架跨度中间,根据屋架跨度的大小,设置一道或二道竖向支撑,它将在上述六面(五面)盒式空间稳定体中起横隔作用。在施工过程中,它还起安装定位时的架设支撑作用。

梯形屋架当跨度 $L \leqslant 30$ m,三角形屋架当跨度 $L \leqslant 24$ m 时,仅在屋架跨度中央设置一道竖向支撑。当屋架跨度大于上述数值时,应在跨度三分点附近或天窗架侧柱处设置二道竖向支撑。

竖向支撑本身是一个平行弦桁架,根据其高跨比不同,腹杆可布置成单斜杆式或交叉斜杆式。

当屋架上有天窗时,天窗也应设置竖向支撑,作为天窗架上弦横向水平支撑的支撑结构。把天窗架上弦横向水平支撑承受的水平力传递到屋架上弦横向水平支撑的节点上。

沿房屋的纵向,竖向支撑应与上下弦横向水平支撑设置在同一开间内。

有时为了施工架设方便起见,也可每隔几个开间另外增设一些竖向支撑。

(5)系杆。在一幢房屋的屋盖结构中,以一个空间稳定体作为核心,其他屋架的上下弦节点都可以用系杆与空间稳定体的有关节点连接,即可作为其他各屋架的侧向支撑点而保证各屋架的空间稳定性。但这些系杆可能受拉,也可能受压,应按压杆设计,常称为刚性系杆,要求有较大的截面尺寸和回转半径,用料很不经济。通常是在房屋的两端(第一或第二个开间)各设置一个空间稳定体。中间的其他屋架分别用系杆与两端空间稳定体的有关节点连接。同样也可以作为中间的其他屋架的侧向支撑点，而且这种系杆只需承受拉力，当它承受压力时可退出工作而由另一侧的系杆受拉即可。这种系杆按拉杆设计，可以充分发挥钢材的强度，常称为柔性系杆。虽然多设了一个空间稳定体而多用了交叉支撑的钢材，但能把大量刚性系杆改为柔性系杆，还是能够节约钢材的。柔性系杆把许多中间屋架与空间稳定体连接起来，如中间屋架的数量太多，柔性系杆的总长度太大，其效果则较差，故两个空间稳定体的间距不宜大于 60 m。

5. 支撑的计算和构造

屋架的上、下弦横向水平支撑都是利用屋架的弦杆(上弦和下弦)兼作支撑桁架的弦杆，斜腹杆一般都采用十字交叉的体系。这种平行弦杆交叉斜腹杆体系的支撑桁架的刚度大，用料省。其中的斜腹杆常采用单角钢做成，因交叉设置，受力时一根受拉则另一根受压，常假定受压的这根单角钢因弯扭屈曲而退出工作。只有受拉的一根单角钢斜杆参加桁架受力工作。这样桁架在受力时属于静定结构，受力明确，计算简单。当荷载反向作用时(如风荷载反向作用)，斜腹杆受力变更，仍是一根参加受力工作，另一根变扭屈曲而退出工作。对于屋架跨度较小而无振动设备的房屋，支撑桁架的交叉斜腹杆也可用圆钢做成。用圆钢代替角钢更为经济。但采用圆钢时必须有拉紧装置(花篮螺栓)，且其直径 $d \geqslant 16$ mm。直腹杆和刚性系杆按压杆计算，采用双角钢组成十字形或 T 形截面。

一般认为屋盖支撑受力较小，支撑截面尺寸大多是由杆件的容许长细比和构造要求而定。按拉杆设计斜腹杆和柔性系杆等的容许长细比为 400，按压杆设计的直腹杆和刚性系杆等的容许长细比为 200。当屋架跨度较大、房屋较高、基本风压较大时，支撑系统除应满足容许长细比的要求以外，还应根据外荷载作用，通过力学计算求得杆件内力后，由计算确定杆件截面尺寸。

支撑与屋架连接构造要简单、安装要方便，一般采用粗制螺栓，直径 20 mm(M20)，杆件每端至少有两个螺栓。

6. 屋架的形式和主要尺寸

(1)屋架的外形及腹杆布置。屋架的外形可为三角形、梯形和矩形等，在确定屋架外形时应考虑房屋用途、建筑造型和屋面材料的排水要求。从受力角度出发，屋架外形应尽量与弯矩图相近，以使弦杆受力均匀，腹杆受力较小。腹杆的布置应使杆件受力合理，节点构造易于处理，尽量使长杆受拉，短杆受压，腹杆数量少而总长度短，弦杆不产生局部弯矩，腹杆与弦杆的交角宜为 35°~55°，最好在 45°左右。上述种种要求彼此之间往往矛盾，不能同时满足，应根据具体情况解决主要矛盾，全面考虑，合理设计。

1)三角形屋架。三角形屋架(图 9.23)用于屋面坡度较大的屋盖结构中。当屋面材料为机平瓦或石棉瓦时，要求屋架的高跨比为 1/4~1/6。这种屋架与柱子多做成铰接，因此房屋的横向刚度较小。屋架弦杆的内力变化较大，弦杆内力在支座处最大，在跨中最小，故弦杆截面不能充分发挥作用，一般宜用于中、小跨度的轻屋面结构。荷载和跨度较大时，采用三角形屋架就不够经济。

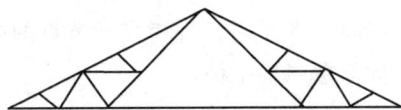

图 9.23 三角形屋架

2)梯形屋架。梯形屋架(图 9.24)的外形比较接近弯矩图,受力情况较三角形屋架好,腹杆较短,一般用于屋面坡度较小的屋盖中。梯形屋架与柱的连接,可做成刚接,也可做成铰接。这种屋架已成为工业厂房屋盖结构的基本形式。梯形屋架一般都用于无檩屋盖,屋面材料大多用大型屋面板,应使上弦节间长度与大型屋面板尺寸相配合,使大型屋面板的主肋正好搁支在屋架上弦节点上。上弦不产生局部弯矩;如节间长度过大,可采用再分式腹杆形式。

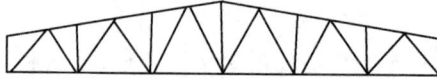

图 9.24 梯形屋架

3)矩形(平行弦)屋架。矩形(平行弦)屋架(图 9.25)的上、下弦平行,腹杆长度一致,杆件类型少,能符合标准化、工业化制造的要求。这种屋架一般用于托架或支撑体系。

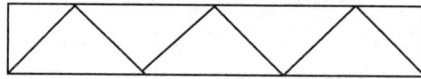

图 9.25 矩形(平行弦)屋架

(2)屋架的主要尺寸。

1)屋架的跨度。屋架的跨度(柱子的横向间距)应首先满足房屋的工艺和使用要求,同时考虑结构布置的合理性,使屋架与柱子的总造价为最小。无檩屋盖中钢屋架的跨度应与大型屋面板的宽度配合,有 12 m、15 m、18 m、21 m、24 m、27 m、30 m、33 m、36 m 等。有檩屋盖结构中的三角形屋架跨度比较灵活,不受 3 m 模数的限制,而可以任意决定。钢屋架的计算跨度决定于支座的间距及支座的构造。在一般的工业厂房中屋架的计算跨度取支柱轴线之间的距离减去 0.3 m。

2)屋架的高度。屋架的高度应根据经济、刚度、建筑等要求以及屋面坡度、运输条件等因素来确定。当屋面材料要求屋架具有较大的排水坡度时应采用三角形屋架,三角形屋架的高度为 $h = (1/4 \sim 1/6)l$。梯形屋架的屋面坡度较平坦,屋架跨中高度应满足刚度要求,当上弦坡度为 $1/8 \sim 1/12$ 时,跨中高度一般为 $(1/6 \sim 1/10)l$。跨度大(或屋面荷载小)时取小值,跨度小(或屋面荷载大)时取大值。梯形屋架的端部高度,当屋架与柱铰接时为 $1.6 \sim 2.2$ m,刚接时为 $1.8 \sim 2.4$ m。端弯矩大时取大值,端弯矩小时取小值。屋架上弦节间的划分,主要根据屋面材料而定,尽可能使屋面荷载直接作用在屋架节点上,使上弦不产生局部弯矩。对采用大型屋面板的无檩屋盖,上弦节间长度应等于屋面板的宽度,一般为 1.5 m 或 3 m。当采用有檩屋盖时,则根据檩条的间距而定。一般为 $0.8 \sim 0.3$ m。

屋架的跨度和高度确定之后,各杆件的轴线长度可根据几何关系求得。

7. 屋架杆件内力计算

(1)计算屋架杆件内力时常采用的基本假定:

1)屋架的节点为铰接。

2)屋架所有杆件的轴线都在同一平面内,且相交于节点的中心。

3)荷载都作用在节点上,且都在屋架平面内。

上述假定是理想的情况,实际上由于节点的焊缝连接具有一定的刚度,杆件不能自由转动,因此节点不完全是铰接,故在屋架杆件中有一定的次应力。根据分析,对于角钢组成的 T 形截面，次应力对屋架的承载能力影响很小。设计时可以不予考虑。但对于刚度较大的箱形或 H 形截面，弦杆截面高度与长度(节点中心间的距离)之比大于 1/10(对弦杆)或大于 1/15(对腹杆)时，应考虑节点刚度所引起的次应力。由于制造偏差和构造原因等，杆件轴线不一定全部交于节点中心，外荷载也可能不完全作用在节点上，所以节点上可能有偏心。

如果上弦有节间荷载，应先将荷载换算成节点荷载，才能计算各杆件的内力。而在设计上弦时，还应考虑节间荷载在上弦引起的局部弯矩，上弦按偏心受压杆件计算。

(2)屋架上的荷载和内力计算。

1)屋盖上的荷载有永久荷载和可变荷载两大类。

①永久荷载：包括屋面材料和檩条、支撑、屋架、天窗架等结构的自重。屋架自重可按经验公式 $P_w=0.12+0.11L$ 计算(L 为屋架跨度，单位为 m)。P_w 的单位是 kN/m，按水平投影面分布。

②可变荷载：包括屋面活荷载、积灰荷载、雪荷载、风荷载以及悬挂吊车荷载等，其中屋面活荷载和雪荷载不会同时出现，可取两者中的较大值计算。

屋架内力应根据使用过程和施工过程中可能出现的最不利荷载组合计算。在屋架设计时应考虑以下三种荷载组合：永久荷载＋可变荷载，永久荷载＋半跨可变荷载，屋架、支撑和天窗架自重＋半跨屋面板重＋半跨屋面活荷载。

屋架上、下弦杆和靠近支座的腹杆按第一种荷载组合计算；而跨中附近的腹杆在第二、三种荷载组合下可能内力为最大而且可能变号。如果在安装过程中能保证屋脊两侧的屋面板对称均匀铺设，则可以不考虑第三种荷载组合。

采用轻质屋面材料的三角形屋架，风荷载和永久荷载的作用可能使原来受拉的杆件变为受压；另外，对于采用轻质屋面的厂房，要注意在排架分析时求得的柱顶最大剪力会使屋架下弦出现附加内力。

2)内力计算。

①轴向力：屋架杆件的轴向力可用数解法或图解法求得。对三角形和梯形屋架用图解法比较方便，对平行弦屋架用数解法较方便。在某些设计手册中有常用屋架的内力系数表，只要将屋架节点荷载乘相应杆件的内力系数，即得该杆件的内力。

②上弦局部弯矩：上弦有节间荷载时，除轴向力外，还有局部弯矩。关于局部弯矩的计算，既要考虑上弦的连续性，又要考虑上弦节点的弹性位移。

当屋架与柱刚接时，除上述计算的屋架内力外，还应考虑在排架分析时所得的屋架端弯矩对屋架杆件内力的影响。

按计算简图算出的屋架杆件内力与按铰接屋架计算内力进行组合，取最不利情况的内力设计屋架杆件。

8. 屋架杆件设计

(1)屋架杆件的计算长度。屋架杆件的计算长度(l_0)按下式计算：

$$l_0=\mu l \qquad\qquad (9.30)$$

式中 l——杆件的轴线长度；

μ——杆件的计算长度系数。

1)屋架平面内计算长度系数。

①对弦杆、支座竖杆和斜腹杆 $\mu=1.0$。

②其他腹杆 $\mu=0.8$。

③斜截面腹杆(单角钢或双角钢组成十字形杆件)$\mu=0.9$。

2)屋架平面外计算长度系数。

$$\mu=0.75+0.25\frac{N_2}{N_1}\geqslant0.5 \tag{9.31}$$

式中　N_1——较大的压力，计算时取正值；

　　　　N_2——较小的压力或拉力，计算时压力取正值，拉力取负值。

(2)交叉腹杆计算长度。

1)平面内计算长度。

$$l_0=l$$

2)平面外计算长度。

①压杆：

a. 相交另一杆受压，交叉点不中断[图 9.26(a)]。

$$l_0=l_1\sqrt{\left(1+\frac{N_0}{N}\right)} \tag{9.32}$$

b. 相交另一杆受压，一杆在交叉点中断，以节点板搭接[图 9.26(b)]。

$$l_0=l_1\sqrt{\left(1+\frac{\pi^3}{12}\frac{N_0}{N}\right)} \tag{9.33}$$

c. 相交另一杆受拉，交叉点不中断[图 9.26(c)]。

$$l_0=l_1\sqrt{\frac{1}{2}\left(1-\frac{3}{4}\frac{N_0}{N}\right)}\geqslant0.5l_1 \tag{9.34}$$

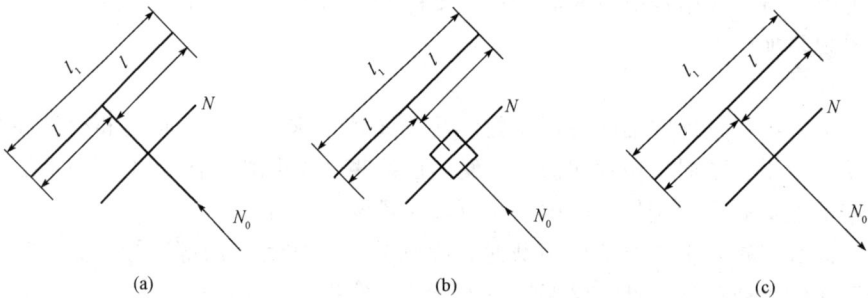

(a)　　　　　　　　　　(b)　　　　　　　　　　(c)

图 9.26　压杆平面外计算长度

(a)相交另一杆受压，交叉点不中断；(b)相交另一杆受压，一杆在交叉点中断；
(c)相交另一杆受拉，交叉点不中断

d. 相交另一杆受拉，交叉点中断，并用节点板搭接。

$$l_0=l_1\sqrt{1\left(1-\frac{3}{4}\frac{N_0}{N}\right)}\geqslant0.51l \tag{9.35}$$

式中　N_0——相交另一杆的内力，均为绝对值；

　　　　N——计算杆的内力，

$$N\geqslant N_0$$

②拉杆：

$$l_0=l_1$$

(3)杆件的容许长细比。钢屋架的杆件截面都较小，长细比较大，在自重作用下会产生挠度，在运输和安装过程中容易因刚度不足而产生弯曲，在动力荷载作用下会引起振动，这些问题都不利于杆件的工作。故在《钢结构设计标准》(GB 50017—2017)中对压杆和拉杆都规定了容许长细比。

(4)杆件截面设计。

1)截面形式。普通钢屋架的杆件一般采用两个等肢或不等肢角钢组成的 T 形截面或十字形截面，这些截面能使两个主轴的回转半径与杆件在屋架平面内和平面外的计算长度相配合，而使两个方向的长细比接近，能达到用料经济、连接方便和刚度要求，屋架杆件截面形式可参考表 9.2 选用。

表 9.2　杆件截面形状和应用部位

项次	杆件截面的型钢类型	回转半径之比 i_y/i_x	应用部位
1	二不等边角钢短边相接	2.0~2.5	上、下弦杆
2	二不等边角钢长边相接	0.8~1.0	端斜杆(压)受节间荷载的上下弦杆
3	二不等边角钢接成 T 形	0.3~1.5	腹杆、下弦杆，受节间荷载的上、下弦杆
4	二不等边角钢接成十字形	1.0	中央或端部竖杆(和垂直支撑相连处)
5	单角钢	—	轻钢屋架的腹杆或下弦杆
6	单角钢或双圆钢	—	轻钢桁架的拉杆
7	无缝钢管或焊接钢管	各向相等	较大跨度桁架的桁
8	钢板焊接 T 形截面	根据 $\lambda_x=\lambda_y$ 条件确定截面各部分尺寸	上、下弦杆
9	热轧宽翼缘 H 型钢	≈1.0	荷载和跨度较大的桁架上下弦杆

由于屋架受压杆件的承载能力主要受稳定条件控制，为了节约钢材应使所选择截面符合等稳定性要求，一般取 $\lambda_x=\lambda_y$，而当截面两个主轴方向的稳定系数不属于同一类别时，应取 $\varphi_x=\varphi_y$。

对于屋架上弦，如无局部弯矩，因屋架平面外计算长度往往是屋架平面内计算长度的两倍(或更大)，要使 $\lambda_x=\lambda_y$，必须使 $i_x=2i_y$。上弦宜采用两个不等肢角钢，短肢相并而长肢水平的 T 形截面形式。如有较大的局部弯矩，为提高上弦在屋架平面内的抗弯能力，宜采用不等肢角钢长肢相并，短肢水平的 T 形截面。如有特殊需要，上弦也可采用槽钢或组合格构式截面。

对于屋架的支座斜杆(端斜杆)，由于它的屋架平面内和平面外的计算长度相等，应使截面的 $i_x \approx i_y$，因此，采用两个不等肢角钢，长肢相并的 T 形截面比较合理。

对于其他腹杆，因为 $l_{oy}=1.25l_{ox}$，故要求 $i_y=1.25i_x$，宜采用两个等肢角钢组成的 T 形截面。与竖向支撑相连的竖腹杆宜采用两个等肢角钢组成的十字形截面，使竖向支撑于屋架节点连接不产生偏心。受力特别小的腹杆也可以采用单角钢杆件。

屋架下弦在平面外的计算长度很大，故宜采用两个不等肢角钢，短肢相并，这种形式截面的侧向刚度较大，且连接支撑比较方便。

采用两块钢板焊成的 T 形截面，可以根据屋架平面内和平面外的计算长度 l_{ox} 和 l_{oy}，灵活地调整截面尺寸，很容易达到等稳定性要求，且可节省节点板和垫板，能够节约钢材（如有合适的工字钢恰好能割成两个 T 形截面，则更可省去焊缝）。采用热轧宽翼缘工字钢（H 型钢）作为屋架的上、下弦杆，则腹杆与弦杆常可对接连接，节点构造大为简化，且具有较大的屋面平面外的刚度。近年来在国外已开始应用和推广。

为了使两个角钢组成的杆件共同作用，应在角钢相并肢之间焊上垫板，垫板厚度与节点板厚度相同，垫板宽度一般取 50～80 mm，长度比角钢肢宽大 20～30 mm，垫板间距在受压杆件中不大于 $40i$，在受拉杆件中不大于 $80i$，在 T 形截面中 i 为一个角钢对平行于垫板自身重心轴的回转半径；在十字形截面中 i 为一个角钢的最小回转半径；在杆件的计算长度范围内至少设置两块垫板。如果只在杆件中央设一块垫板，则由于在垫板处剪力为零而不起作用。

2）截面选择。选择截面时应满足下列要求：

①为了便于订货和下料，在同一榀屋架中角钢规格不宜过多，一般不宜超过 6 种。

②为了防止杆件在运输和安装过程中产生弯曲和损坏，角钢的尺寸不宜小于∟45 mm×4 mm 或∟56 mm×36 mm×4 mm。

③应选用肢宽而壁薄的角钢，使回转半径大些，这对压杆更为重要。

屋架弦杆一般采用等截面，但对跨度大于 30 m 的梯形屋架和跨度大于 24 m 的三角形屋架，可根据材料长度和运输条件在节点处设置接头，并按内力变化而改变弦杆截面，但在半跨内只能改变一次。改变截面的方法是变更角钢的肢宽而不改变肢厚，以便于弦杆拼接的构造处理。

3）截面计算。屋架杆件如无节间荷载作用，一般按轴心受压或轴心受拉构件计算。

9. 屋架节点设计

屋架的杆件一般采用节点板互相连接，各杆件的内力通过节点板上的焊缝传递。

节点设计的基本要求如下：

(1)各杆件的形心线应尽量与屋架的几何轴线重合，并交于节点中心，以避免由于偏心而产生节点附加弯矩。但考虑到制造上的方便，角钢肢背到屋架轴线的距离可取 5 mm 的倍数。例如∟90 mm×6 mm，其形心线距离肢背为 24.4 mm，则角钢肢背至屋架几何轴线的距离可采用 25 mm；又如∟80 mm×5 mm，其形心线距肢背为 21.5 mm，则角钢肢背至屋架几何轴线的距离采用 20 mm。上弦截面如有改变，为了减少偏心和使肢背齐平，应使两个角钢形心线之间的中线与屋架的几何轴线重合。如轴线变动不超过较大弦杆截面高度的 5%，在计算时可不考虑由此而引起的偏心弯矩。

(2)屋架节点板上腹杆与弦杆之间以及腹杆与腹杆之间的间隙不宜小于 20 mm。屋架杆件端部切割面宜与轴线垂直。

(3)节点板的形状应该尽可能简单而有规则，至少应有两边平行，如矩形、柱形、直角梯形等。节点板不应有凹角，以防止产生严重的应力集中。

节点板的尺寸应尽量使连接焊缝中心受力。节点板应有足够的强度，以保证弦杆与腹杆的内力能安全地传递。

(4)节点板的应力分布比较复杂，目前节点板的厚度是根据腹杆(梯形屋架)或弦杆(三角形屋架)的最大内力按表9.3选用。同一榀屋架中所有节点板宜采用同一种厚度，但支座节点板可比其他节点板厚2 mm。节点板不得作为拼接弦杆用的主要传力杆件。

表 9.3　节点板的厚度

梯形屋架腹杆最大内力或三角形屋架弦杆最大内力/kN	节点板的钢号	Q235	≤190	200～310	320～500	510～690	700～940	950～1 200	1 210～1 560	1 570～1 950
		Q345	≤250	260～380	390～560	570～750	760～1 000	1 010～1 250	1 260～1 650	1 660～2 000
节点板的厚度/mm			6	8	10	12	14	16	18	20

任务实施

1. 设计任务分析

任务描述中对梯形屋架的建筑跨度、端部高度、跨中高度、屋架坡度、屋架间距和屋架支撑等给出了明确设计要求。同时，对屋面板、保温层、防水层、找平层和屋面雪荷载等做出了限定。设计工作可以在明确恒荷载和活荷载后进行内力计算，确定内力计算结果后选择合适的钢结构型材和可靠连接。

2. 设计任务要求

(1)屋面雪荷载取值：按分组序号，取用设计资料屋面雪荷载＋0.1×分组序号[第2组，屋面雪荷载取值为 $0.30+0.1×2=0.50(kN/m^2)$]。

(2)设计中，应绘制出必要的节点详图等图纸。

(3)其他条件与设计资料相同。

3. 设计任务的实施

第一步　荷载计算。

(1)永久荷载。

预应力钢筋混凝土大型屋面板：$1.2×25×0.06=1.8(kN/m^2)$；

三毡四油防水层及找平层(20 mm)：$1.2×18×0.02+1.2×20×0.02=0.912(kN/m^2)$；

120 mm 厚泡沫混凝土保温层：$1.2×0.12×3.5=0.504(kN/m^2)$。

(2)可变荷载。

屋面雪荷载：$1.4×0.5=0.7(kN/m^2)$。

(3)荷载组合。

永久荷载可变荷载为主要荷载组合，屋架上弦节点荷载为

$$F=[(1.8+0.912+0.504)+0.7]×1.5×6=35.244(kN)$$

第二步　内力计算。

桁架杆件的内力，在单位力作用下用图解法(图9.27)求得表9.4。

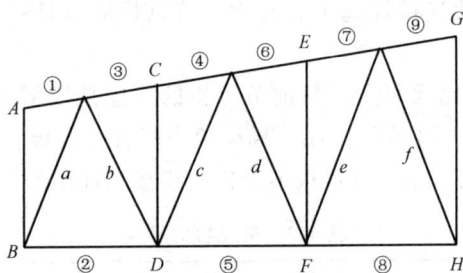

图 9.27　图解法

表 9.4　桁架杆件内力表

杆、件		轴线长	F 荷载内力/kN
上弦杆	①	1 358	0
	③	1 507	−219.323
	④	1 508	−219.323
	⑥	1 507	−317.055
	⑦	1 508	−317.055
	⑨	1 507	−320.896
下弦杆	②	2 850	+127.613
	⑤	3 000	+280.577
	⑧	3 000	+326.711
斜杆	a	2 519	−229.156
	b	2 602	+161.628
	c	2 859	−119.159
	d	3 118	+66.399
	e	3 118	−24.318
	f	3 118	−16.317
竖杆	Ⓐ—Ⓑ	1 990	−17.622
	Ⓒ—Ⓓ	2 290	−35.244
	Ⓔ—Ⓕ	2 590	−35.244
	Ⓖ—Ⓗ	2 890	+28.618

第三步　截面选择。

(1)上弦杆截面选择。

上弦杆采用相同截面，以最大轴力⑨杆来选择：$N_{max} = -320.896$ kN。

在屋架平面内的计算长度 $l_{0x} = 150.8$ cm，屋架平面外的计算长度 $l_{0y} = 301.6$ cm。

选用两个不等肢角钢 2∟100 mm×80 mm×6 mm，长肢水平。

截面几何特性(长肢水平双角钢组成 T 形截面，节点板根据腹杆最大内力选用板厚 8 mm)：

$A = 21.274 \text{ cm}^2$ $i_x = 2.40 \text{ cm}$，$i_y = 4.61 \text{ cm}$

$$\lambda_x = \frac{l_{0x}}{i_x} = \frac{150.8}{2.40} = 62.8 < 150 \qquad \varphi_x = 0.7922$$

$$\lambda_y = \frac{l_{0y}}{i_y} = \frac{301.6}{4.61} = 65.4 < 150 \qquad \varphi_y = 0.778$$

截面验算：$\dfrac{N}{\varphi_{\min} A} = \dfrac{320\,896}{0.778 \times 2\,127.4} = 193.88 (\text{N/mm}^2) < f = 215 \text{ N/mm}^2$。

大型屋面板与上弦焊牢，起纵横向水平支撑作用，上弦杆其他节间的长细比和稳定验算均未超过上述值。

(2)下弦杆截面选择。

下弦杆也采用相同截面，以最大轴力⑧杆来选择：$N_{\max} = +326.711 \text{ kN}$。

在屋架平面内的计算长度：$l_{0x} = 300 \text{ cm}$，屋架平面外的计算长度：$l_{0y} = 300 \text{ cm}$。

所需截面面积为 $A_n = \dfrac{N}{f} = \dfrac{326\,711}{215} = 1\,519.59 (\text{mm}^2)$。

选择两个不等肢角钢 2∟90 mm×56 mm×6 mm，长肢水平。

截面几何特点：$A = 17.114 \text{ cm}^2 > 15.1959 \text{ cm}^2$，$i_x = 1.58 \text{ cm}$，$i_y = 4.42 \text{ cm}$，$\lambda_x = \dfrac{300}{1.58} = 189.9 < 350$，$\lambda_y = \dfrac{300}{4.42} = 67.9 < 350$。

另两个节点的下弦杆内力较小，但 $l_{0y} = 600 \text{ cm}$，故须验算其屋架平面外的长细比：

$$\lambda_y = \frac{600}{4.42} = 135.7 < 350。$$

(3)支座竖杆 AB 截面选择。

杆轴力：$N = -17.622 \text{ kN}$。

计算长度：$l_{0x} = l_{0y} = 199 \text{ cm}$，采用两个等肢角钢 2∟63 mm×5 mm，组成 T 形截面。

截面几何特性：$A = 12.286 \text{ cm}^2$，$i_x = 1.94 \text{ cm}$，$i_y = 2.89 \text{ cm}$。

$\lambda_x = \dfrac{199}{1.94} = 103 < 150$，$\varphi_x = 0.542$，$\lambda_y = \dfrac{199}{2.89} = 68.9 < 150$，$\varphi_y = 0.758$。

截面验算：$\dfrac{N}{\varphi_{\min} A} = \dfrac{17\,622}{0.542 \times 1\,228.6} = 26.463 (\text{N/mm}^2) < f = 215 (\text{N/mm}^2)$。

(4)支座斜杆 a 截面选择。

杆轴力：$N = -229.156 \text{ kN}$。

计算长度：$l_{0x} = l_{0y} = 253 \text{ cm}$。

采用两个不等肢角钢 2∟100 mm×63 mm×7 mm，长肢相拼。

截面几何特性：$A = 22.222 \text{ cm}^2$，$i_x = 3.20 \text{ cm}$，$i_y = 2.58 \text{ cm}$。

$\lambda_x = \dfrac{253}{3.2} = 79.1 < 150$，$\varphi_x = 0.693$，$\lambda_y = \dfrac{253}{2.58} = 98.1 < 150$，$\varphi_y = 0.567$。

截面验算：$\dfrac{N}{\varphi_{\min} A} = \dfrac{229\,156}{0.567 \times 2\,222.2} = 181.9 < 215 (\text{N/mm}^2)$。

(5)斜杆 b 截面选择。

杆轴力：$N = +161.628 \text{ kN}$。

计算长度：$l_{0x}=0.8l=0.8\times261.3=209(cm)$，$l_{0y}=261.3\ cm$。

所需截面：$A_n=\dfrac{N}{f}=\dfrac{161\ 628}{215}=751.76(cm^2)$，选用两个等肢角钢 2∟50 mm×5 mm，组成 T 形截面。

截面特性：$A_n=9.606\ cm^2>7.517\ 6\ cm^2$，$i_x=1.53\ cm$，$i_y=2.38\ cm$。

$$\lambda_x=\frac{209}{1.53}=136.6<350;$$

$$\lambda_y=\frac{261.3}{2.38}=109.8<350。$$

(6)竖杆 CD 截面选择。

杆轴力：$N=-35.244\ kN$。

计算长度：$l=0.8l=0.8\times229=183.2(cm)$，$l_{0y}=229\ cm$。

采用两个等肢角钢 2∟50 mm×5 mm，组成 T 形截面。

截面几何特性：$A=9.606\ cm^2$，$i_x=1.53\ cm$，$i_y=2.38\ cm$。

$$\lambda_x=\frac{183.2}{1.53}=119.7<150;$$

$$\varphi_x=0.438\lambda_y=\frac{229}{2.38}=96.2\ cm<150;$$

$$\varphi_y=0.580。$$

截面验算：$\dfrac{N}{\varphi_{min}A}=\dfrac{35\ 244}{0.438\times960.6}=83.77(N/mm^2)<215(N/mm^2)$。

(7)斜杆 c 截面选择。

杆轴力：$N=-119.159\ kN$。

计算长度：$l_{0x}=0.8l=0.8\times286.4=229.1(cm)$，$l_{0y}=286.4\ cm$。

采用两个等肢角钢 2∟75 mm×5 mm，组成 T 形截面。

截面几何特性：$A=9.606\ cm^2>3.352\ cm^2$。

$i_x=1.53\ cm$，$i_y=2.38\ cm$；

$$\lambda_x=\frac{229.1}{2.33}=98.3<150,\quad \varphi_x=0.566;$$

$$\lambda_y=\frac{286.4}{3.36}=85.2<150,\quad \varphi_y=0.652。$$

截面验算：$\dfrac{N}{\varphi_{min}A}=\dfrac{119\ 159}{0.566\times1\ 482.4}=142.02(N/mm^2)<f=215\ N/mm^2$。

(8)斜杆 d 截面选择。

杆轴力：$N=+66.399\ kN$。

计算长度：$l_{0x}=0.8l=0.8\times286.4=229.1(cm)$，$l_{0y}=286.4\ cm$。

所需截面：$A_n=\dfrac{N}{f}=\dfrac{66\ 399}{215}=308.8(mm^2)$。

采用两个等肢角钢 2∟50 mm×5 mm，组成 T 形截面。

截面几何特性：$A=9.606\ cm^2>3.088\ cm^2$，$i_x=1.53\ cm$，$i_y=2.38\ cm$。

$$\lambda_x=\frac{229.1}{1.53}=149.7<350;$$

$$\lambda_y = \frac{286.4}{2.38} = 120.3 < 350。$$

(9)竖杆 EF 截面选择。

杆轴力：$N = -35.244$ kN。

计算长度：$l_{0x} = 0.8l = 0.8 \times 259 = 207.2 (\text{cm})$，$l_{0y} = 259$ cm。

采用两个等肢角钢 2∟50 mm×5 mm，组成 T 形截面。

截面几何特性：$A = 9.606$ cm² > 3.352 cm²，$i_x = 1.53$ cm，$i_y = 2.38$ cm。

$$\lambda_x = \frac{207.2}{1.53} = 135.4 < 150，\varphi_x = 0.364；\lambda_y = \frac{259}{2.38} = 108.8 < 150，\varphi_y = 0.501。$$

截面验算：$\dfrac{N}{\varphi_{\min} A} = \dfrac{35\ 244}{0.364 \times 960.6} = 100.8 (\text{N/mm}^2) < f = 215 (\text{N/mm}^2)。$

(10)斜杆 e 截面选择。

杆轴力：$N = -24.318$ kN。

计算长度：$l_{0x} = 0.8l = 0.8 \times 312.4 = 249.9 (\text{cm})$，$l_{0y} = 312.4$ cm。

采用两个等肢角钢 2∟63 mm×5 mm，组成 T 形截面。

截面几何特性：$A = 12.286$ cm²，$i_x = 1.94$ cm，$i_y = 2.89$ cm。

$$\lambda_x = \frac{249.9}{1.94} = 128.8 < 150，\varphi_x = 0.393；\lambda_y = \frac{312.4}{2.89} = 108.1 < 150，\varphi_y = 0.504。$$

截面验算：$\dfrac{N}{\varphi_{\min} A} = \dfrac{24\ 318}{0.393 \times 1\ 228.6} = 50.36 (\text{N/mm}^2) < f = 215 (\text{N/mm}^2)。$

(11)斜杆 f 截面选择。

杆轴力：$N = -16.317$ kN。

计算长度：$l_{0x} - 0.8l = 0.8 \times 312.4 = 249.9 (\text{cm})$，$l_{0y} = 312.4$ cm。

采用两个等肢角钢 2∟63 mm×5 mm，组成 T 形截面。

截面几何特性：$A = 12.286$ cm²，$i_x = 1.94$ cm，$i_y = 2.89$ cm。

$$\lambda_x = \frac{249.9}{1.94} = 128.8 < 150，\varphi_x = 0.393；\lambda_y = \frac{312.4}{2.89} = 108.1 < 150，\varphi_y = 0.504。$$

截面验算：$\dfrac{N}{\varphi_{\min} A} = \dfrac{16\ 317}{0.393 \times 1\ 228.6} = 33.79 (\text{N/mm}^2) < f = 215 (\text{N/mm}^2)。$

(12)竖杆 GH 截面选择。

杆轴力：$N = +28.618$ kN。

计算长度：$l_{0x} = 0.8l = 0.8 \times 289 = 231.2 (\text{cm})$，$l_{0y} = 289$ cm。

采用两个等肢角钢 2∟63 mm×5 mm，组成 T 形截面。

截面几何特性：$A = 12.286$ cm²，$i_x = 1.94$ cm，$i_y = 2.89$ cm。

$$\lambda_x = \frac{231.2}{1.94} = 119.2 < 350，\lambda_y = \frac{289}{2.89} = 100 < 350。$$

截面验算：$\dfrac{N}{A} = \dfrac{28\ 618}{1\ 228.6} = 23.29 (\text{N/mm}^2) < f = 215 (\text{N/mm}^2)。$

各杆件截面选择结果列表见表 9.5。

表 9.5　屋架杆件截面选择表

杆件名称		计算内力 /kN	计算长度 /cm		截面规格	截面面积 /cm²	回转半径 /cm		长细比		容许长细比 [λ]	稳定系数 φ	计算应力 /(N·mm⁻²)
			l_{0x}	l_{0y}			i_x	i_y	λ_x	λ_y、λ_{yz}			
上弦	①	0	150.8	301.6	2∟100× 80×6	21.274	2.40	4.61	62.8	65.4	150	0.778	0
	③	−219.323	150.8	301.6	2∟100× 80×6	21.274	2.40	4.61	62.8	65.4	150	0.778	132.51
	④	−219.323	150.8	301.6	2∟100× 80×6	21.274	2.40	4.61	62.8	65.4	150	0.778	132.51
	⑥	−317.055	150.8	301.6	2∟100× 80×6	21.274	2.40	4.61	62.8	65.4	150	0.778	191.56
	⑦	−317.055	150.8	301.6	2∟100× 80×6	21.274	2.40	4.61	62.8	65.4	150	0.778	191.56
	⑨	−320.896	150.8	301.6	2∟100× 80×6	21.274	2.40	4.61	62.8	65.4	150	0.778	193.88
下弦	②	+122.613	300	600	2∟90× 56×6	17.114	1.58	4.42	189.9	135.7	350	0.567	126.35
	⑤	+280.577	300	600	2∟90× 56×6	17.117	1.58	4.42	189.9	135.7	350	0.567	289.14
	⑧	+326.711	300	300	2∟90× 56×6	17.114	1.58	4.42	189.9	135.7	350	0.567	336.68
斜杆	a	−229.156	253	253	2∟100× 63×7	22.222	3.20	2.58	79.1	98.1	150	0.567	181.8
	b	+161.628	209	261.3	2∟50×5	9.606	1.53	2.38	136.6	109.8	350	0.359	48.86
	c	−119.159	229.1	286.4	2∟75×5	9.606	1.53	2.38	98.3	85.2	150	0.566	142.01
	d	+66.399	229.1	286.4	2∟50×5	9.606	1.53	2.38	149.7	120.3	350	0.308	22.44
	e	−24.318	249.9	312.4	2∟63×5	12.286	1.94	2.89	128.8	108.1	150	0.393	50.36
	f	−16.317	249.9	312.4	2∟63×5	12.286	1.94	2.89	128.8	108.1	150	0.393	33.79
竖杆	AB	−17.622	199	199	2∟63×5	12.286	1.94	2.89	102	68.9	150	0.542	26.463
	CD	−35.244	183.2	229	2∟50×5	9.606	1.53	2.38	119.7	96.2	150	0.438	83.76
	EF	−35.244	207.2	259	2∟50×5	9.606	1.53	2.38	135.4	108.8	150	0.364	100.79
	GH	+28.618	231.2	289	2∟63×5	12.286	1.94	2.89	119.2	100	350	0.786	29.63

第四步　节点设计。

各节点的节点板厚一律取 8 mm。

(1)下弦节点 i 设计。

首先，计算腹杆与节点板连接焊缝尺寸，然后按比例绘出节点板形状和尺寸，最后验算下弦与节点板的连接焊缝。已知焊缝的抗拉、抗压和抗剪的强度设计值：$f_f^w = 160$ N/mm^2。

设杆 b 的肢背和肢尖焊缝分别是 $h_f = 6$ mm 和 $h_f = 5$ mm，则所需焊缝长度如下：

肢背：$l'_w = \dfrac{0.7N}{2he f_f^w} = \dfrac{0.7 \times 161\,628}{2 \times 0.7 \times 6 \times 160} = 84.2$(mm)，取 110 mm。

肢尖：$l''_w = \dfrac{0.3N}{2he f_f^w} = \dfrac{0.3 \times 161\,628}{2 \times 0.7 \times 5 \times 160} = 43.3$(mm)，取 80 mm。

设杆 c 的肢背和肢尖焊缝分别是 $h_f = 6$ mm 和 $h_f = 5$ mm，则所需焊缝长度如下：

肢背：$l'_w = \dfrac{0.7N}{2he f_f^w} = \dfrac{0.7 \times 119\,159}{2 \times 0.7 \times 6 \times 160} = 62.1$(mm)，取 100 mm。

肢尖：$l''_w = \dfrac{0.3N}{2he f_f^w} = \dfrac{0.3 \times 119\,159}{2 \times 0.7 \times 5 \times 160} = 31.9$(mm)，取 80 mm。

设杆 CD 的肢背和肢尖焊缝均为 $h_f = 5$ mm，则所需焊缝长度如下：

肢背：$l'_w = \dfrac{0.7N}{2he f_f^w} = \dfrac{0.7 \times 35\,244}{2 \times 0.7 \times 5 \times 160} = 22.0$(mm)，取 165 mm。

肢尖：$l''_w = \dfrac{0.3N}{2he f_f^w} = \dfrac{0.3 \times 35\,244}{2 \times 0.7 \times 5 \times 160} = 9.44$(mm)，取 165 mm。

根据上述腹杆焊缝长度，并考虑杆件之间应留有间隙，按比例绘出节点大样图(图 9.28)。

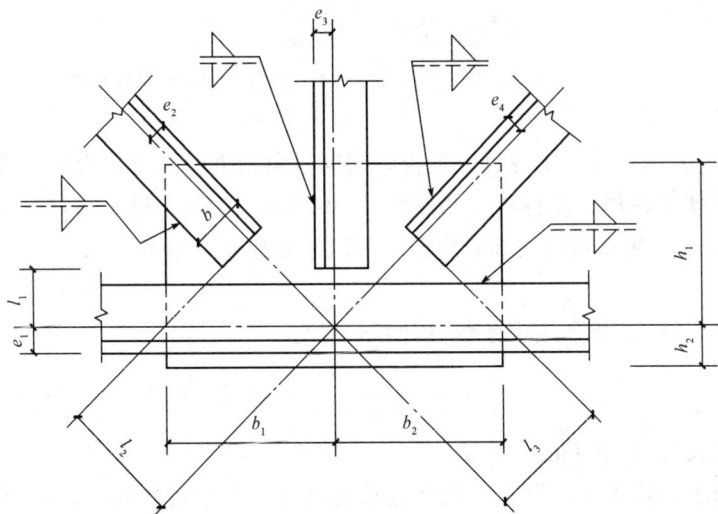

图 9.28　下弦杆

从而确定节点板尺寸为 385 mm×275 mm×8 mm。

下弦与节点板连接的焊缝长度为 385 mm，$h_f = 5$ mm，焊缝所受的力为左右两下弦杆内力差 $\Delta N = 280.577 - 122.613 = 157.964$(kN)。所受较大的肢背处焊缝应力为

$$\tau_f = \frac{0.7\Delta N}{2hel_w} = \frac{0.7 \times 157\,964}{2 \times 0.7 \times 5 \times (385-10)} = 42.12(\text{N/mm}^2) < f_f^w = 160(\text{N/mm}^2)$$

（2）下弦节点 j 的设计。设节点所有焊缝为 $h_f = 5$ mm，所需焊缝长度如下：

杆 d：$N = +66.399$ kN。

肢背：$l_w' = \dfrac{0.7N}{2hef_f^w} = \dfrac{0.7 \times 66\,399}{2 \times 0.7 \times 5 \times 160} = 41.5(\text{mm})$。

肢尖：$l_w'' = \dfrac{0.3N}{2hef_f^w} = \dfrac{0.3 \times 66\,399}{2 \times 0.7 \times 5 \times 160} = 17.8(\text{mm})$。

杆 EF：$N = -35.244$ kN。

肢背：$l_w' = \dfrac{0.7N}{2hef_f^w} = \dfrac{0.7 \times 35\,244}{2 \times 0.7 \times 5 \times 160} = 22.0(\text{mm})$。

肢尖：$l_w'' = \dfrac{0.3N}{2hef_f^w} = \dfrac{0.3 \times 35\,244}{2 \times 0.7 \times 5 \times 160} = 9.4(\text{mm})$。

杆 e：$N = -24.318$ kN。

肢背：$l_w' = \dfrac{0.7N}{2hef_f^w} = \dfrac{0.7 \times 24\,318}{2 \times 0.7 \times 5 \times 160} = 15.2(\text{mm})$。

肢尖：$l_w'' = \dfrac{0.3N}{2hef_f^w} = \dfrac{0.3 \times 24\,318}{2 \times 0.7 \times 5 \times 160} = 6.5(\text{mm})$。

所有焊缝均按构造（节点板尺寸）确定，焊缝长度均需大于 60 mm。

下弦与节点板连接的焊缝长度为 320 mm，$h_f = 5$ mm，焊缝所受的力为左右两下弦。杆内力差 $\Delta N = 326.711 - 280.577 = 46.134(\text{kN})$。所受较大的肢背处焊缝应力为

$$\tau_f = \frac{0.7\Delta N}{2hel_w}$$
$$= \frac{0.7 \times 46\,134}{2 \times 0.7 \times 5 \times (320-10)}$$
$$= 14.9(\text{N/mm}^2) < f_f^w = 160(\text{N/mm}^2)$$

焊缝强度满足要求。

（3）下弦节点 k 的设计。下弦杆一般都采用同号角钢进行拼接，为使拼接角钢与弦杆之间能够密合，并便于施焊，需将拼接角钢的尖角削除，且截去垂直肢的一部分宽度（一般 $h_f = t + h_f + 5$ mm），拼接角钢这部分削弱，可以靠节点板来补偿。接头一边的焊缝长度按弦杆内力计算。

设焊缝 $h_f = 6$ mm，则所需一条焊缝计算长度为

$$l_w = \frac{326\,711}{4 \times 0.7 \times 6 \times 160} = 121.5(\text{mm})$$

拼接角钢的长度取 $400(\text{mm}) > 121.5 \times 2 = 243(\text{mm})$。

屋架分成两个运输单元，设置工地焊缝长度拼接，左半边的弦杆和腹杆与节点板连接用工厂焊缝，而右半边的弦杆与腹杆与节点板连接用工地焊缝。中间竖杆跟左半边在工厂焊牢再出厂，为便于工地拼接，在拼接的角钢与右半边斜杆上，设置螺栓孔 $\phi 21.5$ mm，作为安装施焊前的定位之用。下弦杆与节点板之间用 $h_f = 5$ mm 焊缝满焊。

斜杆 f 和竖杆 GH 的内力均很小，肢背与肢尖焊缝 $h_f = 5$ mm，施焊长度均可按构造采用，至少 60 mm，采用 390 mm×290 mm×8 mm，所有焊缝均满焊，焊缝长度均大于所需

长度。

（4）支座节点 h 设计。为了便于施焊，下弦焊与支座底板的距离取 130 mm，在节点中心设置加劲肋，加劲肋高度与节点板高度相等。

1）支座底板计算。

支座反力：$R = 6F = 6 \times 35.244 = 211.464(kN)$。

支座底板的平面尺寸取 $401 \times 280 = 112\ 280(mm^2)$，如仅考虑有加劲肋部分的底板承受支座反力，则实承面积为 $280 \times 110 = 30\ 800(mm^2)$。

验算柱顶混凝土的抗压强度：

$$\frac{R}{A_n} = \frac{211\ 464}{30\ 800} = 6.87(N/mm^2) < f_c = 10(N/mm^2)$$

式中　f_c——钢筋混凝土轴心抗压强度的设计值。

底板的厚度按屋架反力作用下的弯矩计算，节点板和加劲肋将底板分成 4 块。每块板是两相邻为固定支承而另两相邻边自由的板，每块板的单位宽度最大弯矩为

$$M = \beta q a_1^2$$

式中　q——底板所受的均布反力，$q = \dfrac{R}{A_n} = \dfrac{211\ 464}{30\ 800} = 6.87(N/mm^2)$；

a_1——两支承之间的对角线长度，$a_1 = \sqrt{(146-5)^2 + 80^2} = 162(mm)$；

β——系数，由 b_1/a_1 确定，b_1 为两支承边的相交点到对角线 a_1 的垂线距离，由相似三角形的关系得 $b_1 = 80 \times \dfrac{141}{162} = 69.6(mm)$，$\beta = 0.047$。

$$M = \beta q a_1^2 = 0.047 \times 6.87 \times 162^2 = 8\ 474(N \cdot mm)$$

底板厚度：$t = \sqrt{6M/f} = \sqrt{6 \times 8\ 474/215} = 15(mm)$，取 20 mm。

2）加劲肋与节点板的连接焊缝计算。

加劲肋与节点板的链接焊缝计算与牛腿焊缝相似，假定一个加劲肋的受力为屋架支座反力的 $\dfrac{1}{4}$，即 $\dfrac{1}{4} \times 211.464 = 52.866(kN)$。

焊缝受剪力 $V = 52.866$ kN，弯矩：$M = 52.866 \times 40 = 2\ 114.64(kN \cdot m)$，设焊缝 $h_f = 5$ mm，焊缝计算长度 $l_w = 391 - 10 = 381(mm)$。

焊缝应力为

$$\tau_N = \frac{V}{2hel_w} \quad \sigma_M = \frac{6M}{2l_w^2 he} \quad \beta_f = 1.22$$

$$\tau_N = \frac{52\ 866}{2 \times 0.7 \times 5 \times 381} = 19.8 \quad \sigma_M = \frac{6 \times 2\ 114\ 640}{2 \times 0.7 \times 5 \times 381^2} = 12.5$$

$$\sqrt{\left(\frac{\sigma_M^2}{\beta_f}\right)^2 + \tau_N^2} = \sqrt{\left(\frac{12.4}{1.22}\right)^2 + 19.8^2}$$

$$= \sqrt{103.3 + 392.0}$$

$$= 22.26(N/mm^2) < f_f^w$$

$$= 160(N/mm^2)$$

3)节点板、加劲肋与底板的连接焊缝计算。

设焊缝传递全部支座反力 $R = 211.4$ kN，其中每块加劲肋各传 $\frac{1}{4}R = \frac{1}{4} \times 211.4 = 52.85(\text{kN})$，节点板传 $\frac{1}{2}R = \frac{1}{2} \times 211.4 = 105.7(\text{kN})$。

节点板与底板的连接焊缝 $l_w = 2 \times (280 - 10) = 540(\text{mm})$，所需焊脚尺寸为 $h_f = \dfrac{R/2}{0.7\sum l_w f_f^w} = \dfrac{105\ 700}{0.7 \times 540 \times 160} = 1.75(\text{mm})$，采用 $h_f = 5$ mm，每块加劲肋与底板的连接焊缝长度为：$\sum l_w = (80 - 20 - 10) \times 2 = 100(\text{mm})$，所需焊脚尺寸为 $h_f = \dfrac{R/4}{0.7\sum l_w f_f^w} = \dfrac{52\ 850}{0.7 \times 100 \times 160} = 4.72(\text{mm})$，取 $h_f = 6$ mm。

4)下弦杆与支座斜杆和竖杆焊缝计算。

下弦杆：$N = +122.613$ kN，肢背和肢尖焊缝均为 $h_f = 6$ mm，则所需焊缝长度如下。

肢背：$l'_w = \dfrac{0.7N}{2he f_f^w} = \dfrac{0.7 \times 122\ 613}{2 \times 0.7 \times 5 \times 160} = 76.6(\text{mm})$。

肢尖：$l''_w = \dfrac{0.3N}{2he f_f^w} = \dfrac{0.3 \times 122\ 613}{2 \times 0.7 \times 5 \times 160} = 32.8(\text{mm})$。

支座斜杆：$N = -229.156$ kN，肢背焊缝长度为 $h_f = 6$ mm，肢尖焊缝长度为 $h_f = 5$ mm，则所需焊缝长度如下。

肢背：$l'_w = \dfrac{0.7N}{2he f_f^w} = \dfrac{0.7 \times 229\ 156}{2 \times 0.7 \times 6 \times 160} = 119.4(\text{mm})$。

肢尖：$l''_w = \dfrac{0.3N}{2he f_f^w} = \dfrac{0.3 \times 229\ 156}{2 \times 0.7 \times 5 \times 160} = 61.4(\text{mm})$。

支座竖杆：$N = -17.622$ kN，肢背和肢尖焊缝均为 $h_f = 5$ mm，则所需焊缝长度如下。

肢背：$l'_w = \dfrac{0.7N}{2he f_f^w} = \dfrac{0.7 \times 17\ 622}{2 \times 0.7 \times 5 \times 160} = 11.01(\text{mm})$。

肢尖：$l''_w = \dfrac{0.3N}{2he f_f^w} = \dfrac{0.3 \times 17\ 622}{2 \times 0.7 \times 5 \times 160} = 4.72(\text{mm})$。

根据节点板尺寸所确定的焊缝长度均大于所需焊缝长度，全部焊缝满焊。

5)上弦节点 b 设计。为了便于在上弦搁置屋面板，节点板的上边缘可缩进上弦肢背 8 mm，用焊缝把上弦角钢和节点板连接起来。槽钢作为两条焊缝计算，这时，强度设计值应乘以 0.8 的折减系数。计算时可略去屋架上弦坡度的影响，且假定集中荷载 F 与上弦垂直(图 9.29)。

上弦肢背槽钢焊缝的 $h_f = 4$ mm，节点板的长度为 435 mm，其应力如下：

$$\frac{\sqrt{[k_1(N_1 - N_2)]^2 + (0.5F)^2}}{2he l'_w} = \frac{\sqrt{(0.7 \times 219\ 323)^2 + (0.5 \times 35\ 244)^2}}{2 \times 0.7 \times 4 \times (435 - 10)}$$

$$= 64.93(\text{N/mm}) < 0.8 f_f^w$$

$$= 128(\text{N/mm})$$

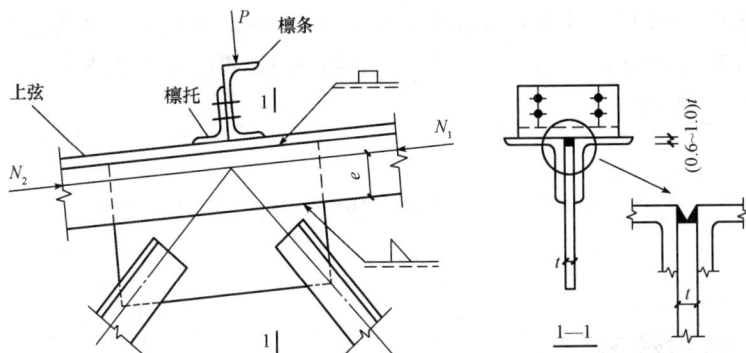

图 9.29 上弦杆

上弦肢间角焊缝的应力为

$$\frac{\sqrt{[k_2(N_1-N_2)]^2+(0.5F)^2}}{2hel_w''}=\frac{\sqrt{(0.3\times219\ 323)^2+(0.5\times35\ 244)^2}}{2\times0.7\times4\times(435-10)}$$
$$=28.62(\text{N/mm})<160(\text{N/mm})$$

腹杆与节点板连接焊缝已在下弦节点中计算，可不必再计算，节点板尺寸就是根据腹杆焊缝长度按比例绘制确定。上弦为了便于搁置屋面板，在角钢两肢间设置肋板。

6)上弦节点 d、f 的设计。两个节点的弦杆内力差值较小，腹杆与节点板的焊缝连接已在下弦节点计算中解决，根据腹杆焊缝长度决定节点板尺寸，假定节点荷载由槽钢焊缝承受，可不必计算，仅验算肢尖焊缝。

d 节点：$N_1-N_2=317.055-219.323=97.732(\text{kN})$

$$\tau_f^N=\frac{N_1-N_2}{2\times0.7h_fl_w}=\frac{97\ 732}{2\times0.7\times5\times(325-10)}=44.32(\text{N/mm}^2)$$

$$\sigma_f^M=\frac{6(N_1-N_2)e}{2\times0.7h_fl_w{}^2}=\frac{6\times97\ 732\times60}{2\times0.7\times5\times(325-10)^2}=50.65(\text{N/mm}^2)$$

$$\sqrt{(\sigma_f^M)^2+(\tau_f^N)^2}=\sqrt{44.32^2+50.65^2}=67.30(\text{N/mm}^2)<f_f^w=160\ \text{N/mm}^2$$

f 节点：$N_1-N_2=320.896-317.055=3.841(\text{kN})$

$$\tau_f^N=\frac{N_1-N_2}{2\times0.7h_fl_w}=\frac{3\ 841}{2\times0.7\times5\times(265-10)}=2.15(\text{N/mm}^2)$$

$$\sigma_f^M=\frac{6(N_1-N_2)e}{2\times0.7h_fl_w{}^2}=\frac{6\times3\ 841\times60}{2\times0.7\times5\times(265-10)^2}=3.04(\text{N/mm}^2)$$

$$\sqrt{(\sigma_f^M)^2+(\tau_f^N)^2}=\sqrt{3.04^2+2.15^2}=3.72(\text{N/mm}^2)<f_f^w=160\ \text{N/mm}^2$$

7)上弦节点 a、c、e 设计。这三个节点的弦杆内力或弦杆两内力差值均等于零，仅承受节点荷载，故均可采用构造焊缝而不必计算。腹杆焊缝已在下弦节点中计算过。

8)上弦节点 g 设计。屋脊节点构造与下弦跨中节点相似，用同号角钢进行拼接，接头一边的焊缝长度按弦杆的内力计算，采用 $h_f=6\ \text{mm}$。

$$l_w=\frac{N}{4\times0.7\times h_ff_f^w}=\frac{320\ 896}{4\times0.7\times6\times160}=119.38(\text{mm})$$

拼接角钢的长度取 $400\ \text{mm}>2\times119.38=238.76(\text{mm})$。

上弦与节点板之间的塞焊，假定承受节点荷载，可不验算。上弦肢尖与节点板的连接焊缝，应按上弦内力的 15% 计算，设肢尖焊缝 $h_f=6$ mm，节点板长度为 300 mm，则节点一侧角焊缝的计算长度为 $l_w=150-20-10=120$(mm)，焊缝应力如下：

$$\tau_f^N=\frac{0.15\times320\ 896}{2\times0.7\times6\times120}=47.75(\text{N/mm}^2)$$

$$\sigma_f^M=\frac{6\times0.15\times320\ 896\times60}{2\times0.7\times6\times120^2}=143.25(\text{N/mm}^2)<f_f^w=160(\text{N/mm}^2)$$

思考与练习

一、简答题

1. 钢结构具有哪些特点？

2. 钢结构的合理应用范围是什么？

3. 钢结构对材料性能有哪些要求？

4. 钢材的主要机械性能指标是什么？

5. 影响钢材性能的主要因素是什么？

6. 什么是钢材的疲劳？影响钢材疲劳的主要因素有哪些？

7. 选用钢材通常应考虑哪些因素？

8. 钢结构有哪些连接方法？各有什么优缺点？

9. 焊缝可能存在的缺陷有哪些？

10. 焊缝的质量级别有几级？各有哪些具体检验要求？

11. 对接焊缝的构造要求有哪些？

12. 角焊缝的计算假定是什么？角焊缝有哪些主要构造要求？

二、实训题

(一)设计条件要求

设计恒荷载条件不变，即任务描述中的基本已知条件不变。对雪荷载按照任务分组设计四种不同的雪荷载，具体为：第一组，0.30 kN/m² + 0.1×1 kN/m²；第二组，0.30 kN/m² + 0.1×2 kN/m²；第三组，0.30 kN/m² + 0.1×3 kN/m²；第四组，0.30 kN/m²+0.1×4 kN/m²。

(二)设计过程

1. 设计准备

设计前完成线上学习任务，从网络课堂接受任务，通过互联网、图书查阅资料，分析相关信息，做好任务前准备工作。

2. 设计引导

根据前面学习过的内容，查阅规范设计案例，找出与本任务中有关的解题过程。

3. 设计任务

(1)屋面雪荷载取值：按分组序号，取用设计资料屋面雪荷载(表 9.6)。

表 9.6　屋面雪荷载取值

分组序号	屋面雪荷载取值	分组序号	屋面雪荷载取值
第 1 组	0.30 kN/m² + 0.1 × 1 kN/m²	第 3 组	0.30 kN/m² + 0.1 × 3 kN/m²
第 2 组	0.30 kN/m² + 0.1 × 2 kN/m²	第 4 组	0.30 kN/m² + 0.1 × 4 kN/m²

(2)设计中，应绘制出必要的节点详图等图纸。

(3)其他条件与设计资料相同。

4. 设计任务评价表(表 9.7)

表 9.7　任务评价表

序号	评价项目	配分	自我评价 (25%)	小组评价 (30%)	教师评价 (35%)	其他 (10%)
1	能够完成课前准备	10				
2	能够正确列出与使用任务实施中的计算公式	20				
3	能够依据规范查阅确定相关数据	10				
4	计算准确	20				
5	绘图规范、合理	10				
6	遵守纪律	10				
7	完成任务中的所有内容	20				
	合计	100				
	总分					

参 考 文 献

[1]中华人民共和国住房和城乡建设部,中华人民共和国国家质量监督检验检疫总局.
GB 50010—2010混凝土结构设计规范(2015年版)[S].北京:中国建筑工业出版
社,2015.

[2]中华人民共和国住房和城乡建设部.JGJ 3—2010高层建筑混凝土结构技术规程[S].北
京:中国建筑工业出版社,2011.

[3]中华人民共和国住房和城乡建设部,国家市场监督管理总局.GB 50068—2018建筑结构
可靠度设计统一标准[S].北京:中国建筑工业出版社,2018.

[4]中华人民共和国住房和城乡建设部,国家市场监督管理总局.GB 55001—2021工程结构
通用规范[S].北京:中国建筑工业出版社,2021.

[5]中华人民共和国住房和城乡建设部,国家市场监督管理总局.GB 55007—2021砌体结构
通用规范[S].北京:中国建筑出版社,2021.

[6]中华人民共和国住房和城乡建设部,国家市场监督管理总局.GB 55003—2021建筑与市
政地基基础通用规范[S].北京:中国建筑工业出版社,2021.

[7]中国建筑标准设计研究院.22G101—3混凝土结构施工图平面整体表示方法制图规则和
构造详图(独立基础、条形基础、筏形基础、桩基础)[S].北京:中国标准出版
社,2022.

[8]中华人民共和国住房和城乡建设部,国家市场监督管理总局.GB 55008—2021混凝土结
构通用规范[S].北京:中国建筑工业出版社,2021.

[9]中华人民共和国住房和城乡建设部,国家市场监督管理总局.GB 55002—2021建筑与市
政工程抗震通用规范[S].北京:中国建筑工业出版社,2021.

[10]中华人民共和国住房和城乡建设部,中华人民共和国国家质量监督检验检疫总局.
GB 50011—2010建筑抗震设计规范(附条文说明)(2016年版)[S].北京:中国建筑工
业出版社,2016.

[11]沈蒲生.混凝土结构设计原理[M].5版.北京:高等教育出版社,2020.

[12]王洪波,张蓓,薛倩.建筑力学与结构[M].3版.北京:北京理工大学出版社,2020.

[13]申钢,杜瑞锋,徐蓉.建筑结构抗震[M].3版.北京:北京理工大学出版社,2020.

[14]曹孝柏,伊安海,张建新.建筑结构[M].3版.北京:北京理工大学出版社,2019.